小型建设工程施工项目负责人岗位培训教材

通信与广电工程

小型建设工程施工项目负责人岗位培训教材编写委员会　编写

中国建筑工业出版社

图书在版编目（CIP）数据

通信与广电工程/小型建设工程施工项目负责人岗位培训教材编写委员会编写. 一北京：中国建筑工业出版社，2013.8

小型建设工程施工项目负责人岗位培训教材

ISBN 978-7-112-15578-1

Ⅰ.①通… Ⅱ.①小… Ⅲ.①通信工程-工程施工-岗位培训-教材②电视广播系统-工程施工-岗位培训-教材 Ⅳ.①TN91②TN94

中国版本图书馆CIP数据核字（2013）第143044号

本书是《小型建设工程施工项目负责人岗位培训教材》中的一本，是通信与广电工程专业小型建设工程施工项目负责人参加岗位培训的参考教材。全书共分6章，包括通信与广电工程专业技术、通信与广电工程施工技术、通信与广电工程项目施工相关法规与标准、通信与广电工程项目施工管理、通信与广电工程项目施工管理案例、注册建造师相关制度介绍等。本书可供通信与广电工程专业小型建设工程施工项目负责人作为岗位培训参考教材，也可供通信与广电工程专业相关技术人员和管理人员参考使用。

* * *

责任编辑：刘 江 岳建光 万 李
责任设计：张 虹
责任校对：党 蕾 王雪竹

小型建设工程施工项目负责人岗位培训教材
通信与广电工程
小型建设工程施工项目负责人岗位培训教材编写委员会 编写
*
中国建筑工业出版社出版、发行（北京西郊百万庄）
各地新华书店、建筑书店经销
北京科地亚盟排版公司制版
河北省零五印刷厂印刷
*
开本：787×1092毫米 1/16 印张：21 字数：510千字
2014年4月第一版 2014年4月第一次印刷
定价：55.00元
ISBN 978-7-112-15578-1
（24164）

小型建设工程施工项目负责人岗位培训教材

编 写 委 员 会

主　编： 缪长江

编　委：（按姓氏笔画排序）

王　莹　　王晓峥　　王海滨　　王雪青

王清训　　史汉星　　冯桂烜　　成　银

刘伊生　　刘雪迎　　孙继德　　李启明

杨卫东　　何孝贵　　张云富　　庞南生

贺　铭　　高尔新　　唐江华　　潘名先

序

为了加强建设工程施工管理，提高工程管理专业人员素质，保证工程质量和施工安全，建设部会同有关部门自2002年以来陆续颁布了《建造师执业资格制度暂行规定》、《注册建造师管理规定》、《注册建造师执业工程规模标准》（试行）、《注册建造师施工管理签章文件目录》（试行）、《注册建造师执业管理办法》（试行）等一系列文件，对从事建设工程项目总承包及施工管理的专业技术人员实行建造师执业资格制度。

《注册建造师执业管理办法》（试行）第五条规定：各专业大、中、小型工程分类标准按《注册建造师执业工程规模标准》（试行）执行；第二十八条规定：小型工程施工项目负责人任职条件和小型工程管理办法由各省、自治区、直辖市人民政府建设行政主管部门会同有关部门根据本地实际情况规定。该文件对小型工程的管理工作做出了总体部署，但目前我国小型建设工程还未形成一个有效、系统的管理体系，尤其是对于小型建设工程施工项目负责人的管理仍是一项空白，为此，本套培训教材编写委员会组织全国具有丰富理论和实践经验的专家、学者以及工程技术人员，编写了《小型建设工程施工项目负责人岗位培训教材》（以下简称《培训教材》），力求能够提高小型建设工程施工项目负责人的素质；缓解"小工程、大事故"的矛盾；帮助地方建立小型工程管理体系；完善和补充建造师执业资格制度体系。

本套《培训教材》共17册，分别为《建设工程施工管理》、《建设工程施工技术》、《建设工程施工成本管理》、《建设工程法规及相关知识》、《房屋建筑工程》、《农村公路工程》、《铁路工程》、《港口与航道工程》、《水利水电工程》、《电力工程》、《矿山工程》、《冶炼工程》、《石油化工工程》、《市政公用工程》、《通信与广电工程》、《机电安装工程》、《装饰装修工程》。其中《建设工程施工成本管理》、《建设工程法规及相关知识》、《建设工程施工管理》、《建设工程施工技术》为综合科目，其余专业分册按照《注册建造师执业工程规模标准》（试行）来划分。本套《培训教材》可供相关专业小型建设工程施工项目负责人作为岗位培训参考教材，也可供相关专业相关技术人员和管理人员参考使用。

对参与本套《培训教材》编写的大专院校、行政管理、行业协会和施工企业的专家和学者，表示衷心感谢。

在《培训教材》的编写过程中，虽经反复推敲核证，仍难免有不妥甚至疏漏之处，恳请广大读者提出宝贵意见。

小型建设工程施工项目负责人岗位培训教材编写委员会

2013年9月

《通信与广电工程》

编 写 小 组

组　　长： 王　莹

编写人员： 李书森　冯　璞　张　毅　刘天明

侯明生　董春光　王开全　齐玉亮

李新瑞　孙柯林　方晓光　郑蜀光

李　新

前　言

本书由通信行业富有技术和管理实践经验的专家，依据《注册建造师执业工程规模标准》（试行）中通信与广电工程专业小型工程涉及的内容编写而成。

本书运用建设工程法规及相关知识，建设工程施工管理的理论和方法阐述了从事通信与广电工程小型工程管理所应具备的相关知识，内容包括专业技术、施工技术、专业施工管理、专业施工管理案例、注册建造师相关制度介绍等。本书可供通信与广电工程专业小型建设工程施工项目负责人作为岗位培训参考教材，也可供通信与广电工程专业相关技术人员和管理人员参考使用。

由于时间和水平所限，书中难免存在不妥和疏漏之处，恳请广大读者提出宝贵意见，以便进一步修改完善。

目　　录

第1章 通信与广电工程专业技术

1.1 通 信 网

1.1.1 通信网及其构成要素

1.1.1.1 通信网的作用

通信网是由一定数量的节点（包括终端节点、交换节点）和连接这些节点的传输系统有机地组织在一起，按约定的信令或协议完成任意用户间信息交换的通信体系。用户使用它可以克服空间、时间等障碍来进行有效的信息交换。

通信网上任意两个用户间、设备间或一个用户和一个设备间均可进行信息的交换。交换的信息包括用户信息（如语音、数据、图像等）、控制信息（如信令信息、路由信息等）和网络管理信息三类。

1.1.1.2 通信网的构成要素

实际的通信网是由软件和硬件按特定方式构成的一个通信系统，每一次通信都需要软硬件设施的协调配合来完成。从硬件构成来看，通信网由终端节点、交换节点、业务节点和传输系统构成，它们完成通信网的基本功能：接入、交换和传输。软件设施则包括信令、协议、控制、管理、计费等，它们主要完成通信网的控制、管理、运营和维护，实现通信网的智能化。

1. 终端节点

最常见的终端节点有电话机、传真机、计算机、视频终端、智能终端和PBX。其主要功能有：

（1）用户信息的处理：主要包括用户信息的发送和接收，将用户信息转换成适合传输系统传输的信号以及相应的反变换。

（2）信令信息的处理：主要包括产生和识别连接建立、业务管理等所需的控制信息。

2. 交换节点

交换节点是通信网的核心设备，最常见的有电话交换机、分组交换机、路由器、转发器等。交换节点负责集中、转发终端节点产生的用户信息，但它自己并不产生和使用这些信息。其主要功能有：

（1）用户业务的集中和接入功能，通常由各类用户接口和中继接口组成。

（2）交换功能，通常由交换矩阵完成任意入线到出线的数据交换。

（3）信令功能，负责呼叫控制和连接的建立、监视、释放等。

（4）其他控制功能，路由信息的更新和维护、计费、话务统计、维护管理等。

3. 业务节点

最常见的业务节点有智能网中的业务控制节点（SCP）、智能外设、语音信箱系统，以及 Internet 上的各种信息服务器等。它们通常由连接到通信网络边缘的计算机系统、数据库系统组成。其主要功能是：

（1）实现独立于交换节点的业务的执行和控制。

（2）实现对交换节点呼叫建立的控制。

（3）为用户提供智能化、个性化、有差异的服务。

4. 传输系统

传输系统为信息的传输提供传输信道，并将网络节点连接在一起。其硬件组成应包括：线路接口设备、传输媒介、交叉连接设备等。

传输系统一个主要的设计目标就是提高物理线路的使用效率，因此通常都采用了多路复用技术，如频分复用、时分复用、波分复用等。

1.1.1.3 通信网的基本结构

任何通信网络都具有信息传送、信息处理、信令机制、网络管理功能。因此，从功能的角度看，一个完整的现代通信网可分为相互依存的三部分：业务网、传送网、支撑网。

1. 业务网

业务网负责向用户提供各种通信业务，如基本语音、数据、多媒体、租用线、VPN等，构成一个业务网的主要技术要素包括网络拓扑结构、交换节点设备、编号计划、信令技术、路由选择、业务类型、计费方式、服务性能保证机制等，其中交换节点设备是构成业务网的核心要素。采用不同交换技术的交换节点设备通过传送网互连在一起就形成了不同类型的业务网。

2. 传送网

传送网独立于具体业务网，负责按需为交换节点/业务节点之间的互连分配电路，为节点之间信息传递提供透明传输通道，它还具有电路调度、网络性能监视、故障切换等相应的管理功能。构成传送网的主要技术要素有：传输介质、复用体制、传送网节点技术等。

传送网节点也具有交换功能。传送网节点的基本交换单位本质上是面向一个中继方向的，因此粒度很大，例如 SDH 中基本的交换单位是一个虚容器（最小是 2Mb/s），而在光传送网中基本的交换单位则是一个波长（目前骨干网上至少是 2.5Gb/s）。传送网节点之间的连接则主要是通过管理层面来指配建立或释放的，每一个连接需要长期维持和相对固定。

3. 支撑网

支撑网负责提供业务网正常运行所必需的信令、同步、网络管理、业务管理、运营管理等功能，以提供用户满意的服务质量。支撑网包含同步网、信令网、管理网三部分。

同步网处于数字通信网的最底层，负责实现网络节点设备之间和节点设备与传输设备之间信号的时钟同步、帧同步以及全网的网同步，保证地理位置分散的物理设备之间数字信号的正确接收和发送。

信令网在逻辑上独立于业务网，它负责在网络节点之间传送业务相关或无关的控制信息流。

管理网的主要目标是通过实时和近实时监视业务网的运行情况，采取各种控制和管理手段，充分利用网络资源，保证通信的服务质量。

1.1.1.4 通信网的类型及拓扑结构

1. 通信网的类型

通信网按业务类型可分为电话通信网（如 PSTN、移动通信网等）、数据通信网（如 X.25、Internet、帧中继网等）、广播电视网等；按空间距离和覆盖范围分，可分为广域网、城域网和局域网；按信号传输方式分，可分为模拟通信网和数字通信网；按运营方式分，可分为公用通信网和专用通信网；按通信的终端分，可分为固定网和移动网。

2. 通信网的拓扑结构

在通信网中，所谓拓扑结构是指构成通信网的节点之间的互连方式。基本的拓扑结构有：网状网、星形网、环形网、总线型网、复合型网等。

网状网是一种完全互连的网，网内任意两节点间均由直达线路连接，N 个节点的网络需要 $N(N-1)/2$ 条传输链路。其优点是线路冗余度大，网络可靠性高，任意两点间可直接通信；缺点是线路利用率低，网络成本高，另外网络的扩容也不方便，每增加一个节点，就需增加 N 条线路。网状结构通常用于节点数目少，又有很高可靠性要求的场合。

星形网又称辐射网，与网状网相比，增加了一个中心转接节点，其他节点都与转接节点有线路相连。N 个节点的星形网需要 $N-1$ 条传输链路。其优点是降低了传输链路的成本，提高了线路的利用率；缺点是网络的可靠性差，一旦中心转接节点发生故障或转接能力不足时，全网的通信都会受到影响。通常在传输链路费用高于转接设备、可靠性要求又不高的场合，可以采用星形结构，以降低建网成本。

环形网中所有节点首尾相连，组成一个环。N 个节点的环网需要 N 条传输链路。环网可以是单向环，也可以是双向环。该网的优点是结构简单，容易实现，双向自愈环结构可以对网络进行自动保护；缺点是节点数较多时转接时延无法控制，并且环形结构不好扩容。环形结构目前主要用于计算机局域网、光纤接入网、城域网、光传输网等网络中。

总线型网属于共享传输介质型网络，总线型网中的所有节点都连至一个公共的总线上，任何时候只允许一个用户占用总线发送或接送数据。该结构的优点是需要的传输链路少，节点间通信无需转接节点，控制方式简单，增减节点也很方便；缺点是网络服务性能的稳定性差，节点数目不宜过多，网络覆盖范围也较小。总线结构主要用于计算机局域网、电信接入网等网络中。

复合型网是由网状网和星形网复合而成的。它以星形网为基础，在业务量较大的转接交换中心之间采用网状网结构，因而整个网络结构比较经济，且稳定性较好。目前在规模较大的局域网和电信骨干网中广泛采用分级的复合型网络结构。

1.1.2 通信传送网

传送网为各类业务网提供业务信息传送手段，负责将节点连接起来，并提供任意两点之间信息的透明传输，同时也完成带宽的调度管理、故障的自动切换保护等管理维护功能。由传输线路、传输设备组成的传送网络也称之为基础网。

1.1.2.1 传输介质

传输介质是指信号传输的物理通道。任何信息在实际传输时都会被转换成电信号或光信号的形式在传输介质中传播，信息能否成功传输则依赖于两个因素：传输信号本身的质量和传输介质的特性。

传输介质分为有线介质和无线介质两大类，在有线介质中，电磁波信号会沿着有形的固体介质传输，有线介质目前常用的有双绞线、同轴电缆和光纤；在无线介质中，电磁波信号通过地球外部的大气或外层空间进行传输，大气或外层空间并不对信号本身进行制导，因此可认为是在自由空间传输。无线传输常用的电磁波段主要有无线电、微波、红外线等。

1.1.2.2 多路复用技术

按信号在传输介质上的复用方式的不同，传输系统可分为四类：基带传输系统、频分复用（FDM）传输系统、时分复用（TDM）传输系统和波分复用（WDM）传输系统。

1. 基带传输系统

基带传输是在短距离内直接在传输介质传输模拟基带信号。在传统电话用户线上采用该方式。基带传输的优点是线路设备简单，在局域网中广泛使用；缺点是传输媒介的带宽利用率不高，不适于在长途线路上使用。

2. 频分复用传输系统

频分复用（FDM）是将多路信号经过高频载波信号调制后在同一介质上传输的复用技术。每路信号要调制到不同的载波频段上，且各频段保持一定的间隔，这样各路信号通过占用同一介质不同的频带实现了复用。

FDM传输系统主要的缺点是：传输的是模拟信号，需要模拟的调制解调设备，成本高且体积大；由于难以集成，故工作的稳定度不高；由于计算机难以直接处理模拟信号，导致在传输链路和节点之间有过多的模数转换，从而影响传输质量。目前FDM技术主要用于微波链路和铜线介质上，在光纤介质上该方式更习惯被称为波分复用。

3. 时分复用传输系统

时分复用（TDM）是将模拟信号经过PCM调制后变为数字信号，然后进行时分多路复用的技术。TDM中多路信号以时分的方式共享一条传输介质，每路信号在属于自己的时间片中占用传输介质的全部带宽。

相对于频分复用传输系统，时分复用传输系统可以利用数字技术的全部优点：差错率低，安全性好，数字电路高度集成，以及更高的带宽利用率。目前主要有两种时分数字传输体制，即准同步数字体系（PDH）和同步数字体系（SDH）。

4. 波分复用传输系统

波分复用（WDM）本质上是光域上的频分复用技术。WDM将光纤的低损耗窗口划分成若干个信道，每一信道占用不同的光波频率（或波长），在发送端采用波分复用器（合波器）将不同波长的光载波信号合并起来送入一根光纤进行传输。在接收端，再由波分复用器（分波器）将这些由不同波长光载波信号组成的光信号分离开来。由于不同波长的光载波信号可以看做是互相独立的（不考虑光纤非线性时），在一根光纤中可实现多路光信号的复用传输。

一个WDM系统可以承载多种格式的“业务”信号，如ATM、IP、TDM或者将来有可能出现的信号。WDM系统完成的是透明传输，对于业务层信号来说，WDM的每个波长与一条物理光纤没有分别；WDM是网络扩容的理想手段。

1.1.2.3 SDH 传送网

1. 特点

SDH 传送网是一种以同步时分复用和光纤技术为核心的传送网结构，它由分插复用、交叉连接、信号再生放大等网元设备组成，具有容量大、对承载信号语义透明以及在通道层上实现保护和路由的功能。

（1）SDH 是一个独立于各类业务网的业务公共传送平台，具有强大的网络管理功能。

（2）SDH 采用同步复用和灵活的复用映射结构；有全球统一的网络节点接口，使得不同厂商设备间信号的互通、信号的复用、交叉链接和交换过程得到简化。

（3）SDH 主要有如下优点：标准统一的光接口；强大的网管功能。

2. 帧结构

SDH 帧结构是实现 SDH 网络功能的基础，便于实现支路信号的同步复用、交叉连接和 SDH 层的交换，同时使支路信号在一帧内的分布是均匀的、有规则的和可控的，以利于其上、下电路。

（1）SDH 帧结构以 125μs 为帧同步周期，并采用了字节间插、指针、虚容器等关键技术。SDH 系统中的基本传输速率是 STM-1，其他高阶信号速率均由 STM-1 的整数倍构造而成。

（2）每个 STM 帧由段开销（SOH）、管理单元指针（AU-PTR）和 STM 净负荷三部分组成，段开销用于 SDH 传输网的运行、维护、管理和指配（OAM&P），它又分为再生段开销（Regenerator SOH）和复用段开销（Multiplexer SOH）。段开销是保证 STM 净负荷正常灵活地传送必须附加的开销。

（3）STM 净负荷是存放要通过 STM 帧传送的各种业务信息的地方，它也包含少量用于通道性能监视、管理和控制的通道开销（POH）。

（4）管理单元指针 AU-PTR 则用于指示 STM 净负荷中的第一个字节在 STM-N 帧内的起始位置，以便接收端可以正确分离 STM 净负荷。

1.1.2.4 光传送网（OTN）

1. 光传送网特点

光传送网（OTN）是一种以 DWDM 与光通道技术为核心的新型传送网结构，它由光分插复用、光交叉连接、光放大等网元设备组成，具有超大容量、对承载信号语义透明及在光层面上实现保护和路由的功能。

（1）DWDM 技术可以不断提高现有光纤的复用度，在最大限度利用现有设施的基础上，满足用户对带宽持续增长的需求；DWDM 技术独立于具体的业务，同一根光纤的不同波长上接口速率和数据格式相互独立，可以在一个 OTN 上支持多种业务。

（2）OTN 可以保持与现有 SDH 网络的兼容性；SDH 系统只能管理一根光纤中的单波长传输，而 OTN 系统既能管理单波长，也能管理每根光纤中的所有波长；随着光纤的容量越来越大，采用基于光层的故障恢复比电层更快、更经济。

2. OTN 的分层结构

OTN 是在传统 SDH 网络中引入光层发展而来的，其分层结构如表 1-1 所示。光层负责传送电层适配到物理媒介层的信息，在 ITU-T G.872 建议中，它被细分成三个子层，由上至下依次为：光信道层（OCh）、光复用段层（OMS）、光传输段层（OTS）。相邻层之间遵循 OSI 参考模型定义的上、下层间的服务关系模式。

OTN 的分层结构 **表 1-1**

IP/MPLS	PDH	STM-N	GaE	ATM
光信道层（OCh）				
光复用段层（OMS）				
光传输段层（OTS）				

（1）光信道层负责为来自电复用段层的各种类型的客户信息选择路由、分配波长，为灵活的网络选路安排光信道连接，处理光信道开销，提供光信道层的检测、管理功能，它还支持端到端的光信道（以波长为基本交换单元）连接，在网络发生故障时，执行重选路由或进行保护切换。

（2）光复用段层保证相邻的两个 DWDM 设备之间的 DWDM 信号的完整传输，为波长复用信号提供网络功能，包括：为支持灵活的多波长网络选路重配置光复用段；为保证 DWDM 光复用段适配信息的完整性进行光复用段开销的处理；光复用段的运行、检测、管理等。

（3）光传输层为光信号在不同类型的光纤介质上（如 G. 652、G. 655 等）提供传输功能，同时实现对光放大器和光再生中继器的检测和控制。通常会涉及功率均衡问题、EDFA 增益控制、色散的积累和补偿等问题。

3. 网络节点

实现光网络的关键是要在 OTN 节点实现信号在全光域上的交换、复用和选路，目前在 OTN 上的网络节点主要有两类：光分插复用器（OADM）和光交叉连接器（OXC）。

（1）光分插复用器（OADM）主要是在光域实现传统 SDH 中的 SADM 在时域中实现的功能，包括从传输设备中有选择地下路去往本地的光信号，同时上路本地用户发往其他用户的光信号，而不影响其他波长信号的传输。与 ADM 相比，它更具透明性，可以处理不同格式和速率的信号，大大提高了整个传送网的灵活性。

（2）光交叉连接器（OXC）的主要功能与传统 SDH 中的 SDXC 在时域中实现的功能类似，不同点在于 OXC 在光域上直接实现了光信号的交叉连接、路由选择、网络恢复等功能，无需进行 OEO 转换和电处理，它是构成 OTN 的核心设备。

1.1.2.5 自动交换光网络（ASON）

ASON 即自动交换光网络，是一种由用户动态发起业务请求，自动选路，并由信令控制实现连接的建立、拆除，能自动、动态完成网络连接，融交换、传送为一体的新一代光网络。ASON 的基本设想是在光传送网中引入控制平面，以实现网络资源的按需分配从而实现光网络的智能化。

1. ASON 的特点

ASON 相对传统 SDH 具备以下特点：

（1）支持端到端的业务自动配置；

（2）支持拓扑自动发现；

（3）支持 Mesh 组网保护，增强了网络的可生存性；

（4）支持差异化服务，根据客户层信号的业务等级决定所需要的保护等级；

（5）支持流量工程控制，网络可根据客户层的业务需求，实时动态地调整网络的逻辑拓扑，实现了网络资源的最佳配置。

2. ASON 的功能结构

ASON 网络由智能网元、TE 链路、ASON 域和 SPC（Soft Permanent Connection）组成。

3. ASON 的组成

ASON 主要由以下三个独立的平面组成。

（1）控制平面：由一组通信实体组成，负责完成呼叫控制和连接控制功能。通过信令完成连接的建立、释放、监测和维护，并在发生故障时自动恢复连接。

（2）传送平面：就是传统 SDH 网络。它完成光信号传输、复用、配置保护倒换和交叉连接等功能，并确保所传光信号的可靠性。

（3）管理平面：完成传送平面、控制平面和整个系统的维护功能，能够进行端到端的配置，是控制平面的一个补充。包括性能管理、故障管理、配置管理和安全管理功能。

4. ASON 的接口

ASON 在逻辑上可以有用户—网络接口（UNI），内部网络—网络接口（I-NNI）和外部网络—网络接口（E-NNI）。

1.1.3 业务网

目前，各种网络为用户提供了大量的不同业务，业务的分类并无统一的方式，一般会受到实现技术和运营商经营策略的影响。

1. 电话网

通信网提供固定电话业务、移动电话业务、VoIP、会议电话业务和电话语音信息服务业务等。该类业务不需要复杂的终端设备，所需带宽小于 64kbit/s，采用电路或分组方式承载。

（1）固定电话网是目前覆盖范围最广，业务量最大的网络，分为本地电话网和长途电话网。本地电话网是在同一编号区内的网络，由端局、汇接局和传输链路组成；长途电话网是在不同的编号区之间通话的网络，由长途交换局和传输链路组成。

电话交换局是电话网中的核心，采用数字程控交换设备，每一路电话编码为 64kbit/s 的数字信号，占据一次群中的某一时隙，在信令的控制下进行时隙交换，从而和各个不同的用户相连。

（2）移动电话网由移动交换局、基站、中继传输系统和移动台组成。移动交换局和基站之间通过中继线相连，基站和移动台之间为无线接入方式。移动交换局对用户的信息进行交换，并实现集中控制管理。

大容量的移动通信网络形成多级结构，为了均匀负荷，合理利用资源，避免在某些方向上产生的话务拥塞，在网络中设置移动汇接局。

（3）IP 电话网通过分组交换网传送电话信号。在 IP 电话网中，主要采用语音压缩技术和语音分组交换技术。传统电话网一般采用的 A 律 13 折线 PCM 编码技术，一路电话的编码速率为 64kbit/s，或者采用律 μ 律 15 折线编码方法，编码速率为 52kbit/s。IP 电话采用共轭结构算术码本激励线性预测编码法，编码速率为 8kbit/s，再加上静音检测，统计复用技术，平均每路电话实际占用的带宽仅为 4kbit/s，节省了带宽资源。

IP电话用分组的方式来传送语音，在分组交换网中采用了统计复用技术，提高了对于传输链路和其他网络资源的利用率。

2. 数据通信网

数据通信网由数据终端、传输网络、数据交换和数据处理设备等组成，通过网络协议的支持完成网中各设备之间的数据通信。其功能是对数据进行传输、交换、处理，可实现网内资源共享。

数据通信网包括分组交换网、数字数据网、帧中继网、计算机互联网，这些网络的共同特点都是为计算机联网及其应用服务的。

（1）X.25分组交换网

X.25分组交换网是采用分组交换技术的可以提供交换连接的数据通信网络。除了为公众提供数据通信业务外，电信网络内部的很多信息，如交换网、传输网的网络管理数据都通过X.25网进行传送。

这种网络的缺点是协议处理复杂，信息传送的时间延迟较大，不能提供实时通信，因此其应用范围受到限制。

（2）数字数据网

和X.25提供交换式的数据连接不同，DDN是为计算机联网提供固定或半固定的连接数据通道。

DDN的主要设备包括数字交叉连接设备、数据复用设备、接入设备和光纤传输设备。通过数字交叉连接设备进行电路调度、电路监控、网络保护，为用户提供高质量的数据传输电路。

（3）帧中继网

帧中继是在X.25网络的基础上发展起来的数据通信网。它的特点是取消了逐段的差错控制和流量控制，把原来的三层协议处理改为二层协议处理，从而减少了中间节点的处理时间，同时传输链路的传输速率也有所提高，减少了信息通过网络的时间延迟。

帧中继网络由帧中继交换机、帧中继接入设备、传输链路、网络管理系统组成。提供较高速率的交换数据连接，在时间响应性能方面较X.25有明显的改进，可在局域网互联、文件传送、虚拟专用网等方面发挥作用。

（4）计算机互联网

计算机互联网是一类分组交换网，采用无连接的传送方式，网络中的分组在各个节点被独立处理，根据分组上的地址传送到它的目的地。互联网主要由路由器、服务器、网络接入设备，传输链路等组成。路由器是网络中的核心设备，对各分组起到交换的功能，信息通过逐段传送直传送到相应的目的地，互联网采用IP协议把信息分解形成由IP协议规定的IP数据报，同时对地址进行分配，按照分配的IP地址对分组进行路由选择，实现对分组的处理和传送。

计算机互联网是业务量发展最快的数据通信网络，所提供的各类应用，如视频点播、远程教育、网上购物等，给我们的生活带来很多新的变化。

3. 综合业务数字网（ISDN）

综合业务数字网（ISDN）是由电话综合数字网演变而成，提供端到端的数字连接，以支持一系列广泛的业务（包括语音和非语音业务），为用户提供一组标准的多用途用户一网路接口。综合业务数字网有窄带和宽带两种。

（1）窄带综合业务数字网向用户提供的有基本速率（2B+D，144kbit/s）和一次群速率（30B+D，2Mbit/s）两种接口。基本速率接口包括两个能独立工作的B信道（64kbit/s）和一个D信道（16kbit/s），其中B信道一般用来传输语音、数据和图像，D信道用来传输信令或分组信息。宽带可以向用户提供155Mbit/s以上的通信能力。

（2）宽带综合业务数字网（B-ISDN）是在ISDN的基础上发展起来的，可以支持各种不同类型、不同速率的业务，包括速率不大于64kbit/s的窄带业务（如语音、传真），宽带分配型业务（广播电视、高清晰度电视），宽带交互型通信业务（可视电话、会议电视），宽带突发型业务（高速数据）等。

B-ISDN的主要特征是以同步转移模式（STM）和异步转移模式（ATM）兼容方式，在同一网路中支持范围广泛的声音、图像和数据的应用。

1.1.4 支撑网

一个完整的电信网除有以传递电信业务为主的业务网之外，还需有若干个用来保障业务网正常运行、增强网络功能、提高网路服务质量的支撑网路。支撑网是现代电信网运行的支撑系统。支撑网中传递相应的监测和控制信号，包括公共信道信令网、同步网、电信管理网等。

1. 信令网

信令网是公共信道信令系统传送信令的专用数据支撑网，一般由信令点（SP），信令转接点（STP）和信令链路组成。信令网可分为不含STP的无级网和含有STP的分级网。无级信令网信令点间都采用直连方式工作，又称直连信令网。分级信令网信令点间可采用准直连方式工作，又称非直连信令网。

2. 同步网

同步网是现代电信网运行的支持系统之一，为电信网内所有电信设备的时钟（或载波）提供同步控制信号。数字网内任何两个数字交换设备的时钟速率差超过一定数值时，会使接收信号交换机的缓冲存储器读、写时钟有速率差，当这个差值超过某一定值时就会产生滑码，以致造成接收数字流的误码或失步。同步网的功能就在于使网内全部数字交换设备的时钟频率工作在共同的速率上，以消除或减少滑码。

（1）数字网同步和数字同步网

在数字通信网内，使网中各个单元使用某个共同的基准时钟频率，实现各网元时钟间的同步，称为网同步。数字网同步的方式很多，其中准同步方式是指在一个数字网中各个节点，分别设置高精度的独立时钟，这些时钟产生的定时信号以同一标称速率出现，而速率的变化限制在规定范围内，故滑动率是可以接受的。通常国际通信时采用准同步方式。目前，我国及世界上多数国家的国内数字网同步都采用主从同步方式。

数字同步网用于实现数字交换局之间、数字交换局和数字传输设备之间的同步，它是由各节点时钟和传递频率基准信号的同步链路构成的。数字同步网的组成包括两个部分，即交换局间的时钟同步和局内各种时钟之间的同步。

（2）同步网的等级结构

我国国内数字同步网采用由单个基准时钟控制的分区式主从同步网结构。主从同步方式是将一个时钟作为主（基准）时钟，网中其他时钟（从时钟）同步于主时钟。

我国数字同步网的等级分为4级。

第一级是基准时钟（PRC），由铯原子钟组成，它是我国数字网中最高质量的时钟，是其他所有时钟的定时基准。

第二级是长途交换中心时钟，装备GPS接收设备及有保持功能的高稳定时钟（受控铷钟和高稳定度晶体时钟），构成高精度区域基准时钟（LPR），该时钟分为A类和B类。设置于一级（C1）和二级（C2）长途交换中心的大楼综合定时供给系统（BITS）时钟属于A类时钟，它通过同步链路直接与基准时钟同步。设置于三级（C3）和四级（C4）长途交换中心的大楼综合定时供给系统时钟属于B类时钟，它通过同步链路受A类时钟控制，间接地与基准时钟同步。

第三级时钟是有保持功能的高稳定度晶体时钟，其频率偏移率可低于二级时钟。通过同步链路与二级时钟或同等级时钟同步。设置在汇接局（Tm）和端局（C5）。需要时可设置大楼综合定时供给系统。

第四级时钟是一般晶体时钟，通过同步链路与第三级时钟同步，设置于远端模块、数字终端设备和数字用户交换设备。

（3）大楼综合定时供给系统（BITS）和定时基准的传输

大楼综合定时供给系统（BITS）是指在每个通信大楼内，设有一个主钟，它受控于来自上面的同步基准（或GPS）信号，楼内所有其他时钟受该主钟同步。主钟等级应该与楼内交换设备的时钟等级相同或更高。BITS由五部分组成：参考信号入点、定时供给发生器、定时信号输出、性能检测及告警。我国在数字同步网的二、三级节点设BITS，并向需要同步基准的各种设备提供定时信号。

3. 电信管理网

电信管理网是为保持电信网正常运行和服务，对其进行有效的管理所建立的软、硬件系统和组织体系的总称，是现代电信网运行的支撑系统之一，是一个综合的、智能的、标准化的电信管理系统。一方面对某一类网络进行综合管理，包括数据的采集，性能监视、分析、故障报告、定位以及对网络的控制和保护；另一方面对各类电信网实施综合性的管理，即首先对各种类型的网络建立专门的网络管理，然后通过综合管理系统对各专门的网络管理系统进行管理。

（1）电信管理网的主要功能是：根据各局间的业务流向、流量统计数据有效地组织网络流量分配；根据网络状态，经过分析判断进行调度电路、组织迂回和流量控制等，以避免网络过负荷和阻塞扩散；在出现故障时根据告警信号和异常数据采取封闭、启动、倒换和更换故障部件等，尽可能使通信及相关设备恢复和保持良好运行状态。随着网络不断地扩大和设备更新，维护管理的软硬件系统将进一步加强、完善和集中，从而使维护管理更加机动、灵活、适时、有效。

（2）电信管理网主要包括网络管理系统、维护监控系统等，由操作系统、工作站、数据通信网、网元组成，其中网元是指网络中的设备，可以是交换设备、传输设备、交叉连接设备、信令设备。数据通信网则提供传输数据、管理数据的通道，它往往借助电信网来建立。

1.1.5 通信技术的发展趋势

从全球电信业发展的战略来看，通信技术的发展已经脱离纯技术驱动的模式，正在走向技术与业务相结合、互动的新模式。在世界范围内，从市场应用和业务需求的角度看，最大和最深刻的变化将是从语音业务向数据业务的战略性转变，这种转变将深刻影响通信技术的走向。通信技术的发展将呈现如下趋势：

网络应用将加速向 IP 汇聚，电信网、计算机网和有线电视网融合（三网融合）方向发展。

交换技术将由电路交换技术向分组交换转变，软交换和 IMS 是传统交换网络向下一代网络演进的两个阶段，两者将以互通的方式长期共存。

传送技术将从点对点通信到光联网转变，光交换与 WDM 等技术共同使网络向全光网、智能光网方向迈进。

接入技术的宽带化、IP 化和无线化将是接入网领域未来的发展大趋势。

在无线通信领域，在宽带业务需求不断增长的情况下，无线传输作为个人通信的重要手段，移动通信系统向 4G 迈进将成为必然。

1.1.5.1 下一代网络（NGN）技术

随着科学技术的突破以及 Internet 业务的飞速发展，人们对通信业务的需求逐渐由语音变为对数据、图像和语音的综合需求，需要新的网络来提供丰富的语音、数据、图像以及多媒体业务。

NGN 是大量采用创新技术，以 IP 为中心同时可以支持语音、数据和多媒体业务的融合网络。NGN 是一种业务驱动型、以软交换技术为核心的开放性网络，通过开放式协议和接口，实现业务与呼叫控制分离以及呼叫控制与承载分离，使业务独立于网络，以便灵活、快速地提供业务。在 NGN 中，用户可以自己定义业务特征，而不必关心具体承载业务的网络形式和终端类型。

1.1.5.2 软交换

软交换是一种支持开放标准的软件，能够基于开放的计算平台完成分布式的通信控制功能，并且具有传统的 TDM 电路交换机的业务功能。软交换系统吸取了 IP 网络技术、ATM 网络技术和智能网（IN）技术等众家之长，形成分层、全开放的体系结构。

1. 开放的业务生成接口

软交换技术采用了开放式应用程序接口（API），简化了信令的结构和控制的复杂性，具有对网络业务、接入技术和智能业务的开放性。它提供了不同厂商的设备之间的互操作能力。

2. 综合的设备接入能力

软交换可以支持众多的协议，以便对各种各样的接入设备进行控制，最大限度地保护用户投资并充分发挥现有通信网络的作用。

3. 基于策略的运行支持系统

软交换采用了一种与传统 OAM 系统完全不同的、基于策略的实现方式来完成运行支持系统的功能，按照一定的策略对网络特性进行实时、智能、集中式的调整和干预，以保证整个系统的稳定性和可靠性。

1.1.5.3 IP 多媒体子系统（IMS）

IMS（IP 多媒体子系统，IP Multimedia Subsystem），IMS 是在 3GPP R5 标准之后新增的一个核心子系统。它基于 IP 承载，叠加在 PS（分组域）之上，为用户提供文本、语音、视频、图片等不同的 IP 多媒体信息。IMS 在 IP 网络的基础上构建一个分层、开放、融合的核心网控制架构，是一个可运营、可管理、可计费的系统。

目前固定及移动宽带发展迅猛，多媒体业务是运营商未来的增长点，目前全球已有超过100个IMS商用和试商用网络，规模商用已逐渐形成，国外主流运营商初期部署IMS主要用于固网改造、VoIP和融合业务提供，建设IMS的最终目标均为固定和移动融合的统一。核心网IMS初期用于固网业务，多媒体业务，固移融合业务的提供，移动网向IMS演进，最终形成统一融合的IMS。IMS网络是未来的发展趋势。

多媒体业务需求与网络演进双驱动（软交换未形成国际化标准）。业界研究重点早已从软交换转向IMS-based NGN架构。

2004年，TISPAN（ETSI组织中关于NGN与固网演进的标准组织）提出的IMS-based NGN架构（真正关于移动、固网可融合、可实现的NGN网络架构）得到了业界普遍认可，ITU-T认可IMS-based NGN作为NGN的基本架构，业界对NGN的研究和设备开发重点已普遍转移到IMS-based NG。

软交换未形成国际化标准，且其对多媒体的支持和再发展空间有限。但仍是目前较成熟可用的语音分组化技术。我国国内运营商已经大规模商用，因此，业界对固网如何向下一代网络演进存在一定的分歧与争议，即PSTN网络向NGN演进可能会有三种方式：一是直接向IMS架构的NGN演进；二是向软交换演进，然后融入NGN架构中；三是软交换与IMS-based NGN并存。

目前固网软交换得到广泛应用，基于固网软交换也已开发出多种多媒体业务，如视频电话等，因此运营商的网络架构将离不开软交换的存在，对于固定宽带多媒体业务目前主要依托NGN进行提供。随着软交换设备的逐步老化及智能终端的普及，基于移动及固网的融合业务、视频业务等需求增加，IMS的引入是必然趋势。但IMS和软交换网络将长期共存。随着IMS网络规模的增大，软交换网络逐步成为IMS的接入网络。

固定、移动语音网都在采用不同方式逐步分别实现语音分组化，两网的融合需较长时间，但最终将融合在IMS-based NGN架构下。较长时期内两网将并存发展，在IMS架构下能进行部分业务平台的融合与共享。

1.1.5.4 4G（LTE）简介

随着移动通信市场的发展，用户对更高性能的移动通信系统提出了需求，希望享受更为丰富和高速的通信业务；特别是移动互联网、物联网、三网融合的发展，为4G技术的商用奠定了基础。

1. 4G无线通信目标

（1）提供更高的传输速率（室内为100Mbps～1Gbps，室外步行为数十至数百Mbps，车速为数十Mbps，信道射频带宽为数十MHZ，频谱效率为几到数十bps/HZ）。

（2）支持更高的终端移动速度（250km/h）。

（3）全IP网络架构、承载与控制分离。

（4）提供无处不在的服务、异构网络协同。

（5）提供更为丰富的分组多媒体业务。

2. 4G关键技术

（1）OFDM多载波技术。

（2）MIMO多天线技术。

（3）OTDM 链路自适应技术。

（4）SA 智能天线。

3. 4G 标准进展情况

2010 年 10 月份，在中国重庆举行的 ITU 大会上，国际电信联盟确定 LTE-Advanced 和 802.16m 为新一代移动通信（4G）国际标准，其中包含我国提交的技术标准 TD-LTE-Advanced。国际电信联盟将于 2011 年底前完成 4G 国际标准建议书编制工作，2012 年初正式批准发布。我国自主知识产权的 TD-LTE-Advanced 方案的优势在于良好地融合了现有 4G 制式，并且支持三种 3G 技术的简单演进。

1.1.5.5 分组传送网（PTN）

分组传送网 PTN（分组传送网，Packet Transport Network），目前还没有一个标准的定义。从广义的角度讲，只要是基于分组交换技术，并能够满足传送网对于运行维护管理（OAM）、保护和网管等方面的要求，就可以称为 PTN。分组传送网是保持了传统技术的优点，具有良好的可扩展性，丰富的操作维护，快速的保护倒换，同时又增加适应分组业务统计复用的特性，采用面向连接的标签交换，分组的 QoS 机制以及灵活动态的控制的新一代传送网技术。前期通信业界一般理解的 PTN 技术主要包括 T-MPLS 和 PBB-TE。近期由于支持 PBB-TE 的厂商和运营商越来越少，中国已经基本上将 PTN 和 T-MPLS/MPLS-TP 画上了等号。

1. 分组传送网（PTN）的特点

（1）面向分组的通用交叉技术：通过统一、开放的业务平台同时支持分组和电路业务，避免了复杂的网络结构和不同传输平台，使规划和应用相对简单。

（2）集成光层技术支持多业务传送方式：分组传送设备内置光层传输技术，如 WDM 技术等，满足海量带宽不同距离、场景传送需求。

（3）支持 TMPLS/MPLS-TP 分组传送协议。

（4）具有极强的可扩展性。

（5）兼容传统电路业务并提供同步支持。

（6）具有可运营的 OAM 和保护特性。

（7）统一传送平台支持多业务接入。

2. 分组传送网（PTN）的关键技术

（1）分层多业务传送网络模型。MPLS-TP 采用了分层网络模型，包括伪线层（PW）、LSP 隧道层（LSP Tunnel）和段层（MPLS Section），实现业务路径、传送通道和物理链路等不同逻辑功能的层次化。传送网内部通过把不同的逻辑功能分层，网络拓扑和业务拓扑更加清晰，使得网络的运维管理更加简便高效，易于实现故障隔离和告警抑制功能，有效降低传送网需要维护的连接数量。

（2）无阻塞分组交换系统架构。为了保证专线、语音等业务的高 QoS 要求，新一代的 PTN 设备采用无阻塞的分组交换系统架构。分组网络的 QoS 首先由设备的系统架构保证，分组设备的交换架构可以分成两类，即无阻塞 Crossbar 信元交换架构及低成本共享总线/共享内存架构。

（3）面向连接组网保障完善的 QoS 机制。端到端的 QoS 需要采用面向连接的组网技术。在承载高 QoS 业务的专用 IP 承载网络中，为了避免动态路由造成的流量、流向无序变化对 QoS 的影响，IP 路由器采用面向连接的 MPLS-TE 技术，通过集中路径规划、带宽预留，确保 IP 业务的 QoS。

（4）硬件实现端到端高性能 OAM 机制。TN 最突出的优势是其高性能的层次化的 OAM 机制，实现在复杂网络拓扑下实时、精确的故障定位功能，克服了 IP/MPLS 网络在故障检测、故障定位、告警抑制等方面的缺陷。MPLS-TP 分别针对伪线层、LSP 隧道层、和 MPLS 段层定义层次化的 OAM 报文处理机制，通过对分层网络的支持，上层 OAM 信息能够自动顺序下插到下层链路，使状态传递和告警抑制具有了协议基础。

（5）端到端的可视化集中网络管理。PTN 集中网管系统提供端到端的业务配置、故障定位、性能监视、日常维护等功能。

1.1.5.6 全光网络

所谓全光网络，是指信号只是在进出网络时才进行电/光和光/电的变换，而在网络中传输和交换的过程中始终以光的形式存在。由于在整个传输过程中没有电的处理，所以 PDH、SDH、ATM 等各种传送方式均可使用，提高了网络资源的利用率。

1. 全光网络的特点

（1）透明性好。因为采用光路交换，以波长来选择路由，因此对传输码率、数据格式以及调制方式具有透明性，即对信号形式无限制，允许采用不同的速率和协议。

（2）具备可扩展性。新节点的加入并不会影响原来网络结构和原有各节点设备。

（3）全光网络能够提供巨大的带宽。因为全光网对信号的交换都在光域内进行，可最大限度地利用光纤的传输容量。

（4）兼容性好、容易升级：全光网比铜线或无线组成的网络具有更高的处理速度和更低的误码率。全光网具有良好的兼容性，它不仅可以与现有的通信网络兼容，而且还可以支持未来的宽带综合业务数据网以及网络的升级。

（5）具备可重构性：可以根据通信容量的需求，动态地改变网络结构，可对光波长的连接进行恢复、建立、拆除等。

（6）可靠性高。全光网中采用了较多无源光器件，省去了庞大的光/电/光转换的设备及工作，可大幅提升网络整体的交换速度，提高可靠性。

（7）组网灵活性高。全光网络组网极具灵活性，在任何节点可以抽出或加入某个波长。

2. 全光网络的结构

全光网络主要由核心网、城域网和接入网三层组成，三者的基本结构相类似，由 DWDM 系统、光放大器、OADM（光分插复用器）和 OXC（光交叉连接设备）等设备组成。

全光网络有星形网、总线网和树形网 3 种基本类型。

1.2 光传输系统

1.2.1 光纤通信系统的构成

光通信系统通常指光纤传输通信系统，是目前通信系统中最常用的传输系统。掌握光纤传输系统的基本原理是了解光通信的窗口。

1.2.1.1 光纤通信系统

1. 光纤通信是以光波作为载频、以光导纤维（简称光纤）作为传输媒介、遵循相应的技术体制的一种通信方式。最基本的光纤通信系统由光发射机、光纤线路（包括光缆和光中继器）和光接收机组成。图 1-1 是光纤通信系统组成框图。

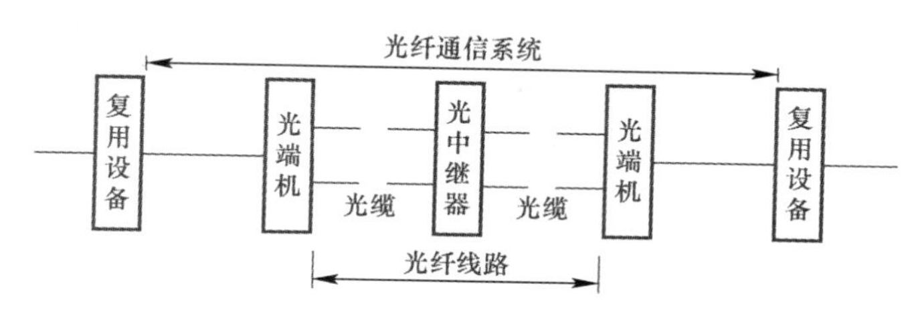

图 1-1　光纤通信系统组成框图

2. 光纤通信系统通常采用数字编码、强度调制、直接检波等技术。所谓编码，就是用一组二进制码组来表示每一个有固定电平的量化值。强度调制就是在光端机发送端，通过调制器用电信号控制光源的发光强度，使光强度随信号电流线性变化（这里的光强度是指单位面积上的光功率）。直接检波是指在光端机接收端，用光电检测器直接检测光的有无，再转化为电信号。光纤作为传输媒介，以最小的衰减和波形畸变将光信号从发送端传输到接收端。为了保证通信质量，光信号经过光纤一定距离的衰减后，进入光中继器，由光中继器对已衰落的光信号脉冲进行补偿和再生。

1.2.1.2 光传输媒质

1. 光纤是光通信系统最普遍和最重要的传输媒质，它由单根玻璃纤芯、紧靠纤芯的包层、一次涂覆层以及套塑保护层组成。纤芯和包层由两种光学性能不同的介质构成，内部的介质对光的折射率比环绕它的介质的折射率高，因此当光从折射率高的一侧射入折射率低的一侧时，只要入射角度大于一个临界值，就会发生光全反射现象，能量将不受损失。这时包在外围的覆盖层就像不透明的物质一样，防止了光线在穿插过程中从表面逸出。

2. 光在光纤中传播，会产生信号的衰减和畸变，其主要原因是光纤中存在损耗和色散。损耗和色散是光纤最重要的两个传输特性，它们直接影响光传输的性能。

(1) 光纤传输损耗：损耗是影响系统传输距离的重要因素之一，光纤自身的损耗主要有吸收损耗和散射损耗。吸收损耗是因为光波在传输中有部分光能转化为热能；散射损耗是因为材料的折射率不均匀或有缺陷、光纤表面畸变或粗糙造成的，主要包含瑞利散射损耗、非线性散射损耗和波导效应散射损耗。当然，在光纤通信系统中还存在非光纤自身原因的一些损耗，包括连接损耗、弯曲损耗和微弯损耗等。这些损耗的大小将直接影响光纤传输距离的长短和中继距离的选择。

(2) 光纤传输色散：色散是光脉冲信号在光纤中传输，到达输出端时发生的时间上的展宽。产生的原因是光脉冲信号的不同频率成分、不同模式，在传输时因速度不同，到达终点所用的时间不同而引起的波形畸变。这种畸变使得通信质量下降，从而限制了通信容量和传输距离。降低光纤的色散，对增加光纤通信容量，延长通信距离，发展高速 40Gb/s 光纤通信和其他新型光纤通信技术都是至关重要的。

1.2.1.3 光传输设备

光传输设备主要包括：光发送机、光接收机、光中继器。

1. 光发送机：光发送机的作用是将数字设备的电信号进行电/光转换，调节并处理成为满足一定条件的光信号后送入光纤中传输。光源是光发送机的关键器件，它产生光纤通信系统所需要的载波；输入接口在电/光之间解决阻抗、功率及电位的匹配问题；线路编码包括码型转换和编码；调制电路将电信号转变为调制电流，以便实现对光源输出功率的调节。图 1-2 是光发送机组成框图。

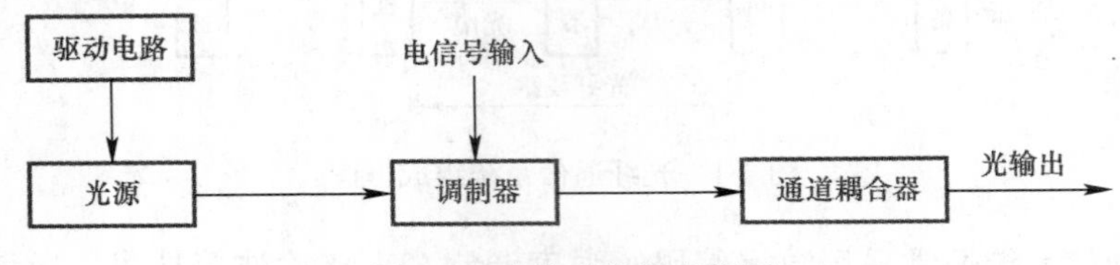

图 1-2 光发送机组成框图

2. 光接收机：光接收机的作用是把经过光纤传输后，脉冲幅度被衰减、宽度被展宽的弱光信号转变为电信号，并放大、再生恢复出原来的信号。图 1-3 是光接收机组成框图。

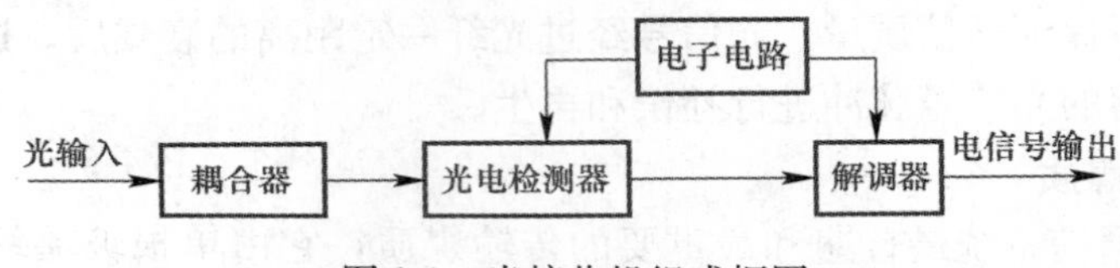

图 1-3 光接收机组成框图

3. 光中继器：光中继器的作用是将通信线路中传输一定距离后衰弱、变形的光信号恢复再生，以便继续传输。再生光中继器有两种类型：一种是光—电—光中继器；另一种是光—光中继器。

传统的光中继器采用的是光电光（OEO）的模式，光电检测器先将光纤传送来的非常微弱的且可能失真了的光信号转换成电信号，再通过放大、整形、再定时，还原成与原来的信号一样的电脉冲信号。然后用这一电脉冲信号驱动激光器发光，又将电信号变换成光信号，向下一段光纤发送出光脉冲信号。这种方式过程繁琐，很不利于光纤的高速传输。自从掺铒光纤放大器问世以后，光中继实现了全光中继。

1.2.1.4 光通信系统传输网技术体制

在数字通信发展的初期，世界上采用的数字传输系统都是准同步数字体系（PDH），这种体制适应了当时点对点通信的应用。随着数字交换的引入，光通信技术的发展，基于点对点传输的准同步（PDH）体系存在的一些弱点都暴露出来，阻碍了电信网向高度灵活和智能化方向发展。同步数字体系（SDH）使 PDH 应用中存在的问题得以解决，SDH 传输网络应用进入一个新的阶段，同步数字体系成为举世公认的新一代光通信传输网体制。

1. 准同步数字体系（PDH）的弱点

（1）只有地区性的数字信号速率和帧结构标准，没有世界性标准。北美、日本、欧洲三个标准互不兼容，造成国际互通的困难。

（2）没有世界性的标准光接口规范，各厂家自行开发的光接口无法在光路上互通，限制了联网应用的灵活性。

（3）复用结构复杂，缺乏灵活性，上下业务费用高，数字交叉连接功能的实现十分复杂。

（4）网络运行、管理和维护（OAM）主要靠人工的数字信号交叉连接和停业务测试，复用信号帧结构中辅助比特严重缺乏，阻碍网络 OAM 能力的进一步改进。

（5）由于复用结构缺乏灵活性，使得数字通道设备的利用率很低，非最短的通道路由占了业务流量的大部分，无法提供最佳的路由选择。

2. 同步数字体系（SDH）的特点

（1）使三个地区性标准在 STM-1 等级以上获得统一，实现了数字传输体制上的世界性标准。

（2）采用了同步复用方式和灵活的复用映射结构，使网络结构得以简化，上下业务十分容易，也使数字交叉连接的实现大大简化。

（3）SDH 帧结构中安排了丰富的开销比特，使网络的 OAM 能力大大加强。

（4）有标准光接口信号和通信协议，光接口成为开放型接口满足多厂家产品环境要求，降低了联网成本。

（5）与现有网络能完全兼容，还能容纳各种新的业务信号，即具有完全的后向兼容性和前向兼容性。

（6）频带利用率较 PDH 有所降低。

（7）宜选用可靠性较高的网络拓扑结构，降低网络层上的人为错误、软件故障乃至计算机病毒给网络带来的风险。

1.2.1.5 光波分复用（WDM）

1. 光波分复用是将不同规定波长的信号光载波在发送端通过光复用器（合波器）合并起来送入一根光纤进行传播，在接收端再由一个光解复用器（分波器）将这些不同波长承载不同信号的光载波分开。这些不同波长的光信号所承载的数字信号可以是相同速率、相同数据格式，也可以是不同速率、不同数据格式。

2. 采用 WDM 技术可以充分利用单模光纤的巨大带宽资源（低损耗波段），在大容量长途传输时可以节约大量光纤。另外，波分复用通道对数据格式是透明的，即与信号速率及电调制方式无关，在网络发展中，是理想的扩容手段，也是引入宽带新业务的方便手段。

3. 根据需要，WDM 技术可以有多种网络应用形式，如长途干线网、广播式分配网络、多路多址局域网络等。可利用 WDM 技术选路，实现网络交换和恢复，从而实现透明、灵活、经济且具有高度生存性的光网络。

4. 依据通道间隔和应用的不同，光波分复用有稀疏波分复用（CWDM）和密集波分复用（DWDM）之分。一般 CWDM 的信道间隔为 20nm，而 DWDM 的信道间隔从 0.2nm 到 1.2nm。

1.2.2 SDH 设备的构成及功能

SDH 传输网是由一些基本的 SDH 网络单元（NE）和网络节点接口（NNI）组成，

通过光纤线路或微波设备等连接，进行同步信息接收/传送、复用、分插和交叉连接的网络。它具有全世界统一的网络节点接口，从而简化了信号的互通，以及信号的传输、复用、交叉连接和交换的过程；有一套标准化的信息结构等级，称为同步传送模块 STM-N（N=1，4，16，64，…），并具有一种块状帧结构，允许安排丰富的开销比特（即网络节点接口比特流中扣除净负荷后的剩余字节）用于网络的 OAM。

1.2.2.1　SDH 的基本网络单元

构成 SDH 系统的基本网元主要有同步光缆线路系统、终端复用器（TM）、分插复用器（ADM）、再生中继器（REG）和同步数字交叉连接设备（SDXC）。其中 TM、ADM、REG、SDXC 主要功能如图 1-4 所示。

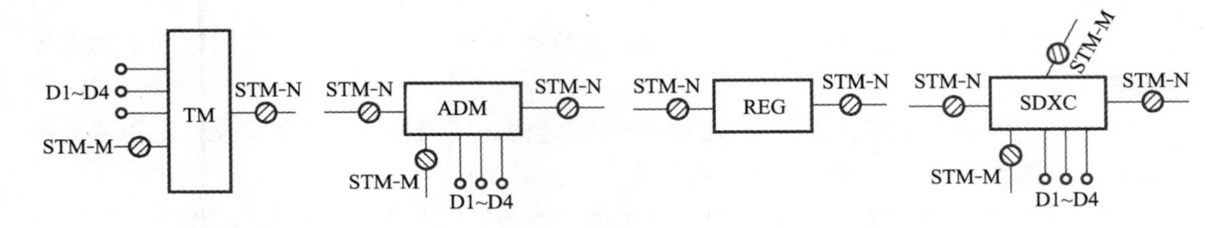

图 1-4　SDH 网络单元功能示意图

1. 终端复用器（TM）：TM 是 SDH 基本网络单元中最重要的网络单元之一，它的主要功能是将若干个 PDH 低速率支路信号复用成 STM-1 帧结构电（或光）信号输出，或将若干个 STM-n 信号复用成 STM-N（n<N）光信号输出，并完成解复用的过程。例如，在 STM-1 终端复用器发送端：可将 63 个 2Mbit/s 信号复用成为一个 STM-1 信号输出，而在 STM-1 终端复用器接收端：可将一个 STM-1 信号解复用为 63 个 2Mbit/s 信号输出。

2. 分插复用器（ADM）：ADM 是 SDH 传输系统中最具特色、应用最广泛的基本网络单元。ADM 将同步复用和数字交叉连接功能集于一体，能够灵活地分插任意群路、支路和系统各时隙的信号，使得网络设计有很大的灵活性。ADM 除了能完成与 TM 一样的信号复用和解复用功能外，它还能利用其内部时隙交换实现带宽管理，允许两个 STM-N 信号之间的不同 VC 实现互连，且能在无需解复用和完全终接的情况下接入多种 STM-n 和 PDH 支路信号。更重要的是在 SDH 保护环网结构中，ADM 是系统中必不可少的网元节点，利用它的时隙保护功能，可以使得电路的安全可靠性大为提高，在 1200km 的 SDH 保护环中，任意一个数字段由于光缆或中继系统原因，电路损伤业务时间不会大于 50ms。

3. 再生中继器（REG）：再生中继器的功能是将经过光纤长距离传输后，受到较大衰减和色散畸变的光脉冲信号，转换成电信号后，进行放大、整形、再定时、再生成为规范的电脉冲信号，经过调制光源变换成光脉冲信号，送入光纤继续传输，以延长通信距离。

4. 同步数字交叉连接设备（SDXC）：SDXC 是 SDH 网的重要网元，是进行传送网有效管理、实现可靠的网络保护/恢复，以及自动化配线和监控的重要手段。其主要功能是实现 SDH 设备内支路间、群路间、支路与群路间、群路与群路间的交叉连接，还兼有复用、解复用、配线、光电互转、保护恢复、监控和电路资料管理等多种功能。实际的SDH保护环网系统中，常常把数字交叉连接的功能内置在ADM中，或者说ADM设备具有数字交叉连接功能，其核心部分是具有强大交叉能力的交叉矩阵。除此之外，SDXC设备与其附属的接口设备也可以单独组网，将各条没有构成SDH保护环的链状电路接入SDXC网，建成一个SDXC独立保护网，利用接入的一部分冗余电路，经过SDXC网络的自动运算，找出最合适最经济的路由，使得接入的重要业务，能够得到如SDH保护环网中电路一样的保护。

1.2.2.2 SDH网络节点接口

所谓网络节点接口（NNI）表示网络节点之间的接口。规范一个统一的NNI标准，基本出发点在于，使其不受限于特定的传输媒质，不受限于网络节点所完成的功能，同时对局间通信或局内通信的应用场合也不加以限定。SDH网络节点接口正是基于这一出发点而建立起来的，它不仅可以使北美、日本和欧洲3种地区性PDH序列在SDH网中实现统一，而且在建设SDH网和开发应用新设备产品时可使网络节点设备功能模块化、系列化、并能根据电信网络中心规模大小和功能要求灵活地进行网络配置，从而使SDH网络结构更加简单、高效和灵活，并在将来需要扩展时具有很强的适应能力。网络节点接口在SDH网络中的位置如图1-5所示。

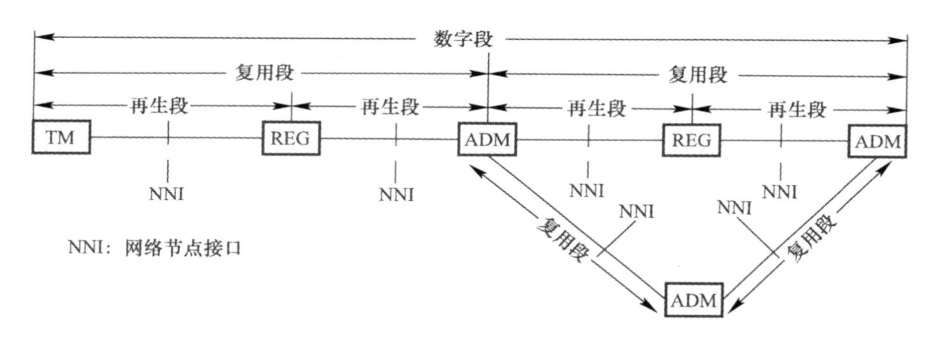

图1-5 网络单元和网络节点接口在SDH网络中位置示意图

1.2.2.3 基本网络单元的连接

1. 网络拓扑结构

根据网络节点在网络中的几何安排，网络主要有以下几种基本的拓扑结构：

（1）线形：把涉及通信的每个节点串联起来，而首尾节点开放，通常也称链形网络结构。

（2）星形：涉及通信的所有节点中有一个特殊的点与其余的所有节点直接相连，而其余节点之间互不相连，该特殊点具有连接和路由调度功能。

（3）环形：把涉及通信的所有节点串联起来，而且首尾相连，没有任何节点开放。

（4）树形：把点到点拓扑单元的末端点连接到几个特殊点，这样即构成树形拓扑，它可以看成是线性拓扑和星形拓扑的结合。这种结构存在瓶颈问题，因此不适合提供双向通信业务。

（5）网孔形：把涉及通信的许多点直接互连，即构成网孔形拓扑。如果将所有节点都直接互连，则构成理想的网孔形。在网孔形拓扑结构中，由于各节点之间具有高度的互连性，有多条路由的选择，可靠性极高，但结构复杂，成本高。在 SDH 网中，网孔结构中各节点主要采用 DXC，一般用于业务量很大的一级长途干线。

2. 网络组网实例及网络分层

图 1-5 给出了网络单元组网的一个实例。按照 SDH 网络分层的概念，图中示意标出了实际系统中的再生段、复用段和数字段。

（1）再生段：再生中继器（REG）与终端复用器（TM）之间、再生中继器与分插复用器（ADM）或再生中继器与再生中继器之间，这部分段落称再生段。再生段两端的 REG、TM 和 ADM 称为再生段终端（RST）。

（2）复用段：终端复用器与分插复用器之间以及分插复用器与分插复用器之间称为复用段。复用段两端的 TM 及 ADM 称为复用段终端（MST）。

（3）数字段：两个相邻数字配线架（或其等效设备）之间用于传送一种规定速率的数字信号的全部装置构成一个数字段。

（4）数字通道：与交换机或终端设备相连的两个数字配线架（或其等效设备）间用来传送一种规定速率的数字信号的全部装置便构成一个数字通道，它通常包含一个或多个数字段。

1.2.3 DWDM 设备的构成及功能

随着科学技术的迅猛发展，通信领域的信息传送量以一种爆炸性的速度在膨胀。信息时代要求越来越大容量的传输网络，当承载长途传输使用的光纤出现了所谓“光纤耗尽”现象时，便产生了 DWDM 系统。

1.2.3.1 DWDM 工作方式

1. 按传输方向的不同可分为双纤单向传输系统、单纤双向传输系统

（1）双纤单向传输系统：如图 1-6 所示，在双纤单向传输系统中，单向 DWDM 是指所有光通道同时在一根光纤上沿同一方向传送，在发送端将载有各种信息的具有不同波长的已调光信号 λ_1，$\lambda_2 \cdots \lambda_N$ 通过光合波器耦合在一起，并在一根光纤中单向传输，由于各信号是通过不同的光波长携带的，所以彼此之间不会混淆。在接收端通过光分波器将不同光波长信号分开，完成多路光信号传输的任务。反向光信号的传输由另一根光纤来完成，同一波长在两个方向上可以重复利用。这种 DWDM 系统在长途传输网中应用十分灵活，可根据实际业务量需要逐步增加波长来实现扩容。

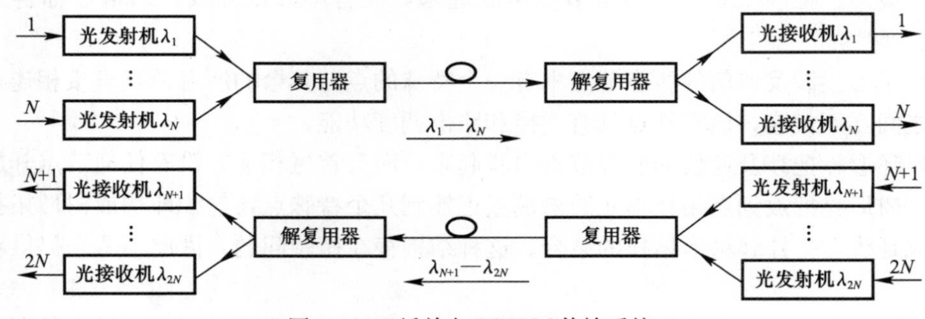

图 1-6 双纤单向 DWDM 传输系统

（2）单纤双向传输系统：如图 1-7 所示，单纤双向 DWDM 是指光通路在同一根光纤

上同时向两个方向传输，所用波长相互分开，以实现彼此双方全双向有通信联络。与单向传输相比通常可节约一半光纤器件。另外，由于两个方向传输的信号不交互产生四波混频(FWM)，因此其总的FWM产物比双纤单向传输少得多。但其缺点是，该系统需要采用特殊的措施来对付光反射，且当需要进行光信号放大时，必须采用双向光纤放大器。

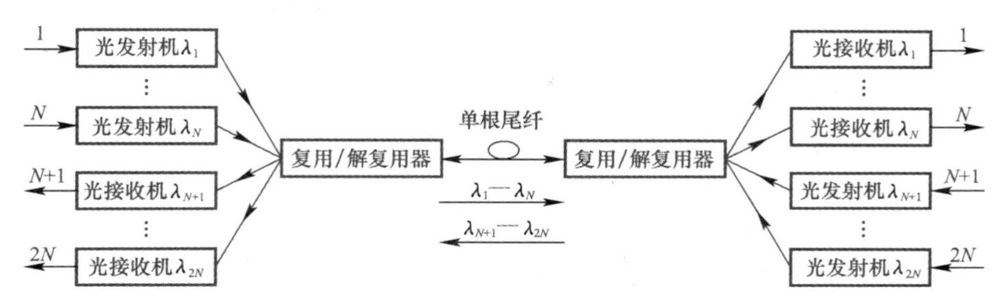

图 1-7 单纤双向 DWDM 传输系统

2. 从系统的兼容性方面考虑可分为集成式系统、开放式系统

(1) 集成式 DWDM 系统：集成式系统是指被承载的 SDH 业务终端必须具有标准的光波长和满足长距离传输的光源，只有满足这些要求的 SDH 业务才能在 DWDM 系统上传送。因此集成式 DWDM 系统各通道的传输信号的兼容性差，系统扩容时也比较麻烦，因此实际工程较少采用。

(2) 开放式 DWDM 系统：对于开放式波分复用系统来说，在发送端和接收端设有光波长转换器（OTU），它的作用是在不改变光信号数据格式的情况下（如 SDH 帧结构），把光波长按照一定的要求重新转换，以满足 DWDM 系统的波长要求。现在 DWDM 系统绝大多数采用的是开放式系统。

这里所谓的“开放式”是指在同一个 DWDM 系统中，可以承载不同厂商的 SDH 系统，OTU 对输入端的信号波长没有特殊的要求，可以兼容任意厂家的 SDH 信号，而 OTU 输出端提供满足标准的光波长和长距离传输的光接口。

1.2.3.2 DWDM 系统主要网元及其功能

DWDM 系统在发送端采用合波器（OMU），将窄谱光信号（符合 ITU-T G.692）的不同波长的光载波信号合并起来，送入一根光纤进行传输；在接收端利用一个分波器(ODU)，将这些不同波长承载不同信号的光波分开。各波信号传输过程中相互独立。DWDM 系统可双纤双向传输，也可单纤双向传输。单纤双向传输时，只要将两个方向的信号安排在不同的波道上传输即可。波分复用设备合（分）波器的不同，传输的最大波道也不同，目前商用的 DWDM 系统波道数可达 160 波，若传输 10Gbit/s 系统，整个系统总容量就有 1.6Tbit/s。

DWDM 系统主要网络单元有：光合波器（OMU）、光分波器（ODU）、光波长转换器（OTU）、光纤放大器（OA）、光分插复用器（OADM）、光交叉连接器（OXC）。各网元主要功能如下：

1. 光合波器（OMU）：光合波器在高速大容量波分复用系统中起着关键作用，其性能的优劣对系统的传输质量有决定性影响。其功能是将不同波长的光信号耦合在一起，传送到一根光纤里进行传输。这就要求合波器插入损耗及其偏差要小，信道间串扰小，偏振相关性低。合波器主要类型有介质薄膜干涉型、布拉格光栅型、星形耦合器、光照射光栅和阵列波导光栅（AWG）等。

2. 光分波器（ODU）：光分波器在系统中所处的位置与光合波器相互对立，光合波器在系统的发送端，而光分波器在系统的接收端，所起的作用是将耦合在一起的光载波信号按波长，将各波道的信号相互独立地分开，并分别发送到相应的低端设备。对其要求和其主要类型与光合波器类同。

3. 光波长转换器（OTU）：光波长转换器根据其所在DWDM系统中的位置，可分为发送端OTU、中继器使用OTU和接收端OTU。发送端OTU主要作用是将终端通道设备送过来的宽谱光信号，转换为满足WDM要求的窄谱光信号，因此其不同波道OTU的型号不同。中继器使用OTU主要作为再生中继器用，除执行光/电/光转换、实现3R功能外，还有对某些再生段开销字节进行监视的功能，如再生段误码监测B1。接收端OTU主要作用是将光分波器送过来的光信号转换为宽谱的通用光信号，以便实现与其他设备互连互通。因此一般情况下，接收端不同波道OTU是可以互换的（收发合一型的不可互换）。

根据波长转换过程中信号是否经过光/电域的变换，又可将光波长转换器分为两大类：光—电—光波长转换器和全光波长转换器。

4. 光纤放大器（OA）：光纤放大器是一种不需要经过光/电/光变换而直接对光信号进行放大的有源器件。它能高效补偿光功率在光纤传输中的损耗，延长通信系统的传输距离，扩大用户分配网覆盖范围。

光纤放大器在WDM系统中的应用主要有三种形式。在发送端光纤放大器可以用在光发送端机的后面作为系统的功率放大器（BA），用于提高系统的发送光功率。在接收端光纤放大器可以用在光接收端机的前面作为系统的预放大器（PA），用于提高信号的接收灵敏度。光纤放大器作为线路放大器时可用在无源光纤段之间以抵消光纤的损耗、延长中继长度，称之为光线路放大器LA。

5. 光分插复用器（OADM）：其功能类似于SDH系统中的ADM设备，将需要上下业务的波道采用分插复用技术终端至附属的OTU设备，直通的波道不需要过多的附属OTU设备，便于节省工程投资和网络资源的维护管理。工程中的主要技术要求是通道串扰和插入损耗。

6. 光交叉连接器（OXC）：光交叉连接器是实现全光网络的核心器件，其功能类似于SDH系统中的SDXC，差别在于OXC是在光域上实现信号的交叉连接功能，它可以把输入端任一光纤（或其各波长信号）可控地连接到输出端的任一光纤（或其各波长信号）中去。通过使用光交叉连接器，可以有效地解决现有的DXC的电子瓶颈问题。

1.2.3.3 DWDM设备在传送网中的位置

同SDH设备一样，DWDM设备也是构成传送网的一部分，就目前的技术和应用状况来看，在传送网中SDH和DWDM之间是客户层与服务层的关系。相对于DWDM技术而言，SDH、ATM和IP信号都只是DWDM系统所承载的业务信号；而从层次上看，DWDM系统更接近于物理媒质层——光纤，并在SDH通道层下构成光通道层网络。

从WDM系统目前的发展方向来看，由于WDM波长存在可管理性差、不能实现高效和灵活的组网等缺陷，它逐渐向OTN和ASON的转变和升级。相应地，传送网在拓扑结构上分为光、电两个层面，而 WDM 只是光网络层的核心网元。

1.3 移动通信系统

1.3.1 移动通信系统的构成

1.3.1.1 移动通信特点

1. 移动通信是指通信双方或至少一方在移动中进行信息交换的通信方式。移动通信是有线通信网的延伸，它由无线和有线两部分组成。无线部分提供用户终端的接入，利用有限的频率资源在空中可靠地传送语音和数据；有线部分完成网络功能，包括交换、用户管理、漫游、鉴权等，构成公众陆地移动通信网（PLMN）。

2. 移动通信是有线和无线相结合的通信方式；无线电波传播存在严重的多径衰落；具有在互调、邻频、同频干扰条件下工作的能力；具有多普勒效应；终端用户的移动性。

1.3.1.2 移动通信的发展历程

移动通信系统从 20 世纪 40 年代发展至今，根据其发展历程和发展方向，可以划分为三个阶段：

1. 第一代移动电话系统是模拟系统，采用了由贝尔实验室提出的蜂窝组网技术，在多址技术上采用频分多址技术（FDMA），频谱利用率低，设备成本高，业务种类少，保密性差，容量小，不能满足用户量的发展。20 世纪 70 年代在世界许多地方得到研究，具有代表性的是美国的高级移动电话业务（AMPS）和英国的全接入移动通信系统（TACS）。

2. 第二代移动电话系统是数字蜂窝移动通信系统。20 世纪 80 年代几乎同时出现了两种重要的通信体制，一种是 TDMA，另一种是 CDMA。TDMA 体制的典型代表是欧洲的 GSM 系统，CDMA 体制典型的代表是美国的 IS-95 系统。

全球移动通信（GSM）是 1992 年欧洲标准化委员会统一推出的标准，它采用数字通信技术、统一的网络标准，使通信质量得以保证，并可以开发出更多的新业务供用户使用。由于 GSM 相对模拟移动通信技术是第二代移动通信技术，所以简称 2G。

后来出现的通用无线分组业务（GPRS）系统，是一种基于 GSM 系统的无线分组交换技术，提供端到端的、广域的无线 IP 连接。1989 年美国高通公司首次进行了 CDMA 试验并取得成功，其容量经理论推导为 AMPS 容量的 20 倍。

1995 年中国香港和美国的 CDMA 公用网开始投入商用。中国内地于 1998 年开始 CDMA 商用化。

3. IMT-2000 支持的网络成为第三代移动通信系统，是将无线通信与互联网等多媒体通信相结合的新一代移动通信系统。它能够处理图像、音乐、视频流等多种媒体形式，提供包括网页浏览、电话会议、电子商务等多种信息服务。它可以支持高达 2Mbit/s 的传输速率，并形成了 WCDMA、CDMA2000、TD-SCDMA 三大主流标准三足鼎立的局面。其中欧洲的 WCDMA 和美国的 CDMA2000 分别是在 GSM 和 IS-95 CDMA 的基础上发展起来的，大唐电信代表中国提出的 TD-SCDMA 标准采用了 TDD 模式，支持不对称业务。1999 年 10 月 ITU-T 最终通过了 IMT-2000 无线接口技术规范建议，确立了 IMT-2000 所包含的无线接口技术标准。

1.3.1.3 移动通信系统频段分配

移动通信使用的频段分配情况如图 1-8、表 1-2、表 1-3 及表 1-4 所示。

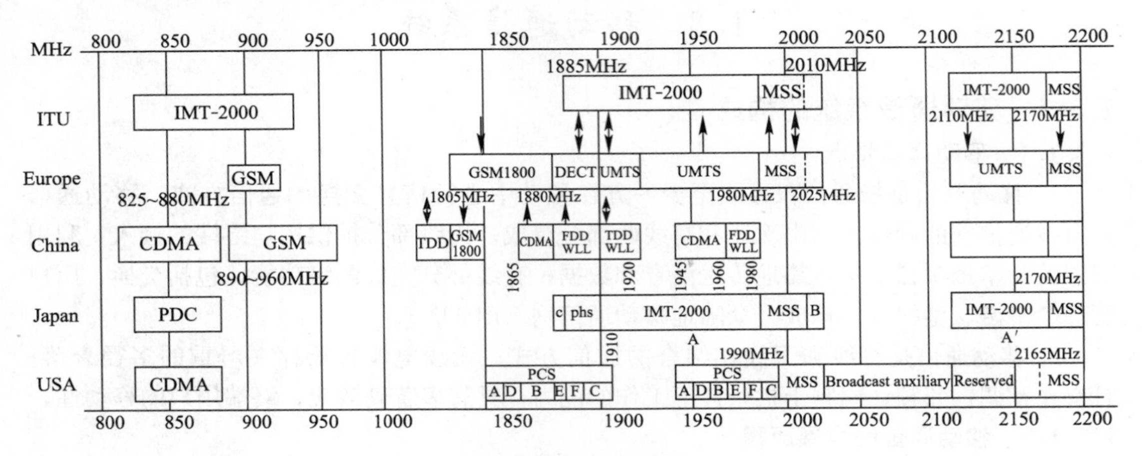

图 1-8 移动通信使用的频段分配

表 1-2 我国第二代移动通信系统频率分配

系 统	频 段	上行频段	下行频段
GSM 系统	900M 频段	890MHz～915MHz	935MHz～960MHz
	1800M 频段	1710MHz～1785MHz	1805MHz～1880MHz
CDMA 系统	800M 频段	825MHz～835MHz	870MHz～880MHz

表 1-3 我国第三代移动通信系统频率分配

	主要工作频段	补充工作频段
频分双工（FDD）方式	1920～1980MHz/2110-2170MHz	1755～1785MHz/1850～1880MHz
时分双工（TDD）方式	1880～1920MHz、2010-2025MHz	2300～2400MHz

表 1-4 我国目前第三代移动通信系统频率分配

	主要工作频段
WCDMA	1940～1955MHz/2130～2145MHz
TD-SCDMA	1880～1900MHz、2010～2025MHz
CDMA2000	1920～1935MHz/2110～2125MHz

1.3.1.4 移动通信网络构成

1. 2G 移动通信系统的网络构成

2G 移动通信系统主要由移动交换子系统（NSS）、操作维护子系统（OSS）、基站子系统（BSS）和移动台（MS）四大部分组成，如图 1-9 所示。

（1）移动交换子系统 NSS

移动交换子系统 NSS 主要完成话务的交换功能，同时管理用户数据和移动性所需的数据库。NSS 子系统的主要作用是管理移动用户之间的通信和移动用户与其他通信网用户之间的通信。移动交换子系统主要由移动交换中心（MSC）、操作维护中心（OMC）以及移动用户数据库所组成。

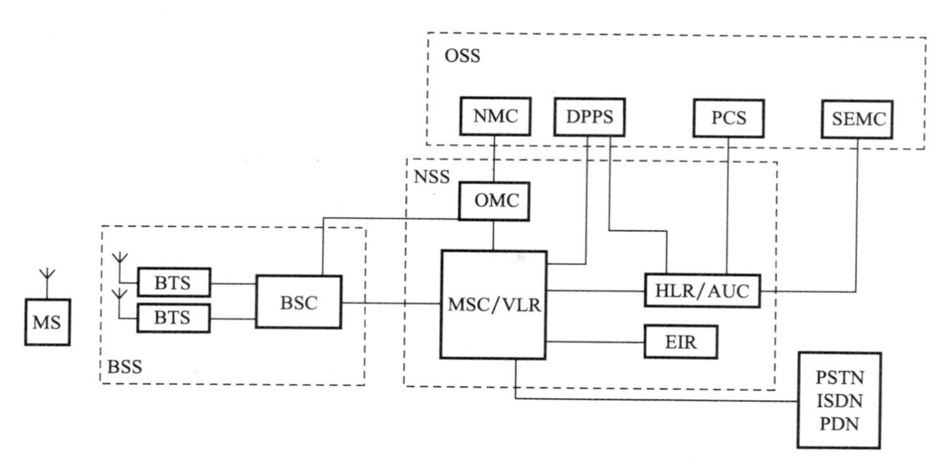

图 1-9　2G 移动通信系统框图

1）移动交换中心（MSC）是公用陆地移动网（PLMN）的核心。MSC 对位于它所覆盖区域中的移动台进行控制和完成话路接续的功能，也是公用陆地移动网（PLMN）和其他网络之间的接口。它完成通话接续、计费以及 BSS 和 MSC 之间的切换和辅助性的无线资源管理、移动性管理等功能。MSC 从移动用户数据库中取得处理用户呼叫请求所需的全部数据。反之，MSC 则根据移动台位置信息的新数据更新移动用户数据库。

2）移动用户数据库一般存储管理部门用于移动用户管理的数据、MSC 所管辖区域中的移动台的相关数据以及用于系统的安全性管理和移动台设备参数信息。具体包括：移动用户识别号码、访问能力、用户类别、补充业务、用户号码、移动台的位置区信息、用户状态和用户可获得的服务、鉴权用户身份的合法性等内容，另外还具有对无线接口上的语音、数据、信令信号进行加密以及对移动设备的识别、监视、闭锁等功能。

（2）操作维护子系统 OSS

操作维护子系统对整个网络进行管理和监控。通过它实现对网内各种部件功能的监视、状态报告、故障诊断等功能。

（3）基站子系统 BSS

BSS 子系统可以分为通过无线接口与移动台相连的基站收发信台（BTS）以及与移动交换中心相连的基站控制器（BSC）两个部分。BTS 负责无线传输，BSC 负责控制与管理。一个 BSS 系统由一个 BSC 与一个或多个 BTS 组成，一个 BSC 可以根据话务量需要控制多个 BTS。

1）基站控制器（BSC）是基站系统（BSS）的控制部分，在 BSS 中起交换作用。BSC 一端可与多个 BTS 相连，另一端与 MSC 和操作维护中心 OMC 相连，BSC 面向无线网络，主要负责完成无线网络管理、无线资源管理及无线基站的监视管理；控制移动台和 BTS 之间无线连接的建立、接续和拆除等管理；控制完成移动台的定位、切换和寻呼，提供语音编码、码型变换和速率适配等功能，并能完成对基站子系统的操作维护功能。BSS 中的 BSC 所控制的 BTS 数量随业务量的大小而有所改变。

2）无线基站（BTS）是基站子系统（BSS）的无线部分，BTS 在系统中的位置处于 MS 与 BSC 之间，与 BTS 直接相关的是无线接口。基站（BTS）是由基站控制器 BSC 控制，服务于某个小区的无线收发信设备，完成 BSC 与无线信道之间的转换，实现 BTS 与移动台 MS 之间通过空中接口的无线传输以及相关的控制功能。

(4) 移动台 MS

MS 是移动用户设备，它由移动终端和客户识别卡（SIM 卡）组成。移动终端就是“机”，它可完成语音编码、信道编码、信息加密、信息的调制和解调、信息发射和接收等功能；SIM 卡就是“人”，存有认证客户身份所需的所有信息，并能执行一些与安全保密有关的重要信息，以防止非法客户进入网路。SIM 卡还存储与网路和客户有关的管理数据，只有插入 SIM 卡后移动终端才能接入进网。

2. 3G 移动通信系统的网络构成和工作模式

(1) 3G 移动通信系统的网络构成

3G 移动通信系统主要由用户设备（UE）、无线接入网（UTRAN）和核心网（CORE Network）三部分组成。UTRAN 由 Node B 和 RNC 构成；核心网由 PS 和 CS 组成。其中的主要接口有 Uu 接口、Iub 接口、IuCS、IuPS 接口。网络的结构如图 1-10 所示。

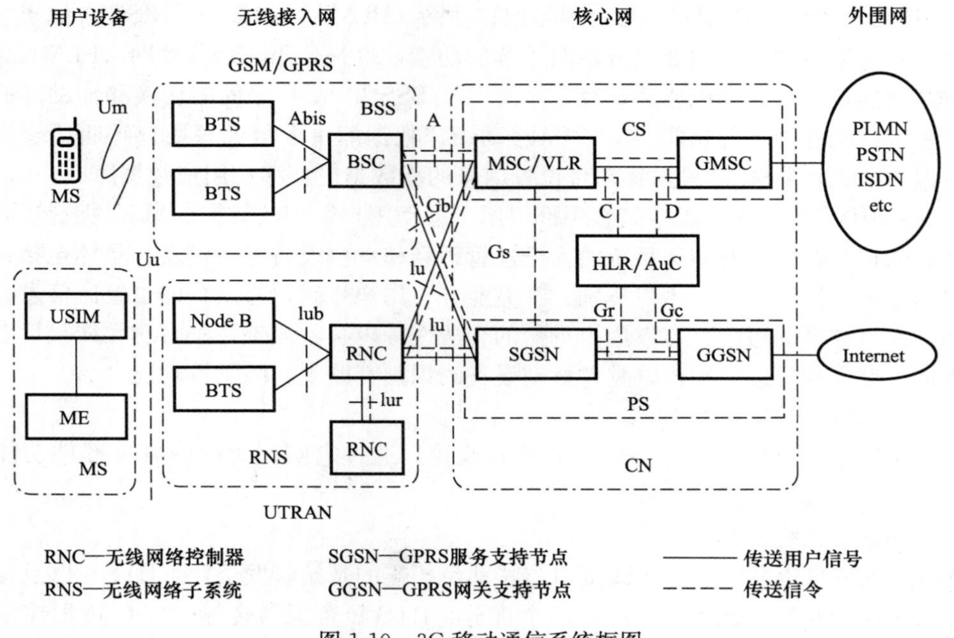

图 1-10　3G 移动通信系统框图

1) 用户设备（UE）　它通过 Uu 接口与网络设备进行数据交互，为用户提供电路域和分组域内的各种业务功能，包括普通语音、数据通信、移动多媒体、Internet 应用（如 E-mail、WWW 浏览、FTP 等）。UE 包括两部分：ME（The Mobile Equipment）提供应用和服务，USIM（The UMTS Subscriber Module）提供用户身份识别。

2) 无线接入网（UTRAN）　包括无线网络控制器 RNC 和一个或多个基站 Node B，Node B 和 RNC 通过 Iub 接口互联．在 UTRAN 内，不同的 RNS 通过 Iur 接口互联，Iur 可以通过 RNC 之间的直接物理连接或通过传输网连接。Node B 相当于 GSM 网络中的基站收发信台（BTS），它可采用 FDD、TDD 模式或双模式工作，每个 Node B 服务于一个无线小区，提供无线资源的接入功能。RNC 相当于 GSM 网络中的基站控制器（BSC），提供无线资源的控制功能。

3）核心网（CORE Network） 它位于网络子系统内，由 PS 和 CS 组成，核心网的主要作用把 A 口上来的呼叫请求或数据请求，接续到不同的网络上。主要涉及呼叫的接续、计费，移动性能管理，补充业务实现，智能触发等方面。其主体支撑在交换机。

（2）3G 移动通信系统的工作模式

3G 移动通信系统主要有两种工作模式，即频分数字双工（FDD）模式和时分数字双工（TDD）模式。

1）FDD 是上行（发送）和下行（接收）的传输分别使用分离的两个对称频带的双工模式，需要成对的频率，通过频率来区分上、下行。对于对称业务（如语音）能充分利用上下行的频谱，但对于非对称的分组交换数据业务（如互联网），由于上行负载低，频谱利用率则大大降低。

WCDMA 和 CDMA2000 采用 FDD 方式，需要成对的频率规划。WCDMA 即宽带 CDMA 技术，其扩频码速率为 3.84Mchip/s，载波带宽为 5MHz，而 CDMA2000 的扩频码速率为 1.2288Mchip/s，载波带宽为 1.25MHz。另外，WCDMA 的基站间同步是可选的，而 CDMA2000 的基站间同步是必需的，因此需要全球定位系统（GPS）。以上两点是 WCDMA 和 CDMA2000 最主要的区别。除此以外，在其他关键技术方面，例如功率控制、软切换、扩频码以及所采用的分集技术等都是基本相同的，只有很小的差别。

2）TDD 是上行和下行的传输使用同一频带的双工模式，根据时间来区分上、下行并进行切换，物理层的时隙被分为上、下行两部分，不需要成对的频率，上下行链路业务共享同一信道，可以不平均分配，特别适用于非对称的分组交换数据业务（如互联网）。

TD-SCDMA 采用 TDD、TDMA/CDMA 多址方式工作，扩频码速率为 1.28Mchip/s，载波带宽为 1.6MHz，其基站间必须同步，适合非对称数据业务。

1.3.2 CDMA 和 GSM 网络特点

1.3.2.1 GSM 移动通信系统

1. 工作频段及频道间隔

我国 GSM 通信系统采用 900MHz 和 1800MHz 两个频段。对于 900MHz 频段，上行（移动台发、基站收）的频带为 890～915MHz，下行（基站发、移动台收）的频带为 935～960MHz，双工间隔为 45MHz，工作带宽为 25MHz；对于 1800MHz 频段，上行（移动台发、基站收）的频带为 1710～1785MHz，下行（基站发、移动台收）的频带为 1805～1880MHz，双工间隔为 95MHz，工作带宽为 75MHz。

相邻两频道间隔为 200kHz。每个频道采用时分多址接入（TDMA）方式，分为 8 个时隙，即 8 个信道（全速率）。每个用户使用一个频道中的一个时隙传送信息。

2. 频率复用

GSM 频率复用是指在不同间隔区域内，使用相同的频率进行覆盖。GSM 无线网络规划基本上采用 4×3 频率复用方式，即每 4 个基站为一群，每个基站分成 6 个三叶草形 60°扇区或 3 个 120°扇区，共需 12 组频率。这种方式同频载干比 C/I 能够比较可靠地满足 GSM 标准。即 $C/I>12$dB（GSM 规范中一般要求大于 9dB，工程中一般加 3dB 余量）。

3. GSM 采用的多址技术

GSM 通信系统采用的多址技术主要有频分多址技术（FDMA）和时分多址技术

(TDMA)。频分多址（FDMA）是把整个可分配的频谱划分成许多单个无线电信道（发射和接收载频对），每个信道可以传输一路语音或控制信息。时分多址（TDMA）是在一个宽带的无线载波上，按时隙划分为若干时分信道，每一用户占用一个时隙，只在这一指定的时隙内收（或发）信号。

4. GSM 信道

GSM 中的信道分为物理信道和逻辑信道。一个物理信道就是频宽 200kHz，时长为 0.577ms 的物理实体。逻辑信道又分为业务信道和控制信道两大类。

（1）业务信道（TCH）：用于传送编码后的语音或客户数据。在上行和下行信道上，点对点（BTS 对一个 MS，或反之）方式传播。

（2）控制信道：用于传送信令或同步数据。根据所需完成的功能又把控制信道定义成广播、公共及专用三种控制信道。广播信道（BCH）可细分为频率校正信道（FCCH）、同步信道（SCH）、广播控制信道（BCCH）；公共控制信道（CCCH）可细分为寻呼信道（PCH）、随机接入信道（RACH）、接入许可信道（AGCH）；随路控制信道（DCCH）可细分为独立专用控制信道（SDCCH）、慢速随路控制信道（SACCH）、快速随路控制（FACCH）。

5. GSM 通信系统的构成

GSM 通信系统主要由移动交换子系统（NSS）、基站子系统（BSS）和移动台（MS）三大部分组成。其中 NSS 与 BSS 之间的接口为 A 接口，BSS 与 MS 之间的接口为 Um 接口。GSM 规范对系统的 A 接口和 Um 接口都有明确的规定，也就是说，A 接口和 Um 接口是开放的接口。

6. 切换

处于通话状态的移动用户从一个 BSS 移动到另一个 BSS 时，切换功能保持移动用户已经建立的链路不被中断。切换包括 BSS 内部切换、BSS 间的切换和 MSS 间的切换。其中 BSS 间的切换和 MSS 间的切换都需要由 MSC 来控制完成，而 BSS 内部切换由 BSC 控制完成。

1.3.2.2 CDMA 通信系统

1. CDMA 工作频段

CDMA 是用编码区分不同用户，可以用同一频率、相同带宽同时为用户提供收发双向的通信服务。不同的移动用户传输信息所用的信号用各自不同的编码序列来区分。

我国 CDMA 通信系统采用 800MHz 频段：825～835MHz（移动台发、基站收）；870～880MHz（基站发、移动台收）。双工间隔为 45MHz，工作带宽为 10MHz，载频带宽为 1.25MHz，如图 1-11 所示。

2. CDMA 多址方式

（1）CDMA 给每一用户分配一个唯一的码序列（扩频码），并用它来对承载信息的信号进行编码。知道该码序列用户的接收机对收到的信号进行解码，并恢复出原始数据。由于码序列的带宽远大于所承载信息的信号的带宽，编码过程扩展了信号的频谱，从而也称为扩频调制。CDMA 通常也用扩频多址来表征。

（2）CDMA 按照其采用的扩频调制方式的不同，可以分为直接序列扩频（DS）、跳频扩频（FH）、跳时扩频（TH）和复合式扩频等几种扩频方式。扩频通信系统具有抗干扰

	GSM		CDMA 1X						
	900M频段	1800M频段	800M频段						
上行频段	890~915M	1710~1785M	825~835M						
下行频段	935~960M	1805~1880M	870~880M						
双工间隔	45M	95M	45M						
频点	1~124	512~885	283	242	201	160	119	78	37
频点对应上行频率	$F=890+N\times0.2$	$F=1710+(N-511)\times0.2$	833.49M	832.26M	831.03M	829.80M	828.57M	827.34M	826.11M
频点对应下行频率	$F=890+45+N\times0.2$	$F=1710+95+(N-511)\times0.2$	878.49M	877.26M	876.03M	874.80M	873.57M	872.34M	871.11M

图 1-11　我国 GSM 和 CDMA 的工作频段

能力强、保密性好、可以实现码分多址、抗多址干扰、能精确地定时和测距等特点。

3. CDMA 信道

CDMA IS-95A 中主要有开销信道和业务信道两类信道。导频信道、寻呼信道、同步信道、接入信道统称为开销信道。

导频信道、寻呼信道、同步信道、业务信道构成前向信道；接入信道、业务信道构成反向信道。

4. CDMA 通信系统的构成

CDMA 系统同 GSM 等 2G 移动通信系统一样由移动交换子系统（含 MSC，EIR，VLR，HLR，AUC）、基站子系统（含 BSC 和 BTS）和移动台（MS）三大部分组成。其中 NSS 与 BSS 之间的接口为 A 接口，BSS 与 MS 之间的接口为 Um 接口。

5. CDMA 切换

与 GSM 的硬切换相比，CDMA 移动台在通信时可能发生同频软切换、同频同扇区间的更软切换以及不同载频间的硬切换。

所谓软切换是指移动台开始与一个新的基站联系时，并不立即中断与原基站间的通信，当与新的基站取得可靠通话后，再中断与原基站的通信。这使得 CDMA 相对 GSM 在切换成功率方面大大提高。

6. CDMA 的优点

和 TDMA 相比，CDMA 具有以下优点：

（1）系统容量大。在 CDMA 系统中所有用户共用一个无线信道，当用户不讲话时，该信道内的所有其他用户会由于干扰减小而得益。因此利用人类语音特点的 CDMA 系统可大幅降低相互干扰，增大其实际容量近 3 倍。CDMA 数字移动通信网的系统容量，理论上比 GSM 大 4～5 倍。

（2）系统通信质量更佳。软切换技术（先连接再断开）可以克服硬切换容易掉话的缺点。CDMA 系统工作在相同的频率和带宽上，比 TDMA 系统更容易实现软切换技术，从而提高通信质量，CDMA 系统采用确定声码器速率的自适应阈值技术，强有力的误码纠错，软切换技术和分离分多径分集接收机，可提供 TDMA 系统不能比拟的，极高的数据质量。

（3）频率规划灵活。用户按不同的序列码区分，不同 CDMA 载波可以在相邻的小区内使用，因此 CDMA 网络的频率规划灵活，扩展简单。

(4) 频带利用率高。CDMA是一种扩频通信技术，尽管扩频通信系统抗干扰性能的提高是以占用频带带宽为代价的，但是CDMA允许单一频率在整个系统区域内可重复使用，使许多用户共用这一频带同时进行通话，大大提高了频带利用率。

(5) 适用于多媒体通信系统。CDMA系统能方便地使用多CDMA信道方式和多CDMA帧方式，传送不同速率要求的多媒体业务信息，处理方式和合成方式都比TDMA方式和FDMA方式灵活、简便，有利于多媒体通信系统的应用。

(6) CDMA手机的备用时间更长。低平均功率、高效的超大规模集成电路设计和先进的锂电池的结合显示了CDMA在便携式电话应用中的突破。用户可以长时间地使用手机接收电话，也可以在不挂机的情况下接收短消息。

1.3.3 3G网络特点

3G是3rd Generation的缩写，指第三代移动通信技术。相对第一代模拟制式（1G）和第二代GSM、CDMA（2G），第三代是指将无线通信与互联网等多媒体通信相结合的新一代移动通信系统。它能够处理图像、音乐、视频流等多种媒体形式，提供包括网页浏览、电话会议、电子商务等多种信息服务。为了提供这种服务，无线网络必须能够支持不同的数据传输速度，即在室内、室外和行车的环境中能够分别支持至少2Mbps、384Kbps以及144Kbps的传输速度。3G有WCDMA、CDMA2000、TD-SCDMA三种制式。

1.3.3.1 CDMA2000网络特点

1. 自适应调制编码技术。根据前向射频链路的传输质量，移动终端可以要求9种数据速率，最低为38.4Kbps，最高为2457.6Kbps。在1.25MHz的载波上能传输如此高速的数据，其原因是采用了高阶调制解调并结合了纠错编码技术。

2. 前向链路快速功率控制技术。前向链路功率控制（FLPC）的目的就是合理分配前向业务信道功率，在保证通信质量的前提下，使其对相邻基站、扇区产生的干扰最小，也就是使前向信道的发射功率在满足移动台解调最小需求信噪比的情况下尽可能小。通过调整，既能维持基站同位于小区边缘的移动台之间的通信，又能在有较好的通信传输环境时最大限度地降低前向发射功率，减少对相邻小区的干扰，增加前向链路的相对容量。

3. 移动IP技术。CDMA2000提供了简单IP和移动IP两种分组业务接入方式。

简单IP（Simple IP）方式：类似于传统的拨号接入，分组数据业务节点（PDSN，Packet Data Serving Node）为移动台动态分配一个IP地址，该IP地址一直保持到该移动台移出该PDSN的服务范围，或者移动台终止简单IP的分组接入。当移动台跨PDSN切换时，该移动台的所有通信将重新建立，通信中断。移动台在其归属地和访问地都可以采用简单IP接入方式。

移动IP（Mobile IP）方式：移动台使用的IP地址是其归属网络分配的，不管移动台漫游到哪里，它的归属IP地址均保持不变，这样移动台就可以用一个相对固定的IP地址和其他节点进行通信了。移动IP提供了一种特殊的IP路由机制，使得移动台可以以一个永久的IP地址连接到任何链路上。

4. 前向链路时分复用。CDMA2000充分利用了数据通信业务的不对称性和数据业务对实时性要求不高的特征，前向链路设计为时分复用（TDM）CDMA信道。对于前向链路，在给定的某一瞬间，某一用户将得到CDMA2000 EV-DO载波的全部功率，不管是传输控制信息还是传输业务信息，CDMA2000 EV-DO 的载波总是以全功率发射。

5. 速率控制。前向链路的发射功率不变，即没有功率控制机制。但是，它采用了速率控制机制，速率随着前向射频链路质量而变化。基站不决定前向链路的速率，而是由移动终端根据测得的 C/I 值请求最佳的数据速率。

6. 增强的电池续航能力。采用功率控制和反向电路的门控发射机制等技术延长手机电池续航能力，以降低能量消耗，使手机电池续航能力增强。

7. 软切换。CDMA 系统采用软切换技术“先连接再断开”，这样完全克服了硬切换容易掉话的缺点。

1.3.3.2 TD-SCDMA 网络特点

时分双工（TDD，Time Division Duplex）是一种通信系统的双工方式，在无线通信系统中用于分离接收和传送信道或者上行和下行链路。在采用 TDD 模式的无线通信系统中，接收和传送是在同一频率信道（载频）的不同时隙，用保护时间间隔来分离上下行链路；而采用 FDD 模式的无线通信系统，接收和传送是在分离的两个对称频率信道上，用保护频率间隔来分离上下行链路。

1. TD-SCDMA 系统中由于采用了 TDD 的双工方式，使其可以利用时隙的不同来区分不同的用户。同时，由于每个时隙内同时最多可以有 16 个码字进行复用，因此同时隙的用户也可以通过码字来进行区分。每个 TD-SCDMA 载频的带宽为 1.6MHz，使得多个频率可以同时使用，TD-SCDMA 系统集合 CDMA、FDMA、TDMA 三种多址方式于一体，使得无线资源可以在时间、频率、码字这三个维度进行灵活分配，也使得用户能够被灵活地分配在时间、频率、码字这三个维度，从而降低系统的干扰水平。

2. TD-SCDMA 的同步技术包括网络同步、初始化同步、节点同步、传输信道同步、无线接口同步、Iu 接口时间较准、上行同步等。其中网络同步是选择高稳定度、高精度的时钟作为网络时间基准，以确保整个网络的时间稳定。它是其他各同步的基础。初始化同步可以使移动台成功接入网络。节点同步、传输信道同步、无线接口同步和 Iu 接口时间较准、上行同步等，可以使移动台能正常进行符合 QoS 要求的业务传输。

3. 功率控制是 TD-SCDMA 系统中有效控制系统内部的干扰电平，从而降低小区内和小区间干扰的不可缺少的手段。在 TD-SCDMA 系统中，功率控制可以分为开环功率控制和闭环功率控制，而闭环功率控制又可以分为内环功率控制和外环功率控制。

4. 智能天线技术，是在复杂的移动通信环境和频带资源受限的条件下达到更好的通信质量和更高的频谱利用率，受限的因素主要有多径衰落、时延扩展和多址干扰 3 个方面。为克服这些因素的限制，TD-SCDMA 采用智能移动通信技术，智能天线技术作为 TD-SCDMA 系统的关键技术，在抵抗干扰，提高系统容量方面发挥了重要的作用。相比于 WCDMA 系统，TD-SCDMA 系统带宽较窄，扩频增益较小，单载频容量较小。智能天线是保证系统能够获得满码道容量的重要条件。

5. TD-SCDMA 系统中采用的联合检测技术是充分利用造成多址干扰（MAI）的所有用户信号及其多径的先验信息，把用户信号的分离当做一个统一的相互关联的联合检测过程来完成，从而具有优良的抗干扰性能，降低了系统对功率控制精度的要求，因此可以更加有效地利用上行链路频谱资源，显著地提高系统容量。

6. TD-SCDMA 系统的接力切换概念不同于硬切换与软切换。在切换之前，目标基站可以通过系统对移动台的精确定位技术，获得移动台比较精确的位置信息；在切换过程中，UE断开与原基站的连接之后，能迅速切换到目标基站。接力切换可提高切换成功率，与软切换相比，可以克服切换时对邻近基站信道资源的占用，能够使系统容量得以增加。

7. 动态信道分配的引入是基于TD-SCDMA采用了多种多址方式CDMA、TDMA、FDMA以及空分多址SDMA（智能天线的效果）。当同小区内或相邻小区间用户发生干扰时，可以将其中一方移至干扰小的其他无线单元（不同的载波或不同的时隙）上，达到减少相互间干扰的目的。动态信道分配能够较好地避免干扰，使信道重用距离最小化，从而高效率地利用有限的无线资源，提高系统容量；能够灵活地分配时隙资源，可以灵活地支持对称及非对称的业务。

1.3.3.3 WCDMA网络特点

1. 支持异步和同步的基站运行方式，组网方便、灵活，减少了通信网络对于GPS系统的依赖。

2. 上行为BPSK调制方式，下行为QPSK调制方式，采用导频辅助的相干解调，码资源产生方法容易、抗干扰性好且提供的码资源充足。

3. 发射分集技术，支持TSTD、STTD、SSDT等多种发射分集方式，有效提高无线链路性能，提高了下行的覆盖和容量。

4. 适应多种速率的传输，可灵活地提供多种业务，并根据不同的业务质量和业务速率分配不同的资源，同时对多速率、多媒体的业务可通过改变扩频比和多码并行传送的方式来实现。上、下行快速、高效的功率控制，大大减少了系统的多址干扰，提高了系统容量，同时也降低了传输的功率。

5. WCDMA利用成熟GSM网络的覆盖优势，核心网络基于GSM/GPRS网络的演进，WCDMA与GSM系统有很好的兼容性。

6. 支持开环、内环、外环等多种功率控制技术，降低了多址干扰、克服远近效应以及衰落的影响，从而保证了上下行链路的质量。

7. 基于网络性能的语音AMR可变速率控制技术，通过对AMR语音连接的信源编码速率和信道参数进行协调考虑，合理有效利用系统负载，可以在系统负载轻时提供优质的语音质量，在网络负荷较重时通过控制AMR速率，降低一点语音质量来提高系统容量，特别是提升在忙时的系统容量，增加运营商的收入，使运营商的收入最大化。WCDMA也支持TFO/TrFO技术，提供语音终端对终端的直接连接，减少语音编解码次数，提高语音质量。

8. 先进的无线资源管理方案。在软切换过程中提供准确的测量方法、软切换算法及切换执行功能；呼叫准入控制用一种合适的方法控制网络的接入实现软容量最大化；无线链监控在不同信道条件下使用不同的发射模式获得最佳效果；码资源分配用小的算法复杂度支持尽可能多的用户。

9. 软切换采用了更软的切换技术。在切换上优化了软切换门限方案，改进了软切换性能，实现无缝切换，提高了网络的可靠性和稳定性。

10. Rake接收技术。由于WCDMA带宽更大，码片速率可达3.84Mchip/s，因此可以分离更多的多径，提高了解调性能。

1.4 交换系统

1.4.1 交换系统分类及特点

传输系统是通信网络的神经系统，交换系统则是各个神经的中枢，它在通信网络中担负着建立信源和信宿之间信息连接桥梁的作用，其核心设备是交换机。为了使通信网络资源得到合理利用，为了能够给信源和信宿间提供经济、快速、灵活、可靠的连接，根据信源和信宿之间传输信息的种类不同，交换系统主要分为电路交换、报文交换、分组交换系统。

1.4.1.1 电路交换

1. 工作原理

电路交换是在通信网中任意两个或多个用户终端之间建立电路暂时连接的交换方式，暂时连接独占一条电路并保持到连接释放为止。利用电路交换进行数据通信或电话通信必须经历建立电路阶段、传送数据或语音阶段和拆除电路阶段等三个阶段，因此电路交换属于电路资源预分配系统。电路交换系统有空分交换和时分交换两种交换方式。

（1）空分交换，是入线在空间位置上选择出线并建立连接的交换。最直观的例子就是人工交换机话务员将塞绳的一端连接到入线塞孔，并根据主叫的要求把塞绳的另一端连接到被叫的出线塞孔上。空分交换基本原理可归纳为以 n 条入线通过以 $n \times m$ 接点矩阵选择到 m 条出线或某一指定出线，但接点在同一时间只能为一次呼叫利用，直到通信结束才释放。

（2）时分交换，是把时间划分为若干互不重叠的时隙，由不同的时隙建立不同的子信道，通过时隙交换网络完成语音的时隙搬移，从而实现入线和出线间信息交换的一种交换方式。它是时分多路复用（TDM）技术在交换网络中的具体应用。

2. 电路交换的特点

电路交换的特点是可提供一次性无间断信道。当电路接通以后，用户终端面对的是类似于专线电路，交换机的控制电路不再干预信息的传输，也就是给用户提供了完全“透明”的信号通路。显然，在利用电路交换进行通信时，存在着两个限制条件：首先，在进行信息传送时，通信双方必须处于同时激活可用状态；其次，两个站之间的通信资源必须可用，而且必须专用。另外，电路交换还有其他一些特点：

（1）呼叫建立时间长，并且存在呼损。在通信双方所在的两节点之间（中间可能有若干个节点）建立一条专用信道所花的时间称为呼叫建立时间。在电路建立过程中，若由于交换网繁忙等原因而使建立失败，对于交换网则要拆除已建立的部分电路，用户需要挂断重拨，这叫呼损。过负荷时呼损率增加，但不影响接通的用户。

（2）对传送的信息不进行差错控制。电路连通后提供给用户的是“透明通道”，即交换网对用户信息的编码方法、信息格式以及传输控制程序等都不加以限制，但对通信双方来说，必须做到双方的收发速度、编码方法、信息格式以及传输控制等完全一致才能完成通信。

（3）对通信信息不做任何处理，原封不动地传送（信令除外）。一旦电路建立后，数据以固定的速率传输。除通过传输通道形成的传播延迟以外，没有其他延迟。在每个节点上的延迟很小，因此延迟完全可以忽略。它适用于实时、大批量、连续地数据传输。

（4）线路利用率低。从电路建立到进行数据传输，直至通信链路拆除，通道都是专用的，再加上通信建立时间、拆除时间和呼损，其线路利用率较低。

（5）通信用户间必须建立专用的物理连接通路。通信前建立的连接过程只要不释放，物理连接就永远保持。物理连接的任一部分出现问题，都会引起通信中断。只有建立、释放时间短，才能体现高效率。

（6）实时性较好。每一个终端发起呼叫或出现其他动作，系统都能够及时发现并做出相应的处理。

1.4.1.2 报文交换

1. 报文交换的原理

报文交换又称为存储转发交换。与电路交换的原理不同，报文交换不需要提供通信双方的物理连接，而是将所接收的报文暂时存储。报文中除了用户要传送的信息以外，还有目的地址和源地址。交换节点要分析目的地址和选择路由，并在该路由上排队，等待有空闲电路时才发送到下一交换节点。报文交换可以进行速率、码型的变换，具有差错控制措施，可以发送多目的地址的报文，过负荷时则会导致时延的增加。

2. 报文交换的特点

报文交换是交换机对报文进行存储—转发，它适合于电报和电子函件业务。

（1）报文交换过程中，没有电路的接续过程，也不会把一条电路固定分配给一对用户使用。一条链路可进行多路复用，从而大大提高了链路的利用率。

（2）交换机以“存储—转发”方式传输数据信息，不但可以起到匹配输入输出传输速率的作用，易于实现各种不同类型终端之间的互通，而且还能起到防止呼叫阻塞、平滑通信业务量峰值的作用。

（3）不需要收、发两端同时处于激活状态。发端将报文全部发送至交换机存储起来，伺机转发出去，这就不存在呼损现象。而且也便于对报文实现多种功能服务，包括优先级处理、差错控制、信号恢复以及进行同报文通信等（同报文通信是指同一报文经交换机复制转发到不同的接收端的一种通信方式）。

（4）传送信息通过交换网的时延较长，时延变化也大，不利于交互型实时业务。

（5）对设备要求较高。交换机必须具有大容量存储、高速处理和分析报文的能力。

1.4.1.3 分组交换

1. 分组交换原理

分组交换的思想是从报文交换而来的，它采用了报文交换的“存储—转发”技术。不同之处在于：分组交换是将用户要传送的信息分割为若干个分组，每个分组中有一个分组头，含有可供选路的信息和其他控制信息。分组交换节点对所收到的各个分组分别处理，按其中的选路信息选择去向，以发送到能到达目的地的下一个交换节点。

2. 分组交换方式

为适应不同业务的要求，分组交换可提供虚电路方式与数据报方式两种服务方式。

（1）虚电路方式

虚电路方式是面向连接的方式，即在用户数据传送前，先通过发送呼叫请求分组建立端到端的虚电路；一旦虚电路建立后，属于同一呼叫的数据分组均沿着这一虚电路传送，最后通过呼叫清除分组来拆除虚电路。虚电路的连接方式有以下特点：

1）虚电路不同于电路交换中的物理连接，而是逻辑连接。虚电路并不独占线路，在一条物理线路上可以同时建立多个虚电路，以达到资源共享。虚电路有两种：通过用户发送呼叫请求分组来建立虚电路的方式成为交换虚电路；应用户预约，由网络运营者为之建立固定的虚电路，不需要在呼叫时临时建立虚电路而可直接进入数据传送阶段，称之为永久虚电路。

2）虚电路方式的每个分组头中含有对应于所建立的逻辑信道标识，不需进行复杂的选路；传送时，属于同一呼叫的各分组在同一条虚电路上传送，按原有的顺序到达终点，不会产生失序现象。虚电路方式对故障较为敏感，当传输链路或交换节点发生故障时，可能引起虚电路的中断，需要重新建立。

3）虚电路方式适用于较连续的数据流传送，如文件传送、传真业务等。

（2）数据报

1）数据报不需要预先建立逻辑连接，称为无连接方式。

2）数据报方式的每个分组头中含有详细的目的地址，各个分组独立地进行选路；传送时，属于同一呼叫的各分组可从不同的路由转送，会引起失序。由于各个分组可选择不同的路由，对故障的防卫能力较强，从而可靠性较高。

3）数据报方式适用于面向事物的询问/响应型数据业务。

3．分组交换的特点

（1）分组交换的主要优点

1）信息的传输时延较小，而且变化不大，能较好地满足交互型通信的实时性要求。

2）易于实现链路的统计，时分多路复用提高了链路的利用率。

3）容易建立灵活的通信环境，便于在传输速率、信息格式、编码类型、同步方式以及通信规程等方面都不相同的数据终端之间实现互通。

4）可靠性高。分组作为独立的传输实体，便于实现差错控制，从而大大地降低了数据信息在分组交换网中的传输误码率，一般可达 10^{-10} 以下。

5）经济性好。信息以“分组”为单位在交换机中进行存储和处理，节省了交换机的存储容量，提高了利用率，降低了通信的费用。

（2）分组交换的主要缺点

1）由于网络附加的信息较多，影响了分组交换的传输效率。

2）实现技术复杂。交换机要对各种类型的分组进行分析处理，这就要求交换机具有较强的处理功能。

1.4.1.4 软交换（分组交换的应用之一）

这里之所以要提到软交换这一技术，是因为从字面上看，它容易与交换系统分类混淆起来，实际上从交换系统的分类与软交换的定义来看，软交换只是分组交换系统的一个应用（正如程控交换只是电路交换的一个应用一样），而不能作为交换系统的一个分类。软交换是一种提供呼叫控制功能的软件实体，是在 IP 电话基础上由电路交换向分组交换演进的过程中逐步完善的，它采用分组交换作为其业务统一承载平台。作为分组交换网络与传统 PSTN 网络融合的全新解决方案，它支持所有现有的电话功能及新型会话式多媒体业务，它采用标准协议，如 SIP、H.323、MGCP、MEGACO/H.248、SIGTRAN 等，它提供了不同厂商设备间的互操作能力，它与一种或多种组件配套使用，如媒体网关、信令网关、特性服务器、应用服务器、媒体服务器、收费/计费接口等。软交换技术是 NGN 中语音部分即下一代电话业务网（包括固定网、移动网）中的核心技术，它在 NGN 网络结构中的位置如图 1-12 所示。

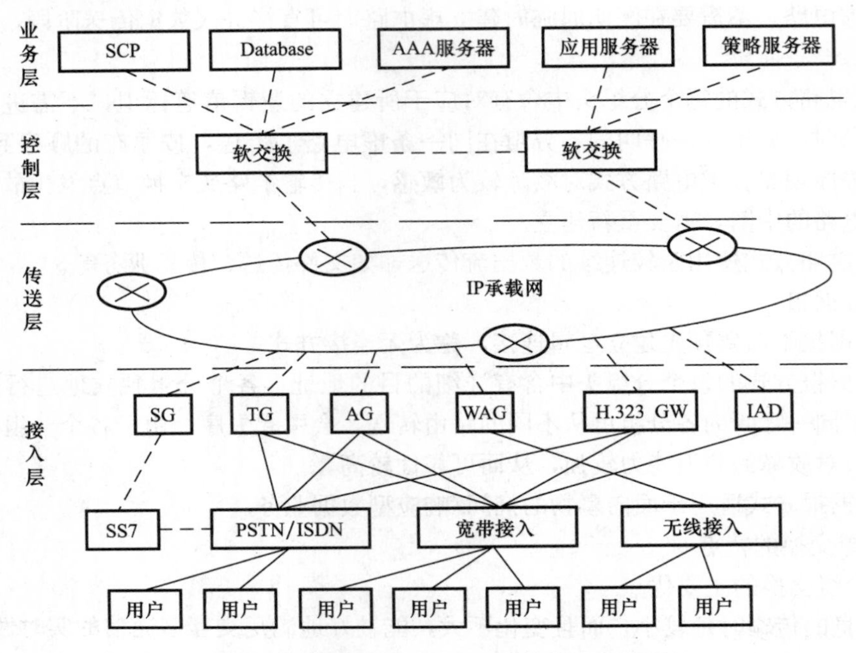

图 1-12　软交换在 NGN 网络结构中的位置

1.4.2　电路交换设备的功能及构成

1.4.2.1　电话交换机的任务、功能及组成

1. 电话交换机的任务及功能

电话交换机的基本任务是完成任意两个电话用户之间的通话接续。为了完成这一任务，交换机必须具有下列功能：呼叫检出、接收被叫号码、对被叫进行忙闲测试、向被叫振铃、向主叫送回铃音、被叫应答，接通话路、双方通话，及时发现话终、进行拆线，使话路复原。

2. 电话交换机系统构成

交换机系统由进行通话的话路系统和连接话路的控制系统构成。

（1）话路系统包括用户电路、设备、交换网络、出中继器、入中继器、绳路及具有监视功能的信号。话路系统的构成方式有空分方式和时分方式两种。空分方式传送模拟信号，时分方式传送数字信号。

（2）控制系统包括译码、忙闲测试、路由选择、链路选试、驱动控制、计费等设备。控制系统的控制方式有布线逻辑控制方式（简称布控方式）和存储程序控制方式（简称程控方式）。

布控方式的控制电路很复杂，专用性较强，要想增加新的功能，开放新的业务，就必须改变电路，增加设备。程控方式是用预先存储在计算机中的程序来控制和处理交换接续，要改变交换系统功能，增加新业务，往往只要通过修改程序或数据就能实现。

1.4.2.2 程控数字交换机功能

程控数字交换机的特点是将程控、时分、数字技术融合在一起，因此，时分程控数字交换机比其他制式的交换机有更多的优点，得到广泛的应用。

1. 程控数字交换原理

程控数字交换机是直接交换数字化的语音信号。欲实现数字信号交换的目的，必须做到在不同话路时隙发送和接收信号。只有这两个方向的交换同时建立起来，才能完成数字语音信号的交换。实现这个功能要依靠数字交换设备。数字交换实质上就是把 PCM 系统有关的时隙内容在时间位置上进行搬移，因此也叫做时隙交换。

数字交换网络由时间（T）接线器和空间（S）接线器组成，能够将任何输入 PCM 复用线上的任一时隙交换到任何输出 PCM 复用线上的任一时隙中去。采用时间（T）型接线器，可以在同一条 PCM 总线的不同时隙之间进行交换；采用空间（S）型接线器，可以在不同 PCM 总线的同一时隙之间进行交换；采用 TST 或 STS 型交换网络，可以在不同 PCM 总线的不同时隙之间进行交换。

2. 程控数字交换机的基本功能

程控数字交换机系统所具有的基本功能包含检测终端状态、收集终端信息和向终端传送信息的信令与终端接口功能，交换接续功能和控制功能。

（1）信令与终端接口功能

交换机的终端有用户话机、计算机、话务台，以及与其他交换机相连接的模拟中继线和数字中继线。这些终端设备与交换机相连接时，必须具有相应的接口电路及信号方式。

对于数字交换系统来讲，进入交换网络的必须是数字信号。这就要求接口电路应具有模/数（A/D）转换功能和数/模（D/A）转换功能。

对于各种不同的外围环境要有不同的接口。如终端是模拟用户话机，就应有模拟用户接口。在模拟用户接口电路中应具有二/四线转换功能以及 A/D 和 D/A 的转换功能。若外围环境是连接的模拟中继线，就应有模拟中继接口。

若终端是数字用户，就应有数字用户接口，若是数字中继线，就应有数字中继接口。在数字接口电路中，不需进行 A/D 和 D/A 变换，但对信息的传输速率要进行适配。

为了建立用户间的信息交换通道，就要传递各自的状态信息。这些状态信息有呼叫请求与释放信息、地址信息和忙闲信息。它们都以信令的方式通过终端接口进行传递。所以不同的接口电路配以不同的信令方式。

（2）交换接续功能

对于电路交换而言，交换机的功能就是要为两个通话用户建立一条语音通路，这就是交换机的交换接续功能。

交换接续功能是由交换网络实现的。空分交换机使用空分的交换网络，完成模拟信号的空间交换任务。数字交换机使用数字交换网络，通过语音存储器完成时隙交换任务。

（3）控制功能

上述的信令与接口功能和交换接续功能都是在控制功能的指令下进行工作的。控制功能可分为低层控制和高层控制。低层控制主要是指对连接功能和信令功能的控制即扫描与驱动：扫描用来发现外部事件的发生或信令的到来，驱动控制通路的连接、信令的发送或终端接口的状态变化。高层控制是指与硬件设备隔离的高一层呼叫控制，例如对所接收的号码进行数字分析，在交换网络中选择一条空闲的通路等。

1.4.2.3 程控数字交换机构成

为了完成上述功能，数字交换机的硬件系统应包括话路系统和控制系统。交换机的软件系统则包括操作系统和应用系统等。

1. 硬件系统

程控数字交换机硬件系统由话路系统、控制系统、外围设备组成。

(1) 话路系统

由用户模块、远端用户模块、选组级（数字交换网络）、各种中继接口、信号部件等组成。用户模块是模拟用户终端与数字交换网络（选组级）之间的接口电路，由用户电路和用户集线器组成。用户模块的主要作用是对用户线提供接口设备，将用户话机的模拟语音信号转换成数字信号，并将每个用户所发出的较小的呼叫话务量进行集中，然后送到数字交换网络，从而提高用户级和数字交换网络之间链路的利用率。

(2) 控制系统

控制系统一般可分为三级：

第一级：电话外设控制级，它对靠近交换网络及其他电话外设部分进行控制。

第二级：呼叫处理控制级，它是整个交换机的核心，是将第一级送来的信息在这里分析、处理，又通过第一级发送命令来控制交换机的路由接续或复原。这一级的控制部分有较强的智能性，所以这级称为存储程序控制。

第三级：维护测试级，用于操作维护和测试，包括人—机通信功能。这一级要求更强的智能性，所以需要很多的软件控制。这三级的划分可以是“虚拟”的，只反映控制系统程序的内部分工；也可以是“实际”的，即分别设置专用或通用的处理机来分别完成不同的功能。

(3) 外围设备

外围设备较多，主要有：

1) 磁带机或磁盘机，可作为后备系统，用于存储统计数据、话单计费系统等。

2) 维护终端设备，包括可视显示单元、键盘及打印设备，是日常维护管理的关键设备。

3) 测试设备，包括局内测试设备、用户线路测试设备和局间中继线路测试设备等。

4) 时钟。为了程控交换机和数字传输系统的协调工作，程控交换机系统必须配置时钟设备。为使各程控局的时钟信号同步，在各程控局必须配置网同步设备。

5) 录音通知设备，用于交换局中需要语音通知的业务（例如：气象预报、空号或更改号用户的代答业务等）。

6) 监视告警设备，用于系统工作状态的告警装置，一般均设有可视（灯光）信号和可闻（警铃、蜂音）信号。

2. 软件系统

程控交换机的软件由运行软件和支援软件两大类组成。

(1) 运行软件

运行软件是交换机在运行中直接使用的软件。它可分成系统程序和应用程序。

1）系统程序是交换机硬件同应用程序之间的接口。它有内部调度程序、输入/输出处理程序以及资源调度和分配、处理机间通信管理、系统监视和故障处理、人—机通信等程序。

2）应用程序包含有呼叫处理、用户线及中继线测试、业务变更处理、故障检测、诊断定位等程序。

（2）支援软件

支援软件是用来开发、生成和修改交换机的软件，以及开通时的测试程序。支援软件包括编译程序，连接装配程序，调试程序以及局数据生成、用户数据生成等程序。

为了保证交换机的业务不间断，则要求软件应具有安全可靠性、可维护性、可扩充性。交换机的软件不仅应能够完成呼叫处理功能，还应具有完善的维护和管理功能。

1.4.3　分组交换技术的应用及特点

分组交换也称包交换，是为了适应计算机通信的需要而发展起来的，是数据通信的重要手段之一。分组交换技术的应用较为广泛，常用的应用形式主要有以下几种。

1.4.3.1　X.25 分组交换

公用分组交换网络是采用分组交换技术，给用户提供低速数据业务的数据通信网。1976 年，CCITT 正式公布了著名的 X.25 建议，为公用数据通信的发展奠定了基础。X.25 建议是数据终端设备（DTE）与数据电路终端设备（DCE）之间的接口协议，它使得不同的数据终端设备能接入不同的分组交换网。由于 X.25 协议是分组交换网中最主要的一个协议，因此，有时把分组交换网又叫做 X.25 网。原 CCITT 也规定了分组交换网国际互联网间接口的 X.75 协议。很多厂商就在 X.25 或 X.75 的基础上制定了其网内协议。

1.4.3.2　帧中继

1. 帧中继技术特点

帧中继是分组交换网的升级换代技术。帧中继是以分组交换技术为基础，与 X.25 协议相比，帧中继仅完成物理层和数据链路层的功能，不再进行逐段流量控制和差错控制，在使用简化分组交换传输协议相关信息的前提下，大大提高了网络传输效率，以帧为单位进行数据传输与交换。

同 X.25 分组交换技术相比，它具有下列特点：

（1）网络资源利用率高。帧中继技术继承了 X.25 分组交换统计复用的特点，通过在一条物理链路上复用多条虚电路，在用户间动态地按需分配带宽资源，提高了网络资源利用率。

（2）传输速率快。帧中继技术大大简化了 X.25 通信协议，网络在信息处理上只检错、不纠错，发现出错帧就予以丢弃，将端到端的流量控制交给用户终端来完成，减轻了网络交换机的处理负担，降低了用户信息的端到端传输时延，提高了传输速率及数据吞吐量。

（3）费用低廉。帧中继技术为用户提供了一种优惠的计费政策，即按照承诺的信息速率（CIR）来收费；同时，允许用户传送高于 CIR 的数据信息，这部分信息在网络空闲时予以传送，拥塞时予以丢弃，传送不收费。

（4）兼容性好。帧中继技术兼容 X.25、CP/IP 等多种网络协议，可为各种网络提供灵活、快速、稳定的连接。

(5) 组网功能强。帧中继技术不是以分组，而是以帧为单位进行数据传输。在帧中继技术中，帧的长度较长（可达 4096Byte），在传送长度在 1500Byte 左右的较长帧局域网数据信息时，效率较高，适合于实现局域网互联。

2. 帧中继交换机

(1) 帧中继交换机的分类

在帧中继技术、信元中继技术和异步传输模式（ATM）技术的发展过程中，帧中继交换机的内部结构也在不断改变，业务性能进一步完善，并逐步向 ATM 过渡。目前，帧中继交换机大致有以下三类：

1）改装型 X. 25 分组交换机。通过改装分组交换机和增加软件功能，使交换机具有发送和接收帧中继的能力。但此类交换机仍保留了第三层的一些功能，早期的帧中继交换机主要是这样做的。

2）采用全新的帧中继结构设计的新型交换机。此类交换机指专门设计的、具有纯帧中继功能的交换机。

3）采用信元中继、ATM 技术且支持帧中继接口的 ATM 交换机。此类交换机是最新型的交换机，采用信元中继或 ATM 技术，具有帧中继和 ATM 接口，内部完成 ATM 和 FR 的互通，在以 ATM 为主的骨干网络中起着用户接入的作用，实际上就是 ATM 接入交换机。

(2) 帧中继交换机的特性

1）帧中继交换机具有三种类型的接口：用户接入接口、中继接口和网管接口。其中，用户接口用于帧中继用户的接入，支持标准的 FR UNI 接口；中继接口用于和其他帧交换机的连接，支持标准的 FR NNI 接口；网管接口用于网络的维护管理。

2）具有业务分级管理的功能，确保业务的提供。

3）具有宽带管理功能，根据连接的承诺信息速率按比例分配带宽，在不降低系统性能的前提下，尽可能传输更多的数据。

4）具有用户线管理、中继管理、路由管理和永久虚电路（PVC）状态管理功能，支持永久虚电路（PVC）和交换虚电路（SVC）连接，具有自动节点间路由和连接管理能力。

5）具有拥塞管理功能，避免使网络设备处于一种拥塞的失控状态，确保网络连接在最优状态下运行。

6）具有信令处理能力，能完成 FR UNI、FR NNI 接口之间的信令处理和传输功能。

7）具有用户选用业务处理能力。交换机除提供基本业务（PVC、SVC）之外，还提供一些用户选用业务。

8）具有网管控制信息通信功能，能与网管中心之间互发信息，并具有转接其他交换机网管信息的能力。

9）具有网络同步能力，能够与其他网络互联/互通。

1.4.3.3 异步传输模式（ATM）

异步传输模式（ATM）通信网是实现高速、宽带传输多种通信业务的现代数据通信网形式之一。ATM 是 ITU-T 确定用于宽带综合业务数字网（B-ISDN）的复用、传输和交换模式技术。

1. ATM在综合了电路交换和分组交换优点的同时，克服了电路交换方式中网络资源利用率低、分组交换方式信息时延大和抖动的缺点，可以把语音、数据、图像和视像等各种信息进行一元化的处理、加工、传输和交换，大大提高了网络的效率。ATM构成的网络具有综合处理信息的能力，在现代通信网中占有十分重要的地位。

2. ATM提供高速、高服务质量的信息交换，灵活的带宽分配及适应从很低速率到很高速率的带宽业务。其交换技术的特点如下：

（1）采用面向连接的工作方式，通过建立虚电路来进行数据传输，同时也支持无连接业务。

（2）采用固定长度的数据包，信元由53个字节组成，开头5个为信头，其余48个为信息域，或称净荷。信头简单，可减少处理开销。

（3）ATM技术简化了网络功能与协议，取消了分组交换网络中逐段链路进行差错控制、流量控制的控制过程，将这些业务交由端到端之间的用户完成。网络流量控制与拥塞控制采用连接接纳控制（CAC）和应用参数控制（UPC）等合约式方法，并在网络出现拥塞时通过丢弃信元来缓解拥塞。

1.4.3.4 路由器

1. 路由器的应用

（1）路由器是网络层的互联设备，用于连接多个逻辑上分开的网络，在网络层将数据包进行存储转发。它只接收源站或其他路由器的信息。路由器是连接IP网的核心设备。

（2）路由器主要用于网络连接，进行过滤、转发、优先、复用、加密、压缩等数据处理，以及配置管理、容错管理和性能管理等。

（3）路由器的功能分为数据通道功能和控制通道功能。数据通道功能用于完成每一个到达分组的转发处理，包括路由查表、向输出端传送分组和输出分组调度；控制通道功能用于系统的配置、管理及路由表维护。

2. 路由器组成及分类

（1）路由器主要由输入/输出端口、交换机构、处理机组成。输入/输出端口连接与之相连的子网；交换机构在路由器内部连接输入与输出端口；处理机负责建立路由转发表。

（2）由于应用场合的不同，路由器可分为骨干路由器、企业路由器和接入路由器。骨干路由器用于连接各企业网；企业路由器用于互连大量的端系统；接入路由器用于传统方式连接拨号用户。

1.4.3.5 多协议标记交换（MPLS）

1. 标记交换

标记交换是指标记路由器（LSR）根据标记转发数据。所谓标记是指一个数据头，它的格式是由网络的性质决定的。LSR只需读标记就可以进行转发，而无需读网络层的数据包头。

MPLS基本网络结构由标记边缘路由器（LER）和标记路由器（LSR）组成。

2. 协议标记交换的技术特点

MPLS支持多种协议，可使不同网络的传输技术统一在MPLS平台上，保证多种网络的互联互通。对上，它可以支持IPv4和IPv6协议，以后将逐步扩展到支持多种网络层协议；对下，它可以同时支持 X.25、ATM、帧中继、PPP、SDH、DWDM 等多种网络。MPLS 是一种与链路层无关的技术。MPLS 的流量控制机制主要包括路由选择、负载均衡、路径备份、故障恢复、路径优先级碰撞等，在流量控制方面更优于传统的 IP 网络。采纳 ATM 的结构传输交换方式，抛弃了复杂的 ATM 信令，无缝地将 IP 技术的优点融合到了 ATM 的高效硬件转发中，简化了控制过程。它支持大规模层次化的网络拓扑结构，具有极好的网络扩展性。

1.5 其他通信网络技术

1.5.1 用户接入网类型及应用

接入网是指本地交换机与用户终端设备之间的实施网络，有时也称之为用户网。接入网是由业务节点接口和相关用户网络接口之间的一系列传送实体组成的、为传送通信业务提供所需传送承载能力的实施系统，可经由维护管理接口进行配置和管理。其传送实体是线路设施和传递设施，可提供必要的传送承载能力，对用户信令是透明的，不作处理。接入网的接入方式可分为有线接入和无线接入。

1.5.1.1 接入网功能

接入网处于通信网的末端，直接与用户连接。它包括本地交换机与用户端设备之间的所有实施设备与线路，它可以部分或全部替代传统的用户本地线路网，可含复用、交叉连接和传输功能。

1. 接入网的定界

从图 1-13 中可见，接入网所覆盖的范围由三个接口来定界，即网络侧经业务节点接口（SNI）与业务节点（SN）相连；用户侧经用户网络接口（UNI）与用户相连；管理方面则经 Q3 接口与电信管理网（TMN）相连。其中 SN 是提供业务的实体，是一种可以接入各种变换型和（或）永久连接型通信业务的网络单元。

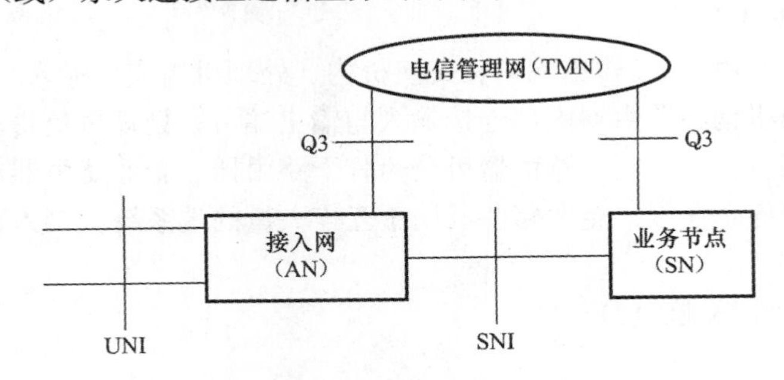

图 1-13 接入网定界示意图

2. 接入网的分层

为了便于网络设计与管理，接入网按垂直方向分解为电路层、传输通道层和传输媒质层三个独立的层次，其中每一层为其相邻的高阶层传送服务，同时又使用相邻的低阶层所提供的传送服务。

(1) 电路层

电路层涉及电路层接入点之间的信息传递，并独立于传输通道层。电路层直接面向公用交换业务，并向用户直接提供通信业务。按照提供业务的不同又可以区分出不同的电路层。

(2) 传输通道层

传输通道层涉及通道层接入点之间的信息传递，并只支持一个或多个电路层，为其提供传送服务，通道的建立可由交叉连接设备负责。

(3) 传输媒质层

传输媒质层与传输媒质（如光缆、微波等）有关，它支持一个或多个通道层，为通道层节点之间提供合适的通道容量。若作进一步划分，该层又可细分为段层和物理层。

以上三层之间相互独立，相邻层之间符合客户/服务者的关系。这里所说的服务者是指提供传送服务的层面，客户是指使用传送服务的层面。例如，对于电路层与传输通道层来说，电路层为客户，传输通道层为服务者；而对于传输通道层与传输媒质层而言，传输通道层又变为客户，传输媒质层为服务者。

3. 接入网的功能

接入网的主要功能可分解为用户口功能（UPF）、业务口功能（SPF）、核心功能（CF）、传送功能（TF）和系统管理功能（AN-SMF）。

(1) 用户口功能

用户口功能是将 UNI 的要求适配为核心功能和管理功能，即将电话、数据、传真、视像和多媒体等窄带和宽带接入业务进行 A/D 转换和信令转换、UNI 的激活/去激活、UNI 承载通路/容量的处理、UNI 的测试和 UPF 的维护及管理与控制。

(2) 业务口功能

业务口功能是将 SNI 的要求适配为公共承载信道，并处理接入网管理系统中选择的信息。SPF 包括 SNI 功能的终接、将承载通路的要求和定时管理与操作要求映射进核心功能，并在需要时对特定 SNI 所需的协议映射和 SNI 的测试、端口的维护及相关的管理与控制。

(3) 核心功能

使各个用户承载通路要求或业务口承载通路要求适配为公用传送承载信道。该功能完成根据被要求的协议适配和通过接入网的传送复用进行协议承载处理。核心功能可分布在整个 AN 中，具体功能包括接入承载处理、承载通路的集中、信令与分组信息的复用、为 ATM 传送承载进行电路仿真以及管理和控制功能。

(4) 传送功能

为 AN 不同地点之间公用承载通路的传送提供通道，同时也为所用传输媒质提供媒质适配、完成复用。具体功能有：复用、交叉连接、管理和物理媒质等。

(5) 系统管理功能

协调 AN 内 UPF、SPF、CF 和 TF 的指配、操作和维护，同时也负责协调用户终端（经 UNI）和业务节点（经 SNI）的操作功能。具体功能有：配置与控制；指配协调、故障检测与指示；用户信息和性能数据收集；安全控制；协调 UPF 和 SN（经 SNI）的即时管理和操作；资源管理；经 Q3 接口与 TMN 通信接收监视和/或控制。

1.5.1.2 有线接入网

有线接入网是用铜线（缆）、光缆、同轴电缆等作为传输媒介的接入网。目前主要有铜线接入网、光纤接入网、混合光纤/同轴电缆（HFC）接入网三类。

1. 铜线接入网

多年来，通信网主要采用铜线（缆）用户线向用户提供电话业务，用户铜线（缆）网分布广泛且普及。为了进一步提高铜线传输速率，在接入网中使用了数字用户线（DSL）技术，以解决高速率数字信号在铜缆用户线上的传输问题。常用的DSL技术有高速率数字用户线（HDSL）和不对称数字用户线（ADSL）技术。

（1）高速率数字用户线（HDSL）技术采用了回波抵消和自适应均衡技术，延长基群信号传输距离。系统具有较强的抗干扰能力，对用户线路的质量差异有较强的适应性。

（2）不对称数字用户线（ADSL）技术可以在一对普通电话线上传送电话业务的同时，向用户单向提供1.5～6Mbit/s速率的业务，并带有反向低速数字控制信道，而且，ADSL的不对称结构避免了HDSL方式的近端串音，从而延长了用户线的通信距离。

2. 光纤接入网

（1）光纤接入网采用光纤作为主要的传输媒介来取代传统的双绞线。由于光纤上传送的是光信号，因而需要在交换局将电信号进行电/光转换变成光信号后再在光纤上进行传输。在用户端则要利用光网络单元（ONU）进行光/电转换，恢复成电信号后送至用户终端设备。

（2）根据承载的业务带宽不同，光纤接入网可以划分为窄带和宽带两种。

（3）根据网络单元位置的不同，光纤接入网可以划分为光纤到路边（FTTC）、光纤到大楼（FTTB）、光纤到户（FTTH）、光纤到办公室（FTTO）或（FTTZ）。

（4）根据是否有电源，光纤接入网可以划分为有源光网络（AON，Active Optical Network）和无源光网络（PON，Passive Optical Network）。有源光网络又可分为基于SDH的有源光网络（AON）和基于PDH的有源光网络（AON）；无源光网络可分为窄带PON（TPON和APON）和宽带PON（EPON、GPON、10GPON）。

3. 混合光纤/同轴电缆（HFC）接入网

（1）混合光纤/同轴电缆接入网是一种综合应用模拟和数字传输技术、同轴电缆和光缆技术、射频技术、高度分布式智能型的接入网络，是通信网和CATV网相结合的产物。

HFC接入网可传输多种业务，具有较为广阔的应用领域，尤其是目前，绝大多数用户终端均为模拟设备（如电视机），与HFC的传输方式能够较好地兼容。HFC接入网具有传输频带较宽、与目前的用户设备兼容、支持宽带业务、成本较低等特点。

（2）混合光纤/同轴电缆（HFC）接入网简可以单归纳为窄带无源光网络（PON）＋HFC混合接入、数字环路载波（DLC）＋单向HFC混合接入和有线＋无线混合接入三种方式。

1.5.1.3 无线接入网

无线接入网是一种部分或全部采用无线电波作为传输媒质来连接用户与交换中心的接入方式。它除了能向用户提供固定接入外，还能向用户提供移动接入。与有线接入网相比，无线接入网具有更大的使用灵活性和更强的抗灾变能力。按接入用户终端移动与否，可分为固定无线接入和移动无线接入两类。

1. 固定无线接入

固定无线接入是一种用户终端固定的无线接入方式。其典型应用就是取代现有有线电话用户环路的无线本地环路系统。这种用无线通信（地面、卫星）等效取代有线电话用户线的接入方式，因为它的方便性和经济性，将从特殊用户应用（边远、岛屿、高山等）过渡到一般应用。需说明的是，无绳电话虽是通信终端（电话机）的一种无线延伸装置，并使话机由固定变为移动，但它仍属于固定接入核心网，而且当前基本是有线接入。

固定无线接入的主要技术有 LMDS、3.5GHz 无线接入、MMDS、固定卫星接入技术、不可见光无线系统等。

2. 移动无线接入

用户终端移动的无线接入有蜂窝通信网、移动卫星通信网和个人通信网 3 种类型。蜂窝通信网是一种广泛使用的公共地面移动通信系统，将其应用到接入网中，是首当其冲的最佳选择；移动卫星通信网则是其在广域网或国际通信网中应用之外的又一种应用；个人通信网是由数字移动网、ISDN 和智能网综合而成的通信网，是未来接入网的理想手段。

移动无线接入的主要技术有 GSM、CDMA、WCDMA 和蓝牙技术等。

1.5.2 计算机网络

1.5.2.1 计算机网络的功能

计算机网络的主要目的是共享资源，它的功能随应用环境和现实条件的不同大体如下：

1. 可实现资源共享

资源共享是计算机网最有吸引力的功能，指的是网上用户能部分或全部地享受这些资源。通过资源共享，消除了用户使用计算机资源受地理位置的限制，也避免了资源的重复设置所造成的浪费。

在计算机网络中，“资源”就是网络中所包含的硬件，软件和数据。硬件资源有处理机、内（外）存储器和输入/输出设备等，它是共享其他资源的基础。软件资源是指各种语言处理程序、服务应用程序等。数据则包括各种数据文件和数据库中的数据等。

2. 提高了系统的可靠性

一般来说，计算机网络中的资源是重复设置的，它们被分布在不同的位置上。这样，即使发生少量资源失效的现象，用户仍可以通过网络中的不同路由访问到所需的同类资源，不会引起系统的瘫痪现象，提高了系统的可靠性。

3. 有利于均衡负荷

通过合理的网络管理，将某时刻计算机上处于超负荷的任务分送给别的轻负荷的计算机去处理，达到均衡负荷的目的。这对地域跨度大的远程网络来说，充分利用时差因素来达到均衡负荷尤为重要。

4. 提供了非常灵活的工作环境

用户可在任何有条件的地点将终端与计算机网络连通，及时处理各种信息，作出决策。

1.5.2.2 计算机网络的分类

计算机通信网是一种地理上分散的、具有独立功能的多台计算机通过通信设备和线路连接起来，在配有相应的网络软件（网络协议、操作系统等）的情况下实现资源共享的系统。正在广泛实施的国际互联网，就是一个全球性的计算机通信网。

1. 按网络覆盖范围划分

按网络覆盖范围划分，计算机网络可分为局域网、城域网和广域网三大类，国际互联网属于广域网。

（1）局域网的覆盖面小，传输距离常在数百米左右，限于一幢楼房或一个单位内。主机或工作站用 10～1000Mbit/s 的高速通信线路相连。网络拓扑多用简单的总线或环形结构，也可采用星形结构。

（2）城域网的作用范围是一个城市，距离常在 10～150km 之间。由于城域网采用了具有有源交换元件的局域网技术，故网中时延较小，通信距离也加大了。城域网是一种扩展了覆盖面的宽带局域网，其数据传输速率较高，在 2Mbit/s 以上，乃至数百兆比特每秒。网络拓扑多为树型结构。

（3）广域网其主要特点是进行远距离（几十到几千公里）通信，又称远程网。广域网传输时延大（尤其是国际卫星分组交换网），信道容量较低，数据传输速率在 2Mbit/s～10Gbit/s 之间。网络拓扑设计主要考虑其可靠性和安全性。

2. 按网络拓扑结构划分

按网络拓扑结构划分，计算机网络可分为：星形、环形、网形、树形和总线型结构。

（1）星形结构比较简单，容易建网，便于管理。但由于通信线路总长度较长，成本较高。同时对中心节点的可靠性要求高，中心节点出故障将会引起整个网络瘫痪。

（2）环形结构没有路径选择问题，网络管理软件实现简单。但信息在传输过程中要经过环路上的许多节点，容易因某个节点发生故障而破坏整个网络的通信。另外网络的吞吐能力较差，适用于信息传输量不大的情况，一般用于局域网。

（3）网形结构可靠性高，但所需通信线路总长度长，投资成本高，路径选择技术较复杂，网络管理软件也比较复杂。一般在局域网中较少采用。

（4）树形结构是一个在分级管理基础上集中式的网络，适合于各种统计管理系统。但任一节点的故障均会影响它所在支路网络的正常工作，故可靠性要求较高，而且越高层次的节点，其可靠性要求越高。

（5）总线型结构网络中，任何一节点的故障都不会使整个网络发生故障，相对而言，这种网络比较容易扩展。

1.5.2.3 计算机网络的组成。

计算机网络要完成数据处理和数据通信两大功能，在结构上可以分成两部分：负责数据处理的计算机与终端；负责数据通信处理的通信控制处理机与通信线路。从计算机网络组成的角度看，典型的计算机网络从逻辑功能上可以分为资源子网和通信子网两部分。

1. 资源子网

资源子网由主机、终端及软件等组成，提供访问网络和处理数据的能力。主机负责数据处理，运行各种应用程序，它通过通信子网的接口与其他主机相连接。终端直接面对用户，为用户提供访问网络资源的接口。软件负责管理、控制整个网络系统正常运行，为用户提供各种实际服务。

2. 通信子网

通信子网由网络节点、通信链路及信号变换器等组成，负责数据在网络中的传输与通信控制。网络节点负责信息的发送和接收及信息的转发等功能，根据其作用不同，又可分为接口节点和转发节点。接口节点是资源子网和通信子网相连接的必经之路，负责管理和收发本地主机的信息；转发节点则为远程节点送来的信息选择一条合适的链路，并转发出去。通常，网络节点本身就是一台计算机，设置在主机与通信链路之间，以减轻主机的负担，提高主机的效率。通信链路是两个节点之间的一条通信通道，常被称为信道。信号变换器提供数字信号和模拟信号之间的变换。

1.5.2.4 IP电话

IP电话是基于互联网网络协议，并利用多种通信网进行实时语音通信的通信方式。IP通信网是基于多种通信网实现IP电话通信的通信网，是现代数据通信网的业务网之一。传统的电话网是通过电路交换网传送电话信号，IP电话则是通过分组交换网传送电话信号。在IP电话网中，主要采用语音压缩技术和语音分组交换技术，平均每路电话实际占用的带宽仅为4kbit/s。

受诸多因素影响，IP电话还面临着通信标准、承载网络与通话质量等问题。

1.5.3 综合布线系统

综合布线系统是一个模块化、灵活性极高的建筑物或建筑群内的信息传输系统，是建筑物内的“信息高速公路”。它既能使语音、数据、图像通信设备和交换设备与其他信息管理系统彼此相连，也能使这些设备与外部通信网络相连接。它包括建筑物到外部网络、电信局线路上的连线点与工作区的语音、数据终端之间的所有线缆及相关联的布线部件。综合布线系统由不同系列的部件组成，其中包括传输介质（铜线或者光纤）、线路管理及相关连接硬件（比如配线架、连接器、插座、插头、适配器等）、传输电子线路和电器保护设备等硬件。

综合布线系统可以划分为6个子系统，从大范围向小范围依次为：建筑群子系统、干线（垂直）子系统、设备间子系统、管理子系统、水平布线子系统、工作区（终端）子系统。

1.5.3.1 建筑群子系统

连接各建筑物之间的传输介质和相关支持设备（硬件）组成了建筑群子系统。与建筑群子系统有关的硬件设备有光纤、铜线缆、防止线缆的浪涌电压进入建筑物的电气保护设备和必要的交换设备。

1.5.3.2 干线子系统

干线子系统由设备间或者管理子系统与水平子系统的引入口之间的连接线缆组成，它提供建筑物的干线（馈电线）线缆的路由，是楼层之间垂直（水平）干线线缆的统称。

1.5.3.3 设备间子系统

设备间是每一座建筑物安装进出线设备、进行综合布线及其应用系统管理和维护的场所。设备间可以摆放综合布线系统的建筑物进出线设备及语音、数据、图像等多媒体应用设备和交换设备，还可以有保险设备和主配线架。

1.5.3.4 管理子系统

管理子系统一般设置在配线设备的房内，由配线间（包括设备间、中间交换间和二级交接间）的配线硬件、I/O设备及相关接插软线等组成。每个配线间和设备间都有管理子系统，它提供了与其他子系统连接的方法，使整个综合布线系统及其相连的应用系统构成一个有机的整体。

1.5.3.5 水平子系统

水平子系统是由每层配线间至信息插座的配线线缆和工作区子系统所用的信息插座等

组成。它与垂直干线子系统的主要区别在于：水平子系统总是在一个楼层上，沿着大楼的地板或者顶棚布线，而垂直干线子系统大多数是要穿越楼层垂直布线。

1.5.3.6 工作区子系统

工作区子系统由用户的终端设备连接到信息点（插座）的连线所组成，它包括装配软线、连接和连接所需的扩展软线以及终端设备和 I/O 之间的连接部分。工作区子系统是和普通的用户离得最近的子系统。用户工作区的终端设备可以是电话、PC，也可以是一些专用仪器，比如传感器、检测仪器等。

1.5.4 物联网技术及应用

目前国内被普遍引用的物联网（IOT，Internet Of Things）定义是：通过射频识别(RFID)、红外感应器、全球定位系统、激光扫描器等信息传感设备，按约定的协议，把任何物品与互联网连接起来，进行信息交换和通信，以实现智能化识别、定位、跟踪、监控和管理的一种网络。

1.5.4.1 物联网（IOT）的特征

1. 全面感知，即利用传感器、RFID 等随时随地获取物体的信息；

2. 可靠传递，通过承载网，将物体的信息实时准确地传递出去；

3. 智能处理，利用云计算、模糊识别等智能计算技术，对海量数据和信息进行分析和处理，对物体实施智能化的管理。

1.5.4.2 物联网技术

物联网应用的技术主要有无线射频识别（RFID）技术、无线传感网络（WSN）技术、IPv6 技术、云计算技术、纳米技术、无线通信技术、智能终端技术等。

1. 无线射频识别（RFID）技术

无线射频识别是一种非接触式的自动识别技术，一般由阅读器、应答器（标签）和应用系统三部分组成。它的工作原理是：使用射频电磁波，通过空间耦合（交变磁场或电磁场），在阅读器和进行识别、分类和跟踪的移动物品（物品上附着有 RFID 标签）之间，实现无接触信息传递，并通过所传递的信息达到识别目的的技术。RFID 是一种利用电磁能量实现自动识别和数据捕获技术，可以提供无人看管的自动监视与报告作业。

2. 无线传感网络（WSN）技术

无线传感器网络（WSN）是由大量传感器节点通过无线通信方式形成一个多跳的自组织网络系统，其目的是协作地感知、采集和处理网络覆盖区域中感知对象的信息，它能够实现数据的采集量化、处理融合和传输应用。它具有规模网络大、网络自动组织、网络构成处于动态、网络可靠、需要应用相关的网络以及网络以数据为中心等特点。

3. IPv6 技术

目前的互联网是在 IPv4 协议的基础上运行的，IPv6 是下一版本的互联网协议。IPv4 采用 32 位的地址长度，只有大约 43 亿个地址，而 IPv6 采用 128 位的地址长度，可以解决互联网地址空间的不足的问题，实现更多的端到端的连接功能。除此之外，IPv6 还考虑了在 IPv4 中解决不好的其他问题。IPv6 的主要优势体现在以下几个方面：扩大地址空间、提高网络的整体吞吐量、改善服务质量（QoS)、安全性有更好的保证、支持即插即用和移动性、更好地实现多播功能。

4. 云计算技术

云计算（cloud computing）是分布式处理、并行处理和网格计算技术的发展，其最基本的概念是通过网络将庞大的计算处理程序自动分拆成无数个较小的子程序，再交由多部服务器所组成的庞大系统经搜寻、计算分析之后将处理结果回传给用户。透过这项技术，网络服务提供者可以在数秒之内，达成处理数以千万计甚至亿计的信息，达到和"超级计算机"同样强大效能的网络服务。最简单的云计算技术在网络服务中已经随处可见，例如搜寻引擎、网络信箱等，使用者只要输入简单指令即能得到大量信息。对于小到需要使用特定软件，大到模拟卫星的周期轨道，以及数据的存储，公司的管理等任何需要，云计算都可以解决，可以说它包含了你能想到的和你想不到的各种计算。

5. 纳米技术

目前，纳米技术在物联网技术中的应用主要体现在 RFID 设备、感应器设备的微小化设计、加工材料和微纳米加工技术上。

6. 无线通信技术

M2M 技术用于双向通信，使物物相联，是无线通信和信息技术的整合，是物联网实现的关键。M2M 技术原意是机器对机器（Machine-To-Machine）通信的简称，是指所有实现人、机器、系统之间建立通信连接的技术和手段。广义上讲，M2M 技术也指人对机器（Man To Machine）、机器对人（Machine To Man）以及移动网络对机器（Mobile To Machine）之间的连接与通信。从狭义的物联网通信角度看，M2M 技术特指基于蜂窝移动通信网络通过程序控制，自动完成通信的无线终端间的交互通信。一个完整的 M2M 系统由传感器（或监控设备）、M2M 终端、蜂窝移动通信网络、终端管理平台与终端软件升级服务器、运营支撑系统、行业应用系统等环节构成。它可以结合 GSM/USSD/GPRS/CDMA/UMTS 等远距离连接技术，也可以结合 Wifi、蓝牙、Zigbee、RFID 和 UWB 等近距离连接技术，此外还可以结合 XML 和 Corba，以及基于 GPS、无线终端和网络的位置服务技术等。

7. 智能终端技术

物联网的实现离不开智能终端。智能终端种类很多，从传输方式来分，主要包括以太网终端、WIFI 终端、2G 终端、3G 终端等，有些智能终端具有上述两种或两种以上的接口；从使用扩展性来分，主要有单一功能终端和通用智能终端两种；从传输通道来分，主要包括数据透传终端和非数据透传终端。目前影响物联网终端推广的一个主要原因是标准化问题。

1.5.4.3 物联网技术框架结构

物联网技术的框架结构包括感知层技术、网络层技术、应用层技术和公共技术。

1. 感知层：数据采集与感知主要用于采集物理世界中发生的物理事件和数据，包括各类物理量、标识、音频、视频数据。物联网的数据采集涉及传感器、RFID、多媒体信息采集、二维码和实时定位等技术。

传感器网络组网和协同信息处理技术实现传感器、RFID 等数据采集技术所获取数据的短距离传输、自组织组网以及多个传感器对数据的协同信息处理过程。

2. 网络层：实现更加广泛的互联功能，能够把感知到的信息无障碍、高可靠性、高安全性地进行传送，需要传感器网络与移动通信技术、互联网技术相融合。经过十余年的快速发展，移动通信、互联网等技术已比较成熟，基本能够满足物联网数据传输的需要。

3. 应用层：应用层主要包含应用支撑平台子层和应用服务子层。其中应用支撑平台子层用于支撑跨行业、跨应用、跨系统之间的信息协同、共享、互通的功能。应用服务子层包括智能交通、智能医疗、智能家居、智能物流、智能电力等行业应用。

4. 公共技术：公共技术不属于物联网技术的某个特定层面，而是与物联网技术架构的三层都有关系，它包括标识与解析、安全技术、网络管理和服务质量（QoS）管理。

1.5.4.4 物联网的应用

物联网已被广泛应用于交通、电网、医疗、工业、农业、环保、建筑、空间及海洋探索、军事等领域。

1. 智能交通

应用大量传感器组成网络，并与各种车辆保持联系，监视每一辆汽车的运行状况，如制动状况、发动机调速时间等等，并根据具体情况完成自动车距保持、潜在故障告警、最佳行车路线推荐等功能，使汽车可以保持在高效低耗的最佳运行状态。

2. 智能电网

主要涉及无线抄表、智能用电，电力巡检、电气设备、输电线路状态检测、电力抢修管理等方面。

3. 智能医疗

医生可以利用网络传感器，随时对病人的各项健康指标以及活动情况进行监测，为远程医疗提供极大便利。物联网技术在医疗健康领域具有潜在的、巨大的发展空间。

4. 智能建筑

智能建筑涉及的物联网技术领域主要有：监控系统，安防管理系统，远程视频会议系统，建筑管理系统，综合布线系统，卫星电视系统，智能一卡通，故障分析，能耗管理等。

5. 工业自动化

在冶金工业中，主要涉及能源管理、测控系统、设备维护等方面。在汽车工业中，主要涉及生产线控制系统、设备监测、零部件库存、物流跟踪等方面。

6. 精细农牧业

在农业方面，物联网技术主要涉及土壤墒情与水环境监测、旱情监测预警、节水灌溉等方面。

7. 生态监测

在生态监测系统中，通过传感器可以收集包括温度、湿度、光照和二氧化碳浓度等多种数据。可应用的领域有：森林监测、森林观测和研究、湖泊监测、火灾风险评估、野外救援等。

8. 军事领域

由于实现物联网的传感网络具有密集型和随机分布的特点，因此它非常适用于恶劣的战场环境中，包括侦察敌情，监控兵力，装备物资，判断生物化学攻击等。

总之，物联网无处不在。随着物联网的广泛应用，将使我们的地球变得可感应、可度量、互联互通以及更加智能。世界所想，我们所能。

1.6 通信电源系统

1.6.1 通信电源系统的要求及供电方式

1.6.1.1 通信电源系统要求

通信电源是通信设备的心脏，在通信系统中，具有举足轻重的地位。通信设备对电源系统的要求是：可靠、稳定、小型、高效。通信局（站）电源系统应有完善的接地与防雷设施，具备可靠的过压和雷击防护功能，电源设备的金属壳体应有可靠的保护接地；通信电源设备及电源线应具有良好的电气绝缘层，绝缘层包括有足够大的绝缘电阻和绝缘强度；通信电源设备应具有保护与告警性能。除此之外，对通信电源系统还有其他要求：

1. 由于微电子技术和计算机技术在通信设备中的大量应用，通信电源瞬时中断除了会造成整个通信电路的中断，还会丢失大量的信息。为了确保通信设备正常运行，必须提高电源系统的可靠性。由交流电源供电时，交流电源设备一般都采用交流不间断电源(UPS)。在直流供电系统中，一般采用整流设备与电池并联浮充供电方式。同时，为了确保供电的可靠，还采用由两台以上的整流设备并联运行的方式，当其中一台发生故障时，另一台可以自动承担为全部负载供电的任务。

2. 各种通信设备要求电源电压稳定，不能超过允许变化范围。电源电压过高，会损坏通信设备中的元器件；电压过低，设备不能正常工作。

交流电源的电压和频率是标志其电能质量的重要指标。由380/220V、50Hz的交流电源供电时，通信设备电源端子输入电压允许变动范围为额定值的－10%～＋5%，频率允许变动范围为额定值的－4%～＋4%，电压波型畸变率应小于5%。

直流电源的电压和杂音是标志其电能质量的重要指标。由直流电源供电时，通信设备电源端子输入电压允许变动范围为－57～－40V，直流电源杂音应小于2mV，高频开关整流器的输出电压应自动稳定，其稳定精度应≤±0.6%。

3. 设备或系统在电磁环境中应正常工作，且应不对该环境中任何事物构成不能承受的电磁干扰。这有两方面的含义，一方面任何设备不应干扰别的设备正常工作，另一方面对外来的干扰有抵御能力，即电磁兼容性包含电磁干扰和对电磁干扰的抗优度两个方面。

4. 为了适应通信的发展，电源装置必须小型化、集成化，能适应通信电源的发展和扩容。各种移动通信设备和航空、航天装置更要求体积小、重量轻、便于移动的电源装置。

5. 随着通信技术的发展，通信设备容量的日益增加，电源负荷不断增大。为了节约电能，提高效益，必须提高电源设备的效率，并在有条件的情况下采用太阳能电源和风力发电系统。

1.6.1.2 通信电源系统的供电方式

目前通信局站采用的供电方式主要有集中供电、分散供电、混合供电和一体化供电等四种方式。

1. 集中供电方式：由交流供电系统、直流供电系统、接地系统和集中监控系统组成。采用集中供电方式时，通信局（站）一般分别由两条供电线路组成的交流供电系统和一套直流供电系统为局内所有负载供电。交流供电系统属于一级供电。

2. 分散供电方式：在大容量的通信枢纽楼，由于所需的供电电流过大，集中供电方式难以满足通信设备的要求，因此，采用分散供电方式为负载供电。直流供电系统可分楼层设置，也可以按各通信系统设置多个直流供电系统。但交流供电系统仍采用集中供电方式。

3. 混合供电方式：在无人值守的光缆中继站、微波中继站、移动通信基站，通常采用交、直流与太阳能电源、风力电源组成的混合供电方式。采用混合供电的电源系统由市电、柴油发电机组、整流设备、蓄电池组、太阳电池、风力发电机等部分组成。

4. 一体化供电方式：通信设备与电源设备装在同一机架内，由外部交流电源直接供电。如小型用户交换机，一般采用这种供电方式。

1.6.2 通信电源系统的组成及功能

为各种通信设备及有关通信建筑负荷供电的电源设备组成的系统，称为通信电源系统。该系统由交流供电系统、直流供电系统、接地系统和集中监控系统组成。

1.6.2.1 交流供电系统

交流供电系统包括交流供电线路、燃油发电机组、低压交流配电屏、逆变器、交流不间断电源（UPS）等部分。

1. 市电应由两条供电线路引入，经高压柜、变压器把高压电源（一般为10kV）变为低压电源（三相380V）后，送到低压交流配电屏。

2. 燃油发电机组是保证不间断供电时必不可少的设备，一般为两套。在市电中断后，燃油发电机自动启动，供给整流设备和照明设备的交流用电。

3. 低压交流配电屏可完成市电和油机发电机的自动或人工转换，将低压交流电分别送到整流器、照明设备和空调装置等用电设施，并可监测交流电压和电流的变化。当市电中断或电压发生较大变化时，能够自动发出声、光告警信号。

4. 在市电正常时，市电经整流设备整流后为逆变器内的蓄电池浮充充电。当市电中断时，蓄电池通过逆变器（DC/AC变换器）自动转换，输出交流电，为需要交流电源的通信设备供电。在市电恢复正常时，逆变器又自动转换由市电供电。

5. 交流不间断电源（UPS）无论在市电正常或中断时，都可提供交流电源供电。工作原理同逆变器。逆变器实际上是交流不间断电源的一部分。

1.6.2.2 直流供电系统

直流供电系统由直流配电屏、整流设备、蓄电池、直流变换器（DC/DC）等部分组成。

1. 直流配电屏：可接入两组蓄电池，其中一组供电不正常时，可自动接入另一组工作。同时，它还可以监测电池组输出总电压、电池浮/均充电流和供电负载电流，可发出过压、欠压和熔断器熔断的声、光告警信号。

2. 整流设备：输入端由交流配电屏引入交流电，其作用是将交流电转换成直流电，输出端通过直流配电屏与蓄电池和需供电的负载并联连接，并向它们提供直流电源。

3. 蓄电池：处于整流器输出并联端。在市电正常时，由整流器浮/均充电，不断补充蓄电池容量，并使其保持在充足电量的状态。当市电中断时，蓄电池自动为负载提供直流电源，不需要任何切换。

4. 直流变换器（DC/DC）：可将基础直流电源的电压变换成通信设备所需要的各种直流电压，以满足负载对电源电压的不同要求。

1.6.2.3 接地系统

接地系统有交流工作接地、直流工作接地，保护接地和防雷接地等，现一般采取将这四者联合接地的方式。

1. 交流接地可避免因三相负载不平衡而使各相电压差别过大现象发生。
2. 工作接地可保证直流通信电源的电压为负值。
3. 保护接地可避免电源设备的金属外壳因绝缘受损而带电。
4. 防雷接地可防止因雷电瞬间过压而损坏设备。

联合接地是将交流接地、直流接地、保护接地和防雷接地共用一组地网，由接地体、接地引入线、接地汇集排、接地连接线及引出线等部分组成，如图 1-14 所示。这个地网是一个闭合的网状网络，地网的每个点都是等电位的。

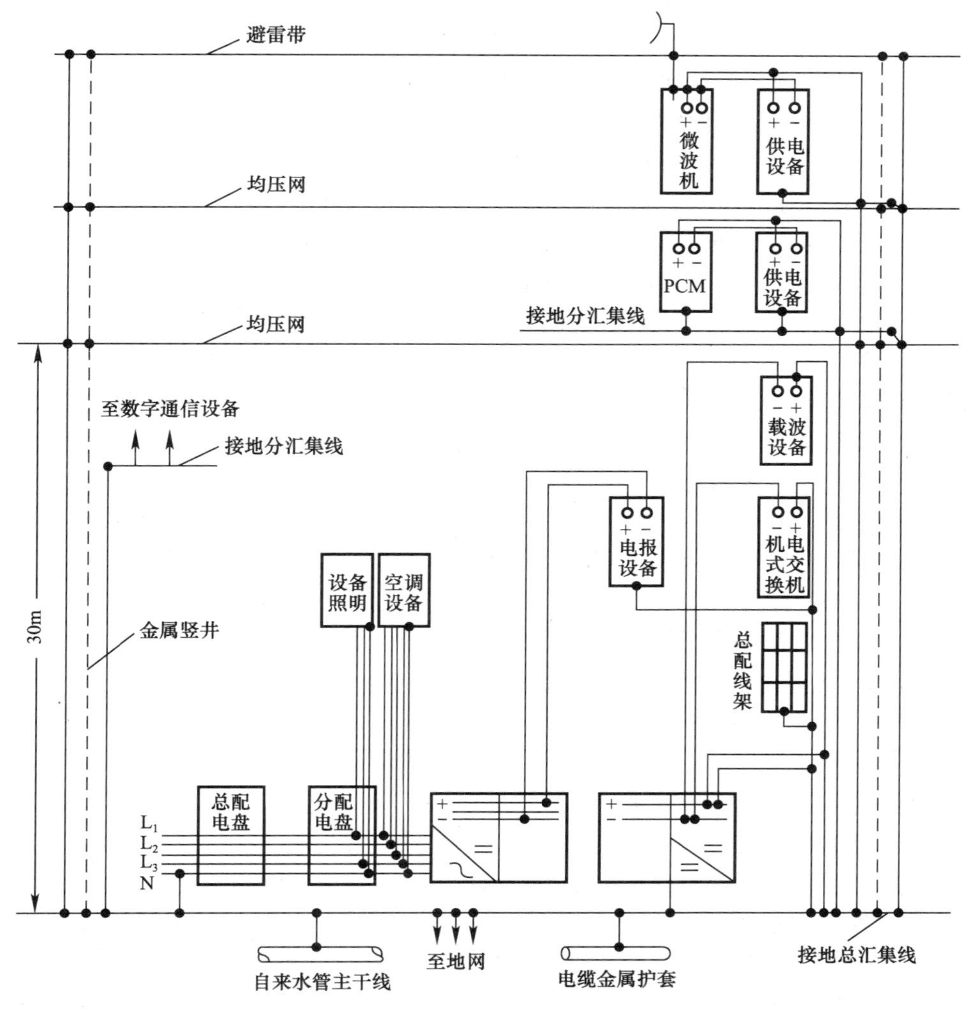

注：1. 当变压器装在楼内时，变压器的中性点与接地总汇集线之间宜采用双线连接；
2. 根据需要亦可从接地总汇集线引出一根或多根从底层至高层的主干接地线，各层分汇集线由它引出；
3. 接地端子的位置应与工艺设计中对接地的要求相对应。

图 1-14　机房联合接地系统的连接方式

机房内接地线的布置方式有两种形式，在较大的机房为平面型，在小型机房为辐射式。

1.6.2.4 集中监控系统

集中监控系统可以对通信局（站）实施集中监控管理，对分布的、独立的、无人值守的电源系统内各设备进行遥测、遥控、遥信，还可以监测电源系统设备的运行状态，记录、处理相关数据和检测故障，告知维护人员及时处理，以提高供电系统的可靠性和设备的安全性。

1.6.3 蓄电池的充放电特性

1.6.3.1 蓄电池的工作特点及主要指标

蓄电池是将电能转换成化学能储存起来，需要时将化学能转变成为电能的一种储能装置。蓄电池由正负极板、隔板（膜）、电池槽（外壳）、排气阀或安全阀以及电解液（硫酸）等五个主要部分组成。

目前，通信行业已广泛使用阀控式密封铅酸蓄电池（免维护电池）。但在一些中心机房，容量较大的电池组仍继续以固定型铅酸蓄电池为主。

1. 阀控式密封铅酸蓄电池由正负极板、隔板、电解液、安全阀、外壳等部分组成。正负极板均采用涂浆式极板，具有很强的耐酸性、很好的导电性和较长的寿命，自放电速率也较小。隔板采用超细玻璃纤维制成，全部电解液注入极板和隔板中，电池内没有流动的电解液，顶盖上还备有内装陶瓷过滤器的气阀，它可以防止酸雾从蓄电池中逸出。正负极接线端子用铅合金制成，顶盖用沥青封口，具有全封闭结构。

在这种阴极吸收式阀控密封铅酸蓄电池中，负极板活性物质总量比正极多15%，当电池充电时，正极已充足，负极尚未到容量的90%，因此，在正常情况下，正极会产生氧气，而负极不会产生难以复合的氢气。蓄电池隔板为超细玻璃纤维隔膜，留有气体通道，解决了氧气的传送和复合问题。在实际充电过程中，氧气复合率不可能达100%。如果充电电压过高，电池内会产生大量的氧气和氢气，为了释放这些气体，当气压达到一定数值，电池顶盖的排气阀会自动打开，放出气体；当气体压力降到一定值后，气阀能自动关闭，阻止外部气体进入。

在该电池中，负极板上活性物质（海绵状铅）在潮湿条件下，活性很高，能够与正极板产生氧气，快速反应，生成水，同时又具有全封闭结构，因此在使用中一般不需要加水补充。

2. 蓄电池的主要指标包括电动势、内阻、终了电压、放电率、充电率、循环寿命。

（1）电池电动势（E）：蓄电池在没有负载的情况下测得的正、负极之间的端电压，也就是开路时的正负极端子电压。

（2）蓄电池的内阻（R）：在蓄电池接上负载后，测出端子电压（U）和流过负载的电流（I），这时蓄电池的内阻（R）为（$E-U$）/I。蓄电池的内阻应包括：蓄电池正负极板、隔板（膜）、电解液和连接物的电阻。电池的内阻越小，蓄电池的容量就越大。

（3）终了电压：是指放电至电池端电压急剧下降时的临界电压。如再放电就会损坏电池，此时电池端电压称为终了电压。不同的放电率有不同的放电终了电压，$U_{终}=1.66+0.0175h$，式中 h 为放电小时率，如采用1小时放电率，$U_{终}=1.66+0.0175\times1=1.68$V，如用10小时率放电，$U_{终}=1.66+0.0175\times10=1.835$V。

（4）放电率：蓄电池在一定条件下，放电至终了电压的快慢称之为放电率。放电电流的大小，用时间率和电流率来表示。通常以 10 小时率作为放电电流。即在 10 小时内将蓄电池的容量放至终了电压。蓄电池容量的大小，随着放电率的大小而变化，放电率低于正常放电率时，可得到较大的容量，反之容量就减少。

（5）充电率：蓄电池在一定条件下，充电电流的大小称之为充电率。常用的充电率是 10 小时率，即充电的时间需 10 小时后，才达到充电终期。当缩短充电时间时，充电电流必须加大，反之，充电电流可减少。

（6）循环寿命：蓄电池经历一次充电和放电，称为一次循环。蓄电池所能承受的循环次数称为循环寿命。固定型铅酸蓄电池的循环寿命约为 300～500 次，阀控式密封铅酸蓄电池循的环寿命约为 1000～1200 次，使用寿命一般在 10 年以上。

1.6.3.2　蓄电池的充放电特性

1. 放电：用大电流放电，极板的表层与周围的硫酸迅速作用，生成的硫酸铅颗粒较大，使其硫酸浓度变淡，电解液的电阻增大。颗粒较大的硫酸铅又阻挡了硫酸进入极板内层与活性物质电化作用，所以电压下降快，放电将会超过额定容量很多，成为深度过量放电，造成极板的硫酸化，甚至造成极板的弯曲、断裂等。用小电流放电，硫酸铅在电解液中生成的晶体较细，不会遮挡中间隔板，硫酸渗透到极板比较顺利，电压下降较少，不会造成深度放电，有利于蓄电池的长期使用。

2. 充电：充电终期电流过大，不仅使大量电能消耗，而且由于冒气过甚，会使电池极板的活性物质受到冲击而脱落，因此在充电终期采用较小的电流值是有益的。充电的终了电压并不是固定不变的，它是充电电流的函数，蓄电池充电完成与否，不但要根据充电终了电压，还要根据蓄电池接受所需要的容量，以及电解液比重等来决定。

浮充充电就是用整流设备和电池并联供电的工作方式，由整流设备浮充蓄电池供电，并补充蓄电池组已放出的容量及自放电的消耗。

均衡充电，即过充电。因蓄电池在使用过程中，有时会产生比重、容量、电压等不均衡的情况，应进行均衡充电，使电池都达到均衡一致的良好状态。均衡充电一般要定期进行。如果出现放电过量造成终了电压过低、放电超过容量标准的 10%、经常充电不足造成极板处于不良状态、电解液里有杂质、放电 24 小时未及时补充电、市电中断后导致全浮充放出近一半的容量等情况时，都要随时进行均衡充电。

1.6.4　通信用太阳能供电系统

1.6.4.1　太阳电池的特点

太阳具有巨大的能量。这种能量通过大气层到达地球表面，使地球表面吸收到大量的能量。长期以来，辐射到地球表面的太阳能一直没有得到充分利用，随着科学的发展，太阳能利用技术正在被逐步开发。

太阳电池是近年来发展起来的新型能源。这种能源没有污染，是一种光电转换的环保型绿色能源，特别适用于阳光充足、日照时间长、缺乏交流电的地方，如我国的西部地区以及部分偏僻地区。太阳电池为无人值守的光缆传输中继站、微波站、移动通信基站提供了可靠的能源。

1. 太阳能电源的优点

与其他能源系统相比较，太阳能电源具有取之不尽，用之不竭，清洁、静止、安全、可靠、无公害等优点。太阳能电源是利用太阳电池的光—电量子效应，将光能转换成电能的电源系统。它既无转动部分，又无噪声，也无放射性，更不会爆炸，维护简单，不需要经常维护，容易实现自动控制和无人值守。太阳电池安装地点可以自由选择，搬迁方便，而不像其他发电系统，安装地点必须经过选择，而且也不易搬迁。同时，太阳能电源系统与其他电源系统相比，可以随意扩大规模，达到增容目的。

2. 太阳能电源的缺点

太阳能电源的能量与日照量有关，因此输出功率将随昼夜、季节而变化。太阳电池输出能量的密度较低，因此，占地面积较大。

3. 太阳电池种类

目前，因材料、工艺等问题，实际生产并应用的只有硅太阳电池、砷化镓太阳电池、硫（碲）化镉太阳电池三种。

（1）晶硅太阳电池是目前在通信系统应用最广泛的一种硅太阳电池，其效率可达18%，但价格较高。为了降低价格，现已大量采用多晶硅或非晶硅作太阳电池。多晶硅太阳电池效率可达14%，非晶硅太阳电池效率可达6.3%。

（2）砷化镓太阳电池抗辐射能力很强，目前主要用于宇航及通信卫星等空间领域。由于砷化镓太阳电池工作温度较高，可采用聚光照射技术，以获得最大输出功率。

（3）硫化镉太阳电池有两种结构，一种是将硫化镉粉末压制成片状电池，另一种是将硫化镉粉末通过蒸发或喷涂制成薄膜电池，具有可绕性，携带、包装方便，工艺简单，成本低等特点，最高效率可达9%。但是由于其稳定性差，寿命短，同时又会污染环境，所以发展较慢。

1.6.4.2 硅太阳电池的工作原理

硅太阳电池的工作原理是：太阳光照射到晶体硅板上时，光子将能量提供给电子。当光照射到硅板的P—N结上时，就会产生电子—空穴对。由于受内部电场的作用，电子流入N区，P区多出空穴，结果使P区带正电，N区带负电，在P区与N区之间产生电动势，使得太阳能转换成了电能。

太阳电池是一种光电转换器，只能在有一定光强度的条件下，才会产生电。因此，在通信机房只配备太阳电池是不够的，还必须配有储能设备即蓄电池，才能完成供电任务。

1.6.4.3 太阳电池供电系统的组成

太阳电池供电系统的基本结构可分为直流、交流和直流—交流混合供电系统。

1. 太阳电池直流供电系统由直流配电盘、蓄电池和太阳电池方阵等组成。在正常情况下，由太阳电池向通信设备供电并向蓄电池浮/均充电。在晚间和阴雨天，由蓄电池向通信设备供电。

2. 太阳电池交流供电系统由交流配电盘、逆变设备、整流设备、UPS交流不间断电源、发电机组等组成。当长期阴雨季节，太阳电池和蓄电池容量都不足时，应由发电机组发电通过接在交流配电盘输出端的整流设备向通信设备供直流电并同时向蓄电池浮/均充电。

3. 太阳电池的直流和交流供电系统都可以与市电联网供电，组成直流—交流混合供电系统。

1.7 光（电）缆特点及应用

1.7.1 单模和多模光纤的特点和应用

1.7.1.1 光纤结构和类型

1. 光纤的结构

光纤是光导纤维的简称，是光传输系统的重要组成元素。光纤呈圆柱形，由纤芯、包层和涂覆层三部分组成。

（1）纤芯位于光纤的中心部位，直径在 4～50μm，单模光纤的纤芯直径为 4～10μm，多模光纤的纤芯直径为 50μm。纤芯的成分是高纯度二氧化硅（目前石英系光纤、多组分玻璃光纤、全塑料光纤、氟化物光纤也得到广泛应用），此外，还掺有极少量的掺杂剂（如二氧化锗，五氧化二磷），其作用是适当提高纤芯对光的折射率，用于传输光信号。

（2）包层位于纤芯的周围，直径为 125μm，其成分也是含有极少量掺杂剂的高纯度二氧化硅。在这里，掺杂剂（如三氧化二硼）的作用是适当降低包层对光的折射率，使之略低于纤芯的折射率，即纤芯的折射率大于包层的折射率（这是光纤结构的关键），它使得光信号封闭在纤芯中传输。

（3）光纤的最外层为涂覆层，包括一次涂覆层、缓冲层和二次涂覆层。一次涂覆层一般使用丙烯酸酯、有机硅或硅橡胶材料；缓冲层一般为性能良好的填充油膏；二次涂覆层一般多用聚丙烯或尼龙等高聚物。涂覆层的作用是保护光纤不受水汽侵蚀和机械擦伤，同时增加光纤的机械强度与可弯曲性，起着延长光纤寿命的作用。涂覆后的光纤外径约为 2.5mm。

2. 光纤的折射率分布

光纤的折射率分布有两种典型的情况，一种是纤芯和包层折射率沿光纤半径方向均匀分布，而在纤芯和包层交界面上的折射率呈阶梯形突变，这种光纤称为阶跃折射率光纤。另一种是纤芯的折射率沿光纤半径方向不均匀分布，随纤芯半径方向坐标增加而逐渐减少，一直渐变到等于包层折射率值，这种光纤称为渐变折射率光纤。它们的共同特点是纤芯的折射率大于包层的折射率，这也是光信号在光纤中传输的必要条件。

3. 光在光纤中的传播

对于阶跃折射率光纤，由于纤芯和包层的折射率分布有明显的分界，光波在纤芯和包层的交界面形成全反射，并且形成锯齿形传输途径，引导光波沿纤芯向前传播。

对于渐变折射率光纤，由于在其界面上折射率是连续变化的，轴中心的折射率最大，沿纤芯半径方向的折射率按抛物线规律减小，在纤芯边缘的折射率最小，因此光波在纤芯中产生连续折射，形成穿过光纤轴线的类似于正弦波的光折射线，引导光波沿纤芯向前传播。

1.7.1.2 光纤通信的工作窗口

光纤损耗系数随着波长而变化。为获得低损耗特性，光纤通信选用的波长范围在 800～1800nm，并称 800～900nm 为短波长波段，主要有 850nm 一个窗口；1300～1600nm 为长波长波段，主要有 1310nm 和 1550nm 两个窗口。实用的低损耗波长是：第一代系统，波长为 850nm，最低损耗为 2.5dB/km，采用石英多模光纤；第二代系统，波长为1310nm，最低损耗为0.27dB/km，采用石英单模最低色散光纤；第三代系统，波长为1550nm，最低损耗为0.16dB/km，采用石英单模最低损耗与适当色散光纤。上述三个波长称为三个工作窗口。光纤的衰减随波长变化如图1-15所示。

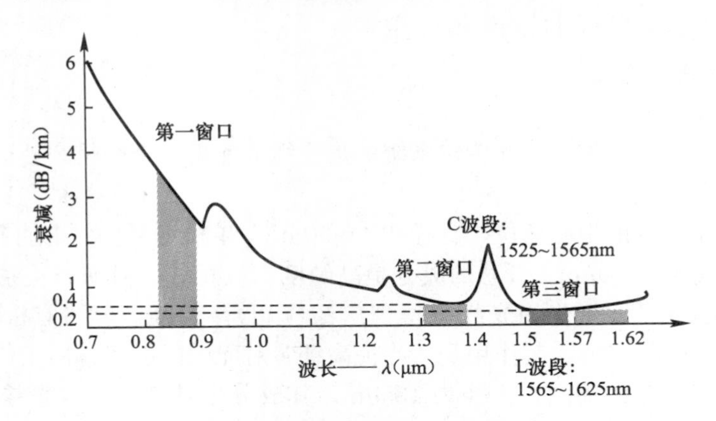

图1-15　光纤的衰减随波长变化示意图

1.7.1.3　光纤分类

光纤的分类方法很多，若按制造光纤所用材料分类可分为石英系光纤、多组分玻璃光纤、塑料包层石英芯光纤、全塑料光纤、氟化物光纤；若按传输模数分类可分为多模光纤、单模光纤；若按光纤的工作波长分类可分为短波长光纤、长波长光纤、超长波长光纤；若按套塑结构分类可分为紧套光纤和松套光纤；若按最佳传输频率窗口分类可分为常规型单模光纤和色散位移型单模光纤；若按折射率分布情况分类可分为阶跃型和渐变型光纤。

1.7.1.4　多模光纤

当光纤的几何尺寸远大于光波波长时（约1μm），光纤传输的过程中会存在着几十种乃至上百种传输模式，这样的光纤称为多模光纤。由于不同的传播模式具有不同的传播速度与相位，因此，经过长距离传输会产生模式色散（经过长距离传输后，会产生时延差，导致光脉冲变宽）。模式色散会使多模光纤的带宽变窄，降低传输容量，因此，多模光纤只适用于低速率、短距离的光纤通信，目前数据通信局域网大量采用多模光纤。表1-5为多模光纤型号特性表。

多模光纤型号特性表　　　　**表1-5**

分类代号	特　性	芯径直径（μm）	包层直径（μm）	材料
A1a	渐变折射率	50	125	二氧化硅
A1b	渐变折射率	62.5	125	二氧化硅
A1c	渐变折射率	85	125	二氧化硅
A1d	渐变折射率	100	140	二氧化硅
A2a	突变折射率	100	140	二氧化硅
A2b	突变折射率	200	240	二氧化硅
A2c	突变折射率	200	280	二氧化硅
A3a	突变折射率	200	300	二氧化硅芯塑料包层

续表

分类代号	特　性	芯径直径（μm）	包层直径（μm）	材料
A3b	突变折射率	200	380	二氧化硅芯塑料包层
A3c	突变折射率	200	230	二氧化硅芯塑料包层
A4a	突变折射率	980～990	1000	塑料
A4b	突变折射率	730～740	750	塑料
A4c	突变折射率	480～490	500	塑料

注："A1a" 可简化为 "A1"。

1.7.1.5 单模光纤

当光纤的几何尺寸较小，与光波的波长在同一数量级，如芯径在 4～10μm 范围，光纤只允许一种模式（基模）在其中传播，其余的高次模全部截止，这样的光纤称为单模光纤。单模光纤避免了模式色散，适用于大容量、长距离传输。

1. 单模光纤分类

按 ITU-T 建议分类，单模光纤目前可以分为 G. 652、G. 653、G. 654、G. 655、G. 656、G. 657 六种，另外，还可按 IEC 标准分类。我国标准（GB/T）对光纤类别型号的命名等采用了 IEC 的规定，二者是一样的。目前，G. 656 单模光纤还处于研发阶段，尚未投入商用。

2. 几种单模光纤的特点和应用

（1）G. 652 标准单模光纤的特点及应用

G. 652 单模光纤目前的产品种类有 G. 652A、G. 652B、G. 652C 和 G. 652D 四类。不同的产品，其各项指标也不一样。最新的产品是 G. 652D 单模光纤。各种光纤的性能指标如表 1-6 所示。

各种 G. 652 光纤的参数指标　　表 1-6

参　数	G. 652A	G. 652B	G. 652C	G. 652D
截止波长	$\lambda_c \leqslant 1260$nm	$\lambda_c \leqslant 1260$nm	$\lambda_c \leqslant 1260$nm	$\lambda_c \leqslant 1260$nm
模场直径	在 1310nm 处为 8. 6～9. 5μm±0. 7μm	在 1310nm 处为 8. 6～9. 5μm±0. 7μm	在 1310nm 处为 8. 6～9. 5μm±0. 7μm	在 1310nm 处为 8. 6～9. 5μm±0. 7μm
衰减	在 1310nm 处≤0. 5dB/km；在 1550nm 处≤0. 4dB/km	在 1310nm 处≤0. 4dB/km；在 1550nm 处≤0. 35dB/km；在 1625nm 处≤0. 4dB/km	在 1310～1625nm 处≤0. 4dB/km；在 1383±3nm 处≤0. 4dB/km；在 1550nm 处≤0. 3dB/km	在 1310～1625nm 处≤0. 4dB/km；在 1383±3nm 处≤0. 4dB/km；在 1550nm 处≤0. 3dB/km
色散	零色散波长范围是 1300～1324nm，色散值 0. 093ps/nm^2 · km	零色散波长范围是 1300～1324nm，色散值 0. 093ps/nm^2 · km	零色散波长范围是 1300～1324nm，色散值 0. 093ps/nm^2 · km	零色散波长范围是 1300～1324nm，色散值 0. 093ps/nm^2 · km
光缆的偏振模色散	在 M 为 20 段光缆，Q=0. 01%时，$PMD_Q \leqslant$ 0. 50ps/(km)$^{1/2}$	在 M 为 20 段光缆，Q=0. 01%时，$PMD_Q \leqslant$ 0. 20ps/(km)$^{1/2}$	在 M 为 20 段光缆，Q=0. 01%时，$PMD_Q \leqslant$ 0. 50ps/(km)$^{1/2}$	在 M 为 20 段光缆，Q=0. 01%时，$PMD_Q \leqslant$ 0. 20ps/(km)$^{1/2}$

G. 652D 单模光纤是一种新型光纤，它采用了新的工艺技术，将 1383nm 波长附近的吸收损耗衰减降低到 0. 32dB/km 的水平，增加光纤使用带宽近 100nm，从而实现了 1260～1625nm 波段的全波通信。同时，对光纤的特性也进行了优化，使光纤具有衰减

低、色散小、性能稳定等特点，并且具有优越的“偏振模色散系数”。由于该光纤将普通光纤（G. 652B单模光纤）1383nm处的水峰衰减降低到0. 32dB/km的水平，增加光纤使用带宽近100nm，满足了CWDM技术的需要，可以不需要激光器制冷、波长锁定和精确镀膜等复杂技术，大大降低了运营设备成本，更加适合城域网建设的需要。

（2）G. 653色散位移光纤的特点及应用

该种色散位移光纤在1550nm的色散为零，不利于多信道的WDM传输。用的信道数较多时，信道间距较小，这时就会发生四波混频（FWM）导致信道间发生串扰。如果光纤线路的色散为零，FWM的干扰就会十分严重；如果有微量色散，FWM干扰反而还会减小。

1）光纤截止波长$\lambda_c \leqslant 1250$nm。

2）模场直径：1550nm处的模场直径是（7. 8～8. 5）μm±0. 8μm。

3）衰减：衰减系数最大值在1310nm窗口，A级为0. 40dB/km，B级为0. 45dB/km，C级为0. 55dB/km。

4）偏振模色散（PMD）系数最大值为0. 3ps/(km)$^{1/2}$。

此种光纤除了在日本等国家干线网上有应用外，在我国干线网上几乎没有应用。

（3）G. 654截止波长位移光纤的特点及应用

G. 654截止波长位移光纤也叫衰减最小光纤，该种光纤在1550nm处的衰减最小。

1）零色散波长在1310nm附近，截止波长移动到了较长的波长，所以该光纤被称为截止波长位移单模光纤。

2）工作波长为1550nm，在该波长附近的衰减最小。

3）零色散点在1300nm附近，但在1550nm窗口色散较大，为17～20ps/(nm・km)。

4）光纤截止波长：1350nm$<\lambda_c<$1600nm。

5）模场直径：1550nm处的模场直径是9. 5～10. 5μm±0. 7。

6）衰减：衰减系数最大值在1550nm窗口，A级为0. 19dB/km，B级为0. 22dB/km。

7）色散：1550nm色散系数最大值为20ps/nm・km；1550nm零色散斜率最大值为0. 07ps/(nm2・km)。

8）偏振模色散（PMD）系数最大值为0. 3ps/(km)$^{1/2}$。

该种光纤主要应用于长距离数字传输系统，如海底缆。

（4）G. 655非零色散位移光纤的特点及应用

G. 655单模光纤目前的产品种类有G. 655A、G. 655B和G. 655C三类。不同的产品，其各项指标也不一样。最新的产品是G. 655C单模光纤。各种光纤的性能指标如表1-7所示。

各种G. 655光纤的参数指标 **表1-7**

参　数	G. 655A	G. 655B	G. 655C
截止波长	$\lambda_c \leqslant 1450$nm	$\lambda_c \leqslant 1450$nm	$\lambda_c \leqslant 1450$nm
模场直径	在1310nm处为8. 6～9. 5μm±0. 7μm	在1310nm处为8. 6～9. 5μm±0. 7μm	在1310nm处为8. 6～9. 5μm±0. 7μm
衰减	在1550nm处≤0. 35dB/km	在1550nm处≤0. 35dB/km	在1550nm处≤0. 35dB/km

续表

参　数	G. 655A	G. 655B	G. 655C
色散	零色散波长范围是 1530～1565nm，$0.1ps/nm^2 \cdot km \leqslant D \leqslant 0.5ps/nm^2 \cdot km$	零色散波长范围是 1530～1565nm，$0.1ps/nm^2 \cdot km \leqslant D \leqslant 10.0ps/nm^2 \cdot km$	零色散波长范围是 1530～1565nm，$0.1ps/nm^2 \cdot km \leqslant D \leqslant 10.0ps/nm^2 \cdot km$
光缆的偏振模色散	M 为 20 段光缆，$Q=0.01\%$ 时，$PMD_Q \leqslant 0.50ps/(km)^{1/2}$	M 为 20 段光缆，$Q=0.01\%$ 时，$PMD_Q \leqslant 0.50ps/(km)^{1/2}$	M 为 20 段光缆，$Q=0.01\%$ 时，$PMD_Q \leqslant 0.20ps/(km)^{1/2}$

G. 655 光纤是为适于 DWDM 的应用而开发的。目前的 G. 655A、B 两类光纤的各项指标要求都比以前提高了。也就是说，虽然新的 G. 655A 光纤不仅能支持 200GHz 及其以上间隔的 DWDM 系统在 C 波段的应用，同时也已经可以支持以 10Gbit/s 为基础的 DWDM 系统。新的 G. 655B 光纤可以支持以 10Gbit/s 为基础的 100GHz 及其以下间隔的 DWDM 系统在 C 和 L 波段的应用。G. 655C 型光纤既能满足 100GHz 及其以下间隔 DWDM 系统在 C、L 波段的应用，又能支持 N×10Gbit/s 系统传送 3000km 以上距离，或支持 N×40Gbit/s 系统传送 80km 以上距离。

（5）G. 657 接入网使用的弯曲损耗不敏感的单模光纤的特点及应用

G. 657 光纤分为 A 和 B 两大类。其中 A 类光纤与 G. 652D 光纤能完全兼容，B 类则不要求与 G. 652D 光纤兼容。为了能与目前馈线光缆和配线光缆中广泛使用的 G. 652D 光纤相兼容，未来我国入户光纤（FTTH，Fiber To The Home）应以 G. 657A 光纤为主。G. 657A 光纤的属性如下：

1）光纤截止波长 $\lambda_c \leqslant 1260nm$。

2）模场直径：1310 处的模场直径为（8.6～9.5）$\mu m \pm 0.4\mu m$。

3）衰减：在 1550nm 处的衰减值为 0.3dB/km。

4）色散系数：1300～1324nm 波长范围，色散系数为 0.092ps/nm·km。

5）偏振模色散（PMD）系数最大值为 $0.2ps/(km)^{1/2}$。

此种光纤最大的特点是对弯曲损耗不敏感。对于 A 类光纤，在以 15mm 半径缠绕 10 圈时，1550nm 的微弯损耗最大值为 0.25dB；在以 10mm 半径缠绕 1 圈时，1550nm 的微弯损耗最大值为 0.75dB。B 类光纤的微弯损耗值比这个还低些。

1.7.2　光缆的分类及特点

1.7.2.1　光缆的种类

光缆，是以一根或多根光纤或光纤束制成符合光学、机械和环境特性的结构，由缆芯、护层和加强芯组成。

光缆的种类较多，分类方法也多种多样。按结构分类可分为层绞式光缆、中心束管式光缆和骨架式光缆；按敷设方式分类可分为架空光缆、管道光缆、直埋光缆、隧道光缆和水底光缆；按光纤的套塑方法分类可分紧套光缆、松套光缆、束管式光缆、带状多芯单元光缆；按使用环境分类可分为室外光缆、室内光缆和特种光缆——海底光缆、全介质自承式光缆（ADSS）、光纤复合地线光缆（OPGW）、缠绕光缆、防鼠光缆等；按网络层次分类可分为长途光缆、市话光缆和接入光缆；按加强件配置方法分类可分为中心加强构件光缆（如层绞式光缆、骨架式光缆等）、分散加强构件光缆（如束管两侧加强光缆、扁平光缆等）、护层加强构件光缆（如束管钢丝铠装光缆和 PE 细钢丝综合外护层光缆）、钢管结构的微缆；按光纤种类分类可分为多模光纤光缆、单模光纤光缆；按光纤芯数多少分类可分为单芯光缆、多芯光缆；按护层材料性质分类可分为普通光缆、阻燃光缆、尼龙防蚁防鼠光缆等。

目前工程中常用的光缆有：室（野）外光缆——用于室外直埋、管道、架空及水底敷设的光缆；室（局）内光缆——用于室内布放的光缆；软光缆——具有优良的曲绕性能的可移动光缆；设备内光缆——用于设备类布放的光缆；海底光缆——用于跨海洋敷设的光缆。

1.7.2.2 光缆的特点

光缆的特点由光缆结构决定，下面叙述几种常用结构光缆的特点。

1. 层绞式结构光缆

层绞式光缆结构是由多根二次被覆光纤松套管或紧套管绕中心金属加强构件绞合成圆整的缆芯，缆芯外先纵包复合铝带并挤上聚乙烯内护套，再纵包阻水带和双面覆膜皱纹钢（铝）带加上一层聚乙烯外护层组成。埋式光缆还增加铠装层。层绞式光缆中容纳的光纤数量多，光缆中光纤余长易控制；光缆的机械、环境性能好，适用于直埋、管道和架空。层绞式光缆结构的缺点是光缆结构、工艺设备较复杂，生产工艺环节繁琐，材料消耗多。

2. 束管式结构光缆

中心束管式光缆是由一根二次光纤松套管或螺旋形光纤松套管，无绞合直接放在缆的中心位置，纵包阻水带和双面涂塑钢（铝）带，两根平行加强圆磷化碳钢丝或玻璃钢圆棒位于聚乙烯护层中组成的。按照松套管中放入的是分离光纤、光纤束还是光纤带，中心束管式光缆分为分离光纤的中心束管式光缆、光纤带中心束管式光缆等。

中心束管式光缆结构简单、制造工艺简捷；对光纤的保护优于其他结构的光缆，耐侧压，因而提高了网络传输的稳定性；光缆截面小，重量轻，特别适宜架空敷设；在束管中，光纤数量灵活。缺点是光缆中的光纤数量不宜过多（分离光纤为12芯、光纤束为36芯、光纤带为216芯），光缆中光纤余长不易控制，成品光缆中松套管会出现后缩等。

3. 骨架式结构光缆

骨架式光缆在我国仅限于干式光纤带光缆，即将光纤带以矩阵形式置于U形螺旋骨架槽中，阻水带以绕包方式缠绕在骨架上，阻水带外再纵包双面覆塑钢带，钢带外再挤上聚乙烯外护层。

骨架式光缆对光纤具有良好的保护性能，侧压强度好；结构紧凑、缆径小，适用于管道布放；光纤密度大，可上千芯至数千芯；施工接续中无需清除阻水油膏，接续效率高。缺点是制造设备复杂、工艺环节多、生产技术难度大。

4. 接入网用蝶形引入光缆

蝶形引入光缆又称作皮线光缆、皮纤，光缆中的光纤数一般为1、2或4芯，也可以是用户要求的其他芯数。常用的光纤类别有以下3种：

（1）B 1.1—非色散位移单模光纤；

（2）B 1.3—波长段扩展的非色散位移单模光纤；

（3）B6—弯曲损耗不敏感单模光纤。

在光缆中对称放置两根相同的加强构件作为加强芯。加强构件可以是金属材料，也可以是非金属材料。护套材料一般采用低烟无卤阻燃聚烯烃材料或聚氯乙烯材料。光缆的标准制造长度一般为500m、1000m及2000m，订货长度可协商确定。

蝶形引入光缆主要用于光缆线路的入户引入段，即光纤到户（FTTH，Fiber To The Home）、光纤到办公室（FTTO，Fiber To The Office）和光纤到楼宇（FTTB，Fiber To The Building）等。住宅用户接入蝶形引入光缆宜选用单芯缆；商务用户接入蝶形引入光缆可按2～4芯缆设计。

1.7.2.3 光缆的型号

光缆的种类较多，作为产品，它有具体的型号和规格。在《光缆型号命名方法》（YD/T 908—2000）中规定，光缆型号由型式代号和规格代号构成。

1. 光缆型号组成格式如图1-16所示。

2. 型号的组成内容、代号及意义

（1）光缆的型式

型式由5个部分构成，各部分均用代号表示，如图1-17所示。其中结构特征指缆芯结构和光缆派生结构。光缆型式代号见表1-8。

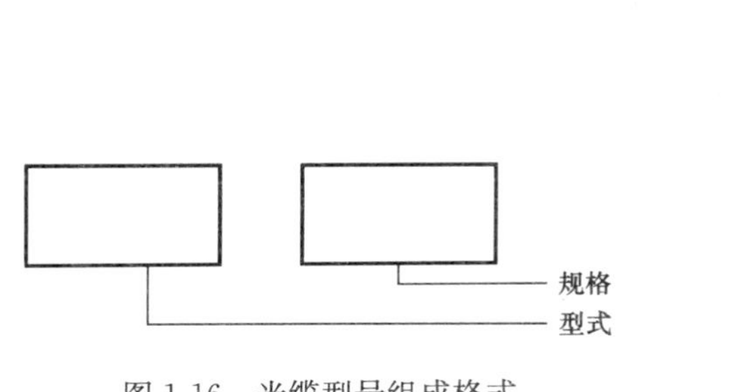

图1-16 光缆型号组成格式

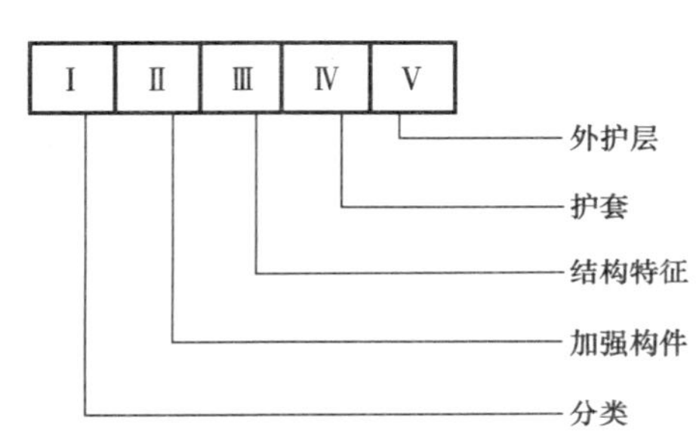

图1-17 光缆型式的构成

光缆型式代号 表1-8

分 类	加强构件	结构特征	护 套	外护层
GY—通信用室（野）外光缆 GM—通信用移动式光缆 GJ—通信用室（局）内光缆 GS—通信用设备内光缆 GH—通信用海底光缆 GT—通信用特殊光缆	（无符号）—金属加强构件 F—非金属加强构件	D—光纤带结构 （无符号）—光纤松套被覆结构 J—光纤紧套被覆结构 （无符号）—层绞结构 G—骨架结构 X—缆中心管（被覆）结构 T—油膏填充式结构 （无符号）—干式阻水结构 R—充气式结构 C—自承式结构 B—扁平形状 E—椭圆形状 Z—阻燃	Y—聚乙烯护套 V—聚氯乙烯护套 U—聚氨酯护套 A—铝—聚乙烯粘结护套（简称A护套） S—钢—聚乙烯粘结护套（简称S护套） W—夹带平行钢丝的钢—聚乙烯粘结护套（简称W护套） L—铝护套 G—钢护套 Q—铅护套	见表1-9

（2）外护套的代号

当有外护层时，它可包括垫层、铠装层和外被层的某些部分和全部，其代号用两组数字表示（垫层不需要表示）：第一组表示铠装层，它可以是一位或两位数字，见表1-9；第二组表示外被层或外套，它应是一位数字，见表1-10。

铠装层　　表 1-9

代　号	铠装层	代　号	铠装层
0	无铠装	4	单粗圆钢丝
2	绕包双钢带	44	双粗圆钢丝
3	单细圆钢丝	5	皱纹钢带
33	双细圆钢丝外		

被层或外套　　表 1-10

代　号	外被层或外套	代　号	外被层或外套
1	纤维外被	4	聚乙烯套加覆尼龙套
2	聚氯乙烯套	5	聚乙烯保护管
3	聚乙烯套		

（3）规格

光缆的规格是由光纤和导电芯线的有关规格组成的。

1）规格组成的格式见图 1-18。光纤的规格与导电芯线的规格之间用“+”号隔开。

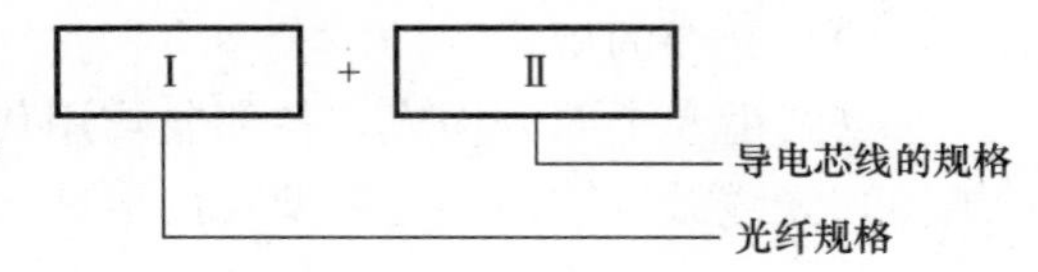

图 1-18　光缆规格的构成

2）光纤规格的构成

光纤规格由光纤数和光纤类别组成。如果同一根光缆中含有两种和两种以上规格（光纤数和类别）的光纤时，中间应用“+”号联结。

光纤数的代号

光纤数的代号用光缆中同类别光纤的实际有效数目的数字表示。

光纤类别的代号

光纤类别采用光纤产品的分类代号表示，按 IEC 等标准规定，用大写 A 表示多模光纤，用大写 B 表示单模光纤，再以数字和小写字母表示不同种类型光纤。多模光纤代号见表 1-5。

3. 光缆型号实例

例 1：金属加强构件、松套层绞填充式、铝—聚乙烯粘接护套、皱纹钢带、聚乙烯护层、油膏填充式结构的通信用室外光缆，包含 12 芯 50/125μm 二氧化硅渐变型多模光纤，光缆的型号应表示为：GYTA53 12A1a。

例 2：金属加强构件、骨架填充式、铝—聚乙烯粘结护套、油膏填充式结构通信用室外光缆，包含 24 芯“非零色散位移型”单模光纤，光缆的型号应表示为：GYGTA 24B4。

1.7.3　通信电缆的分类及特点

1.7.3.1　通信电缆的种类

通信电缆可按敷设和运行条件、传输的频谱、电缆芯线结构、绝缘结构以及护层类型等几个方面来分类。按敷设方式和运行条件可分为架空电缆、直埋电缆、管道电缆和水底电缆；按传输频谱可分为低频电缆（10kHz 以下）、高频电缆（12kHz 以上）；按电缆芯线结构可分为对称电缆和不对称电缆；按电缆的绝缘材料和绝缘结构可分为实心聚乙烯电缆、泡沫聚乙烯电缆、泡沫实心皮聚乙烯绝缘电缆、聚乙烯垫片绝缘电缆；按电缆护层的种类可分为塑套电缆、钢丝钢带铠装电缆、组合护套电缆。

1.7.3.2 全色谱全塑电缆的型号及规格

1. 市话全塑电缆的型号及规格

(1) 全塑电缆型号

为了区别不同电缆的结构和用途，通常按电缆用途，芯线结构，导线材料，绝缘材料，护套材料以及外护层材料等的不同，分别以不同的汉语拼音字母及数字表示，称为电缆的型号。一般常用的全塑电缆型号中排列的位置如图 1-19 所示，各字母及数字所代表的意义如表 1-11 所示。

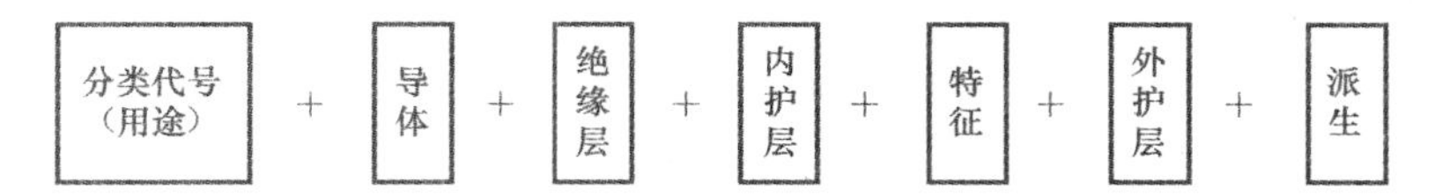

图 1-19　电缆型号组成格式

电缆型号中各代号的意义　　表 1-11

分类代号	导体代号	绝缘层代号	内护层	特　征	外护层	派　生
H （市话电缆） HP （配线电缆） HJ （局用电缆）	T （铜，一般省略） L （铝）	Y （实心聚烯烃绝缘） YF （泡沫聚烯烃绝缘） YP （泡沫/实心聚烯烃绝缘）	A （涂塑铝带粘结屏蔽聚乙烯护套） S （铝、钢双层金属带屏蔽聚乙烯护套） V （聚氯乙烯护套）	T （石油膏填充） G （高频隔离） C （自承式）	23 （双层防腐钢带绕包铠装聚乙烯外被层） 33 （单层细钢丝铠装聚乙烯外被层） 43 （单层粗钢丝铠装聚乙烯外被层） 53 （单层钢带皱纹纵包铠装聚乙烯外被层） 553 （双层钢带皱纹纵包铠装聚乙烯外被层）	

(2) 常用全塑电缆规格代号的意义

一般常用全塑电缆规格代号排在电缆型号的后面，常用数字表示。

对于星绞式电缆，其排列顺序为：星绞组数×每组心线数×导线直径（mm），如 50×4×0.5—100 对电缆。

对于对绞式电缆，其排列顺序为：心线对数×每对心线数×导线直径（mm），如 100×2×0.5—100 对电缆。

(3) 电缆型号实例

例 1：广泛用于架空、管道、墙壁的典型型号为 HYA、HYFA、HYPA 三大类；

如 HYFA—400×2×0.5 型号的电缆的读法是 400 对线径为 0.5mm 的铜芯线，泡沫聚烯烃绝缘涂塑铝带粘结屏蔽聚乙烯护套市话电缆。

例 2：目前在本地网中大多使用石油膏填充的全塑电缆，主要用于无需进行充气维护或对防水性能要求较高的场合。主要型号为：HYAT、HYFAT、HYPAT、HYAGT 以及与以上相匹配的铠装电缆。

如 HYAGT—600×2×0.4 电缆的读法是：600 对线径为 0.4mm 的铜芯线，实心聚烯烃绝缘涂塑铝带粘结屏蔽聚乙烯护套石油膏填充高频隔离市话电缆。

2. 全色谱全塑双绞通信电缆的结构

凡是电缆的芯线绝缘层、缆心包带层和护套，均采用高分子聚合物塑料制成的，就称为全塑电缆。全塑市话电缆属于宽频对称电缆，广泛用于传送语音、电报和数据等业务电信号。

（1）全色谱双绞通信电缆的芯线由纯电解铜制成，一般为软铜线。其部颁标称线径有：0.32mm、0.4mm、0.5mm、0.6mm、0.8mm 五种。此外，曾出现过 0.63mm、0.65mm、0.7mm、0.9mm 的线径，现已逐步减少。

（2）芯线的绝缘材料有高密度聚乙烯、聚丙烯、乙烯—丙烯共聚物等高分子聚合物塑料（聚烯烃塑料），芯线的绝缘形式分为：实心绝缘、泡沫绝缘、泡沫/实心皮绝缘。

（3）绝缘后的芯线采用对绞形式进行扭绞，即由 a、b 两线构成一对。线组内绝缘芯线的色谱分为普通色谱和全色谱两种。普通色谱：标志线对为蓝/白，其他线对为红/白，这种电缆现在已使用不多。全色谱：由十种颜色两两组合成 25 个组合（即一个基本单元 U），a 线颜色为白、红、黑、黄、紫；b 线颜色为蓝、橙、绿、棕、灰。在一个基本单元 U 中，全色谱线对编号见表 1-12。

全色谱线对编号与色谱　　表 1-12

线对序号	颜色		线对序号	颜色		线对序号	颜色		线对序号	颜色		线对序号	颜色	
	a	b		a	b		a	b		a	b		a	b
1	白	蓝	6	红	蓝	11	黑	蓝	16	黄	蓝	21	紫	蓝
2		橘	7		橘	12		橘	17		橘	22		橘
3		绿	8		绿	13		绿	18		绿	23		绿
4		棕	9		棕	14		棕	19		棕	24		棕
5		灰	10		灰	15		灰	20		灰	25		灰

（4）全塑电缆由线对按缆芯形成原则组合而成。缆芯有同心式缆芯和单位式缆芯。当缆芯的层数较多时，同芯式缆芯的成缆不方便，故同芯式缆芯只用于部分小对数（50 对以下）的全塑电缆。大于 100 对的电缆的缆芯都采用单位式缆芯，即以 25 对为基本单元，超过 25 对的电缆基本单元按一定的原则组合成 S 单元（超单元 1 是指 50 对为一个 S 单元）或 SD 单元（超单元 2 是指 100 对为一个 SD 单元）。基本单元、S 单元、SD 单元都用规定颜色的扎带捆扎，然后按缆芯的成缆原则成缆。100 对以上的电缆加有预备线对（用 SP 表示），预备线对的数量一般为标称对数的 1%，但最多不超 6 对。预备线对的序号与色谱见表 1-13。

全色谱单位式市话电缆预备线对序号与色谱　　表 1-13

预备线对序号	颜　色	
	a 线	b 线
SP1	白	红
SP2	白	黑
SP3	白	黄
SP4	白	紫
SP5	红	黄
SP6	红	黑

（5）在全塑电缆的缆芯之外，重叠包覆非吸湿性的电介质材料带（如聚乙烯或聚酯薄膜带等），以保证缆芯结构的稳定和改善电气、机械、物理等性能。

（6）屏蔽层的主要作用是防止外界电磁场的干扰。全塑电缆的金属屏蔽层介于塑料护套和缆芯包带之间。其结构有纵包和绕包两种。屏蔽层类型有裸铝带、双面涂塑铝带、铜带（较少使用）、钢包不锈钢带、高强度硬性钢带、裸铝—裸钢双层金属带、双面涂塑铝—裸钢双层金属带等七种。其中裸铝带、双面涂塑铝带两种是本地网中用得最多的屏蔽层类型，其他类型均用于一些特殊场合。

全塑电缆的护套在屏蔽层外面。护套有单层护套、双层护套、综合护套、粘接护套（层）、特殊护套（层）五大类型。

3. 自承式电缆的结构

自承式全塑电缆（HYAC、HYPAC）有同心式结构和葫芦形结构两种，常用的HY-AC型自承式全塑电缆为葫芦形结构。HYAGC型自承式全塑电缆，是专为高频隔离用的PCM电缆。

（1）导线是退火裸铜线，直径分别为0.32、0.4、0.5、0.6、0.7、0.8、0.9mm；按照全色谱标准标明绝缘线的颜色，并把单根绝缘线按不同节距扭绞成对，以最大限度地减少串音，同时还采用规定的色谱组合，以便识别线对。

（2）缆芯结构以25对为基本位，超过25对的电缆按单元组合，每个单元用规定色谱的单元扎带包扎，以便识别不同单元。100对以上的电缆加有1%的预备线对。

（3）屏蔽层采用轧纹金属带纵包于缆芯包带的外面并两边搭接牢固。屏蔽层的金属带表面涂敷塑料薄膜，便于与护套粘接，以防止屏蔽层受到腐蚀。

（4）护套为黑色低密度聚乙烯，可根据需要采用双护套。

（5）吊线为7股钢绞线，标称直径为6.3mm和4.75mm两种，其抗张强度分别不小于3000kg和1800kg，吊线用热塑材料涂敷，以防钢丝锈蚀。

1.7.3.3 双屏蔽数字同轴电缆

1. 双屏蔽数字同轴电缆型号示例

双屏蔽数字同轴电缆SZYV-75-x-2的型号示意如图1-20所示。

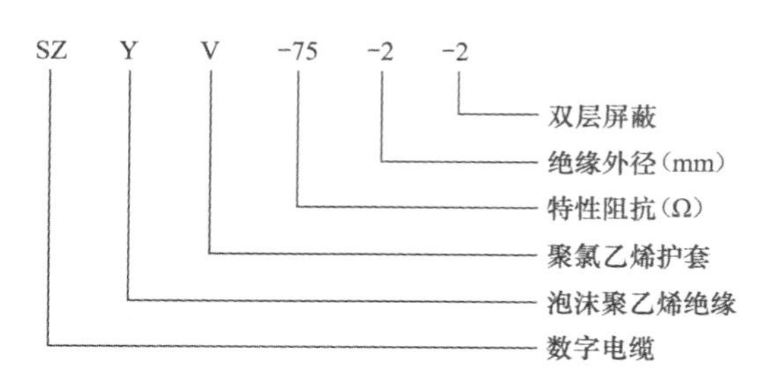

图1-20 双屏蔽数字同轴电缆型号组成图

2. 技术要求：

电缆的安装敷设温度为－5～＋50℃，储存和工作温度为－30～＋70℃。电缆安装与运行的最小弯曲半径为电缆最大外径的7.5倍。

在同轴电缆的中心部位有一铜导体，塑料层提供中心导体和网状金属屏蔽之间的绝缘。金属屏蔽帮助阻挡来自荧光灯、电机和其他计算机的任何外部干扰。尽管同轴电缆安装比较困难，但它具有很高的抗信号干扰能力，它所支持的网络设备之间的电缆长度比双绞线电缆长。

1.7.3.4 五类双绞电缆的分类、特点

常用的双绞电缆分100Ω和150Ω两类。100Ω电缆分为三类、四类、五类及六类/E级几种。150Ω双绞电缆目前只有五类一种。

1. 五类 4 对 100Ω 非屏蔽双绞电缆

这种电缆是美国线缆规格为 24（直径为 0.511mm）的实心裸铜导体，以氟化乙烯做绝缘材料，传输频率达 100MHz。线对色谱及序号如表 1-14 所示。电气特性如表 1-15 所示。

五类 4 对双绞电缆线对编号及色谱 **表 1-14**

线对序号	色　谱	线对序号	色　谱
1	白/蓝//蓝	3	白/绿//绿
2	白/橘//橘	4	白/棕//棕

五类 4 对非屏蔽双绞电缆电气特性 **表 1-15**

频率（Hz）	特性阻抗（Ω）	最大衰减（dB/100m）	近端串音衰减（dB）	直流电阻（Ω）
256k		1.1		
512k		1.5		
772k		1.8	66	
1M		2.1	64	
4M		4.3	55	9.38Ω（在 20℃的恒定温度下，每 100m 双绞电缆的电阻值）
10M		6.6	49	
16M		8.2	46	
20M	85～115	9.2	44	
31.25M		11.8	42	
62.5M		17.1	37	
100M		22.0	34	

2. 五类 4 对 100Ω 屏蔽双绞电缆

这种电缆是美国线缆规格为 24（直径为 0.511mm）的实心裸铜导体，以氟化乙烯做绝缘材料，内有一根 0.511mmTPG 漏电线，传输频率达 100MHz。线对色谱及序号、电气特性均与五类 4 对 100Ω 非屏蔽双绞电缆相同。

3. 五类 4 对屏蔽双绞电缆软线

它是由 4 对双绞线和一根 0.404mmTPG 漏电线构成，传输频率为 100MHz。线对色谱及序号与五类 4 对 100Ω 非屏蔽双绞电缆相同；电气特性如表 1-16 所示。

五类 4 对屏蔽双绞电缆软线电气特性 **表 1-16**

频率（Hz）	特性阻抗（Ω）	最大衰减（dB/100m）	近端串音衰减（dB）	直流电阻（Ω）
256k				
512k				
772k		2.5	66	
1M		2.8	64	
4M		5.6	55	14.0Ω（在 20℃的恒定温度下，每 100m 双绞电缆的电阻值）
10M		9.2	49	
16M		11.5	46	
20M	85～115	12.5	44	
31.25M		15.7	42	
62.5M		22.0	37	
100M		27.9	34	

4. 五类 4 对非屏蔽双绞电缆软线

它是由 4 对双绞线组成，用于高速数据传输，适用于扩展传输距离，应用于互连或跳接线。传输频率为 100MHz。线对色谱及序号与五类 4 对 100Ω 非屏蔽双绞电缆相同；电气特性如表 1-17 所示。

五类 4 对非屏蔽双绞电缆软线电气特性　　表 1-17

<table>
<tr><th>频率（Hz）</th><th>特性阻抗（Ω）</th><th>最大衰减（dB/100m）</th><th>近端串音衰减（dB）</th><th>直流电阻（Ω）</th></tr>
<tr><td>256k</td><td></td><td></td><td></td><td rowspan="11">8.8Ω（在 20℃ 的恒定温度下，每 100m 双绞电缆的电阻值）</td></tr>
<tr><td>512k</td><td></td><td></td><td></td></tr>
<tr><td>772k</td><td></td><td>2.0</td><td>66</td></tr>
<tr><td>1M</td><td rowspan="8">85～115</td><td>2.3</td><td>64</td></tr>
<tr><td>4M</td><td>5.3</td><td>55</td></tr>
<tr><td>10M</td><td>8.2</td><td>49</td></tr>
<tr><td>16M</td><td>10.5</td><td>46</td></tr>
<tr><td>20M</td><td>11.8</td><td>44</td></tr>
<tr><td>31.25M</td><td>15.4</td><td>42</td></tr>
<tr><td>62.5M</td><td>22.3</td><td>37</td></tr>
<tr><td>100M</td><td>28.9</td><td>34</td></tr>
</table>

5. 超五类双绞电缆

超五类双绞电缆与普通的五类双绞电缆相比，它的近端串音、衰减和结构回波损耗等主要指标都有很大的提高。它的优点是：能够满足大多数应用的要求，并且满足低综合近端串扰的要求；有足够的性能余量，给安装和测试带来方便。在 100MHz 的频率下运行时，为应用系统提供 8dB 近端串扰的余量，应用系统设备受到的干扰只有普通五类双绞电缆的 1/4，使应用系统具有更强的独立性和可靠性。

1.8　广播电视系统

1.8.1　广播电视技术

1.8.1.1　广播电视的基本概念

广播有两层含义，一层是泛指通过无线电波、卫星系统和有线网络向覆盖区内数量不受限制的听众或观众传送声音或电视节目的过程，如声音广播、电视广播和数据广播等，另一层是特指对应于电视节目广播和声音节目广播，本书所提的“广播”均指声音节目广播。

广播电视是一种大众传播媒介，利用广播电视地面传输系统、广播电视卫星传输系统和有线广播电视传输系统等不同方式，提供声音、图像和数据的广播服务或交互式服务，具有形象化、及时性、广泛性及交互性的特点，是其他传播媒介所无法比拟的。

1.8.1.2　声音广播基础知识

声音广播首先对声音进行声一电转换，再经过声音处理与合成、声音录放等过程以地面、卫星和有线广播方式传送给听众接收。

模拟地面声音广播方式是将音频信号传送到广播发射机，通过某种调制方式将音频信号承载在电信号上，放大后经天馈线到发射天线发射无线电波。

数字音频地面广播是将传送的模拟声音信号经过脉冲编码调制（PCM）转换成二进制数代表的数字式信号，然后进行音频信号的处理、压缩、传输、调制、放大、发射，以数字技术为手段，传送高质量的声音节目。所涉及的处理包括信源编码、信道编码、传输、调制和发射，以及接收的相反处理过程。其数字处理的系统，包括数字音频压缩编码、信道纠错编码、数字多路复用和传输的调制解调框图，如图 1-21 所示。

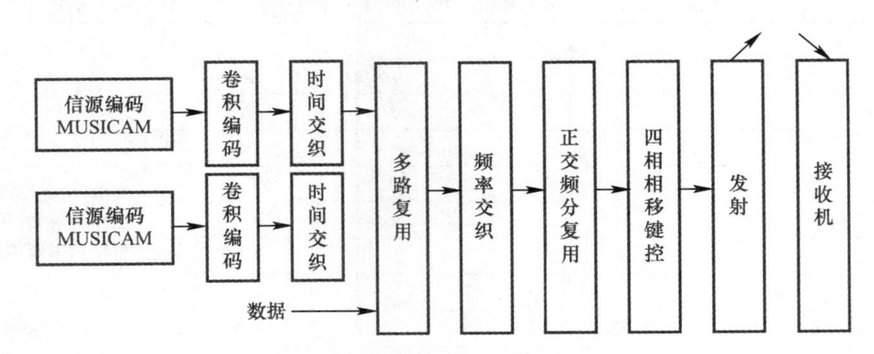

图 1-21　数字音频广播系统框图

1.8.1.3　电视广播基础知识

1. 电视基础知识

电视的基本工作原理是：在发送端，用电视摄像机拍摄外界景物，经过摄像器件的光电转换作用，将景物内容的亮度和色度信息按一定规律变换成相应的电信号，做适当处理后通过无线电波、卫星或有线信道传输出去；在接收端，用电视接收机接收电视信号，经相反处理通过显示装置的电光转换后，将电视信号按对应的空间关系转换成相应的景物画面，在屏幕上重现原始景物的彩色画面。

彩色三要素指的是彩色光的亮度、色调和饱和度，亮度是指彩色光作用于人眼而引起的视觉上的明亮程度，色调是指彩色的颜色类别，饱和度是指彩色的深浅和浓淡程度。

电视三基色指的是电视系统中实际应用的红、绿、蓝基色光，电视显示装置中采用的红、绿、蓝三色光源或发光材料，可称为显像三基色。

彩色电视的传输就是在摄像端将彩色光学图像进行分解并转换成三基色电信号，三基色电信号按特定的方式编码成一路彩色全电视信号，经传输通道传送到接收端，接收机将彩色全电视信号解码恢复成三基色电信号，并利用混色法在显示屏上重现出原始的光学彩色图像。光电转换（摄像）是利用摄像管或 CCD 器件，电光转换（显像）是利用 CRT（阴极射线管）、LCD（液晶显示器）和 PDP（等离子显示板）等器件。

2. 模拟电视基础

模拟电视图像传输普遍采用隔行扫描方式，即把一帧图像分成两场：第 1 场传送奇数行，称奇数场；第 2 场传送偶数行，在接收端再将两场组合起来。我国电视采用 PAL 制，图像帧扫描频率 25Hz，场扫描频率为 50Hz，行扫描频率为 15625Hz，扫描光栅的宽高比为 4∶3。目前世界上存在的兼容制彩色电视制式有 NTSC 制、PAL 制（逐行倒相制）和 SECAM 制三种。

3. 数字电视基础

（1）数字电视基本概念

数字电视是继黑白电视、彩色电视之后的第三代电视。是从电视画面和伴音的摄录开始，经过剪辑、合成、存储等制作环节，再经过传输，直到接收显示的全过程，全部实现数字化和数字处理的电视系统，即将模拟信号图像和伴音信号转变为数字信号并进行数字处理、存储、控制、传输和显示的系统。

模拟信号图像和伴音信号转变为数字信号，是指将电视画面的每一个像素、伴音的每一个音节都对应地用二进制数字信号来表示，按特定的规律编成二进制数码序列，然后进行数字信号处理、存储、压缩和传输。电视发射台通过架在发射塔上的发射天线向空中发射电视信号，卫星电视地面上行站向同步卫星发射电视信号，有线电视网络传输电视信号，数字电视接收机完成信号的显示。整个过程中设有模/数或数/模转换，数字视频信号仅在显示终端经数/模转换为模拟图像信号，显示高清晰画面，数字音频信号仅在终端经数/模转换为模拟伴音信号，还原出近似现场的立体声效果。

（2）数字电视标准

数字电视标准是一个庞大的标准体系，其中最为核心的是传输标准，主要包括卫星、有线和地面三种。目前国际上形成四种不同的数字标准，分别是美国的先进电视制式委员会 ATSC 标准、欧洲的数字视频广播 DVB 标准、日本的综合业务数字广播 ISDB 标准和我国的地面数字电视国家标准。

（3）数字电视分类

电视按图像清晰度高低可分为标准清晰度电视（SDTV）和高清晰度电视（HDTV），画面显示清晰度分别为 300～480 电视线和 720 电视线。数字电视是指对相应的模拟电视信号进行数字化后得到的信号，具有和相应的模拟电视系统相同的扫描格式。

（4）数字电视优点

与模拟电视相比，数字电视具有以下优点：

1）信号电平稳定可靠、抗干扰能力强、传输距离远、质量高。

2）数字化设备相对于模拟设备而言体积小、重量轻、能耗低和工作可靠。

3）频谱利用率高。

4）易于实现条件接收，并能提供全新的服务功能，开拓新的增值业务。

5）灵活友好的人机界面，使设备操作、调试、维护更为简单，易于实现智能化。

1.8.2 广播电视系统组成及特点

1.8.2.1 广播电视系统基本组成

广播电视系统的基本组成如图 1-22 所示。

广播电视技术系统由节目制作、节目播出、节目传输、节目信号发射和节目信号监测与接收五个环节构成。节目制作是广播电视技术系统的第一个环节，通过采访和录制，获取声音和图像素材，再通过编辑和合成成为可供播出的广播电视节目。节目播出是广播电视技术系统的第二个环节，是传播广播电视节目通道的起点，播出方式有录播、直播和转播三种。将节目信号经过主控设备，根据需要将一套或几套节目组合在一起，通过音频电缆、视频电缆光缆和微波设备等，送往广播电视发射台、卫星地面接收站和微波干线上的

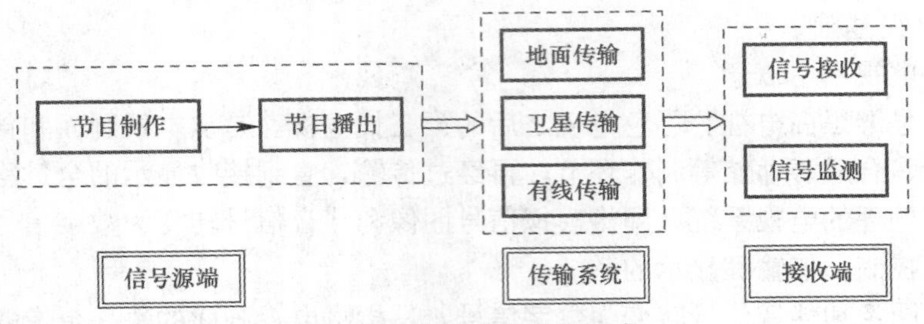

图 1-22 广播电视系统组成

中继站、枢纽站和终端站。节目传输是广播电视技术系统的第三个环节，有地面无线、电缆光缆有线和卫星三种传输方式。节目信号发射是广播电视技术系统的第四个环节，把广播电视节目信号调制在广播电视发射机的载波上，通过馈线送往天线向空中辐射出去。节目信号监测与接收是广播电视技术系统的第五个环节，信号监测部门利用广播电视接收设备和测试设备，监听、监视和监测广播电视信号的质量，信号接收是用户终端用不同的接收设备显示传送的广播电视节目，有集体接收和个体接收。

1.8.2.2 广播电视系统的分类

按广播电视系统的组成和功能进行分类，广播电视系统可分为广播电视中心、广播电视发射系统、广播电视有线传输系统、广播电视卫星传输系统和广播电视监测系统五大类。

广播电视中心：广播电视中心主要包括节目制作和节目播出，是整个广播电视系统的信号源部分，主要作用是利用必要的广播电视设备及技术手段，制作出符合标准的电视节目信号，并按一定的时间顺序（节目表）将其播出。

广播电视发射系统：利用架设在发射塔上的天线将不同波段的广播电视信号辐射到四面八方，用户利用接收天线收看广播电视节目。

广播电视有线传输系统：利用同轴电缆、光纤或混合光纤同轴电缆（HFC）以闭路传输方式把数字电视信号传送给千家万户。

广播电视卫星传输系统：利用地球同步卫星上的转发器，将地球上行站发射的数字电视信号转发回地球。下行传输是指从同步卫星向地面接收端传输，上行传输是指从地球站向同步卫星传输。

广播电视监测系统：可以核查广播电视覆盖情况，了解各类播出系统是否按批准的技术参数播出，监测空中无线电波秩序，通过客观测量和主观评价，如实反映广播电视节目播出质量和效果。

1.8.2.3 模拟广播电视系统

一个全模拟信号的广播电视系统，可归纳由信源、变换器、信道、反变换器和接收终端组成。信源是产生和输出广播电视信号（如声音和图像）的设备，信号的最后归宿是接收终端或信宿，如收音机和电视接收机；变换器是把信源发出的信号进行加工处理，变成适合在信道上传输的信号，广播电视发射机和天线、卫星转发器、有线电视系统的调制器等均属于变换器；反变换器是把信道送来的广播电视信号按相反过程变换恢复成原始信号，供终端接收。

在模拟广播电视系统中，传送的声音和图像信号都是在幅度和时间上连续变化的模拟信号，通过信道时，基本组成和结构不变，信道利用率高，抗干扰能力差，混入的噪声干扰不可消除，不易实现大规模集成。

1.8.2.4　数字广播电视系统

1. 系统基本模式

全数字信号的广播电视系统基本模式如图 1-23 所示，主要由信源、编码器、调制器、信道、解调器、解码器、同步单元和接收终端组成。

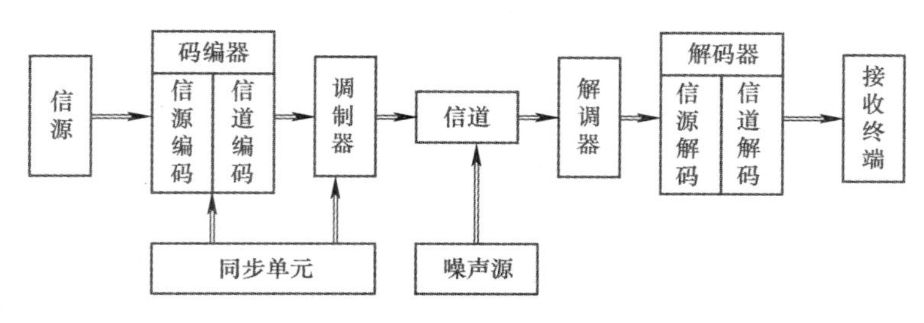

图 1-23　数字广播电视系统基本模式

信源、信道和接收终端与模拟系统的功能基本相同，编码器和调制器（有时含多路复用）组合在一起与模拟系统的变换器类同，解码器和解调器（有时含解复用）组合与反变换类同，但变换原理和对象完全不同。

编码器的作用是将信源发出的模拟信号转换成有规律的、适应信道传输的数字信号，解码器的功能与之相反，是把代表一定节目信息的数字信号还原为原始的模拟信号，它们都包括两部分：信源编码、信道编码和信道解码、信源解码。信道编码是一种代码变换，主要解决数字信号传输的可靠性问题，又称抗干扰编码。调制器的作用是把二进制脉冲变换或调制成适合在信道上传输的波形，解调是调制的逆过程，从已调制信号中恢复出原数字信号送解码器进行解码。同步单元是使数字系统的收、发两端有统一的时间标准。噪声源是一个等效概念，研究信号在传输中的衰减和畸变。最终如何在受干扰的信号中恢复原信号。

2. 数字电视系统组成

图 1-24 是数字电视系统组成图。

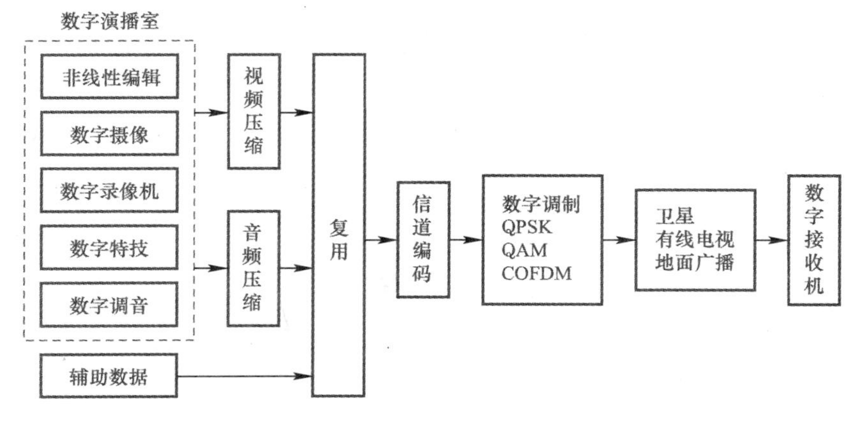

图 1-24　数字电视系统组成

数字演播室将信号进行信源编码和视音频压缩，经过复用后形成一个单一的数据流，利用数据流信号调制发射信号，再经过卫星、有线或地面的传输，最后到终端显示设备。

1.9 广播电视中心关键技术

1.9.1 广播中心技术和电视中心技术

1.9.1.1 广播中心技术

1. 混响时间和噪声

在闭合的空间里，当声源停止振动后，残余的声音会在室内来回反射，每次都会有一部分声音被吸收。当声能衰减到原值的1/100（即声能衰减60dB）所需的时间，称为混响时间。它的大小与房间容积、墙壁、地板和顶棚等材料的吸声系数有关。演播室的混响时间过长，会使声音含糊不清，但若混响时间太短，又会使人感到声音枯涩沉闷，甚至使人感到说话费劲。因此，混响时间必须适中，电视演播室的混响时间一般设计为0.6～1s之间。改变墙壁、顶棚的吸声材料，可以调整演播室的混响时间，使用吸声材料时，要注意各个频段的吸声要均匀，颜色也以灰暗色无反光为宜，并要考虑材料的机械强度和防潮、防火等性能。

演播室的噪声包括室外噪声和室内噪声。室外噪声一般是通过固体或空气传入室内的，主要包括空气声和撞击声两种：空气声是指经过空气传播的噪声，如门缝、穿线孔和通风管道等透过的声音；撞击声是指在物体上撞击而引起的噪声，传播渠道主要是墙壁、楼板、门窗的振动等，脚步声是最常听到的撞击声。室内噪声主要是摄像机和人员移动，以及空调等设备所产生的噪声。为了降低演播室的噪声，在设计演播室时，尽量不在演播室房顶上设置设备人员出入频繁的房间，以避免脚步声、桌椅拖动声及墙壁、顶棚等受撞击或振动而将噪声传入室内。当达不到上述要求时，可在上层楼板上铺减振、吸声材料，如地毯等加以解决。

2. 演播室和录音室

演播室和录音室是节目制作的重要场所，为满足不同节目的录制要求，必须进行特殊的声学处理，一是应有适当的混响时间，并且房间中的声音扩散均匀，二是应能隔绝外面的噪声。在控制室内，利用调音台对录音室送来的节目信号进行加工并监听，然后进行录音或直接送往总控制室播出。控制室要求有一定的空间和一定的混响时间，以便工作人员逼真地监听节目的音质，主要有调音台、录音设备、监听扬声器和音质处理设备等。

为满足第一个要求，录音室的墙壁和顶棚上应布置适当的吸声材料，在地面上要铺上地毯，以控制各种频率的声音在录音室中的发射程度，使录音室的混响时间符合要求。录音室的混响采用自然的长混响和强吸收的短混响。前者用于供大型交响乐团演奏的录音室，在制作节目时不需要另外加人工延时和混响，混响时间约1.5s以上；后者用于一般录音室，混响时间为0.2～0.8s之间，由于混响时间短，声音显得非常“干”，必须加入人工的混响，以获得较好的音色和不同的艺术效果。

为满足第二个要求，录音室应采取一定的隔声措施，一般应设在振动和噪声小的位置，墙壁、门、窗应做隔声处理，如墙体采用厚墙或双层墙，采用密封式的双层窗，录音室与控制室之间的观察窗应由不平行的三层玻璃制成，录音室入口采用特制的双层门，并留出 $3m^2$ 以上的空间，即“声闸”。录音室顶棚与上一层楼板的地面之间，以及录音室地面与下一层楼板的顶棚之间，需要用弹性材料隔开，与其他房间的地基间不应有刚性连接，采取浮筑式结构，形成“房中房”，隔绝噪声和振动。同时，对录音室的通风、采暖和制冷也要采取措施，消除发出的噪声。

3. 控制室

利用调音控制台对演播室或录音室送来的节目信号进行放大、音量调整、平衡、音质修饰、混合、分路和特殊音频加工并监听，然后进行录音或送往主控制室播出的房间称作控制室。通常演播室或录音室与相邻的控制室之间设有玻璃窗，以便工作人员彼此观察联系。控制室也要求有一定的空间和一定的混响时间，以便工作人员逼真地监听节目的音质。

4. 广播中心工艺

(1) 广播中心概述

广播中心主要设录音室、控制室、复制室、效果配音室、审听室、播出控制室、播出机房和节目资料库等。

广播节目的制作可分为语言节目、文艺节目、多声道录音节目和现场实况转播节目等，需要通过前期素材采集、录音和后期的剪辑、编辑、复制等加工处理，最终形成完整的成品节目。

广播节目的播出是根据广播节目表的安排，按顺序进行编排，以直播、录播和转播等形式，按时播出各种节目，同时将节目信号通过电缆、光缆或微波传送到广播发射台，也可以通过卫星远距离传送到广播发射台。

(2) 数字音频工作站

数字音频工作站是一个由计算机中央处理器、数字音频处理器、软件功能模块、音频外设和存储器等部分所构成的用于音频领域的工作系统，它将众多操作繁琐的音频制作过程集成在多媒体电脑上完成，与传统的数字音频制作相比，省去了大量的周边设备和设备之间的连接、安装与调试，降低成本，简化操作。数字音频工作站的出现，将改变录制和播出分离的模式，使播录一体化，简化了播录系统。

(3) 广播中心的网络化

广播中心的网络化是把不同功能的数字音频工作站通过网络系统将广播节目的录制和播出连成一个整体的系统，分为网络化节目制播系统、新闻业务系统和办公自动化系统。网络化制播系统覆盖了节目录制、节目编排、节目播出和广告管理等环节，由数字音频工作站、计算机网络、服务器和大容量音频资料库等构成，可实现音频节目共享、无带传输、网上调用和自动播出。

1.9.1.2 电视中心技术

1. 广播电视中心系统组成

广播电视中心由节目制作、节目资源管理、节目播出控制和信号发送子系统组成。如图 1-25 所示。

广播电视中心承担广播电视节目的录制、编辑、调度、播出和传送等功能，包括节目制作和节目播控两大部分，前者是产生节目的发源地，是中心的主体，后者是节目交换、

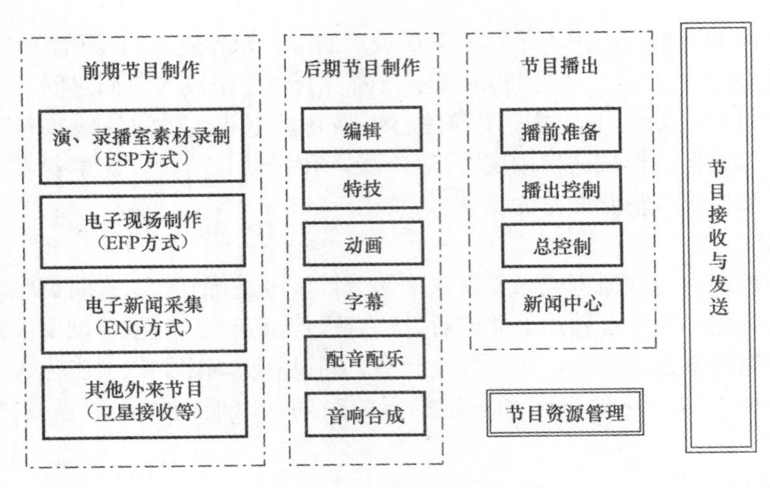

图 1-25　广播电视中心系统

发送的总调度。中心的规模根据节目套数、节目性质、节目制作量和节目播出量而确定。主要由节目前期制作区、节目后期编辑加工区、新闻制作中心区、节目播出区、媒体资产管理系统和其他辅助用房等组成。

2. 电视中心工艺

（1）电视节目制作

电视节目制作是根据节目内容及节目要求，采用有效的技术手段和制作方法，制作出具有声音、图像和艺术效果的电视节目，可分为节目前期拍摄和后期制作两个阶段，前期拍摄主要为收集节目所需素材，例如，用摄像机进行现场采访（ENG 方式）、用转播车录制大型歌舞及比赛（EFP 方式）和在演播室录制节目（ESP 方式）。后期制作是将所得到的各种素材进行加工处理，例如，对素材进行编辑、加字幕、特技处理和配音等，最后制作成可以播出的符合要求的成品节目。

1）电视演播室

电视演播室是利用光和声进行空间艺术创作的场所，一般分为大型（400m^2 以上）演播室、中型（200m^2 左右）演播室和小型（100m^2 以下）演播室。演播室在设计和建造时就预先考虑到了彩色电视节目制作时的技术要求，具有良好的音响效果、完备的灯光照明系统及布景等，配备必要的节目制作设备，演播室节目制作是一种理想的电视节目制作方式，可制作出质量较高的电视节目。

演播室内摄像机、传声器拾取的图像和声音信号和录像、录音设备上的节目素材，经过各种特技加工处理和编辑制作，形成完整的成品节目。演播室系统包括视频、音频、同步、编辑、告示和通话系统。如图 1-26 所示。

2）虚拟演播室

虚拟演播室是由计算机系统、电视摄像机、摄像机跟踪系统、虚拟场景生成系统和视频合成系统构成的电视节目制作系统，其实质是将计算机产生的虚拟三维场景与摄像机现场拍摄的演员（或节目主持人）表演的活动图像进行数字化的实时合成，使演员（节目主持人）的表演（前景）与虚拟场景（背景）达到同步的变换，从而实现前景与背景的完美结合。

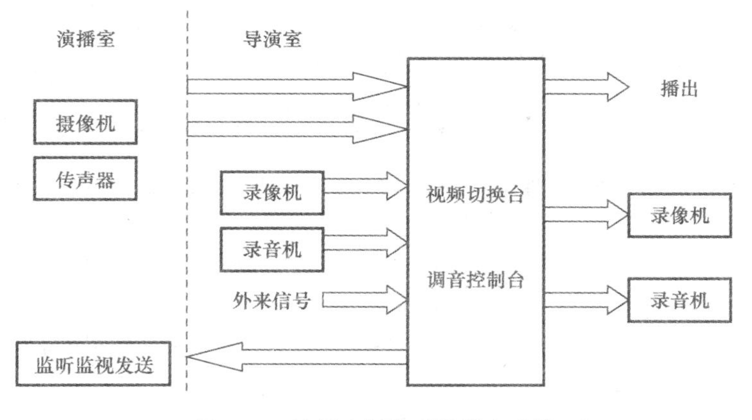

图 1-26　演播室制作系统基本功能

3）电视节目编辑系统

编辑是电视节目后期制作的核心，节目编辑分线性编辑系统和非线性编辑系统两大类。线性编辑系统的构成要件主要有磁带、编辑录像机和编辑控制器。非线性编辑系统是指使用盘基媒体进行存储和编辑的数字化视音频后期制作系统，基本系统组成如图 1-27 所示。非线性编辑系统是在高档多媒体电脑的基础上构造的专用数字视频后期制作设备，它具有高度的集成性，即在各种专用软硬件的支持下，可以实现电视节目后期制作中多种传统设备的功能。

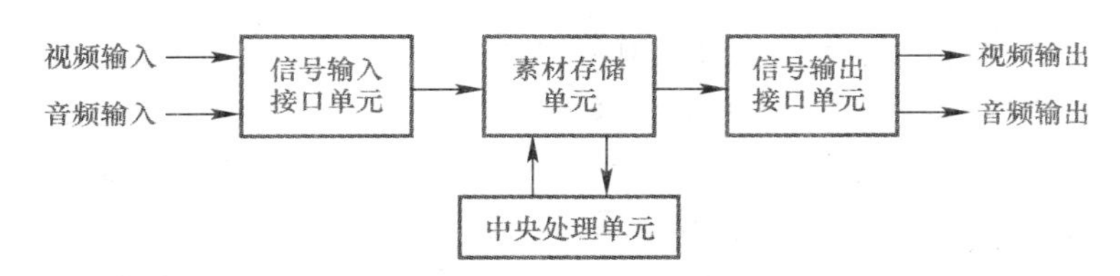

图 1-27　非线性编辑系统的基本组成

4）特技和图文动画创作系统

模拟特技是对模拟电视信号进行混合、扫换、键控、切换等画面过渡和画面合成的技术处理，产生预期的视频特技效果。模拟特技的屏幕效果主要是两路或两路以上信号的各种幅度比例的混合，以不同形状、不同大小和不同位置的分界线进行屏幕分割，组接画面的特技效果还不够丰富，局限性很大。

数字特技是把模拟视频信号变成数字信号后，存储在帧存储器中，通过对这些数字信号进行各种读写处理来得到各种数字效果。它能对图像本身进行尺寸、形状和亮度变化的处理，因而可对图像进行各种几何变换，如扩大、缩小、旋转、多画面、随意轨迹移动和多重冻结等，可对采集到的节目素材进行更充分的艺术再创作，制作出气氛活跃、风格新颖、艺术完美、寓意深刻的作品。

（2）电视节目播出

1）电视节目播出系统的组成

电视节目制作完成后，需要进行播出，即按照预先编排好的节目时间顺序，在播出机房用切换方式将电视节目的图像和伴音送往传输与覆盖地点。播出分为直播、录播和转播三种方式。

数字播出系统主要由总控系统、播控系统、播控上载矩阵系统和硬盘系统等组成。采用以视频服务器为主的自动播出系统，主要由播出切换台、台标和时钟、字幕机、技术监测和应急开关等组成。

总控系统负责对播控中心所有信号进行处理、检测和监视，对各类共用信号进行调度、分配和收录发，向播控系统提供外源信号，向各演播室提供返送信号和外源信号，实现多个演播室之间的现场直播和异地联播，向各技术区提供同步信号和标准时钟信号。

播控中心担负着各个频道电视节目播出控制任务，每一个频道都用一个播出切换台进行播出节目切换，将播出节目信号按节目表安排的时间顺序传送给总控制室，由总控制室再送给发射台或卫星地球站等处。

2）电视节目的播出方式

电视自动播出主要采用传统自动播出系统和硬盘播出系统两种。传统自动播出系统是以数字切换台为中心，自动播控软件也以它为主控对象，数字录像机作为节目源，用自动播出系统控制数字录像机与播出切换台协调动作，实现自动播出。数字播出系统是以视音频服务器为核心，利用数据库技术进行管理，通过计算机网络传输控制和管理信息，并对设备进行监控，通过高速视频网络传输节目素材，自动播出系统通过视音频服务器控制视音频服务器与切换台协调动作，实现数字播出。在播出系统中，可以选择硬盘播出、硬盘和磁带混合以及磁带播出三种方式的控制系统。

（3）广播电视制播专网

广播电视制播专网是集电文接收、卫星自动收录系统、新闻快速上载、新闻后期制作、节目后期非线性编辑和文稿编辑为一体的高速专用网络。制播专网按功能划分主要可分为广播电视综合节目制作、新闻制作、广播电视播出和媒体资产管理。媒体资产管理系统以大容量磁盘阵列、自动化数据流磁带库以及自动化光盘库构成了广播电视中心的数字媒体存储核心，其他系统通过光纤网络与之进行高速通信，存储或读出视音频节目素材或成品，进行传统磁带节目的上下载。广播电视播出部分包括硬盘播出和自动播出控制系统，多通道硬盘播出服务器放置在总控机房，可以完成各个频道的播出任务；自动播控工作站根据节目播出单自动控制录像机、播出视频服务器等节目源设备和播出切换台。广播电视综合节目制作系统和新闻制作系统根据自身的工艺特点分别组成两个物理子网，通过光纤网络与媒体资产管理系统建立高速数据联系。六类非屏蔽双绞线电缆和室内多模光缆并行，双绞线电缆用于以太网数据的传送，光缆用于在视频工作站与FC磁盘阵列、自动化数据流磁带库等存储设备间建立起高速直接的光纤数据通道。

（4）媒体资产管理系统

媒体资产管理系统是一个以管理为核心的信息系统，通过对节目资料的数字化处理形成不同格式的数据化文件，再对其进行索引、分类和集中保存。用户通过授权，可以随时随地获取他们想要的节目资料，进行播放、制作、交换、出售、传输、网上发布和宽带服务，可以最大限度发挥“媒体资产”的价值，降低节目的制作成本，缩短节目的制作周期，提高节目的利用率。

系统组成如图 1-28 所示，主要包括数字化上载、编目信息标引、节目对象检索和媒体数据存储管理等子系统。系统有一套完整的媒体数据归档保存工作流程，当外部系统需要对库存数据进行再利用时，可利用系统的迁移策略和相关设备对目标数据进行回迁操作，并将迁出的数据重新导回外部应用网络中等待用户的调用。

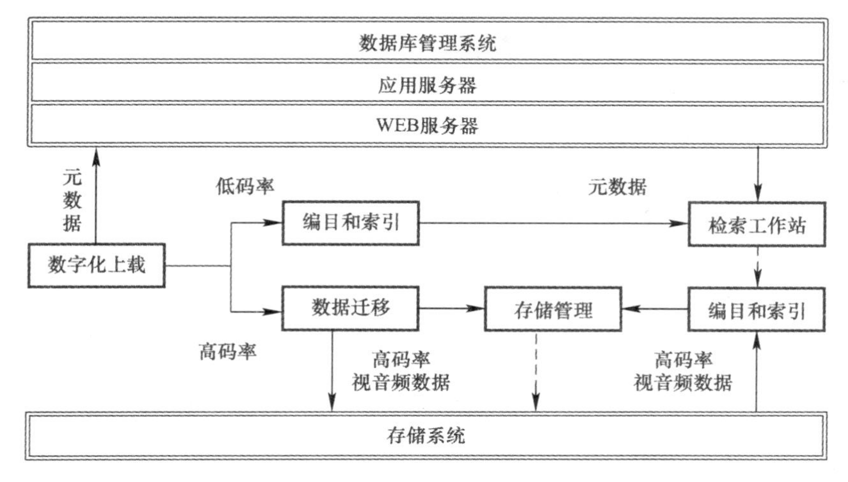

图 1-28 媒体资产管理系统构成

1.9.2 广播声学技术

1.9.2.1 声音广播的相关声学知识

1. 声音的基础知识

声音是由物体机械振动或气流扰动引起弹性媒质发生波动产生的，必须通过空气或其他的媒质进行传播，形成声波，才能使人听到，人耳能听到的频率为 20～20000Hz。

声源具有方向性、反射和折射、衍射和散射等传播特性。声音的特性是由响度、音调和音色等三个要素来描述的，响度与声波的强度有关，音调与频率有关，音色则与波形有关。

响度：人耳对声音强弱的感觉，同一声压级但不同频率的声音听起来响度不同。

音调：听觉分辨声音高低的一种属性，纯音的音调和它的频率有关，也与它的强度有关。

音色：不同发声体的材料和结构不同，即使它们发出相同音调和相同响度的声音，人耳也能辨别其差别，即它们的音色不同。相同音调的声音，它们的基频是相同的，但其谐波次数和幅度会有差异，频谱结构也就不同，构成音色的差异。

人耳对 3000～5000Hz 的声音感觉最灵敏。声音的声压级越高，人耳的听觉响应越趋平直。当改变放音系统的音量时，声音信号中各频率的响度也会改变，听起来觉得音色也起了变化。同一个放音系统，在低声级时会感觉音域变窄，单薄无力，在高声级放音时会感到频带变宽，声音柔和丰满。

2. 立体声原理

(1) 双耳定位

人的双耳除了对声音具有响度、音调和音色三种主观感觉外，还有对声源的定位能力，即空间印象感觉，称为对声源的方位感或声学的透视特性。人的双耳能辨别声源的远近，对声音有纵深感，在室内主要是由于直达声与连续反射声之比不同引起的。

用双耳收听可以判断声源的方向和远近，称为双耳定位。相比之下，确定方向相当准确，特别是声源位于听者前方的时候，而确定远近的准确程度就差得多。双耳定位的重要依据是声音到达两耳的时间差。在一般做设计时，把头看作平均直径为150mm的圆球，两耳位于直径的两端，这样算出的时间差和实际接近。对于1500Hz以下的定位可能依赖相位差，实际就是时间差。在高频定位时，可能依赖头部产生声影作用而引起的两耳强度差。如果头部左右摆动，定位的准确程度就要高得多。在室内的混响空间，定位只依赖最先到达两耳声音的时间差，以后继续到达的声音基本不起定位作用，这就是立体声节目的制作依据。

（2）立体声的拾声

双声道立体声采用两个传声器拾取声音，全部信号由这两个传声器共同拾取，然后产生左、右两个声道的信号。

多声道拾音法是在一个混响时间很短的大型录音室中进行的，并将大型录音室用隔声屏隔成若干个小房间，将乐队按照乐器的种类分成若干组，使每个乐器组在一个小房间中演奏，并由各自的传声器拾音，分别经调音台的控制放大后，送往多声道录音机，分别记录在各条磁迹上。在后期加工时，音乐导演可以对各条磁迹的声音分别进行必要的延时，也可以用人工混响法加入适当的混响或者对某些频率进行补偿，在最后合成双声道立体声时，将每一条磁迹上的乐器信号通过调音台上的声像移动器按不同比例分配到左、右声道中，这样就可以将各种乐器人为地定位，整个乐曲经双声道放音时便能获得层次分明、立体感强的立体声。

（3）立体声的听声

在双声道立体声放音条件下，左右两只音箱应该对称地放置于听音室中线的两侧，间距3～4.5m，与听音人的水平夹角在60°～90°之间，最佳听音角度是60°～70°。

重放立体声时的最佳听声位置，是在以左、右扬声器连线为底边的等边三角形的顶点处。立体声听音房间的混响时间不应太长，也不应当有过多的声音发射，否则会干扰立体声声像的正确形成。控制混响时间可以在房间内安装窗帘或幕布等方法。在扬声器对面的墙上应挂上幕布，以减少反射。扬声器可以靠墙安放，但不要放在地面上或墙角处，以免由于反射而使低音过重，使高音的传播由于音箱过低而受到损失。通常，高音扬声器的高度应该和听声者的耳朵在同一水平面上，否则，高音会受到衰减。人耳对垂直面内声源的方位判断能力很差，所以在立体声放音时监听音箱应当置于人耳高度（约1.2m）附近，而不应当过分提高。听音室或立体声控制室的混响时间在0.3s左右，背景噪声满足噪声评价曲线NR-15。

1.9.2.2 5.1声道环绕立体声

多声道环绕立体声是在双声道基础上演变来的，人们努力尝试在工作空间内创造三维的声像，利用摇移、混响、回声、重复和镶边等效果形成空间深度感。

按照ITU-R建议书BS-775-1建议，5.1声道环绕立体声的配置：在听音者前方设置L、C、R三只音箱，在侧后方设置SL与SR两只音箱，组成左、中、右和左环、右环5个声道，再加一个重低音声道LFE，组成5.1声道环绕立体声还音系统。在这种控制室或听音室内，以中置音箱C与最佳听音位为轴线，L和R分置两侧，与轴线的夹角均为30°，SL与SR与轴线的夹角为110°，音箱声中心高度距地1.2m，5只音箱与最佳听音位距离相等。超低音没有方向性，位置没有严格的规定，但不要放在C位。

5.1声道还音系统在声道隔离、动态范围、环绕声的立体化和全频带化等性能方面都给人以更强的“临场感”。

在HDTV节目中，前方三只音箱可以在宽广的视听音域内保持声像和图像之间位置和方向上的一致性。中置音箱使前方区域的声像更稳定，并展宽了最佳听音位置。

关于5.1声道环绕立体声的控制室的声学要求，与双声道立体声没有太大差异，混响时间仍可取0.3s或更短一些，前方不要有强反射声，后方尽量做成扩散声场。背景噪声满足NR-15曲线。

1.9.3 演播室灯光技术

1.9.3.1 电视照明的电光源

1. 电视照明电光源的要求

(1) 色温均匀稳定，显色性良好，调光改变工作电压，色温和显色指数也能稳定。

(2) 发光亮度高，且光通量稳定，效率高，热耗散低。

(3) 点光源电路简单，能瞬间重新点亮。

2. 电视照明电光源的性能指标

(1) 额定电压和电流：指电光源按预定要求进行工作时所需要的电压。

(2) 额定功率：指点光源在额定电压和电流下工作时所消耗的电功率。

(3) 光通量和发光效率：指单位时间内发出的光。

(4) 色温：表征光源所发出的可见光的颜色成分，即频谱特性的一个参量。电视演播室照明光源的色温为3200K。

(5) 显色性：描述待测试光源的光照射到景物上所产生的视觉效果与标准光源照明时的视觉效果相似性的一个概念，用显色指数R_a值表示。当$R_a=100$时，表示事物在灯光下显示出来的颜色与在标准光源下一致，显色性最好。

(6) 全寿命和有效寿命：从开始点亮到其不能工作时的全部累计点亮时间为全寿命，从开始点亮到其光通量下降到一定数值时的全部累计点亮时间为有效寿命。

3. 电视照明灯具的分类：分为热辐射光源、气体放电光源和激光等类型。

1.9.3.2 演播室灯具

灯具是指固定点光源并通过特定的光学结构对其出射光线的方向和性质进行初步控制的器具，其作用一是支撑光源，二是对光源的出射光线进行控制，实现光通量的再分配、光束范围和光线软硬性质等的控制。一般分为聚光型灯具和散光型灯具两大类。

聚光型灯具是一种硬光型灯具，主要在内景照明中使用，如摄影棚和演播室等，可以模拟无云彩遮挡的阳光直射大地的日光效果，聚光型灯具的投射光斑集中、亮度高，边缘轮廓清晰、大小可以调节，光线的方向性强，易于控制，能使被摄物产生明显的阴影，照明时常用作主光、逆光、造型光和效果光。常见的聚光型灯具有菲涅耳聚光灯、回光灯、光束灯、追光灯、远射程聚光灯和投影聚光灯。

散光型灯具是一种柔光型灯具，效果类似于阴天的天空散射光，散光型灯具投射的光斑发散，亮度低，边缘成像模糊，散射面积大，光线没有特定方向，可以用来减弱硬光型灯具所造成的阴影，掩饰物体表面的起伏和缺陷。照明时常用作辅助光、基础光和背景光。常见的散光型灯具有新闻灯、天幕灯、地排灯和三基色荧光灯。

1.9.3.3 电气调光设备

灯光控制器材是指对灯具发出的灯光的投射方向与范围、光线软硬和色温等性质进行二次控制的器材。常用的有挡光板、反光器材、柔光器材、色温滤色纸和专用的调光器材。

1. 电气调光设备的概念

电气调光设备主要是通过控制电光源的工作电流的方式，而实现对灯光强度的控制，其作用和功能如下：

(1) 满足不同场景对照度变化的要求。

(2) 进行场次预选，提高演播室利用效率。

(3) 延长电光源的使用寿命。

2. 可控硅调光设备

可控硅调光设备是通过调整与电光源串联的可控硅的选通脉冲的定时，改变流过电光源的工作电流，从而实现调光。可控硅是一种功率半导体器件，可分为单向可控硅、双向可控硅，具有容量大、功率高、控制特性好、寿命长和体积小等优点，是目前演播室照明调光控制的主流元器件。

3. 调光控制系统

电视演播室几十甚至几百路灯光，集中到调光台进行调光控制，要求调光控制系统必须具备较好的集中控制功能，主要包括调光器和调光控制台，基本构成如图 1-29 所示。

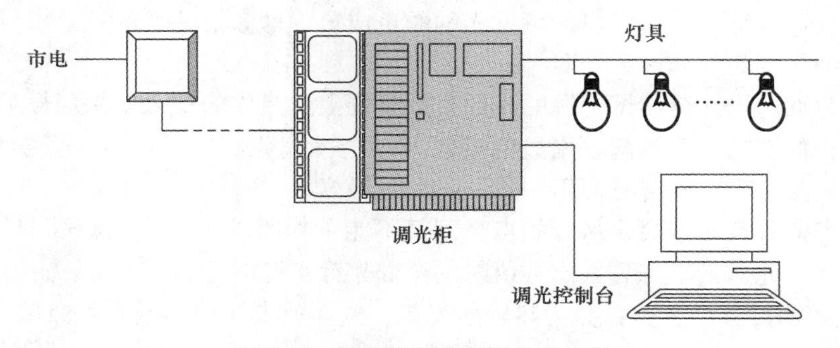

图 1-29 调光控制系统基本构成图

电脑数字调光设备一般由电脑调光台、数字智能调光立柜及二者之间的信号连接线组成。现在的电脑调光台大多是通过控制调光立柜使其各个光路的输出电压在 0～220V 内变化，从而达到控制灯光亮度的目的。数字灯光控制系统具有数字化、智能化、网络化的特点。

4. 演播室灯光的技术要求

针对电视图像的清晰度和彩色再现的特性，要求光源满足摄像机照度和色温条件，并具有良好的显色性。

(1) 对照度的要求

通常摄像管式彩色摄像机的最佳照明条件是：镜头光圈在 F4 位置，照度 2000lx，目前 CCD（电荷耦合器件）彩色摄像机降低了对照度的要求，镜头光圈在 F5.5 位置，照度 2000lx，电视演播室灯光配置应保持在摄像机的最佳照度，取 1000～1500lx 比较合适。

（2）对色温和显色性的要求

演播室光源色温应符合彩色摄像机的色温特性 3200K，或在通过滤色镜调整到接近彩色摄像机所要求的色温范围。光源显色指数 R_a 应达到 85 以上，以获得良好的色再现效果。目前，多选用色温 3200K、显色指数 R_a 达 97～99 的卤钨灯作为演播室照明光源，但演播室内一定要避免混用不同色温的光源。

（3）数字电视演播室对灯光的要求

数字电视对照明提出了更高的要求，因为数字 16∶9 电视画面所包含的内容更多，因此，在传统画面上体现不出或看不清楚的物体或光影，特别是演播室表演区的侧光、侧地流光和侧面的景物光，在高清的画面上都会清晰地被表现出来，给照明增加了很大的难度。新的智能化自动灯具电脑灯为数字化照明提供了很好的解决方案。数字高清摄像机的灵敏度大大提高，基本照度要求相比以前大大降低，同时新型的电脑灯采用了更大的光源功率和发光效率高的新的气体放电光源、新型的光学透镜和反光镜，这使得电脑灯的光输出得到极大的提高，可以满足现代电视灯光的各种要求。

1.10　广播电视传输系统

1.10.1　广播电视无线发射技术

1.10.1.1　广播电视无线发射技术概述

广播电视发射台的任务是利用广播电视发射机完成广播电视信号发射，发射机通过天线发射无线电波，供地面听众观众收听收视。广播电视发射台有直播台和转播台两种，将播控中心的广播电视节目用电缆或微波直接送到发射台播出，这样的发射台称为直播台。将播控中心的广播电视节目通过卫星、微波干线、中短波传输到发射台播出，这样的发射台称为转播台。直播台在播控中心所在城市的郊区，转播台不在播控中心所在的城市，有些转播台建设在边疆地区。

中波广播发射机频率范围为 526.5～1605.5kHz，波长为 570～187m，短波广播发射机频率范围为 3.2～26.1kHz，波长为 9.38～11.5m。调频广播发射机频率范围为 87～108MHz。VHF 的Ⅰ、Ⅲ波段电视发射机频率范围为 48.5～84MHz 和 167～223MHz，UHF 的Ⅳ、Ⅴ波段电视发射机频率范围为 470～566MHz 和 606～798MHz。

1.10.1.2　中短波广播发射技术

1. 中短波广播发射台基本结构

中短波广播发射台基本结构如图 1-30 所示，主要设备是广播发射机和天馈线系统，节目传送设备包括卫星地面接收站、微波机房、收转机房和光缆电缆信号解调机房。电源设备包括变电站和配电间（主备两套），冷却设备包括水冷系统和风冷系统，还有监测监听设备。

2. 中短波广播发射的特点

中波 526.5～1605.5kHz，共划分 120 个频道，在此频段无线电波传播的特点是沿地面传播的地波衰减较小，可在几十公里至百余公里的范围内形成一个不稳定的地波服务区。在两个服务区之间，由于天波与地波相互干涉，形成一个严重的衰落区。由于地波传播稳定，场强高，抗干扰能力强，接收质量好，发射机功率要大、中、小相结合，以中小功率为主。

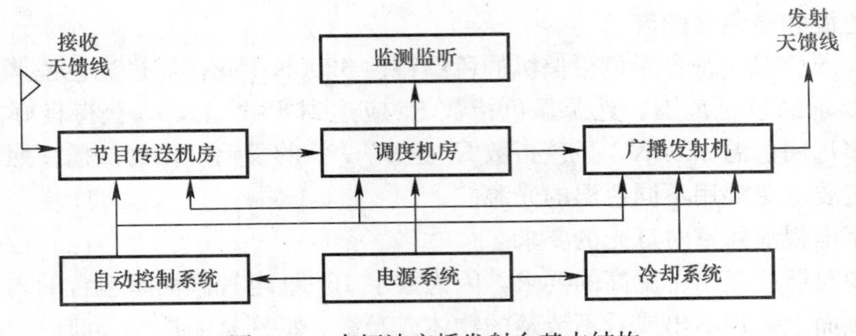

图 1-30　中短波广播发射台基本结构

短波 3.2～26.1kHz，在此频段内地波不能形成有效服务区，而电波不能完全穿透电离层，被大约距地面 130km 以上的电离层所反射，在离短波发射机几百公里至几千公里以外的地方形成服务区，因此短波频段适用于远距离的国际广播。

中短波广播发射机测试项目中三大电声指标：非线性失真、频率响应和噪声电平。其他技术指标：频率稳定度、调幅度、载波跌落、输出功率、整机效率、载波频率容差、杂散辐射和可靠性与过载能力等。

1.10.1.3　电视发射技术

1. 电视发射机基本组成

电视发射机普遍采用低电平中频调制方式，通过变频器上变频到某一特定频道的射频信号，然后进行功率放大到额定的功率，再馈送到天线发射出去。由于在进行功率放大时，图像和声音的射频信号可以通过两个信道分别放大，也可以通过一个通道共同放大，电视发射机在系统组成上分为分别放大式（双通道）电视发射机和共同放大式（单通道）电视发射机。

2. 电视发射机的主要特点

电视发射机采用残留边带幅度调制，有固定黑色电平，工作在超短波波段，信号有正极性调制和负极性调制，发射机功率用峰值功率和平均功率来描述，声音信号采用调频方式，声音载频和图像载频的差值是一个定值，可用整机的幅频特性来分析其传输特性。

3. 电视发射机测试项目

指标分类

双通道或分放式发射机可按图像发射机指标和伴音发射机指标来分，单通道或合放式发射机可按一般特性和传输特性指标来分。

（1）一般特性

包括输入特性和输出特性，输入特性包括视频和音频输入端的电平和阻抗，输出特性包括输出功率、影声功率比、工作频段、载波稳定度、调制制式、输出负载阻抗、无用发射及已调信号波形的稳定性（输出功率变化和消隐电平变化）等。

（2）传输特性

包括图像通道传输特性和伴音通道传输特性，图像通道的传输特性包括线性失真、非线性失真和无用调制等，伴音通道的传输特性包括音频振幅—频率特性、音频谐波失真、调频杂音、内载波杂音、调幅杂音和交叉调制等。

1.10.1.4 调频广播发射技术

1. 概述

调频广播发射机的类型较少，过去有单声道调频发射机，现在主要是立体声调频发射机，调制方式包括单声道调制式、立体声调制式和多节目调制式，它将单声音频信号、立体声复合信号或双节目基带信号调制到发射机的载频，经功率放大后发射出去，实现调频的方法有直接调频和间接调频。立体声调频发射机方框图如图 1-31 所示。

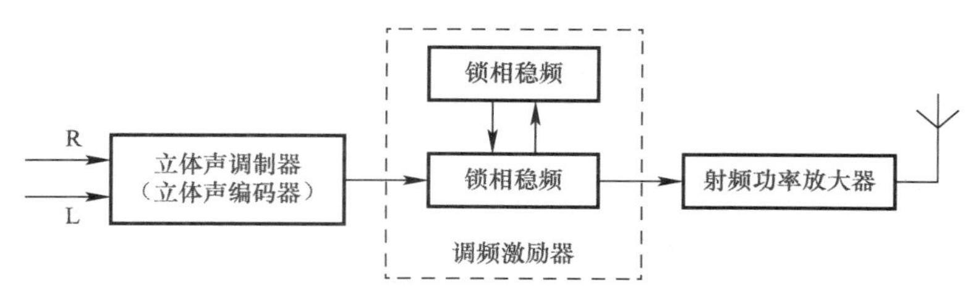

图 1-31　立体声调频发射机

2. 调频广播的特点

线性失真小、没有串信现象、信噪比好、能进行高保真度广播、效率高、容易实现多工广播、覆盖范围有限和“门限”效应及寄生调频干扰。

1.10.1.5 天馈线系统

发射天线是一种将高频已调波电流的能量变为电磁波的能量，并将电磁波辐射到预定方向的装置，天线输入阻抗为一复数阻抗，不等于馈线的特性阻抗，馈线终端需与阻值等于馈线特性阻抗的负载相接，馈线才是行波状态，传输效率最高。因此，在馈线与天线之间加匹配网络，以便将天线的复数阻抗经匹配网络转换为馈线的特性阻抗。

广播中波天线主要有垂直接地天线和定向天线，广播短波发射天线主要有水平对称振子天线、笼形天线和同相水平天线，接收天线主要有菱形天线和鱼骨天线，主要特性参数有天线方向性系数、天线效率、天线增益系数、天线仰角和天线工作频率范围。

调频发射天线，由于其工作频段介于电视 VHF 的Ⅰ、Ⅲ波段之间，因此，电视 VHF 波段的电视发射天线可以直接在调频波段使用。不同的是，对于调频天线，允许电波采用水平、垂直和圆极化方式，而通常电视发射天线采用的是水平极化一种方式。常用的天线形式有蝙蝠翼天线、偶极子天线、双环、四环、六环天线和圆极化天线。

馈线的主要指标是反射系数和行波系数，天线的主要特性参数有：天线方向性系数、天线效率、天线增益系数、天线仰角和天线工作频率范围。

1.10.1.6 辅助设备

1. 冷却系统

发射机工作时，电子管散发的热量和一些大型射频元件散发的热量，需要用强制冷却的方式排出，常用的冷却方式有强制风冷、水冷和蒸发冷却。电子管在发射机中是一种能量转换器，在能量转换过程中，输入能量除大部分转换成输出能量外，剩余部分作为损耗，以热的形式释放，为此，要求电子管在正常运行中必须保持一定程度的热平衡，保持热平衡的方式称为冷却方式。

2. 假负载

当发射机需要调整和功率计需要校正时，假负载为发射机提供一个标准的负载电阻，并能承受发射机送来的全部功率。

3. 调试监测和控制系统

分为有人值守和无人值守两类，主要作用是测试发送设备技术指标，切换被传送的信号到发射机的输入端，对发射机进行开、关机等主要操作和对发射机主要工作状态和播出质量进行监测。

4. 配电系统

为了不间断地向各种设备供电，防止因断电造成停播，发射台一般有两路电源，一主一备，一般设有 UPS 系统和柴油发电装置。

1.10.2 广播电视有线传输技术

1.10.2.1 有线电视系统的技术要求

1. 有线电视系统组成

有线电视 CATV（Cable Television）是指用射频电缆、光缆、多路微波或组合来传输、分配和交换声音、图像、数据信号的电视系统。按频道利用情况可分为邻频传输系统和非邻频传输系统，邻频传输系统又分为 300MHz、450MHz、550MHz、740MHz 和 1000MHz 系统，非邻频传输系统又分为 VHF、UHF 和全频道系统。

有线电视传输是利用有线电视网络进行传输，基本系统构成如图 1-32 所示。

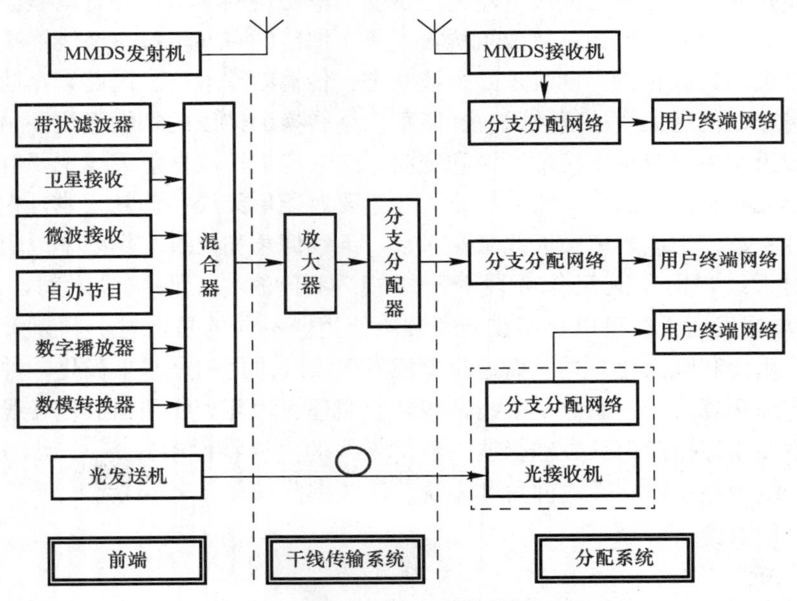

图 1-32 有线电视系统结构图

(1) 前端机房

有线电视传输节目的总源头，其任务有两个，一是接收各种需要传输的信号，如卫星发射的信号、上级台站传输的光缆或微波信号、远地电视发射台的无线信号、当地电视台的射频或视频信号和有线台的自办节目信号等，二是将接收的各路信号进行滤波、变频、放大、调制和混合等一系列加工，使其适合在干线中传输。

（2）干线传输系统

介于前端机房和用户分配系统之间，其任务是把前端输出的高频电视信号和数据信号高质量地传输给用户分配系统，同时把系统末端的回传信号传输给前端。

（3）用户分配系统

有线电视系统的最末端，其任务是把从前端传来的信号比较均匀地分配给千家万户。

2. 数字有线电视的优点：

（1）收视节目多，内容更丰富。

（2）图像和伴音质量更好，伴音更为悦耳动听。

（3）频谱资源的利用率更为充分。

（4）开展双向与多功能业务成为可能。

（5）电视信号的有条件接收变得更为容易。

1.10.2.2　数字有线电视信号传输等级

目前数字有线电视根据其传输视频比特率的大小可大致划分为三个等级，即低清晰度电视（LDTV）、标准清晰度电视（SDTV）和高清晰度电视（HDTV）。三者区别主要在于图像质量和信道传输所占带宽的不同。从视觉效果来看，数字 HDTV 视频比特率为 18～20Mbit/s，显示清晰度为 800～1000 线或 1000 线以上，图像质量可达到或接近 35mm 宽银幕电影的水平；数字 SDTV 主要是对应现有电视的分辨率量级，视频比特率为 3～8Mbit/s，显示清晰度为 350～600 线，其图像质量为演播室水平；数字 LDTV 的视频比特率为 1～2Mbit/s，显示清晰度为 300 线，主要是对应现有 VCD 的分辨率量级。

1.10.2.3　数字有线电视的传输模式

1. 主要的传输方式有同轴电缆传输、光缆传输和光纤同轴电缆混合网（HFC）传输三种模式，其中 HFC 模式是我国最为普遍的结构形式，即干线部分为光缆，分配网部分为同轴电缆，二者结合点称为光结点。

2. 数字光纤同轴电缆混合网（HFC）传输网络的组成

（1）数字 HFC 前端一般由数字卫星接收机、视频服务器、编解码器、复用器、QAM 调制器、各种管理服务器（如供用户点播节目用的视频点播服务器、供数据广播用的广播服务器、用户上网用的因特网代理服务器等）以及控制网络传输的设备组成，如图 1-33 所示。

（2）各部分的作用

1）信号输入部分

信号输入部分的作用是接收来自不同传输系统的电视信号，并将它们转换为统一的格式送入信号处理部分。主要信号源有：卫星电视信号、来自数字式传输网络的数据流、来自本地电视节目源的一路或多路 A/V 信号和开路模拟电视信号。

2）信号处理部分

信号处理部分的作用是对所有节目传输码流进行检查或监视、解扰、截取、复用以及对业务信息进行适时处理等，服务信息应随时更新，以保证正确引导机顶盒的正常工作，并且所有的应用数据均能正常地插入。

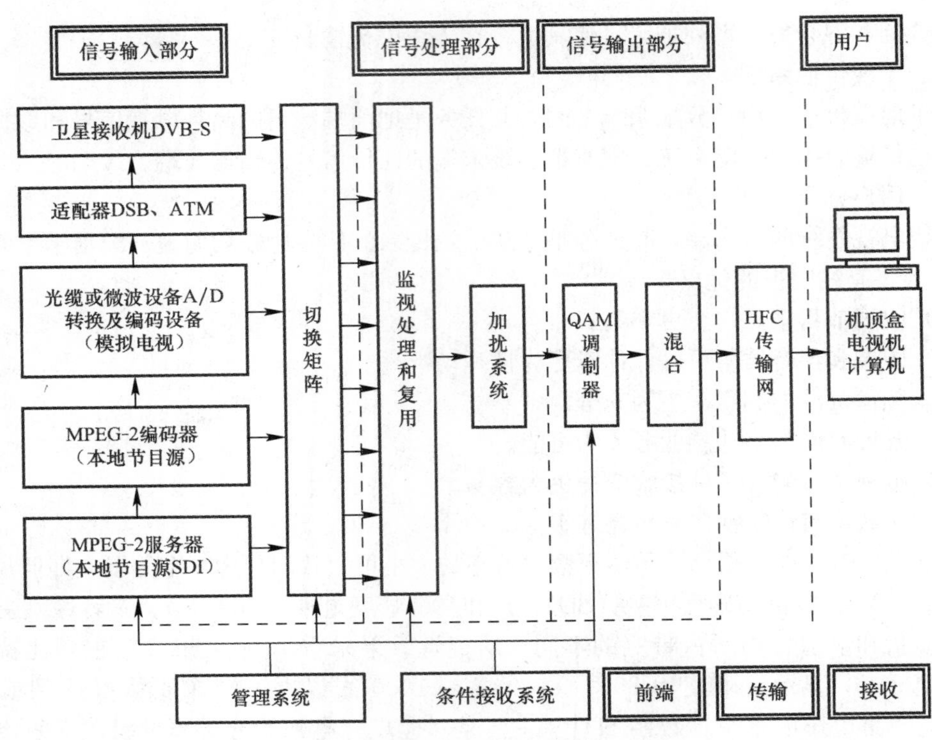

图 1-33　数字 HFC 传输网络组成图

3）信号输出部分

信号输出部分的作用是将信号处理部分输出的码流变成传输网络所需的信号格式。

4）系统管理部分

系统管理部分的作用是对包括计费在内的用户信息进行管理，影视材料的管理和播出信息的安全保密管理等。

1.10.3　广播电视卫星传输技术

1.10.3.1　传输系统的组成

广播电视卫星传输就是利用地球同步卫星进行节目传输，一颗大容量的卫星可以转播100～500套数字电视节目，系统组成如图 1-34 所示。

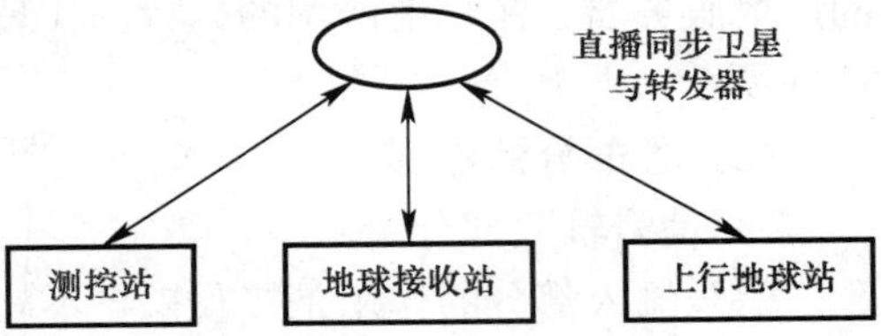

直播同步卫星
与转发器
测控站
地球接收站
上行地球站

图 1-34　直播卫星电视系统构成方框图

1. 系统的技术要求

广播卫星必须是对地静止的，以便观众使用简单的、无需跟踪卫星而且定向性又强的接收天线，要求使用赤道同步卫星，要求卫星能精确地保持它在轨道上的位置和姿态。广播卫星必须有足够的有效辐射功率，以简化地面接收设备。广播卫星必须有足够长的使用寿命和可靠度，降低停播率，避免经常更换卫星所带来的停播。广播卫星的重量在保证工作需要的条件下尽量减轻，节约发射费用。

2. 组成部分的作用

（1）同步卫星和转发器：同步卫星相当于一座超高电视塔（约 36000km），上面安装若干个工作在C波段或Ku波段的转发器和天线。转发器接收上行地球站发来的电视信号，经过处理后再向地球上的覆盖区转发。

（2）测控站：卫星测控站的任务是测量、控制卫星的运行轨道和姿态，使卫星不仅相对于地球静止，而且使卫星天线的波束对准地球表面的覆盖区，保证其覆盖区域图不变。

（3）地球接收站：地球接收站又称卫星接收系统，其作用是接收电视广播卫星转发下来的电视信号，并为集体接收、个体接收和有线电视网提供视音频信号或VHF/UHF射频信号，主要由接收天线和接收设备组成。

（4）上行地球站：卫星电视上行地球站把节目制作中心送来的信号加以处理，经过调制、上变频和高功率放大，通过抛物面定向天线向同步卫星发射上行C波段或Ku波段信号，同时也接收该同步卫星下行转发的微弱电视信号，以监测卫星转播节目的质量。

1.10.3.2 卫星广播电视的特点

利用同步卫星进行通信和电视广播信号的覆盖，具有以下优点：覆盖面积大，同步卫星距地球35786km，安装电视转发器和天线后，覆盖面积相当大。转播质量高，由于覆盖面积大，远距离传送时可大大减少中间环节，图像和伴音的质量及稳定性容易得到保证。另外，同步卫星与地面接收站和发射站的相对位置固定不变，地面站省去结构复杂的跟踪设备，克服了电波由于传送距离变动而产生的多普勒效应，转播质量进一步提高。投资少、建设快、节约能源。

1.10.3.3 频段划分和传输标准

世界各国卫星电视广播普遍采用C频段3.7～4.2GHz和Ku频段11.7～12.75GHz，其中C频段的上行信号频率是6GHz左右，下行信号频率是4GHz左右，Ku频段的上行信号频率是14GHz，下行信号频率是12GHz左右。

我国数字电视卫星传输标准采用欧洲的DVB-S标准，DVB-S数字电视卫星传输标准主要指信道编码和调制标准。DVB-S卫星传输系统对MEPG-2数据流的处理包括：传输复用适配和用于能量扩散的随机化处理、外码编码、卷积交织、内码编码、调制前的基带成型处理和调制方式。

1.10.3.4 直播卫星广播电视系统组成

1. 卫星广播电视工作过程

直播卫星电视工作过程如图1-35所示。

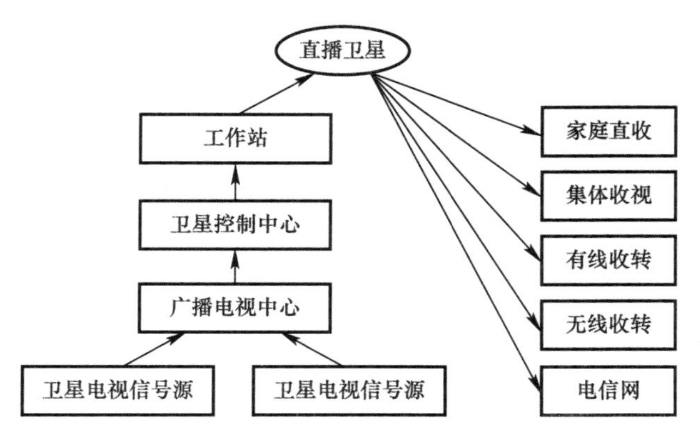

图1-35 直播卫星电视工作示意图

地球同步轨道上的直播卫星及其地面卫星控制中心、工作站完成对卫星运行的测控和管理。卫星电视信号源包括摄像机、磁带、光盘、服务器和综合业务信息源。广播电视中心通过一个或多个上行站，将卫星电视信号送上直播卫星。直播卫星上的有效载荷包括通信、转发器和天线等部分，用于直接接收、变换和发射，直播卫星的服务舱用于装载有效载荷并为有效载荷提供电源、温度环境控制和轨道、姿态的指向控制，确保卫星及其天线波束相对地面系统正确位置的稳定性，确保有效载荷长期地在轨运行。地面上可以采取家庭直接收视、集体收视、有线收转和无线收转等接收方式，并通过电信网或 INTERNET 与用户管理中心联系。

2. DVB-S 直播数字卫星电视系统

DVB-S 直播数字卫星电视系统组成如图 1-36 所示。

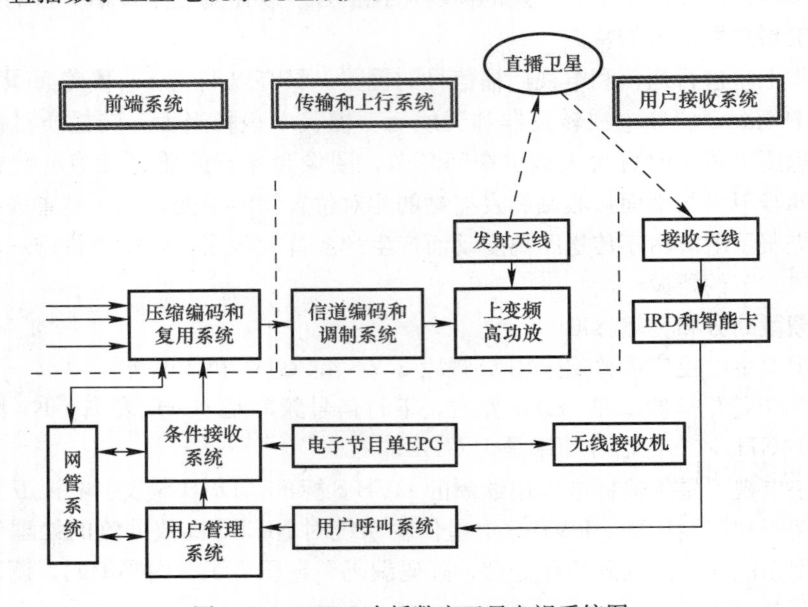

图 1-36　DVB-S 直播数字卫星电视系统图

(1) 前端系统：按 MPEG-2 标准对需要传送的视音频信号进行压缩编码，然后将多套节目用动态统计复用技术合成一个串行码流，在有限的卫星转发器频带上传送更多的节目。

(2) 传输和上行系统：传输和上行系统的任务是进行信道编码、调制、上变频与功放，利用抛物面天线将信号传输到直播卫星上。

(3) 直播卫星：为保证直播卫星覆盖区内有足够的信号场强，采用大功率的直播卫星。

(4) 用户管理系统：用户管理系统负责登记和管理用户资料、购买和包装节目、制定节目计费标准及对用户进行收费、市场预测和营销、管理有条件接收系统。

(5) 用户接收系统：用户接收系统由一个小于 1m 的小型蝶形卫星接收天线和综合接收解码器及智能卡组成。

第2章　通信与广电工程施工技术

2.1　机房设备及天馈线安装要求

2.1.1　机房设备安装的工艺要求

2.1.1.1　铁件安装

铁件安装前，应检查材料质量。不得使用生锈、污渍、破损的材料。铁件安装或加固的位置应符合设计平面图的要求。安装的立柱应垂直，垂直偏差应不大于立柱全长的1‰；铁架上梁、连固铁应平直无明显弯曲；电缆支架应端正，距离均匀；列间撑铁应在一条直线上，铁件对墙加固处应符合设计图要求；吊挂安装应牢固、垂直，一列有多个吊挂时，吊挂应在一条直线。

2.1.1.2　电缆走道及槽道安装

电缆主走道及槽道的安装位置应符合施工图设计的规定，左右偏差不得超过50mm。水平走道应与列架保持平行或直角相交，水平度每米偏差不超过2mm。垂直走道应与地面保持垂直并无倾斜现象，垂直度偏差不超过1‰。走道吊架的安装应整齐牢固，保持垂直，无歪斜现象。走线架应保证电气连通，就近连接至室内保护接地排，接地线宜采用35mm^{2}黄绿色多股铜芯电缆。

2.1.1.3　机架设备安装

1. 竖立机架

机架安装位置应符合施工图设计平面图的要求，并根据设计图纸的尺寸，画线定位。需加固底座或机帽的，宽和高的尺寸应与机架尺寸相符，总体高度应与机房整体机架高度一致，漆色同机架色泽。底脚螺栓安装数量应符合机架底角孔洞数量的要求，机架的垂直偏差不应大于机架高度的1‰。调整机架垂直度时，可在机架底角处放置金属片，最多只能垫机架的三个底角。一列有多个机架时，应先安装列头首架，然后依次安装其余各机架，整列机架允许偏差为3mm，机架之间的缝隙上下应均匀一致。机门安装位置应正确，开启灵活。机架、列架标志应正确、清晰、齐全。

2. 子架安装

子架安装位置应符合设计要求，安装应牢固，保证子架接线器插接件的电气接触良好。

3. 机盘安装

安装前应核对机盘的型号是否与现场要求的机盘型号、性能相符。安插时应依据设计中的面板排列图进行，各种机盘要准确无误地插入子架中相应的位置。插盘前必须戴好防静电手环，有手汗者要戴手套。

4. 零附件安装

光、电、中继器设备机架，DDF、ODF架等所配置的各种零附件应按厂家提供的装配图正确牢固安装。ODF 上活接头的安装数量和方向要符合设计及工艺要求。DDF 的端子板、同轴插座应牢固，不松动。

5. 安装分路系统、馈管

安装前，应核对环行器的工作频段及环行方向是否符合设计要求。安装螺丝穿行方向应对准天线所在方向，螺丝必须上齐全，波导口应加固紧密，与外接波导口连接应自然、顺直、不受力。安装馈管时必须使用专用力矩扳手，防止用力过大使馈管变形。

6. 安装波导充气机和外围控制箱

波导充气机和外围控制箱采用壁挂式安装时，设备底部应距室内地面 1.5m，原则上尽可能靠近走线架安装，以便于布线。烟雾、火情探头应装在机房棚顶上；门开关告警应装在门框内侧，压接点松紧位置应合适。

7. 安装总配线架及各种配线架

总配线架底座位置应与成端电缆上线槽或上线孔洞相对应。跳线环安装位置应平滑、垂直、整齐。总配线架滑梯安装应牢固可靠，滑轨端头应安装挡头，防止滑梯滑出滑道。滑轨拼接应平正，滑梯滑动应平稳，手闸应灵敏。

2.1.1.4 缆线及电源线的布放

1. 电缆布放

(1) 电缆的规格、路由走向应符合施工图设计的规定，电缆排列必须整齐，外皮应无损伤。

(2) 电源线和电缆必须分开布放，电源电缆、信号电缆、用户电缆与中继电缆应分离布放。电源线、地线及信号线也应分开布放、绑扎，绑扎时应使用同色扎带。

(3) 电缆转弯应均匀圆滑，转弯的曲率半径应大于电缆直径的 5 倍。

(4) 线缆在走线架上要横平竖直，不得交叉。从走线架下线时应垂直于所接机柜。

(5) 布放走道电缆可用麻线绑扎。用于绑扎的麻线必须浸蜡，绑扎后的电缆应互相紧密靠拢，外观平直整齐，线扣间距均匀，松紧适度。布放槽道电缆可以不绑扎，槽内电缆应顺直，尽量不交叉。在电缆进出槽道部位和电缆转弯处应用塑料皮衬垫，防止割破缆皮，出口处应绑扎或用塑料卡捆扎固定。

(6) 同一机柜不同线缆的垂直部分的扎带在绑扎时应尽量保持在同一水平面上。

(7) 使用扎带绑扎时，扎带扣应朝向操作侧背面，扎带扣修剪平齐。

2. 光纤布放

(1) 槽道内光纤应顺直、不扭绞，拐弯处曲率半径应不小于光缆直径的 20 倍。

(2) 槽道内光纤应加套管或线槽进行保护，无套管保护处应用扎带绑扎，但不宜过紧。

3. 电源线敷设

(1) 电源线必须采用整段线料，中间不得有接头。

(2) 馈电采用铜（铝）排敷设时，铜（铝）排应平直，看不出有明显不平或锤痕。

(3) 铜（铝）排馈电线正极应为红色油漆标志，负极应为蓝色标志，保护地应为黄色标志，涂漆应光滑均匀，无漏涂和流痕。

(4) 胶皮绝缘线作直流馈电线时，每对馈电线应保持平行，正负线两端应有统一红蓝标志。

（5）电源线末端必须有胶带等绝缘物封头，电缆剖头处必须用胶带和护套封扎。

4. 电缆端接

（1）电缆或信号线的焊接点应端正、光滑、无凹陷、无凸泡、无虚焊、不松动。焊剂应用松香酒精溶液，严禁使用焊油，焊好后应用酒精棉球擦洗干净。

（2）采用绕接的信号线应使用绕线枪，绕接时的刮线长度应一致，不伤线，绕线应紧密不叠绕，线径为0.4～0.5mm时绕6～8圈，0.6～1.0mm时绕4～6圈。

（3）采用卡接方式的卡线钳应垂直接线端子，压下时发出回弹响声说明卡接完成，同时多余线头应自动剪断。

2.1.1.5 设备的通电检查

1. 通电前的检查

（1）卸下架内保险和分保险，检查架内电源线连接是否正确、牢固无松动。

（2）机架电源输入端应检查电源电压、极性、相序。

（3）机架和机框内部应清洁，有无焊锡（渣）、芯线头、脱落的紧固件或其他异物。

（4）架内无断线混线，开关、旋钮，继电器、印刷电路板齐全，插接牢固。

（5）开关预置位置应符合说明书要求。

（6）各接线器、连接电缆插头连接应正确、牢固、可靠。

（7）接线端子插接应正确无误。

2. 通电检查

（1）先接通机架总保险，观察有无异样情况。

（2）开启主电源开关，逐级接通分保险，通过眼看、耳听、鼻闻注意有无异味、冒烟、打火和不正常的声音等现象。

（3）电源开启后预热一小时，无任何异常现象后，开启高压电源，加上高压电源应保持不跳闸。

（4）各种信号灯、电表指示应符合要求，如有异常，应关机检查。

（5）个别单盘有问题，应换盘试验，确认故障原因。

（6）加电检查时，应戴防静电手套，手套与机架接地点应接触良好。

2.1.1.6 设备的拆旧、搬迁、换装

1. 拆除旧设备

（1）拆除旧设备时，不得影响在用设备的正常运行。

（2）应先拆除电源线、信号线，特别是与运行设备同电源的线缆。拆除时应使用缠有绝缘胶布的扳手，并将拆下的缆线端头作绝缘处理，防止短路。

（3）各种线缆拆除后应分类盘好存放，最后拆除机架。

2. 设备的搬迁、换装与割接

（1）微波设备搬迁前应制定详细的搬迁计划，申请停电路时间，提前做好新机房的天馈线系统、电源系统、走线架及线缆的布放准备工作。

（2）设备的迁装、换装及电路割接工作由建设单位负责组织，施工单位协助进行，并做好各项准备工作。

（3）迁装、换装旧设备在搬迁前应进行单机、通道等主要指标测试，并做好原始记录。搬迁后应能达到原水平。

2.1.2 机房设备的抗震防雷接地及环境要求

2.1.2.1 通信设备的抗震措施

1. 机架应按设计要求采取上梁、立柱、连固铁、列间撑铁、侧旁撑铁等加固成网，构件之间应按设计图要求连接牢固，使之成为一个整体。

2. 通信设备顶部应与列架上梁可靠加固，设备下部应与不可移动的地面加固，整列机架间应使用连接板连为一体。

3. 机房的承重房柱应采用“包柱”的方式与机房加固件连为一体。

4. 列间撑铁间距应在 2500mm 左右，靠墙的列架应与墙壁加固。

5. 地震多发地区的列架还应考虑与房顶加固。

6. 铺设有活动地板的机房，机架不能加固在活动地板上，应加工与机架截面相符并与地板高度一致的底座，若多个机架并排，底座可做成与机架排列长度相同的尺寸。

7. 抗震支架要求横平竖直，连接牢固。

8. 墙终端一侧，如是玻璃窗户无法加固时，应使用长槽钢跨过窗户进行加固。

9. 加固材料可用 50mm×50mm×5mm 角钢，也可用 5 号槽钢或铝型材，加工机架底座可采用 50mm×75mm×6mm 角钢，其他特殊用途应根据设计图纸要求。

2.1.2.2 通信设备的防雷措施

1. 天馈线避雷

（1）通信局（站）的天线必须安装避雷针，避雷针必须高于天线最高点的金属部分 1m 以上，避雷针与避雷引下线必须良好焊接，引下线应直接与地网线连接。

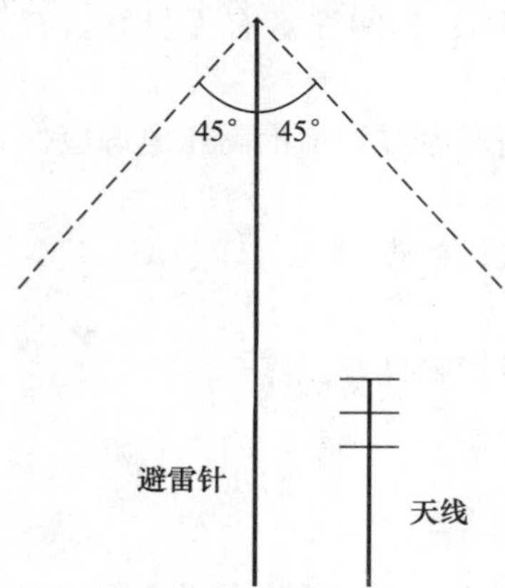

图 2-1 天线防雷保护示意图

（2）天线应该安装在 45°避雷区域内，如图 2-1 所示。

（3）天线馈线金属护套应在顶端及进入机房入口处的外侧作保护接地。

（4）出入站的电缆金属护套，在入站处作保护接地，电缆内芯线在进站处应加装保安器。

（5）在架空避雷线的支柱上严禁悬挂电话线、广播线、电视接收天线及低压架空线等。

（6）通信局（站）建筑物上的航空障碍信号灯、彩灯及其他用电设备的电源线，应采用具有金属护套的电力电缆，或将电源线穿入金属管内布放，其电缆金属护套或金属管道应每隔 10m 就近接地一次。电源芯线在机房入口处应就近对地加装保安器。

2. 供电系统避雷

（1）交流变压器避雷

1）交流供电系统应采用三相五线制供电方式为负载供电。当电力变压器设在站外时，宜在上方架设良导体避雷线。

2）电力变压器高、低压侧均应各装一组避雷器，避雷器应尽量靠近变压器装设。

（2）电力电缆避雷

1）当电力变压器设在站内时，其高压电力线应采用地埋电力电缆进入通信局（站），电力电缆应选用具有金属铠装层的电力电缆或其他护套电缆穿钢管埋地引入通信局（站）。

2）电力电缆金属护套两端应就近接地。在架空电力线路与地埋电力电缆连接处应装设避雷器，避雷器的接地端子、电力电缆金属护层、铁脚等应连在一起就近接地。

3）地埋电力电缆与地埋通信电缆平行或交叉跨越的间距应符合设计要求。严禁采用架空交、直流电力线引出通信局（站）。

4）通信局（站）内的工频低压配电线，宜采用金属暗管穿线的布设方式，其竖直部分应尽可能靠近墙，金属暗管两端及中间应就近接地。

（3）电力设备避雷

1）通信局（站）内交直流配电设备及电源自动倒换控制架，应选用机内有分级防雷措施的产品，即交流屏输入端、自动稳压稳流的控制电路，均应有防雷措施。

2）在市电油机转换屏（或交流稳压器）的输入端、交流配电屏输入端的三根相线及零线应分别对地加装避雷器，在整流器输入端、不间断电源设备输入端、通信用空调输入端均应按上述要求增装避雷器。

3）在直流配电屏输出端应加浪涌吸收装置。

3. 太阳电池、风力发电机组、市电混合供电系统防雷措施

（1）装有太阳电池的机房顶平台，其女儿墙应设避雷带，太阳电池的金属支架应与避雷带至少在两个方向上可靠连通，太阳电池和机房应在避雷针的保护范围内。

（2）太阳电池的输出地线应采用具有金属护套的电缆线，其金属护套在进入机房入口处应就近与房顶上的避雷带焊接连通，芯线应在机房入口处对地就近安装相应电压等级的避雷器。

（3）安装风力发电机组的无人站应安装独立的避雷针，且风力发电机和机房均应处于避雷针的保护范围内。避雷针的引下接地线、风力发电机的竖杆及拉线接地线应焊接在同一联合接地网上。

（4）风力发电机的引下电线应从金属竖杆里面引下，并在机房入口处安装避雷器，防止感应雷进入机房。

（5）通信局（站）的接地方式，应按联合接地的原理设计，即通信设备的工作接地、保护接地、建筑物防雷接地共同合用一组接地体的联合接地方式。

4. 接地系统的检查

（1）接地系统包括室内部分、室外部分及建筑物的地下接地网。

（2）接地系统室外部分包括建筑物接地、天线铁塔接地以及天馈线的接地，其作用是迅速泄放雷电引起的强电流，接地电阻必须符合相关规定。接地线应尽可能直线走线，室外接地排应为镀锡铜排。

（3）为保证接地系统有效，不允许在接地系统中的连接通路设置开关、熔丝类等可断开器件。

（4）埋设于建筑物地基周围和地下的接地网是各种接地的源头，其露出地面的部分称作接地桩，各种接地铜排要经过截面不小于 $90mm^2$ 的铜导线连至接地桩。

（5）接地引入线长度不应超过 30m，采用的材料应为镀锌扁钢，截面积应不小于 40mm×4mm。

（6）室外接地点应采用刷漆、涂抹沥青等防护措施防止腐蚀。

2.1.2.3 通信设备的环境要求

1. 机房温度要求

（1）不同用途的机房，温度要求各不相同。

（2）在正常情况下，机房温度是指在地板上 2.0m 和设备前方 0.4m 处测得的数值。

（3）一类通信机房的温度一般应保持在 10～26℃之间；二类通信机房的温度一般应保持在 10～28℃之间；三类通信机房的温度一般应保持在 10～30℃之间。

2. 机房湿度要求

（1）机房湿度是指在地板上 2.0m 和设备前方 0.4m 处测得的数值，此位置应避开出、回封口。

（2）一类机房的相对湿度一般应保持在 40%～70%之间；二类机房的相对湿度一般应保持在 20%～80%之间（温度≤28℃，不得凝露）；三类机房的相对湿度一般应保持在 20%～85%之间（温度≤30℃，不得凝露）。

3. 机房防尘要求

（1）对于互联网数据中心（IDC 机房），直径大于 0.5μm 的灰尘离子浓度应≤350 粒/升；直径大于 5μm 的灰尘离子浓度应≤3.0 粒/升。

（2）对于一类、二类机房，直径大于 0.5μm 的灰尘离子浓度应≤3500 粒/升；直径大于 5μm 的灰尘离子浓度应≤3.0 粒/升。

（3）对于三类机房和蓄电池室、变配电机房，直径大于 0.5μm 的灰尘离子浓度应≤18000 粒/升；直径大于 5μm 的灰尘离子浓度应≤300 粒/升。

4. 机房抗干扰要求

（1）机房内无线电干扰场强，在频率范围 0.15～1000MHz 时，应≤126dB。

（2）机房内磁场干扰场强应≤800A/m（相当于 10Oe）。

（3）应远离 11 万伏以上超高压变电站、电气化铁道等强电干扰。

（4）应远离工业、科研、医用射频设备干扰。

（5）机房地面可使用防静电地漆布或防静电地板。

5. 机房照明要求

（1）机房应以电气照明为主，应避免阳光直射入机房内和设备表面上。

（2）机房照明一般要求有正常照明、保证照明和事故照明三种。正常照明是指由市电供电的照明系统；保证照明是指由机房内备用电源（油机发电机）供电的照明系统；事故照明是指在正常照明电源中断而备用电源尚未供电时，暂时由蓄电池供电的照明系统。

（3）一类、二类机房及 IDC 机房照明水平面照度最低应满足 500 照度标准值（Lx），水平面照度指距地面 0.75m 处的测定值；三类机房照明水平面照度最低应满足 300 照度标准值（Lx），水平面照度指距地面 0.75m 处的测定值；蓄电池室照明水平面照度最低应满足 200 照度标准值（Lx），水平面照度指地面的测定值；发电机机房和风机、空调机房照明水平面照度最低应满足 200 照度标准值（Lx），水平面照度指地面的测定值。

6. 机房荷载要求

（1）设备安装机房地面荷载大于 6kN/m^2（600kg/m^2）。

（2）总配线架低架（每直列 800 线以下）不小于 8kN/m^2，高架（每直列 1000 线以上）不小于 10kN/m^2。

2.1.3 天馈线系统的安装要求

2.1.3.1 天馈线系统安装前的准备

天馈线系统是移动、微波、卫星等无线传输系统中非常重要的部分，其安装质量的好坏直接影响到通信系统的传输质量，有时甚至会造成重大的通信故障。

1. 所安装的天线、馈线运送到安装现场，应首先检查天线有无损伤，配件是否齐全，然后选择合适的组装地点进行组装。在组装过程中，应禁止天线面着地受力，避免损伤天面。馈源的安装应轻拿轻放，不能受力，使馈源变形。

2. 检查吊装设备，卷扬机、手推绞盘、手搬葫芦等所使用的安装工具必须安全完好，无故障隐患；钢丝绳、棕绳、麻绳等没有锈蚀、磨损、断股等不安全因素。

3. 依据设计核对天线的安装位置、方位角度，确定安装方案，布置安装天线后放尾绳，制定安全措施，划定安装区域，设立警示标志。

4. 检查抱杆和铁塔连接支架的所有螺栓，进行安装前紧固，以防止抱杆不牢固，造成安装测试后引起天线偏离固定位置，造成传输故障。同样，对于移动天线支架、卫星天线支架在安装前，也应仔细检查所有的连接螺栓是否齐全、完好。

5. 风力达到六级时，禁止进行高空作业；风力达到四级时，禁止在铁塔上吊装天线。雷雨天气禁止上塔作业。

2.1.3.2 天线安装要求

1. 基站天线

(1) 基站天线的安装位置及加固方式应符合工程设计要求，安装应稳定、牢固、可靠。

(2) 天线方位角和俯仰角应符合工程设计要求。

(3) 天线的防雷保护接地系统应良好，接地电阻阻值应符合工程设计要求。

(4) 天线应处于避雷针下45°角的保护范围内。

(5) 天线安装间距（含与非本系统天线的间距）应符合工程设计要求，全向天线收、发水平间距应≥3m。在屋顶安装时，全向天线与避雷器之间的水平间距≥2.5m，智能天线水平隔离距离应>2m。

(6) 全向天线离塔体间距应≥1.5m。

2. 微波天线、馈源

(1) 安装方位角及俯仰角应符合工程设计要求，垂直方向和水平方位应留有调整余量。

(2) 安装加固方式应符合设备出厂说明书的技术要求，加固应稳定、牢固，天线与座架（或挂架）间不应有相对摆动。水平支撑杆安装角度应符合工程设计要求，水平面与中心轴线的夹角应≤±25°；垂直面与中心轴线的夹角应≤±5°，加固螺栓必须由上往下穿。

(3) 组装式天线主反射面各分瓣应按设备出厂说明书相应顺序拼装，并使天线主反射面接缝平齐、均匀、光滑。

(4) 主反射器口面的保护罩应按设备出厂说明书技术要求正确安装，各加固点应受力均匀。

(5) 天线馈源加固应符合设备出厂说明书的技术要求。馈源极化方向和波导接口应符合工程设计及馈线走向的要求，加固应合理，不受外加应力的影响。与馈线连接的接口面应清洁干净，电接触良好。

(6) 天线调测要认真细心，严格按照要求操作。当站距在45km以内时，接收场强的实测值与计算值之差允许在1.5dB之内；当站距大于45km时，实测值与计算值之差允许在2dB之内。

3. 卫星地球站天线、馈源

(1) 天线构件外覆层如有脱落应及时修补。

(2) 天线防雷接地体及接地线的电阻值应符合施工图设计要求。

(3) 各种含有转动关节的构件应转动灵活、平滑且无异常声音。

(4) 天线驱动电机应在安装前进行绝缘电阻测试和通电转动试验，确认正常后再行安装。

(5) 馈源安装

1) 馈源安装必须在干燥充气机和充气管路安装完毕，并可以连续供气的条件下才能进行。

2) 馈源安装后应及时密封并充气。充气机的气压和启动间隔要求应符合馈源及充气机说明书规定的条件，以免损坏馈源窗口密封片。充气后应作气闭试验，应无泄漏。

(6) 极化分离器及合路器的安装

1) 安装前检查连接极化器的直波导应无变形，内壁应洁净，无锈斑。

2) 在施工中，严禁任意调整极化分离器及合路器。安装时，应整体与馈源及其他波导器件连接。如限于结构特点必须拆开安装时，应在拆卸前做好标记，重新安装时准确按原标记恢复。

3) 安装过程中严防异物掉进馈源系统，严禁手扶馈源内壁。

4. GPS天线

(1) GPS天线安装方位应符合工程设计要求。

(2) GPS天线应安装在较开阔的位置上，并保持垂直，离开周围金属物体的距离应≥2m。应保证周围遮挡物对天线的遮挡≤30°，天线竖直向上的视角应≥120°。

(3) GPS天线应处在避雷针顶点下倾45°保护范围内。

2.1.3.3 馈线安装要求

1. 移动基站馈线系统和室外光缆

(1) 馈线的规格、型号、路由走向、接地方式等应符合工程设计的要求。馈线进入机房前应有防水弯，防止雨水进入机房。馈线拐弯应圆滑均匀，弯曲半径应大于或等于馈线外径（D）的20倍（软馈线的弯曲半径应大于或等于其外径（D）的10倍），防水弯最低处应低于馈线窗下沿，如图2-2所示。

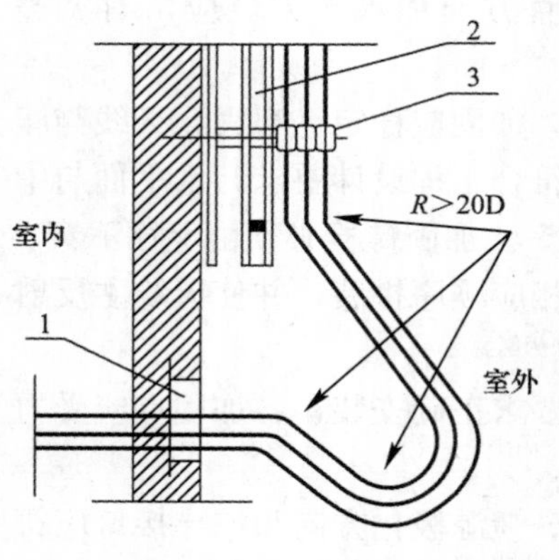

图2-2 防水弯示意图

(2) 馈线衰耗及驻波比应符合工程设计要求。

(3) 馈线与天线连接处、与软跳线连接处应有防雷器；馈线在室外部分的外保护层应接地连接，外保护层的接地位置应在天馈线连接处、馈线引入机房在馈线窗外。

(4) 室外光缆布放应符合设计要求，冗余部分应整齐盘绕，并固定在抱杆上。

(5) 光缆布放时，禁止用力拉拽和弯折，禁止打开光缆接头上的保护盖和触摸纤芯。

(6) 室内设备上方垂直部分应使用尼龙搭扣缠绕，尼龙搭扣间距宜为 10～20cm；室内走线架上应采用扎带绑扎方式。

(7) 室外部分应采用皮线绑扎方式，先松紧适度地沿光缆缠绕 3～5 圈，再将缠绕好的光缆固定在室外走线架每根横档上，皮线绑扎结扣应设置在走线架背面，结扣需修剪整齐。

(8) 光缆从室外进入室内，可独立使用一个馈线孔，入室前应作防水弯。防水弯应与同期进入机房的馈线弯曲一致。

(9) 光缆绑扎应顺直、整齐、美观，无交叉和跨越现象。

(10) 光缆端头插接室外单元设备时，应对齐设备上的卡槽，再轻缓的将端头推入，并将光缆固定。

(11) 光缆两端应安装标识牌，标识牌内容应统一、清晰、明了。标识牌应用扎带挂在正面容易看见的地方，应保持美观、一致。

2. 微波馈线系统

(1) 馈线路由走向、安装加固方式和加固位置等应符合工程设计要求。

(2) 馈线出入机房时，其洞口必须按工程设计要求加固和采取防雨措施；馈线与天线馈源、馈线与设备的连接接口应能自然吻合，馈线不应承受外力。

(3) 馈线安装好后必须按工程设计要求接好地线，并做好防腐处理；馈线系统安装完后应做密封性试验，馈线保气时间应符合设计要求。

(4) 安装的硬波导馈线应横平竖直、稳定、牢固、受力均匀，加固间距为 2m 左右，加固点与软波导、分路系统的间距为 0.2m 左右。同一方向的两条及两条以上的硬波导馈线应互相平行。

(5) 安装的软波导馈线的弯曲半径和扭转角度必须符合产品技术标准要求。安装的椭圆软波导馈线两端椭矩变换处必须用矩形波导卡子加固，以便椭圆软馈线平直地与天线馈源、设备连接，达到自然吻合。椭圆软波导应用专用波导卡子加固，其水平走向的加固间距约为 1m，垂直走向的加固间距约为 1.5m，拐弯处应适当增加加固点。

3. 卫星地球站馈线系统

(1) 同轴电缆及波导馈线的走向、连接顺序及安装加固方式应符合施工图设计要求；馈线应留足余量，以适应天线的转动范围。

(2) 波导馈线连接前应先将其位置调好，使法兰盘自然吻合，先用销钉定位，装好密封橡皮圈，然后再用螺栓连接紧固。加固时，除可略向上托以消除因重力下垂以外，不允许波导馈线在其他方向受力（如向下压或向左右扳）。装好的波导馈线接头的橡皮圈不得扭绞或挤出槽外。当法兰盘不能自行吻合时，禁用螺栓强行拉紧合拢，以免波导管受附加应力而损伤。

(3) 同轴电缆馈线转弯的曲率半径应不小于电缆直径的 12 倍，LDF4-50 欧姆同轴电缆转弯的曲率半径应不小于 125mm；室外同轴电缆接头应有保护套，并用硅密封剂密封。

(4) 波导馈线和低损耗射频电缆外导体在天线附近和机房入口处应与接地体作良好的电气连接。

(5) 矩形波导馈线自身应平直，其走向应与设备边缘及走线架平行。

(6) 椭圆软波导转弯时，长、短轴方向的曲率半径均应符合馈线设计要求，扭转角不得大于馈线设计允许值。

2.1.3.4 塔放系统和室外单元

1. 塔顶放大器和室外单元的安装位置和加固方式应符合工程设计要求。

2. 塔顶放大器和室外单元的各种缆线宜分层排列，避免交叉，余留的缆线应整齐盘放并固定好。

3. 塔顶放大器和室外单元与馈线、天线之间应匹配良好，做好可靠连接后，接头处应做防水、防雷处理。

4. 连接到塔顶放大器和室外单元的室外光缆接头（航空头），必须按照接头上的卡槽固定好位置，并按要求做好防水处理。

5. 电源线从室内防雷箱布放至天面室外防雷箱，路由应符合设计要求，并绑扎在走线架横档上。

6. 室内部分用扎带扎固的，应采用下面平行上面交叉方式，扎带头朝向应一致，扎带松紧应适度。

7. 室外部分可用皮线绑扎，先用皮线将电源线缠绕 3～5 圈（圈数保持一致），然后绑扎在室外走线架横档上，每档均应做绑扎。皮线结扣应留在走线架背面，结扣需修剪整齐。

8. 电源线

(1) 电源线必须整根布放，绑扎应整齐美观，无交叉和跨越现象。

(2) 电源线在进入机房前应做防水弯。

(3) 电源线室外部分应做防雷接地，接地线一端铜鼻子与室外走线架或接地排应可靠连接，另一端接地卡子卡在开剥外皮的电源线外隔离层铜网上，应保持接触牢靠并做防水处理，电缆和接地线应保持夹角≤15°；接地线方向应指向接地点方向，并保持没有直角弯和回弯。电源线长度在 10m 以内时，需两点接地，两点分别在靠近天线处和靠近馈线窗处；电源线长度在 10～60m 以内时，需三点接地，三点分别在靠近天线处、馈线中部和靠近馈线窗处；电源线长度超过 60m，每增加 20m，应增加一处接地。

(4) 电源线应绑扎标牌，标牌内容应统一、清晰、明了。

(5) 制作电源线终端头时，开剥长度一致，且不应伤及芯线，连入接线端子处不得露铜。

2.2 传输和交换系统的测试

2.2.1 传输系统的测试

传输系统测试包括传输设备（网元级）的性能测试和传输设备系统（系统级）的性能测试。传输系统测试是检验传输设备网络性能好坏的一个重要手段。

2.2.1.1 传输设备网元级测试

1. SDH 设备测试

(1) 平均发送光功率：是指发送机耦合到光纤的伪随机数据序列的平均功率在 S 参考点上的测试值。测试所用仪表主要有图案发生器、光功率计，其中图案发生器不是必需仪表，仅当一些设备需要在输入口送信号，输出口才能发光时选用。

测试连接图及 S 参考点定义如图 2-3 所示。

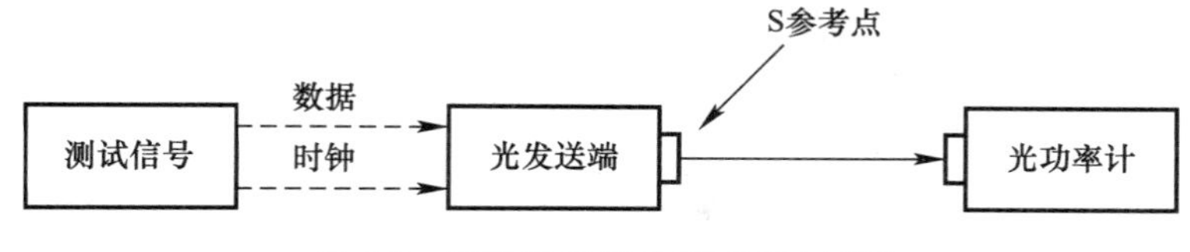

图 2-3 平均发送光功率测试连接图

（2）发送信号波形（眼图）：发送信号波形是以发送眼图模框的形式规定了发送机的光脉冲形状特征，包括上升、下降时间，脉冲过冲及震荡。测试所用仪表主要有通信信号分析仪（高速示波器），测试连接图如图 2-4 所示。

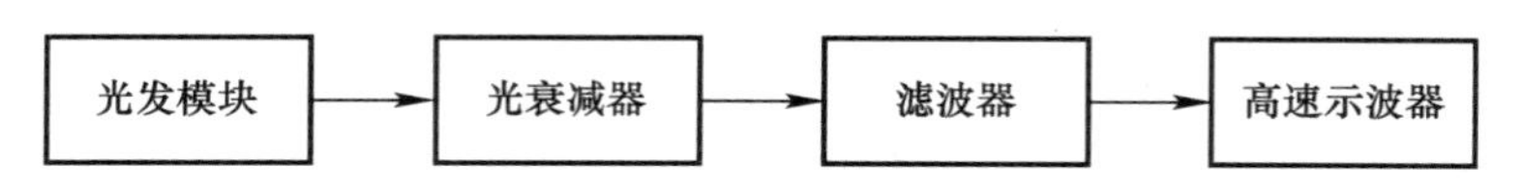

图 2-4 光发送信号眼图测试配置图

（3）光接收机灵敏度和最小过载光功率：指输入信号处在 1550nm 区，误码率达到 10^{-12}时设备输入端口处的平均接收光功率的最小值和最大值。测试所用仪表有 SDH 传输分析仪（包括图案发生器、误码检测仪）、可变衰耗器及光功率计，测试连接如图 2-5 所示。

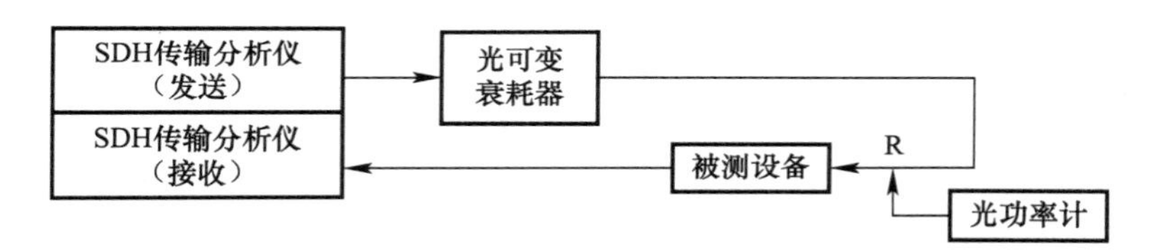

图 2-5 光接收机灵敏度和最小过载光功率测试连接图

（4）抖动测试

抖动（定时抖动的简称）定义为数字信号的特定时刻（如最佳抽样时刻）相对其理想参考时间位置的短时间偏离。抖动测试主要仪表有 SDH 分析仪（含抖动模块），主要测试项目如下：

1）输入抖动容限及频偏：是指 SDH 设备接口输出端在不产生误码的情况下，允许输入端信号携带抖动（或频率偏离）的最大极限值。

2）输出抖动：也称固有抖动，是指 SDH 设备的支路和群路端口，在输入端正常无人为抖动和频偏输入的情况下，输出端所产生的最大抖动。

3）SDH 设备的映射抖动和结合抖动：映射抖动是指由于 SDH 设备解复用侧支路映射而在 PDH 支路输出口产生的抖动；结合抖动是指 SDH 设备解复用侧由于支路映射和指针调整结合作用而在 PDH 支路输出口产生的抖动。

4）再生器抖动转移特性：指设备输出信号的抖动与所加输入信号的抖动之比依抖动频率变化的关系。一般用抖动传递函数来表示。

抖动测试连接图如图 2-6 所示。

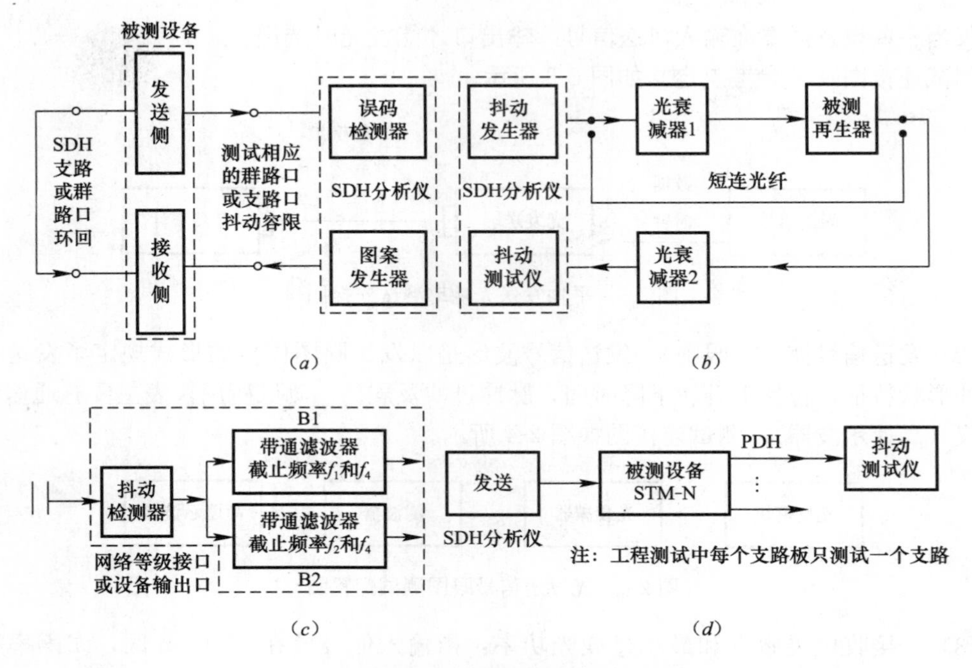

图 2-6 抖动测试连接图

(*a*) 抖动容限测试连接图；(*b*) 抖动转移特性测试连接图；(*c*) 网络接口输出抖动测试；(*d*) 映射抖动和结合抖动测试连接图

2. 波分复用设备测试

(1) 波长转换器（OTU）测试

波长转换器（OTU）测试项目如下，与 SDH 设备测试项目基本一致的，在此不再叙述，仅列项目。

1）平均发送光功率。

2）发送信号波形（眼图）。

3）光接收机灵敏度和最小过载光功率。

4）输入抖动容限。

5）抖动转移特性。

6）中心频率与偏离：是指在参考点 Sn，发射机发出的光信号的实际中心频率，该值应当符合 ITU-T 在 G. 692 建议中的标称值。设备工作的实际中心频率与标称值的偏差称为中心频率偏离，一般该值不应超出系统选用信道间隔的±10%。测试主要仪表为多波长计或光谱分析仪，测试连接图如图 2-7 所示。

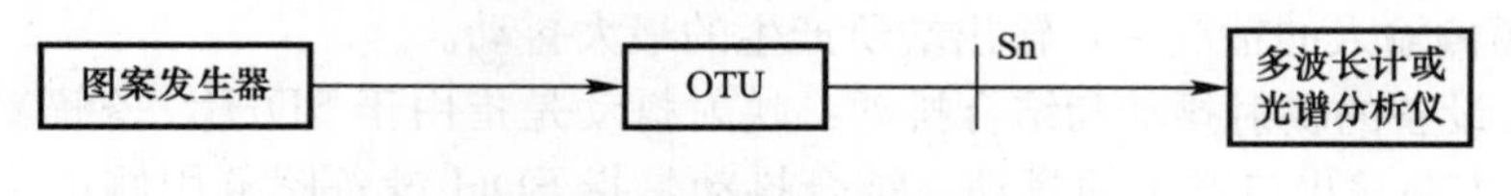

图 2-7 中心频率测试连接图

7）最小边模抑制比：指在最坏的发射条件时，全调制下主纵模的平均光功率与最显著边模的光功率之比。测试主要仪表为光谱分析仪。

8）最大-20dB 带宽：指在相对最大峰值功率跌落 20dB 时的最大光谱宽度。测试主要仪表为光谱分析仪。

（2）合波器（OMU）

主要测试仪表有可调激光器光源、偏振控制器、光功率计，主要测试项目如下：

1）插入损耗及偏差：是指穿过 OMU 器件的某一特定光通道所引起的功率损耗，插入损耗偏差则是插入损耗测试值与插入损耗平均值之差的绝对值。

2）极化相关损耗：指的是对于所有的极化状态，在合波器的输入波长范围内，由于极化状态的改变造成的插入损耗的最大变化值。

合波器测试连接图如图 2-8 所示。

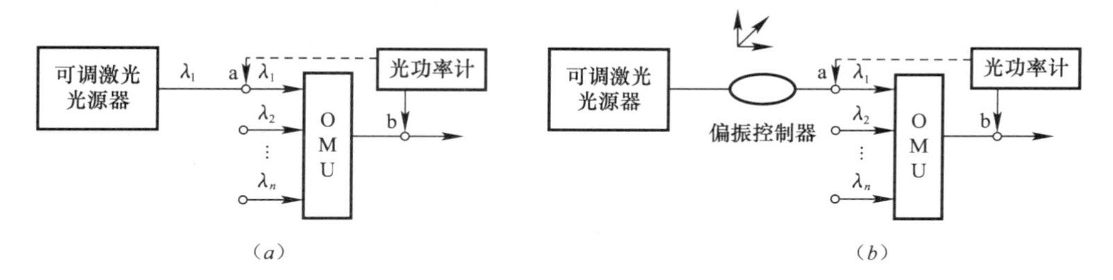

图 2-8　合波器测试连接图

（a）合波器插入损耗测试连接图；（b）极化相关损耗测试连接图

（3）分波器（ODU）

主要测试仪表有可调激光器光源、偏振控制器、光功率计和光谱分析仪，主要测试项目如下：

1）插入损耗及偏差：插入损耗是指穿过 ODU 器件的某一特定光通道所引起的功率损耗，插入损耗偏差则是插入损耗测试值与插入损耗平均值之差的绝对值。测试连接图如图 2-8（a）所示。

2）极化相关损耗：指的是对于所有的极化状态，在分波器的输入波长范围内，由于极化状态的改变而造成的插入损耗的最大变化值。测试连接图如图 2-8（b）所示。

3）信道隔离度：分波器中，每个输出端口对应一个特定的标称波长 λ_j（j=1、2……n），从第 i 路输出端口测得的该路标称信号的功率 P_i（λ_i），与第 j 路输出端口测得的串扰信号λ_i（$j \neq i$）的功率 P_j（λ_i）之间的比值，定义为第 j 路对第 i 路的隔离度，用 dB 表示为 10lg（P_i/P_j）。测试连接图如图 2-9 所示。

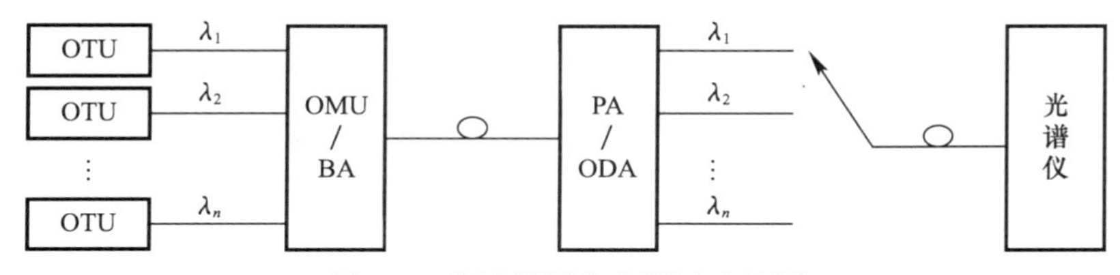

图 2-9　分波器隔离度测试连接图

4）中心波长与偏差：当需要进行高精度的测试时，可使用多波长计代替光谱分析仪进行测量。

（4）光纤放大器（OA）测试

主要测试仪表有光谱分析仪和光功率计，主要测试项目如下：

1）输入光功率范围：是指当光纤放大器的输出信号光功率在规定的输出功率范围内，并使其性能能够保障时，光纤放大器输入信号光功率所在光功率范围。

2）输出光功率范围：是指当光纤放大器的输入信号光功率在规定的输出功率范围内，并使其性能能够保障时，光纤放大器输出信号光功率所在光功率范围。

3）噪声系数：是指光信号在进行放大的过程中，由于放大器的自发辐射（ASE）等原因引起的光信噪比的劣化值，用 dB 度量。计算公式为：

噪声系数（dB）＝输入光信号的信噪比（dB）－输出光信号的信噪比（dB）

4）光监测信道（OSC）的光功率、工作波长及偏差。

2.2.1.2　传输设备系统级测试

传输设备系统级测试主要包括系统性能指标测试和系统功能验证两部分。具体测试项目如下：

（1）系统误码测试：包括 SDH、PDH 各速率接口的数字通道误码测试，DWDM 光通道误码测试。测试主要仪表有 SDH 分析仪（包括图案发生器、误码检测器）。测试连接图如图 2-10 所示。

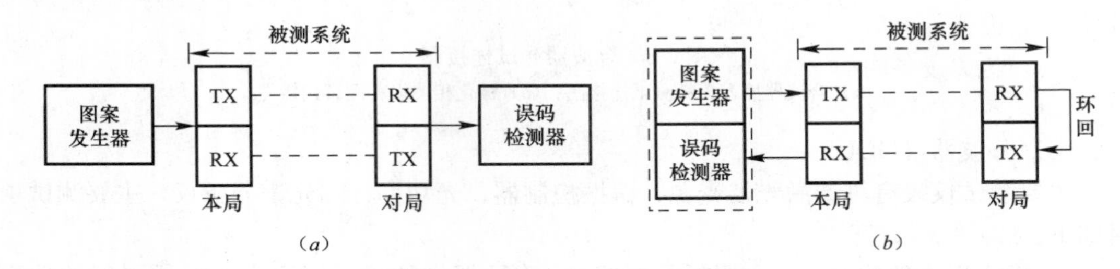

图 2-10　误码测试连接图

（a）单向测试；（b）环回测试

（2）系统输出抖动测试：包括 OTU 和 SDH、PDH 各速率接口的输出抖动（无输入抖动时的输出抖动）。测试连接图如图 2-11 所示。

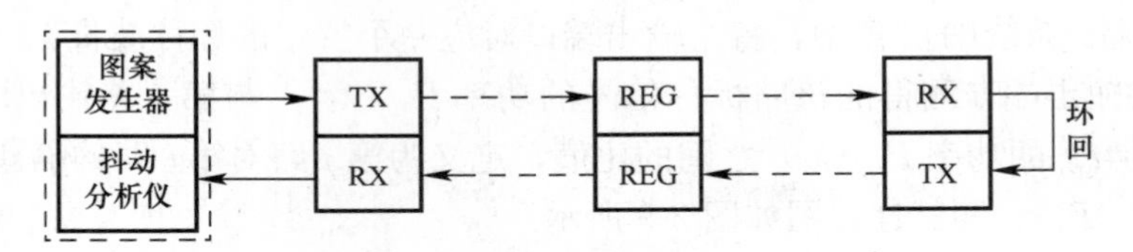

图 2-11　系统输出抖动性能测试

（3）DWDM 光信噪比测试。主要测试仪表有光谱分析仪。

（4）SDH 系统复用段和通道保护倒换业务中断时间测试。

（5）设备冗余保护功能验证。

（6）交叉连接设备功能验证：是指交叉连接设备的功能、容量、交叉连接响应时间等功能项目的验证。

（7）网管功能验证：按照设备采购合同中的条款，逐项检查网管系统对网元的管理能力和对整个系统的管理能力，故障处理和报告功能等。验证方法：主要通过网管提供的各项测试手段来进行验证。

2.2.2 交换系统的测试

2.2.2.1 交换机硬件测试

1. 加电测试前的检查内容

（1）交换机架、配线架应从接地汇集排引入保护接地。

（2）列架、机架及各种配线架应接地良好，接地导线截面积应符合设计要求。

（3）程控交换设备的标称直流工作电压应为－48V，直流电压允许变化范围为－57～－40V。

（4）各机架标识应齐全正确；各种电路板数量、规格、接线及机架的安装位置应与施工图设计文件相符；各机架所有的熔丝规格应符合要求，各功能单元电源开关应处于关闭状态；设备的各种选择开关应置于初始位置；设备内部的电源布线、接线处应牢固、正确，无接地现象；设备的供电电源线、地线规格应符合设计要求，接线端应牢固、正确。

2. 硬件检查测试

（1）各硬件设备的检查测试应按厂家提供的操作程序进行操作。

（2）应逐级对设备进行加电。加电时，应保证保险螺口旋转到位，空气开关应放置正确位置。设备加电后，所有机架的输出电压均应符合规定。

（3）相关设备内的风扇装置应运转良好。

（4）各种外围终端设备应齐全，接线及自测应正常。

（5）交换机的各级可闻、可见告警信号装置应工作正常、告警准确。

（6）交换系统配置的时钟同步装置应安装正确，接口应符合设计要求。各级交换中心配备的时钟等级和性能参数应符合设计要求。

（7）联机计费系统、交换集中监控系统应连接正确。

（8）装入测试程序，通过人机命令，对设备进行测试检查，确保硬件系统无故障，并提供相应的测试报告。

2.2.2.2 系统检查测试

交换系统的系统检查测试项目主要包括：系统的建立功能、系统的交换功能、系统的维护管理功能、系统的信号方式及网络支撑。

1. 系统的建立功能测试项目包括系统初始化、系统程序、交换数据自动/人工再装入、系统自动/人工再启动。

2. 系统的交换功能测试项目包括市话本局及出、入局（包括移动局）呼叫，市话汇接呼叫，与各种用户交换机的来去话呼叫，国内、国际长途来、去（转）话呼叫（人工、半自动、全自动），市一长、长一市局间中继电路呼叫及局间指定呼叫，计费功能，检查计费数据符合计费要求、观察计费准确率，非话业务，特种业务呼叫，新业务性能，对于SSP应测试智能网功能以及ISDN、ADSL功能。

3. 系统的维护管理功能测试项目包括软件版本是否符合合同规定，人机命令核实，告警系统测试，话务观察和统计，例行测试，中继线和用户线的人工测试，用户数据、局数据生成规范化检查和管理，故障诊断，冗余设备的自动倒换，输入、输出设备性能测试。

4. 系统的信号方式及网络支撑测试项目包括用户信号方式（模拟、数字），局间信令方式（随路、共路），系统的网同步功能，系统的网管功能。

2.2.2.3 工程初验测试项目

工程初验测试项目主要有：可靠性测试、障碍率测试、性能测试、局间信令与中继测试、接通率测试、维护管理和故障诊断、数字网的同步与连接、传输指标测试。

1. 可靠性测试包括分群设备的可靠性、分散设备的可靠性、处理机再启动指标、初验测试期间软件测试故障、长时间通话测试。

2. 障碍率测试包括对本局、局间环测、长途、特服、新业务号的呼叫测试，测试障碍率可采用模拟呼叫法，并可用服务观察的抽样统计进行核对，然后统计得出障碍率。

3. 性能测试

交换系统的基本性能测试项目主要有：市话呼叫测试；国内、国际长途呼叫测试；特种业务和录音通知测试；非话业务测试。

（1）市话呼叫测试内容包括：本局呼叫、出、入局呼叫、汇接中继呼叫、释放控制性能、各种用户小交换机来去话呼叫、用户新业务性能、集中用户交换机功能呼叫和市话计费差错率，对关口局及有特殊要求的端局还应测试详单计费、中继线计费、黑白名单及鉴权等功能。

（2）国内、国际长途呼叫测试内容包括：自动和半自动呼叫、国内和国际长途去话呼叫、长途自动转接以及长话计费性能测试。

（3）特种业务和录音通知包括：在用户电路上，接入用户传真机进行文字传真；在用户电路上，接入调制解调器，传送速率为 2400bit/s 的数据，比特差错率（误码率）不大于 1×10^{-5}；在 ISDN 的用户电路上，按 2B+D 的方式，接入语音和数据多个终端，对 ISDN 功能进行测试；作为传输终端，应不被其他呼叫插入或中断。

4. 局间信令与中继测试

（1）局间信令测试

各级数字程控交换机与各种交换机之间所采用的局间信令或接口配合方式应符合《固定电话交换设备安装工程设计规范》YD 5076—2005 的有关规定。各种局间信令或接口配合的有关测试检查项目、指标以及测试方法等，宜与厂家共同协商制定测试方案。No. 7 信令网是个独立的网络，其验收测试程序应单独制订方案。

（2）中继测试

在验收过程中，应对中继电路进行呼叫测试。

1）市话中继测试的内容应包括位间超时、拨号中弃、久叫不应、中继忙、被叫应答、一方先挂释放、呼叫空号等项目。

2）市话、长市、长途电路测试均应按路由（直达、迂回或最终路由）、信令方式（数字、模拟）、电路群（卫星、光缆、微波等），分别对指定号码进行呼叫测试，测试应包括来话和去话。

3）长市中继测试的内容应包括长途全自动和半自动来（去）话等项各种正常及不正常接续。

5. 接通率测试

（1）局内接通率测试

用模拟呼叫器进行大话务量呼叫，至少将 60 个主叫和 60 个被叫，集中接入系统的数个用户级上，使其在接近满负荷状况下进行模拟运行，呼叫总数为 10 万次，统计局内接通率；同时通过服务观察2万次的呼叫记录，统计局内接通率，两者的指标应达到99.96%以上。

（2）局间接通率测试

在话务清闲时，用人工呼叫方法或使用模拟中继呼叫器对每个直达出入局的指定测试号码各呼叫200次。数字局间接通率应达到98%以上。

上述对局内、局间接通率的测试方法和指标，也适用于对长途交换系统的局内接通率测试和长途电路接通率测试。

6. 维护管理和故障诊断测试

（1）人机命令进行测试；

（2）告警系统及其功能测试；

（3）话务统计、话务观察；

（4）局数据表的检查和修改；

（5）用例行测试的各种命令对用户线和用户电路、中继线和中继电路、公用设备、信号链路、交换网络进行定时、延时测试；

（6）验证系统控制台和测量台的维护管理功能；

（7）故障处理和诊断；

（8）系统建立和应急启动功能测试；

（9）验证系统的人机命令记录、事件报告记录及通行字功能。

7. 数字网的同步与连接测试内容

各级程控交换系统设备所配备的时钟等级和时钟性能参数必须与相关的国家标准和规定相符合；交换设备所配备的时钟必须按有关部门批准的同步网规划实施同步连接，以便通过输入同步定时链路直接或间接跟踪于国家一级基准时钟PRC或区域基准时钟LPR；各级交换设备至少应接收两路同步定时信号（一主一备），其信号传输要尽量选取不同的物理路由或不同的传输系统。严禁从低级局（或可能形成定时环回的同级局）来的数字链路上获取同步定时信号，以免同步系统发生混乱；检查验证同步定时链路连接正确，跟踪基准时钟性能良好。

8. 传输指标测试

程控交换机的传输指标应符合相关规定要求。传输指标测试也可在设备出厂前在工厂进行，并由厂家提供测试合格记录。

2.3 移动通信系统的测试和优化

2.3.1 移动通信系统的测试内容

2.3.1.1 移动通信基站设备的测试

1. 基站侧的本机测试

（1）基站站点参数表

基站站点参数表主要是基站工程参数表，在基站本机测试时需要对基站的站点参数表进行采集及核对，保证各个参数的真实有效，以便后期对基站的正常工作及基站维护、网络优化提供基本保障。

基站工程参数表包含基站的工程参数信息，包括站名、站号、配置、基站经纬度、天线高度、天线增益、天线半功率角、天线方位角、俯仰角、基站类型等。这些参数大部分在网络设计、规划阶段已经确定，这时需要对这些数据核实检查，保证参数与实际情况相一致。对于一些由于特殊情况进行调整过的参数，应进行修改登记，确保基站工程参数表内容为当前实际最新参数。

（2）基站测试

基站测试应包含基站基带部分测试、基站本机单板测试和基站天馈线部分测试三部分。

1）基站基带部分测试包含基站发射机测试与接收机测试

基站发射机测试需要对发射频率偏差、相位误差、载波功率电平、功率/时间包络图、调制频谱及杂散辐射电平进行测试。

基站接收机测试需对参考灵敏度、同频干扰保护比及临频干扰保护比进行测试。

设备在出厂时，大部分参数已经进行了测试。但由于在运输、安装中的颠簸及在运行过程中产生的老化现象，基站射频部分应重新进行检测、功率校准及线性调整。

目前大部分基站的定标发射功率为20W，基站射频部分功率过小，会严重影响基站的覆盖范围；而功率过大，会由于无线上下行链路的不平衡造成基站覆盖范围与有效使用范围不一致。

应定期对基站发射机与接收机部分检查，避免由于功率偏移造成基站覆盖范围变化。

2）基站本机单板测试包括按照各个基站设备厂家要求所进行的基站各个板件的调测与数据的检查。

为防止基站设备老化等原因引起的发射指标下降而造成电磁环境恶化，消除无线电干扰隐患，应定期对基站设备进行测试，并通过调测及时发现出现故障或有故障隐患的板件，避免对网络带来危害。

3）基站天馈线部分测试包括天馈线驻波比（*VSWR*）测试及天馈线系统的增益计算。

在移动通信中，驻波比表示馈线与天线的阻抗匹配情况。在不匹配时，发射机发射的电波将有一部分反射回来，在馈线中产生反射波。反射波到达发射机最终变为热量消耗掉，接收时也会因为不匹配造成接收信号不好。驻波比太高时，除了将部分功率损耗为热能，减少效率，减少基站的覆盖范围，严重时还会对基站发射机及接收机造成严重影响。天馈线驻波比的测试应按照要求使用驻波比测试仪，要求驻波比小于等于1.5。

$$VSWR=\frac{\sqrt{\text{发射功率}}+\sqrt{\text{反射功率}}}{\sqrt{\text{发射功率}}-\sqrt{\text{反射功率}}}$$

由于各个基站的馈线长度不同、馈线型号及天线型号有可能不同，应计算各个基站天馈线系统的增益，并依据此式计算和调整各个基站基带射频的发射功率，保证各个基站的天线输出功率保持一致，保证基站的覆盖范围，为后期的网络优化提供保障。

基站测试工作应是一个长期的工作。基站设备在运行和使用过程中会出现很多难以避免的情况，因此，定期的基站测试工作是保证网络质量的有力保障。

2. 交换侧的测试

交换侧的测试应包含交换系统功能检验与交换子系统设备性能指标测量。

（1）交换系统功能检验包含以下13项内容：

1）系统建立功能：包括系统初始化、系统自动/人工再装入及系统自动/人工再启动。

2）系统信号方式：包括No.7信号方式的检测、随路信号方式的检测及No.7信号与随路信号的配合检测。

3）基本业务处理功能：拨打各种业务类别电话。

4）补充业务功能：包括呼叫转接类、呼叫限制类、号码识别类及呼叫完成类补充业务。

5）短消息与语音信箱业务。

6）传真。

7）承载业务。

8）移动性管理功能：包括位置更新、切换功能。

9）安全管理功能：包括鉴权功能、HLR/EIR中的鉴权维护功能与MSC/VLR中的鉴权维护功能。

10）计费功能：包括基本计费、立即计费、实时计费、计费差错率与计费文件处理。

11）维护管理功能：包括人机命令、数据管理、系统告警、系统实时控制、诊断及再启动、设备主、备倒换及服务观察。

12）话务统计功能：包含呼叫次数及话务量统计、平均占用时间统计、话务拥塞统计、服务质量统计与移动性能统计（切换统计、位置登记统计、鉴权统计）。

13）系统网络管理：包括网络状态监视、VLR监测、HLP/AUC监测、数据接口、接受并执行指令及故障报告。

（2）移动交换子系统设备性能指标测量

1）接通率：在开局前应用模拟呼叫器和人工拨打进行大话务测试，包括对局内和局间（移动局和本地局）接通率的测试。局内接通率应达到99.96%，局间接通率应达到98%。

2）局间中继测试：正常通话、久叫不应、中继忙、呼叫空号等性能应良好。

3）同步检验：时钟基本功能、同步设备倒换（自动或人工）功能及时钟频率偏移应符合工程设计要求。

4）2Mbit接口参数。

2.3.1.2 移动通信设备的网络测试

移动通信设备的网络测试主要是针对网络性能进行验证测试，测试内容包含网络性能统计测量、路侧和拨打测试三项工作。网络性能验证测试可以为网络优化提供参考，可以及时发现和解决网络中存在的问题，为提高网络质量、提高服务质量提供保障。

1. 网络性能统计测量

网络性能测量是指通过网络操作管理中心（OMC）对关系到网络性能质量相关的统计指标进行统计测量，借以反映整个网络的性能。常用的重要指标包含话务掉话比、网络负荷、掉话率、话务量、切换成功率、坏小区比例、拥塞率、系统接通率等。

通过对网络性能的统计测量，可以更好地掌握目前的网络现状，建立切合网络现状的话务模型，可以有针对性地开展下一步的具体优化工作，对以后的网络扩容及网络规划有一定的指导性意义。

2. 路测（DT）

路测（Driver Test）是借助测试软件、测试手机、GPS、电子地图及测试车辆等工具沿特定路线进行无线网络参数和语音质量测定的测试形式。通过收集在移动过程中移动台呼叫及通话过程中的信令消息，借此反映当前移动过程中的网络覆盖、信号质量、接通率等一系列问题。路测得到的数据借助后台软件分析，对网络进行评估和分析查找问题，并通过优化来进行处理。

3. 拨打测试（CQT）

CQT 测试是在测试区域选择多个测试点，在每个点进行一定数量的呼叫，通过呼叫接通情况及测试者对通话质量的评估，分析网络运行质量和存在的问题。CQT 能够比较客观地反映网络的状况。选点原则：大型城市宜选 50 个测试点，中型城市宜选 30 个测试点，小型城市选 20 个测试点。测试点应按照地理、话务、楼宇功能等因素综合考虑，均匀分布。市区内应选择机场（或火车站、码头等交通枢纽）、商业娱乐中心、宾馆以及高话务密度地区 10 个室内测试点。选点时，应结合客户服务中心记录用户对网络质量的投诉情况，城市已投入使用的最高层建筑、最大商业中心等多层建筑也应列入选点范围。

2.3.2 移动通信系统的网络优化要求

2.3.2.1 网络优化的概念

移动通信的网络优化就是对正式投入运行的网络进行参数采集、数据分析，找出影响网络运行质量的原因，并通过对网络进行参数和资源调整和采取某些技术手段，使得网络达到更佳运行状态、现有网络资源获得最佳效益，同时还要对网络今后的维护及规划建设提出合理建议。移动通信网络的特点决定了网络覆盖、容量、质量三者之间的矛盾，网络优化的方法之一就是平衡这三者之间的矛盾，网络优化的过程实际上就是一个平衡的过程。网络优化是一个长期的过程，贯穿于网络发展的始终，它随着对用户服务的不断升级而不断深入。

2.3.2.2 网络优化的分类

1. 从网络的结构方面来划分，移动通信的网络优化可分为无线网络优化和交换网络优化两个方面：

无线网络优化主要指与空中接口部分相关的设备和设备相关参数的优化。由于无线电波传播受障碍物的阻碍及城市规划和建设的变化，影响最初网络设计时无线覆盖模型，所以，必须根据无线环境优化无线设备，以达到网络覆盖的要求。这个过程主要是对基站子系统无线资源参数及小区参数进行微调。

交换网络的优化涉及调整交换侧的容量和参数两项内容。在网络优化过程中，应根据新的网络的承载情况对其重新做出调整。

2. 从网络的建设和维护的时间顺序方面来划分，移动通信优化可分为网络新建后的工程优化和运行维护中的专业网络优化两类。

网络建设过程中的突出矛盾就是覆盖和质量的问题。由于无线环境覆盖不足，出现部分区域无信号或信号较弱，导致呼叫困难、掉话、语音质量差，所以满足覆盖是工程优化中的重要方面。在优化时，需要优化调整覆盖的方向和覆盖的深度，以适应用户的需求。

随着网络的成熟，覆盖问题得到解决，但用户不断地增加，网络表现为容量和质量之间的矛盾突出。运行维护中，需要专业的优化队伍对网络的资源和相关参数再次平衡，消除矛盾。

2.3.2.3 网络优化步骤

1. 网络数据收集

网络数据的收集工作包括：收集网络的整体运行性能指标和数据、了解优化区域的地形分布、分析客户的话务模型分布、清楚基站站点位置分布、收集天馈线资料、规划小区频率、配置硬件资源及交换资源等，另外还要收集手机用户投诉并结合手机用户的感知情况，正确做出资源和参数的建议和整改方案。

2. 优化工具准备

优化工作开始前，必须做好准备工作，确保优化工作中必需的硬件及软件的正常使用。一般从硬件和软件两个方面进行准备工作。

(1) 网络优化所需硬件包括：适当数量的笔记本电脑、路测使用的车辆及装备、路测使用的仪表及相关电源等外设、测试所用的手机及相关电源和外设、天线调整工具（如扳手、电调天线专用工具等）、安全工具（如安全带、安全帽等）。

(2) 网络优化所需软件包括：前台路测专用软件、后台路测分析软件、地图专用软件、网络基站的地理位置信息及基站的硬件资料等、信令仪及相关跟踪分析软件、远端及近端登陆 OMCR 或 OMP 的软件、网络运行指标数据的提取即话务统计及分析专用软件、其他如个人自编的相关的软件等工具。

3. 网络话务统计分析

通过对话务统计，罗列出系统中一项或多项指标差的基站和相关系统的主要参数，通过对其进行分析，找出不合理的设置，重新对其进行设置并验证，使指标趋于合理。

4. 路测（DT）及室内 CQT 测试，测试数据分析

通过路测和 CQT 测试，了解真实的无线环境，并按照设计覆盖的区域进行调整。通过路测，可以判断无线小区实际覆盖的范围，观察信令接续流程，检查邻区关系及切换参数，验证天馈系统实际的安装情况，全面了解网络状态。通过路测和 CQT 测试，可以发现问题，解决问题，提高网络运行质量。

路测（DT）时，应使用车辆、仪器仪表及测试手机，对网络的测试数据进行测试记录。测试内容包括所测地域的信号覆盖范围、接收信号场强分布、切换区域及切换点、掉话点、语音质量、误帧率或误码率等。

CQT 主要是对室内或某个测试点进行一定数量的呼叫，通过分析所记录的数据来评估通话质量以及特殊地点的切换方式，解决网络中存在的点的方面的问题，以解决客户投诉。

5. 参数修改及结果验证

通过整合话务统计及路测的分析结果，提出系统参数调整方案。调整方案应包括邻区关系调整、小区覆盖范围调整、基站的发射功率和天线高度、下倾角及方位角调整、频率规划或 PN 码规划、小区话务分担等内容。调整方案须经建设单位同意后方可实施。

调整方案实施后，要迅速重新进行话务指标统计跟踪，及时对比指标的变化情况，同时需要对无线环境进行路测验证。可能需要反复调整和测试，才可能达到预期的目标。

2.3.2.4 网络优化的内容与性能指标

系统的参数调整内容很多。从 NSS 侧来看，主要应提高交换的效率，适当增加交换

容量和调整中继数量；从 BSS 侧来看，主要包含基站或天线的位置、方位角或下倾角、增加信道数、小区参数等。

从移动终端感知来讲，网络指标主要包括掉话率、呼叫建立成功率、语音质量、上下行速率等。

网络优化应主要从掉话、无线接通率、切换、干扰等四个方面来进行分析。

1. 掉话分析

掉话分析主要是通过话务统计分析，找出掉话的原因是属于无线的掉话，还是系统内部参数的设置不当引起系统内部处理失败的系统掉话。分析时，可以通过了解参数设置如切换参数、切换门限等找出掉话的原因，有时还需要根据用户反映，进行路测和 CQT 呼叫质量测试等手段的配合，通过分析信号场强、信号干扰、参数设置找出掉话原因。

2. 无线接通率分析

影响接通率的主要因素是业务信道和控制信道的拥塞，以及业务信道分配中的失败。解决办法是进行话务的均衡和话务分担，或者增加该站的容量资源。话务不均衡的原因表现在基站天线挂高、俯仰角和发射功率设置不合理，小区过覆盖、超远覆盖或由于地形原因及建筑物原因造成覆盖不足。这些都影响手机的正常起呼和被叫应答。另外，小区参数设置不合理也会对无线接通率产生影响。

3. 切换分析

严格意义上来讲，切换同邻区列表关系紧密。分析时，应首先检查定义的邻区关系的准确程度，接下来需要检查目标小区是否由于硬件问题、拥塞或传输及交换故障导致无法指派；同时，还需要检查无线环境是否可能导致干扰，使得切换的信令不畅，手机无法占用系统所分配的信道；另外，还需检查是否与切换参数和相邻小区参数的定义有关。

4. 干扰分析

无线信道的干扰是无线通信环境的大敌。GSM 是干扰受限系统，干扰会增加误码率，降低语音质量。严重超过门限的，还会导致掉话。一般规定误码率应在 3%以内，大于 10%将无法正常解码还原声音。GSM 对载波干扰设置门限，同频道载干比应≥9dB，邻频道载干比应≥－9dB。CDMA 和 TD-SCDMA 是自干扰系统，具有较强的抗多径干扰和抗窄带干扰的能力。对于 CDMA 和 TD-SCDMA 系统，干扰会降低系统的容量，很强的多径干扰和窄带干扰会严重影响网络的指标。WCDMA 也是干扰受限系统，网络的质量与容量与背景噪声有关。对于上述干扰，可以通过话务统计分析、用户反映及采用扫频仪等实际路测跟踪来排查。

2.4 通信电源施工技术

2.4.1 电源施工安装工艺和技术要求

2.4.1.1 配电设备的安装

各种电源设备的规格、数量应符合工程设计要求，并应有出厂检验合格证、入网许可证。

配电设备的安装位置应符合工程设计图纸的规定，其偏差应不大于 10mm。柜式设备机架安装时，应用 4 只 M10～M12 的膨胀螺栓与地面加固，机架顶部应与走线架上梁加固。

设备工作地线要安装牢固，防雷地线与机架保护地线安装应符合工程设计要求。

设备安装必须按抗震要求加固。

2.4.1.2　电池架的安装

电池架的材质、规格、尺寸、承重应满足安装蓄电池的要求，电池架排列位置应符合设计图纸规定。电池铁架安装后，各个组装螺丝及漆面脱落处都应补喷防腐漆。铁架与地面加固处的膨胀螺栓要事先进行防腐处理。

蓄电池架应按要求采取抗震措施加固。

2.4.1.3　蓄电池安装

所安装电池的型号、规格、数量应符合工程设计规定，并有出厂检验合格证及入网许可证。

电池各列要排放整齐。前后位置、间距适当。电池单体应保持垂直与水平，底部四角应均匀着力，如不平整，应用油毡垫实。安装固定型铅酸蓄电池时，电池标志、比重计、温度计应排在外侧（维护侧）。安装阀控式密封铅酸蓄电池时，应用万用表检查电池端电压和极性，保证极性正确连接。

安装蓄电池组时，应根据馈电母线（汇流条）走向确定蓄电池正、负极的出线位置。

酸性蓄电池不得与碱性蓄电池安装在同一电池室内。

2.4.1.4　太阳电池组装方式

太阳电池组装方式有平板式和聚光式两种，目前通信电源系统主要采用的是平板式。这种太阳电池方阵是由若干个太阳电池子阵组成，并且是固定安装，能按季节调整向日角度。它采用了透射力强的玻璃（95%以上的透射力）作为罩面。

1. 太阳电池的基础建筑要求

太阳电池方阵架的基础、位置、尺寸、强度应符合设计要求。太阳电池基础宜布置在机房屋顶或室外地面上，周围应无树木、遮挡物。电池输出线进入室内控制架的预埋穿线孔管应符合设计和施工要求。

2. 太阳电池方阵安装

太阳电池方阵采光面应按设计规定方向进行安装。多列方阵之间应有足够空间。太阳电池支架所用金属材料必须经过防锈处理。

太阳电池支架四周维护走道净宽应不少于800mm，电池板组之间距离应不少于300mm，电池板块之间不少于50mm。太阳电池支架的仰角应能人工或自动调整。

太阳电池支架应有良好的接地和防雷装置。

3. 太阳电池板安装

太阳电池极板之间的电源连线以及进入室内太阳电池组合电源架的太阳电池组输出线应采用具有金属护套的电缆线，应布放整齐，走向合理，其金属护套在进入机房入口处前应就近接地，并且芯线应安装相应电压等级的避雷器。

太阳电池极板安装完毕后，在天气晴朗或正常情况下，检查开路电压、短路电流应符合设计规定或产品说明书要求。

2.4.1.5　柴油发电机组安装

1. 发电机组安装

机组安装应稳固，地脚螺栓应采用“二次灌浆”预埋，预埋位置应准确，螺栓规格宜为 M18～M20，外露一致，一般露出螺母 3～5 丝扣。

机组与底座之间要按设计要求加装减振装置。安装在减振器上的机组底座，其基础应采用防滑铁件定位措施。

对于重量较轻的机组，基础可用 4 个防滑铁件进行加固定位。对于 2500kg 以上的机组，在机器底盘与基础之间，须加装金属或非金属材料的抗震器减振。

油机的油泵、油箱、水泵、水箱安装应牢固平直。油箱、水箱要按设计要求安装在指定位置，燃油管路安装应平直，无漏油、渗油现象。

应按要求对柴油发电机的机组采取抗震加固措施。

2. 排烟管路安装

排烟管路应平直、弯头少，管路短。烟管水平伸向室外时，靠近机器侧应高于外伸侧，其坡度应在 0.5%左右，离地高度一般应不少于 2.5m。排烟管的水平外伸口应安装丝网护罩，垂直伸出口的顶端应安装伞形防雨帽。

3. 其他管路的安装

输油管路安装时，油泵与油管连接处应采用软管连接。在正常油压下不应有漏油、渗油现象。

冷却水管路安装时，要平直、牢固、倾斜度应不大于 0.2%，且与流向一致。在正常压力下，不应有漏水、渗水现象。

风冷柴油机进风管和排风管的安装应平直，高度应符合要求。吊挂要牢固，接头处应垫石棉线或石棉垫，不得漏气。同时还应装有防尘等装置。

埋于地下的钢管应采取防腐措施，穿越其他设备及建筑物基础时应加以保护。

4. 管路涂漆

管路安装完毕，经检验合格后应涂一层防锈底漆和 2～3 层面漆。管路喷涂油漆颜色应符合下列规定：

气管：天蓝色或白色；

水管：进水管浅蓝色，出水管深蓝色；

油管：机油管黄色，燃油管棕红色；

排气管：银粉色。

在管路分支处和管路的明显部位应标红色的流向箭头。

2.4.1.6　风力发电系统的安装

通信电源系统采用的风力发电机组的额定发电功率多数为 1kW 级至 10kW 级，主要安装用拉索固定的柱式或桁架式风力机。通信用小型风力发电机组安装之前，应该做好各种必要的准备工作。

1. 塔架基础

塔架基础包括拉索、地锚和基础。塔架基础的类型和规模由将要安装的风力发电机组的尺寸和高度来确定，应符合设计要求。需要混凝土基础的，该项土建工程必须在安装机组开始前 21 天完成。较小的风力发电机组不需要特殊的基础结构，但为了保证合适的拉索拉力，不同的土壤条件需要不同的地锚设计，安装时应该严格按照设计施工。

安装地锚时，应使地锚的指向与风力机立柱成 45°角，并与地面保持 100～200mm 距离。

2. 装配塔架

装配塔架应按照塔架或机组制造商提供的说明书进行；应使用高强度构件，所有构件均需做防腐处理；如果需要将电源线放置在塔架内，应在塔架装配的同时进行布线；对提升塔架用的拉索要做好标记。

3. 竖立塔架

在不带机舱的情况下竖立塔架，在竖立塔架的过程中，要保证所有的线缆和地锚都是安全的，提升过程要稳定，并注意系好和调整好每根拉索的张力。

4. 安装风力发电机组

风力发电机组主要由轮毂、叶片、发电机、尾翼等部分组成。安装步骤及要求如下：

（1）电气连接。塔架中的电气线路通常经由一组汇流排连接到机舱，通常情况下，汇流排安装在风力机的回转体上。连接电气线路前，首先应核对各种电路的连线端子，然后为发电机回路和控制线路作标记。完成电气连接后，继续进行塔架里的布线，以确保在把风力机装上塔架过程中电路的安全性。

（2）安装主机座。如果机舱与塔架之间设有主机座，应先将主机座安放在塔架顶端。安装时，须注意主机座与塔架中心对准，并旋紧固定螺栓以防止机舱振动。

（3）装配机头。按照说明书和图纸要求将轮毂、发电机和尾舵等组件、部件装配到一起。

（4）进行塔架内布线和测试。在安装风力机叶片之前应完成控制器的接线，这样可以通过手动方式让交流发电机旋转，以测试交流发电机的相序或直流发电的极性。在发电机、控制器和整流器处都需标出电源线的相序或正负极，以备检查。

（5）安装风力机叶片。使轮毂朝上，开始安装叶片。注意测量各叶片间的角度和叶间距离，尽量减少安装误差，确保各叶片的节距和角度完全相等。任何微小的误差都会给机组带来振动和噪声。

（6）按照说明书和设计要求安装整流罩，并将尾舵固定在尾翼杆上。

（7）安装尾翼。按照说明书和设计要求，将尾翼安装在机舱后部。许多风力机使用尾翼作为偏航的方法。在连接回转轴承时要特别小心，对轴承的任何损坏都可能使风力机在遇到高风速时因无法收拢尾舵而限速。

5. 竖立塔架

竖立塔架是最后一个工序。操作步骤如下：

（1）防止涡轮机转子旋转。在提升过程中应注意防止机组叶片转动。

（2）将牵引侧的拉索移至地锚。注意保护好每个钢缆和钢缆夹，在移动时保持每条钢缆上的张力。

（3）保持塔架水平，检验塔架是否在所有方向上都是垂直的。对拉索张力做最后的调整，以确保塔架垂直度。

（4）收紧拉索。

（5）应在 2～3 个星期内检查拉索张力情况，并按照要求进行调整。

2.4.1.7 馈电母线安装和电源线、信号线布放

1. 馈电母线安装

母线安装位置应符合工程设计规定，安装牢固，保持垂直与水平，每米偏差应不大于5mm。穿过墙洞两侧的母线应分别用支撑绝缘子与墙体两侧加固。母线在上线柜内安装时，应有支撑绝缘子与上线柜固定，母线在走线架上安装时，应有支撑绝缘子与走线架固定。

母线在槽道中必须平行、水平安装，靠近设备侧为正极，靠近走道侧为负极。母线在走线架连固铁上必须上下水平安装，下端为正极，上端为负极。

在有抗震要求的地区，母线与蓄电池输出端必须采用“软母线”连接条进行连接。穿过同层房屋抗震缝的母线两侧，也必须采用“软母线”连接条连接。“软母线”连接条两侧的母线应与对应的墙壁用绝缘支撑架固定。

2. 布放电源和信号线

布放电源线必须是整条线料，外皮完整，中间严禁有接头和急弯。沿地槽布放电源线时，电缆不宜直接与地面接触，可用橡胶垫垫底。

电源线穿越上、下楼层或水平穿墙时，应余留“S”弯，孔洞应加装口框保护，完工后应用阻燃和绝缘板材料盖封洞口，其颜色应与地面或墙面基本一致。电源线弯曲半径应符合规定。铠装电力电缆的弯曲半径不得小于外径的 12 倍，塑包线和胶皮电缆不得小于其外径的 6 倍。

3. 室外电缆的敷设

室外直埋电缆敷设深度应根据工程设计而定。无规定时，一般深度为 600～800mm。遇有障碍物时或穿越道路时应敷设穿线钢管或塑料管保护。

4. 电源线穿越钢管（塑料管）应符合下列要求：

钢管管径、壁厚、位置应符合施工设计图纸要求，管内应清洁、平滑。电源线穿越后，管口两端应密封。非同一级电压的电力电缆不得穿在同一管孔内。

2.4.1.8 接地装置安装

1. 接地装置的安装

新建局站的接地应采用联合接地方式。接地装置的位置、接地体的埋深及尺寸应符合施工图设计规定。接地体埋深上端距地面不应小于 0.7m，在寒冷地区应在冻土层以下。

接地装置所用材料的材质、规格、型号、数量、重量等应符合工程设计规定。在地下不得采用裸铝导体作为接地体或接地引入线。这主要是因为裸铝易腐蚀，使用寿命短。

2. 安装接地引入线

接地引入线的长度不宜超过 30m，其材料为热镀锌扁钢或圆钢，截面不宜小于 40mm×4mm。接地体和接地体连接线连接处必须焊接牢固，对于所有接地装置的焊接点都要进行防腐处理。

敷设的接地引入线在与公路、铁路、管道等交叉及其他可能使接地引入线遭受损伤处，均应穿管加以保护。在有化学腐蚀的地方还应采取防腐措施。裸露在地面以上的部分，应有防止机械损伤的措施。

3. 接地汇集装置安装

接地汇集装置的安装位置应符合设计规定，安装应端正，并应与接地引入线连接牢固，设置明显的标志。

2.4.2 电源系统加电检验和电池充放电要求

2.4.2.1 设备通电前的检验

设备通电前，应保证布线和接线正确，无碰地、短路、开路和假焊等情况；机内各种插件应连接正确；机架保护地线连接可靠；设备开关、闸刀转换灵活、松紧适度、灭弧装置完好，熔断器容量和规格符合设计要求；机内布线及设备非电子器件对地绝缘电阻应符合技术指标规定，无规定时，应不小于 2MΩ/500V。

2.4.2.2 交流配电设备通电检验

交流配电设备通电检验内容包括：交流配电设备的避雷器件应符合技术指标要求。能自动（或人工）接通、转换“市电”和“油机”电源，并发出声、光告警信号。“市电”停电时能自动接通事故照明电路。“市电”恢复供电时应能自动（或人工）切断事故照明电路。输入、输出电压、电流测试值应符合指标要求。事故、“市电”停电、过压、欠压、缺相等自动保护电路应能准确动作并能发出声、光告警信号。本地和远地监控接口性能应正常。

2.4.2.3 直流配电设备通电检验

直流配电设备通电检验内容包括：输入、输出电压、电流测试值应符合指标要求。可接入两组蓄电池，“浮—均”充电转换性能应符合指标要求。过压、过流保护电路和输出端浪涌吸收装置功能应符合指标要求，电压过高、过低、熔断器熔断等声、光告警电路应工作正常。配电设备内部电压降应符合指标要求（屏内放电回路压降应不大于 0.5V）。

2.4.2.4 直流—直流变换设备通电测试检验

直流—直流变换设备通电测试检验内容包括：变换器输入、输出电压、电流、稳压精度、输出杂音电平应满足技术指标要求；应有限流性能：限流整定值可在 105%～110%输出电流额定值之间调整；变换器事故、过压、开路、欠流、过流或短路等保护电路应动作可靠，告警电路工作正常。

2.4.2.5 逆变设备通电测试检验

逆变设备通电测试检验内容包括：输入直流电压、输出交流电压、稳压精度、谐波含量、频率精度、杂音电流应符合技术指标要求；市电与逆变器输出的转换时间应符合技术指标要求；输入电压过高、过低、输出过压、欠压、过流、短路等保护电路动作应可靠，声、光告警电路工作正常。

2.4.2.6 开关整流设备通电测试检验

1. 整流模块工作参数设置和检验

通电前应检查交流引入线、输出线、信号线、机柜内配线连接应正确，所有螺丝不得松动，输入、输出应无短路。绝缘电阻应符合要求。接通交流电源，检查三相电压值应符合要求，观察通电后模块显示器信号、指示灯是否正常。按照技术说明书的要求，应对整流模块的工作参数进行设置和检验，检验的内容包括：输入交流电压、电流；输出直流电压、电流；输出限流、均流特性，自动稳压及精度浮充、均充电压和自动转换；输出杂音电平等。

2. 监控模块告警门限参数设置和检验

监控模块告警门限参数设置和检验的内容包括：交流输入过压、欠压、缺相告警；直流输出过压、欠压、输出过流、欠流告警；蓄电池欠压告警；蓄电池充电过流告警；负载过流告警；输出开、短路告警；模块熔丝告警。另外，自动保护电路应动作准确，声、光告警电路应工作正常。

3. 其他性能的检查

发电机组供电时应工作稳定，不振荡。浮充/均充方式应能自动转换，输出应能自动稳压、稳流。

同型号整流设备应能多台并联工作，并具有按比例均分负载的性能，其不平衡度不应大于5％输出额定电流值。

功率因数、效率和设备噪声应满足技术指标要求。

应能提供满足“三遥”性能要求的本地和远地监控功能接口。

2.4.2.7　太阳能电源控制架和太阳电池检验

1. 交流配电单元

交流配电单元的检查内容包括：市电防雷装置应良好；当市电停电时，应能自动转换接通油机供电开关，并发出警示信号；交流输入、输出电压应符合出厂说明书要求。

2. 直流配电单元

直流配电单元的检查内容包括：直流供电回路，电压降不得大于500mV（从蓄电池熔断器输入端到负载熔断器输出端）；太阳电池方阵各组输入应能根据太阳电池能量大小自动接入或部分撤除；能自动为蓄电池浮、均充电；太阳电池能量不足时，蓄电池应能自动接入，为负载供电；太阳电池及蓄电池能量不足时，应能发出信号，启动“市电”或“油机”供电系统供电及浮、均充电。

3. 整流模块

整流模块的检查内容包括：输入电压、电流；输出电压、电流，浮、均充可调范围；限流；过压、过流、欠流指示；输出杂音；按“菜单”键和“确认”键，进行各种参数设置；经检测电气性能应符合技术指标要求。

4. 系统监控器

系统监控器的检查内容包括：当母线电压低于54V时，太阳电池方阵应能逐组加入，直至54V停止；当母线电压高于56.6V时，太阳电池方阵应能自动逐组撤除，直至56.6V；当母线电压低于49.8V或蓄电池累计放出总量5％～10％时，应能自动启动“油机”或“市电”，使整流模块输出浮充电压，直到充满为止；当母线电压低于48V，或蓄电池累计输出容量10％～20％时，应能使整流模块输出均充电压，直到充满为止。

2.4.2.8　发电机组试机

发电机组试机应做试机前的检查空载试验、带载试验，监控开通后应能实现油机的自动启动、停机、自动调整输出电压、频率及故障显示、油位显示。

2.4.2.9　蓄电池的充放电

1. 固定型铅酸蓄电池初充电

充电前应检查蓄电池单体电压、温度、极性与设计要求相符，无错极，无电压过低现象。充电前必须把油机启动与“市电”自动转换调整好。初充电期间（24h内）不得停电。如遇停电，必须立即启动发电机供电。新装蓄电池应按照产品说明书规定的方法进行充电，充电电压应符合规定要求。

2. 蓄电池放电试验

放电测试应在电池初充电完毕，静置1h后进行。放电用负载应安全可靠，易于调整。放电时应注意电流表指示，逐步调整负载，使其达到所需的放电电流值。初放电应符合出产出厂技术说明书的规定。无规定时，铅酸蓄电池以10小时率放电，放电3h后，即可用电压降法测试电池内阻。电池内阻应满足下面计算公式的要求：

$$R_{内} = (E - U_{放}) / I_{放}$$

式中 E——电池组开路电压；

$U_{放}$——放电时端电压；

$I_{放}$——放电电流。

放电至终了电压的快慢叫放电率。普通放电率一般都用时间表示，其中多数用 10 小时率作为正常的放电率。

3. 放电的要求

为了防止放电过量，初次放电的终了电压及电解液比重应符合产品说明书的要求。

放电容量应大于或等于额定容量的 70%，放电 3h 后的电池内阻应符合技术要求。放电完毕，在 3h 内应以 10 小时率进行二次充电，直至电流、比重和电压 5～8h 稳定不变，极板极剧烈地冒泡为止。

4. 阀控式密封铅酸蓄电池的充放电特性

阀控式密封铅酸蓄电池在使用前应检查各单体的开路电压，若低于 2.13V 或储存期已达到 3～6 个月，则应运用恒压限流法进行充电，充电电流应限制在 0.1～0.3C（C 为电池容量），或按说明书要求进行。充电电压宜取 2.35V/单体，充电终期电压宜为 2.23～2.25V/单体，若连续 3h 电压不变，则认为电池组已充足。初次放电应以出厂技术说明书规定进行，放出额定容量的 30%～40%，应立即进行补充电。

2.5 通信线路施工技术

2.5.1 线路工程施工通用技术

2.5.1.1 光（电）缆线路路由复测

1. 光（电）缆线路路由复测的主要任务

光（电）缆线路路由复测的主要任务包括：根据设计核定光（电）缆（或硅芯管）的路由走向及敷设方式、敷设位置、环境条件及配套设施（包括中继站站址）的安装地点；核定和丈量各种敷设方式的地面距离，核定光（电）缆穿越铁路、公路、河流、湖泊及大型水渠、地下管线以及其他障碍物的具体位置及技术措施；核定三防（防雷、防白蚁、防腐）地段的长度、措施及实施的可能性；核定沟坎保护的地点和数量；核定管道光（电）缆占用管孔位置；根据环境条件，初步确定接头位置；为光（电）缆的配盘、光（电）缆分屯及敷设提供必要的数据资料；修改、补充施工图。

2. 路由复测的原则

复测时应严格按照批准的施工图设计进行；如遇特殊情况或由于现场条件发生变化等其他原因，必须变更施工图设计选定的路由方案或需要进行较大范围（500m 以上范围）变动时，应与设计、建设（或监理）单位协商确定，并按建设程序办理变更手续；市区内光（电）缆埋设路由及在规划线内穿越公路、铁路位置如发生变动时，应报当地相关部门审批后确定。光（电）缆线路与其他建筑设施间的间距应符合《通信线路工程验收规范》YD 5121—2010 规定。

3. 路由复测的工作内容

路由复测小组由施工单位组织，小组成员由施工、监理、建设（或维护）和设计单位的人员组成。实施过程中完成定线、测距、打标桩、画线、绘图、登记等工作。

绘图时应核实复测的路由与设计施工图有无差异，路由变动部分应按施工图的比例绘出路由位置及路由两侧 50m 以内的地形和主要建筑物；绘出“三防”设施的位置和保护措施、具体长度等。穿越较大的障碍物（铁路、河流及一、二级公路等）时，如位置变更应测绘出新的断面图。

登记工作主要包括沿路由统计各测量点累计长度、局站位置、沿线土质、河流、渠塘、公路、铁路、树林、经济作物、通信设施及其他设施和沟坎加固等的范围、长度和累计数量。同时记录光（电）缆运输、施工车辆进入通路的资料〈障碍分布及沿途交通情况等〉。

2.5.1.2 光缆的单盘检验与配盘

1. 光缆的单盘检验

单盘光（电）缆检验应在光（电）缆运达现场，分屯点后进行。主要进行外观检查和光（电）特性测试。

（1）外观检查：检查光（电）缆盘有无变形，护板有无损伤，各种随盘资料是否齐全。外观检查工作应请供应单位一起进行。开盘后应先检查光（电）缆外表有无损伤；对经过检验的光（电）缆应作记录，并在缆盘上做好标识。

（2）光缆的光电性能检验

光缆的光电特性检验包括光缆长度的复测、光缆单盘损耗测量、光纤后向散射信号曲线观察和光缆护层的绝缘检查等内容。

1）光缆长度复测应 100%抽样，按厂家标明的折射率系数用光时域反射仪（OTDR）测试光纤长度；按厂家标明的扭绞系数计算单盘光缆长度（一般规定光纤出厂长度只允许正偏差，当发现负偏差时应重点测量，以得出光缆的实际长度）。

2）光缆单盘损耗应用后向散射法（OTDR 法）测试。测试时，应加 1～2km 的标准光纤（尾纤），以消除 OTDR 的盲区，并做好记录。

3）光纤后向散射曲线用于观察判断光缆在成缆或运输过程中，光纤是否被压伤、断裂或轻微裂伤，同时还可观查光纤随长度的损耗分布是否均匀，光纤是否存在缺陷。

4）光缆护层的绝缘检查除特殊要求外，施工现场一般不进行测量。但对缆盘的包装以及光缆的外护层要进行目视检查。

2. 光缆配盘

（1）光缆配盘要求精致准确。光缆配盘要在路由复测和单盘检验后，敷设之前进行。配盘应以整个工程统一考虑，以一个中继段为配置单元。靠近局站侧的单盘光缆长度一般不应少于 1km，并应选配光纤参数好的光缆。配盘时应按规定长度预留，避免浪费，且单盘长度应选配合理，尽量做到整盘配置，减少接头。

（2）配盘时应考虑光缆接头点尽量安排在地势平坦、稳固和无水地带。管道光缆接头应尽量避开交通道口；埋式与管道交界处的接头，应安排在人（手）孔内；架空光缆接头尽可能安排在杆旁或杆上。

（3）光缆端别应按顺序配置，一般不得倒置。分支光缆的端别应服从主干光缆的端别。

（4）光缆配盘时，如在中继段内有水线防护要求的特殊类型光缆，应先确定其位置，然后从特殊光缆接头点向两端配光缆。

2.5.1.3 电缆单盘检验与配盘

1. 电缆单盘检验

电缆单盘检验的主要项目有：外观检查、环阻测试、不良线对检验、绝缘电阻检验和电缆气闭性能检验。

2. 电缆配盘

（1）根据制造长度配盘：在一定的地段配设一定长度的电缆，以避免任意截断电缆，避免增加接头，浪费材料。管道电缆配盘前，应仔细测量管道长度（核实及修正设计图纸所标数值），根据实际测量长度进行配盘（全塑电缆严禁在管道中间接头），合理计算电缆在人（手）孔中的迂回长度、电缆接头的重叠长度和接续的操作长度。

（2）根据电缆结构配盘：同一地段应布放同一类型的电缆，并根据自然地势等情况，在必要的地段按设计配置不同结构的电缆（如铠装电缆等）。

2.5.1.4 光（电）缆的曲率半径

1. 光缆敷设安装的最小曲率半径应符合表 2-1 和表 2-2 的规定，其中 D 为光缆外径。

光缆最小弯曲半径标准 **表 2-1**

光缆外护层形式	无外护层或 04 型	53、54、33、34 型	333 型、43 型
静态弯曲	$10D$	$12.5D$	$15D$
动态弯曲	$20D$	$25D$	$30D$

蝶形引入光缆最小曲率半径标准（单位：mm） **表 2-2**

光纤类别	静态（工作时）	动态（安装时）
B1.1 和 B1.3	30	60
B6a	15	30
B6b	10	25

2. 电缆曲率半径必须大于其外径的 15 倍。

2.5.1.5 光（电）缆的敷设

光（电）缆敷设时，应按照 A、B 端敷设；敷设光（电）缆时，应考虑缆的牵引力必须满足设计要求。

2.5.1.6 光（电）缆接续、测试

1. 光缆的接续

（1）光缆接续的内容包括：光纤接续、金属护层和加强芯的处理、接头护套的密封及监测线的安装。光缆接续的一般要求为：光纤接续前应核对光缆端别、光纤纤序，并对端别及光纤纤序作识别标志。固定接头光纤接续应采用熔接法，活动接头光纤连接应采用成品光纤连接器。

（2）光纤接续时，现场应采取 OTDR 监测光纤连接质量，并及时作好光纤接续损耗和光纤长度记录。光纤接头损耗应达到设计规定值。直埋光缆接续前后应测量光缆金属护层的对地绝缘电阻，以确认单盘光缆的外护层是否完好和接头盒安装密封是否良好；光缆加强芯在接头盒内必须固定牢固，金属构件在接头处一般应电气断开。预留在接头盒内的光纤应保证足够的盘绕半径，盘绕曲率半径应≥30mm，并无挤压、松动。带状光缆的光纤带不得有“S”弯。

2. 光缆测试

光缆测试包括单盘光缆测试、光缆接续现场监测及光缆中继段测试。单盘光缆测试在前面已有叙述。

(1) 在实际工程中，光纤连接损耗的现场监测普遍采用OTDR监测法。该方法在精确测量接头损耗的同时，还能测试光纤单位长度的损耗和光纤的长度，观测被接光纤是否出现损伤和断纤。在工程中应推广使用远端环回监测法，光纤接头损耗的评价应以该接头的双向测试的算术平均值为准。

(2) 光缆中继段测试内容包括中继段光纤线路衰减系数及传输长度、光纤通道总衰减、光纤后向散射信号曲线、偏振模色散（PMD）和光缆对地绝缘。

1) 中继段光纤线路衰减系数（dB/km）及传输长度的测试：在完成光缆成端和外部光缆接续后，应采用OTDR测试仪在ODF架上测量。光纤衰减系数应取双向测量的平均值。

2) 光纤通道总衰减：光纤通道总衰减包括光纤线路自身损耗、光纤接头损耗和两端连接器的插入损耗三部分，测试时应使用稳定的光源和光功率计经过连接器测量，可取光纤通道任一方向的总衰减。

3) 光纤后向散射曲线（光纤轴向衰减系数的均匀性）：在光纤成端接续和室外光缆接续全部完成、路面所有动土项目均已完工的前提下，用OTDR测试仪进行测试。光纤后向散射曲线应有良好线形且无明显台阶，接头部位应无异常。

4) 偏振模色散PMD测试：按设计要求测量中继段的PMD。

5) 光缆对地绝缘测试：光缆对地绝缘测试应在直埋光缆接头监测标石引出线测量金属护层的对地绝缘，其指标为10MΩ·km。测量时一般使用高阻计，若测试值较低时应采用500伏兆欧表测量。

3. 电缆的接续与测试

(1) 全塑电缆芯线接续必须采用压接法（扣式接线子压接或模块式接线子压接）。电缆芯线的直接、复接线序必须与设计要求相符，全色谱电缆必须按色谱、色带对应接续。

(2) 电缆测试包括单盘电缆测试和电缆竣工测试。单盘电缆测试的要求已在前面有所叙述。电缆竣工测试内容有：环路电阻、工作电容、屏蔽层电阻、绝缘电阻、接地电阻、近端串音衰耗。所测量的各种阻值均应符合规定要求。

2.5.2 架空线路工程施工技术

架空线路工程是将光（电）缆架设在杆路上的一种光（电）缆敷设方式。它具有投资省、施工周期短的优点，所以在省内干线及本地网工程中仍被广泛地运用。光缆的固定大都采用钢绞线支撑的吊挂方式。

2.5.2.1 立杆

1. 电杆洞深

电杆洞深是根据电杆的类别、现场的土质以及项目所在地的负荷区所决定的。光（电）缆线路工程的电杆洞深应符合《通信线路工程验收规范》YD 5121—2010的相关规定。

2. 杆距

一般情况下，市区杆距为35～40m，郊区杆距为45～50m。光（电）缆线路跨越小河或其他障碍物时，可采用长杆档方式。在轻、中、重负荷区杆距分别超过70m、65m、50m时，应按长杆档标准架设。

3. 立电杆的基本要求

（1）直线线路的电杆位置应在线路路由中心线上。电杆中心与路由中心线的左右偏差不应大于50mm；电杆本身应上下垂直。

（2）角杆应在线路转角点内移。水泥电杆的内移值为100～150mm，木杆内移值为200～300mm。因地形限制或装撑杆的角杆可不内移。

（3）终端杆的杆梢应向拉线侧倾斜100～120mm。

2.5.2.2 拉线

1. 拉线程式的决定因素：拉线程式由杆路的负载、线路负荷、角深的大小、拉线的距高比等因素决定。

2. 拉线的种类：拉线按作用分有角杆拉线、顶头拉线、风暴拉线（四方拉线）和其他作用的拉线；按建筑方式分有落地拉线、高桩拉线、吊板拉线、V形拉线和杆间拉线。

3. 拉线安装的基本要求

（1）拉线地锚坑的洞深，应根据拉线程式和现场土质情况确定，应满足设计要求或《通信线路工程验收规范》YD5121—2010的规定。洞深允许偏差应小于50mm。

（2）标称距高比为1，受地形所限，距高比不得小于0.75，不得大于1.25。

（3）一般地锚出土长度为300～600mm，允许偏差50～100mm；拉线地锚的实际出土点与规定出土点之间的偏移应≤50mm。地锚的出土斜槽应与拉线成直线；拉线地锚应埋设端正，不得偏斜，地锚的拉线盘应与拉线垂直。

（4）拉线的上、中把夹固、缠绕应符合设计或《通信线路工程验收规范》YD 5121—2010的要求。靠近电力设施及热闹市区的拉线，应在距地面垂直距离不小于2m的地方根据设计规定加装绝缘子；人行道上的拉线宜以塑料保护管、竹筒或木桩保护。

2.5.2.3 避雷线及地线

施工时，应按设计或验收规范的要求安装避雷线。在与10kV以上高压输电线交越处，两侧木杆上的避雷线安装应断开50mm间隙。避雷线的地下延伸部分应埋在离地面700mm以下，延伸线的延长部分及接地电阻应符合《通信线路工程验收规范》YD 5121—2010要求。

2.5.2.4 架空吊线

1. 架空吊线程式应符合设计规定。吊线夹板距电杆顶的距离一般情况下应≥500mm，在特殊情况下应≥250mm。同一杆路同侧架设两层吊线时，两层吊线间距应为400mm。

2. 线路与其他设施的最小水平净距、与其他建筑物的最小垂直净距以及交越其他电气设施的最小垂直净距应符合《通信线路工程验收规范》YD 5121—2010要求。

3. 吊线在电杆上的坡度变更大于杆距的20%时，应加装仰角辅助装置或俯角辅助装置。辅助装置的规格应与吊线一致。角深在5～15m的角杆应加装角杆吊线辅助装置。

4. 吊线原始垂度应符合设计或规范要求。在20℃以下安装时，允许偏差不大于标准垂度的10%；在20℃以上安装时，允许偏差不大于标准垂度的5%。

5. 吊线在终端杆及角深大于15m的角杆上，应做终结；相邻杆档电缆吊线负荷不等或在负荷较大的线路终端杆前一根电杆应按设计要求做泄力杆，吊线在泄力杆应做辅助终结。

2.5.2.5　架空光（电）缆敷设

1. 应根据光（电）缆外径选用挂钩程式。挂钩的搭扣方向应一致，托板不得脱落。

2. 光（电）缆挂钩的间距为500mm，允许偏差±30mm。光（电）缆在电杆两侧的第一只挂钩应各距电杆250mm，允许偏差±20mm。

3. 架空光（电）缆敷设后应自然平直，并保持不受拉力、无扭转、无机械损伤状态。

4. 光（电）缆在电杆上应按设计或相关验收规范标准做弯曲处理，伸缩弯在电杆的两侧的挂钩间下垂200mm。

5. 架空电缆接头应在近杆处，200对及以下电缆接头距电杆应为600mm，200对以上电缆接头距电杆应为800mm，允许偏差均为±50mm。

2.5.2.6　架空光（电）缆的保护

光（电）缆线路与强电线路平行、交越或与地下电气设备平行、交越时，其隔距应符合设计要求；光（电）缆线路进入交接设备时，可与交接设备共用一条地线，接地电阻应满足设计要求。若强电线路对光（电）缆线路的感应纵电动势以及对电缆和含铜芯线的光缆线路干扰影响超过允许值时，应采取防护措施。光（电）缆线路在郊区、空旷地区或雷击区敷设时，应按设计规定采取防雷措施。光（电）缆线路每隔2km左右，应将金属屏蔽层与吊线做保护地线。在雷害严重地带敷设架空光（电）缆时，应装设架空地线，分线设备及用户终端应安装保护装置。

2.5.2.7　敷设墙壁光（电）缆

墙壁光（电）缆离地面高度应≥3m，跨越街坊、院内通路等应采用钢绞线吊挂，其缆线最低点距地面净距应符合《通信线路工程验收规范》YD 5121—2010规定；墙壁光（电）缆与其他管线设施的最小间距应符合《通信线路工程验收规范》YD 5121—2010规定；吊线式墙壁光（电）缆的吊线程式应符合设计规定。墙壁上支撑物的间距应为8～10m，终端固定物与第一只中间支撑物之间的距离不应大于5m。终端固定物距墙角应不小于250mm。卡挂式墙壁光（电）缆沿墙壁敷设时，应在光缆上外套塑料管保护，卡钩必须与光（电）缆和保护管外径相配套。卡钩间距应为500mm，允许偏差±30mm，转弯两侧的卡钩距离应为150～250mm，两侧距离必须相等。

2.5.3　直埋线路工程施工技术

2.5.3.1　挖填光（电）缆沟

1. 直埋光（电）缆与其他建筑设施间的最小间距应满足设计要求或验收规范规定。

2. 光（电）缆沟的截面尺寸应符合施工设计图要求，其沟底宽度随光（电）缆数目而变。

3. 光（电）缆埋深应符合设计要求或《通信线路工程验收规范》YD 5121—2010规定。

4. 光缆沟的质量要求为五个字：直、弧、深、平、宽。即以施工单位所画灰线为中心开挖缆沟，光缆线路直线段要直，不得出现蛇行弯；转角点应为圆弧形，不得出现锐角；按土质及地段状况，缆沟应达到设计规定深度；沟底要平坦，不能出现局部梗阻、塌方或深度不够的问题；为了保证附属设施的安装质量，必须按标准保证沟底的宽度。

5. 光（电）缆沟回填土时，应先回填 300mm 厚的碎土或细土，并应人工踏平。石质沟应在敷设前、后，铺 100mm 厚碎土或细土；待安装完其他配套设施（排流线、红砖、盖板等）后，再继续回填土，每回填 300mm 应人工踏平一次；第一次回填时，严禁用铁锹、镐等锐利工具接触光缆，以免损伤光缆；回填土应高出地面 100～150mm；农田内下层多石质的缆沟，其耕作层应回填原土。

2.5.3.2　直埋光（电）缆敷设安装及保护

1. 同沟敷设的光（电）缆不得重叠或交叉，缆间的平行距离应不小于 100mm；布放光（电）缆时应防止缆在地上拖放，特别是丘陵、山区、石质地带，应采取措施防止光（电）缆外护层摩擦破损；应保证光（电）缆全部贴到沟底，不得有背扣；光缆在各类管材中穿放时，管材内径应不小于光缆外径的 1.5 倍。

2. 穿越允许开挖路面的公路或乡村大道时，光缆应采用钢管或塑料管保护；穿越有动土可能的机耕路时，应采用铺红砖或水泥盖板保护；通过村镇等动土可能性较大的地段时，可采用大长塑料管、铺红砖或水泥盖板保护；穿越有疏浚、拓宽规划或挖泥可能的沟渠、水塘时，可采用半硬塑料管保护，并在上方覆盖水泥盖板或水泥砂浆袋。

3. 光（电）缆线路在下列地点应采取保护措施：

（1）高低差在 0.8m 及以上的沟坎处，应设置护坎保护。

（2）穿越或沿靠山涧、溪流等易受水流冲刷的地段，应设置漫水坡、挡土墙。

（3）光（电）缆敷设在坡度大于 20°、坡长大于 30m 的坡地，宜采用“S”形敷设。坡面上的缆沟有受水冲刷可能时，可以设置堵塞加固或分流，一般堵塞间隔为 20m 左右。在坡度大于 30°的地段，堵塞的间隔应为 5～10m；在坡度大于 30°的较长斜坡地段，应敷设铠装缆。

（4）光（电）缆在桥上敷设时，应考虑机械损伤、振动和环境温度的影响，应采用钢管或塑料管等保护措施。

（5）当光（电）缆线路无法避开雷暴严重地域时，应采用消弧线、避雷针、排流线等防雷措施。排流线（防雷线）应布放在光（电）缆上方 300mm 处，双条排流线（防雷线）的线间间隔应为 300～600mm，防雷线的接头应采用重叠焊接方式并作防锈处理。

（6）光（电）缆离电杆拉线较近时，应穿放不小于 20m 的塑料管保护。

2.5.3.3　光（电）缆线路标石的埋设

1. 埋设光（电）缆标石地点：光缆接头处、转弯点、预留处；适于气流法敷设的长途塑料管的开断点及接续点（直埋光缆的接头处应设置监测标石）；穿越障碍物或直线段落较长，利用前后两个标石或其他参照物寻找光缆有困难的地方；敷设防雷排流线、同沟敷设光（电）缆的起止地点；需要埋设标石的其他地点。可以利用固定的标志来标识光缆位置时，可不埋设标石。

2. 标石埋设应符合规范要求；标石的标识格式如图 2-12 所示。

2.5.3.4　光缆线路对地绝缘

1. 直埋光缆线路对地绝缘测试，应在光缆回填 300mm 后和光缆接头盒封装回填后进行。

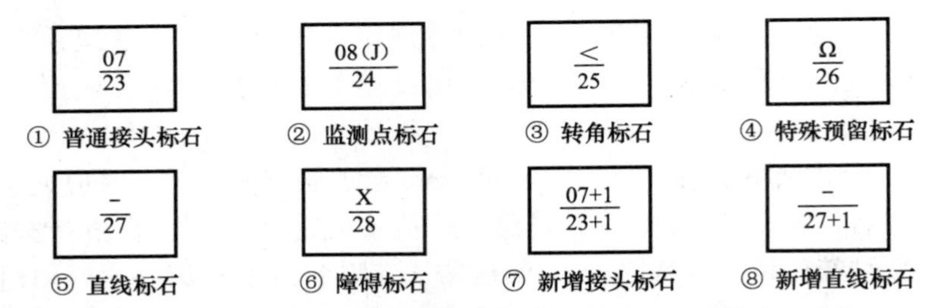

注：1. 编号的分子表示标石的不同类别或同类标石的序号如①、②；分母表示一个中继段内总标石编号。

2. 图⑦、⑧中分子＋1 和分母＋1 表示新增加的接头或直线光缆标石。

图 2-12　标石的标识格式

光缆线路对地绝缘监测装置应与光缆的金属护层、金属加强芯及接头盒进水检测电极相连接。

2. 直埋光缆线路对地绝缘电阻测试，应根据被测试对地绝缘电阻值的范围，按仪表量程确定使用高阻计或兆欧表。选高阻计（500V・DC）测试时，应在 2min 后读数；选用兆欧表（500V・DC）测试时，应在仪表指针稳定后读数。

3. 绝缘电阻的测试，应避免在相对湿度大于 80％的条件下进行。

4. 测试仪表引线的绝缘强度应满足测试要求，且长度不得超过 2m。

5. 对地绝缘监测装置的连接方式应符合设计要求。

6. 埋设后的单盘直埋光缆，金属外护层对地绝缘电阻的竣工验收指标应不低于 10MΩ・km，其中 10％的单盘光缆应不低于 2MΩ。

7. 埋设后的单盘直埋光缆，金属外护层对地绝缘电阻维护指标应不低于 2MΩ。

2.5.4　管道线路工程施工技术

2.5.4.1　管孔选用

合理选用管孔，有利于穿放光（电）缆和维护工作。选用管孔时，总原则是：先下后上，先侧后中，大对数电缆、干线光缆一般应敷设在靠下靠边的管孔。

管孔必须对应使用。同一条光（电）缆所占用的孔位，在各个人（手）孔应尽量保持不变。

2.5.4.2　清刷管道和人（手）孔

清刷管道前，应首先检查设计图纸规定使用的管孔是否空闲，进、出口的状态是否完好；然后用低压聚乙烯塑料穿管（孔）器或预留在管孔中的光缆牵引铁线或电缆牵引钢丝绳加转环、钢丝刷、抹布清刷管孔。对于密封性较高的塑料管道，可采用自动减压式洗管技术，利用气洗方式清刷管孔。

2.5.4.3　子管敷设

1. 在管道的一个管孔内应布放多根塑料子管，每根子管中穿放一条光缆。在孔径 90mm 的管孔内，应一次性敷设三根或三根以上的子管。

2. 子管不得跨人（手）孔敷设，子管在管道内不得有接头，子管内应穿放光缆牵引绳。

3. 子管在人（手）孔内伸出的长度应符合设计或验收规范的要求，《通信线路工程验收规范》YD 5121—2010 规定：子管在人（手）孔内伸出的长度一般为 200～400mm。

4. 子管在人（手）孔内应用子管堵头固定，本期工程已使用的子管应对子管口封堵。

空余子管应用子管塞子封堵。

2.5.4.4 管道光（电）缆敷设

1. 敷设管道光（电）缆时，应在管道进、出口处采取保护措施，避免损伤光（电）缆外护层。

2. 管道光（电）缆在人（手）孔内应紧靠人（手）孔的孔壁，并按设计要求予以固定（用尼龙扎带绑扎在托架上，或用卡固法固定在孔壁上）。光缆在人（手）孔内子管外的部分，应使用波纹塑料软管保护，并予以固定。人（手）孔内的光缆应排列整齐。

3. 光缆接头盒在人（手）孔内，宜安装在常年积水的水位线以上的位置，并采用保护托架或按设计方法承托。

4. 光缆接头处两侧光缆预留的重叠长度应符合设计要求，接续完成后的光缆余长应按设计规定的方法，盘放并固定在人（手）孔内。

5. 光（电）缆和接头在人孔内的排列规则如下：

（1）光（电）缆应在托板或管壁上排列整齐，上、下不得重叠相压，不得互相交叉或从人（手）孔中间直穿；

（2）电缆接头应平直安放在托架中间，并留有今后维护中拆除接头包管的移动位置；

（3）在人（手）孔内，光（电）缆接头距离两侧管道出口处的光（电）缆长度不应小于400mm；

（4）在人（手）孔内，接头不应放在管道进口处的上方或下方，接头和光（电）缆都不应该阻挡空闲管孔，避免影响今后敷设新的光（电）缆。

6. 人（手）孔内的光（电）缆应有醒目的识别标识或标志吊牌。

2.5.5 综合布线工程施工技术

2.5.5.1 施工准备

1. 技术准备

（1）开工前，施工人员首先应熟悉施工图纸，了解设计内容及设计意图，检查工程所采用的设备和材料，掌握图纸所提出的施工要求，明确综合布线工程和主体工程以及其他安装工程的交叉配合方式，以便及早采取措施，确保在施工过程中不破坏建筑物的强度，不破坏建筑物的外观，不与其他工程发生位置冲突。

（2）熟悉和工程有关的其他技术资料，如施工和验收规范、技术规程、质量检验评定标准以及设备、材料厂商提供的资料，即安装使用说明书、产品合格证、试验记录数据等。

2. 工具准备

根据综合布线工程施工范围和施工环境的不同，应准备不同类型和不同品种的施工工具。准备的工具主要有：室外沟槽施工工具，线槽、线管和桥架施工工具，线缆敷设工具，线缆端接工具，线缆测试工具等。

2.5.5.2 金属管与线槽的敷设技术要求

1. 金属管的敷设技术要求

（1）预埋在墙体中间的金属管内径不宜超过50mm，楼板中的管径宜为15～25mm，直线布管30m处应设置暗线盒；敷设在混凝土、水泥里的金属管，其基础应坚实、平整，不应有沉陷，以保证敷设后的线缆安全运行。

(2) 金属管连接时，管孔应对准，接缝应严密，不得有水泥、砂浆渗入，保证敷设线缆时穿放顺利；金属管道应有不小于0.1%的排水坡度。

(3) 建筑群之间金属管的埋设深度应不小于0.7m；人行道下面敷设时，应不小于0.5m；金属管内应安置牵引线或拉线；金属管的两端应有标记，标识建筑物、楼层、房间和长度；管道的埋深宜为0.8～1.2m。

(4) 在穿越人行道、车行道、电车轨道或铁道时，最小埋深应不小于有关标准规定；地下综合布线管道与其他各种管线及建筑物的最小净距应符合相关标准的规定。地下综合布线管道进入建筑物处应采取防水措施。

2. 敷设金属线槽的技术要求

(1) 敷设金属线槽的技术要求

线槽安装位置应符合施工图规定，左右偏差视环境而定，最大不应超过50mm；线槽水平每米偏差不应超过2mm；垂直线槽应与地面保持垂直，并无倾斜现象，垂直度偏差不应超过3mm；线槽节与节之间应使用接头连接板拼接，螺钉应拧紧。两线槽拼接处的水平度偏差不应超过2mm；当直线段桥架超过30m或跨越建筑物时，应有伸缩缝，其连接宜采用伸缩连接板；线槽转弯半径不应小于其槽内的线缆最小允许弯曲半径的最大值；盖板应紧固；支吊架应保持垂直，整齐牢靠，无歪斜现象。

(2) 水平子系统线缆敷设支撑保护

预埋金属线槽支撑保护要求：在建筑物中预埋的线槽可为不同的尺寸，按一层或两层设置，应至少预埋两根，线槽截面高度不宜超过25mm；线槽直埋长度超过15m或在线槽路由交叉、转弯时宜设置拉线盒（接力盒），以便布放线缆到此处的操作；拉线盒盖应能开启，并与地面齐平，并采取防水措施；线槽宜采用金属管引入分线盒内。

设置线槽支撑保护：水平敷设时，支撑间距一般为1.5～3m；垂直敷设时，固定在建筑物构体上的间距宜小于2m。金属线槽敷设时，下列情况应设置支架或吊架：线缆接头处，间距3mm、离开线槽两端口0.5m处，线槽走向改变或转弯处。

(3) 干线子系统线缆敷设支撑保护

线缆不得布放在电梯或管道竖井内；干线通道间应沟通；弱电间里的线缆穿过每层楼板孔洞宜为方形或圆形；建筑群子系统线缆敷设支撑保护应符合设计要求。

2.5.5.3 线缆的布放要求

1. 线缆的布放要求

线缆布放前应核对其规格、程式、路由及位置是否与设计规定相符；布放的线缆应平直，不得产生扭绞、打圈等现象，不应受到外力挤压和损伤；在布放前，线缆两端应贴有标签，标明起始和终端位置以及信息点的标号，标签书写应清晰、端正、正确和牢固；信号电缆、电源线、双绞线缆、光缆及建筑物内其他弱电线缆应分离布放；布放线缆应有冗余，在二级交接间、设备间的双绞电缆预留长度一般应为3～6m，工作区应为0.3～0.6m，有特殊要求的，应按设计要求预留；线缆布放过程中为避免受力和扭曲，应制作合格的牵引端头。如果采用机械牵引，应根据线缆布放环境、牵引的长度、牵引的张力等因素选用集中牵引或分散牵引等方式。

2. 电缆布放中的注意事项

(1) 电缆拉伸不要超过电缆制造商规定的电缆拉伸张力。

（2）应避免电缆过度弯曲。安装后的电缆弯曲半径不得低于电缆直径的 8 倍；对典型的六类电缆，弯曲半径应大于 50mm。

（3）应避免使电缆扎线带过紧而压缩电缆。压力过大会使电缆内部的绞线变形，影响其性能，一般会造成回波损耗处于不合格状态。

（4）应避免电缆打结。

（5）电缆护套剥开长度越小，越有利于保持电缆内部的线对绞距，实现最有效的传输通路。

2.5.5.4 线缆测试

线缆测试内容包括接线图测试、布线链路长度测试、衰减测试、近端串扰测试、衰减串扰比测试、传播时延测试、回波损耗测试等。

2.5.6 气流敷设光缆技术

传统的光缆敷设方式——牵引法敷设光缆的速度慢，且易造成缆线的机械损伤。“高压气流推进法”（简称气吹法）是通过光缆喷射器产生的一个轻微的机械推力和流经光缆表面的高速高压气流，使光缆在塑料管道（通常为高密度 HDPE 硅芯管道）内处于悬浮状态并带动光缆前进，从而减少光缆在管道内的摩擦损伤。

2.5.6.1 硅芯管道的敷设

硅芯管道的敷设及保护措施与直埋光电缆相似，这里不再叙述。这里介绍的内容是敷设硅芯管道与直埋光缆不同的特殊要求。

直线段硅芯管道的路由要顺直，沟底要平坦，不得呈波浪形；沟坎处应平缓过渡，转角处的弯曲半径应符合要求：50/42mm、46/38mm 塑料管的弯曲半径应大于 550mm；40/30mm 塑料管的弯曲半径应大于 500mm。硅芯管道在布放之前，应先将两端口严密封堵，防止水、土及其他杂物进入管内。硅芯管道布放后，应尽快连接密封；对引入人（手）孔的管道应及时进行封堵；多根塑料管道同沟敷设时，排列方式应符合设计规定；塑料管在人（手）孔内余留长度应不小于 400mm，以便于气流敷设光缆时设备与塑料管的连接；塑料管在河、沟、塘水底不得有接头，应整条敷设硅芯管；硅芯管在人（手）孔内，距上覆和孔底的距离不得小于 300mm；距两侧孔壁不得小于 200mm；硅芯管之间的间隔应为 15mm。人（手）孔的建筑地点应选择在地势平坦、地质稳固、地势较高的地方，应避开水塘、公路、沟、水渠、河堤、房基、规划公路、建筑物红线等地点。

2.5.6.2 硅芯管道光缆敷设—气流吹放光缆

1. 气流吹放光缆的原理

气流吹放光缆是一种既安全又有效的光缆敷设方法。光纤吹缆机在敷缆过程中，同时作用在光缆上的有拖拽器的牵引力、压缩空气的吹力和传送带的推力。因此需要空气压缩机来辅助吹缆机工作。

空气压缩机产生压缩空气，通过输气软管送往吹缆机的密闭腔，硅芯管的引出端与吹缆机的密闭腔相通。牵引光缆用的拖拽器连同光缆置于管内，拖拽器周边橡胶与管内壁密封，形成的密闭容器与吹缆机的密闭腔相通。因此压缩空气产生的压力推动拖拽器牵引着光缆在管内前进。空气压缩机持续供气，以保证施加在拖拽器上的力基本恒定，从而保证施加在光缆上的力基本恒定。同时压缩空气向前流动，一方面施加力于光缆上推动光缆前进，另一方面使光缆在管中处于悬浮状态，减少了布放时光缆与子管内壁之间的摩擦，最大限度地保护了光缆。

空气压缩机产生的高压气体，经过连接软管快速送往吹缆机，驱动吹缆机的气压马达，带动上下两根传送带转动，光缆置于上下传送带之间，从而推动光缆前进。

2. 气吹敷缆的技术要点

(1) 气吹设备必须选用适合工程特点的机型，压缩机出气口气压应保持在0.6～1.5MPa，气流量应大于10m³/min，气吹机的液压驱动推进（或气流驱动推进）装置的推进力应符合要求。

(2) 管道在吹缆前应进行保气及导通试验，确认管道无破损漏气或扭伤、无泥土等杂物后方可吹缆。

(3) 吹缆前应将润滑剂加入管内，加入量视管孔内壁光滑程度、管道径路的复杂程度、吹缆的长度、润滑剂的型号等而确定。润滑剂加入量直接关系到吹缆的长度及速度。

(4) 管道路径爬坡度较大的情况下，宜采用活塞气吹头敷设方法，以增加光缆前段的牵引力。

(5) 管道路径比较平坦，但有个别地段的管道弯曲度较大的情况下，宜采用无活塞气吹头敷设方法。

(6) 光缆在吹放过程中应不间断进行清洁处理，防止泥土、水随同光缆进入管内增大摩擦力。

(7) 光缆吹放速度宜控制在60～90m/min之间，不宜超过100m/min，否则施工人员不易操作，容易造成光缆扭伤现象。

(8) 光缆吹放过程中，遇管道故障无法吹进或速度极慢（10m/min以下）时，应先查找故障位置，处理后再进行吹放，以防止损伤光缆或气吹设备。

(9) 吹缆时，管道对端必须设专人防护，并保持通信联络，防止试通棒、气吹头等物吹出伤人。防护人员同时还应做好光缆吹出后的预留盘放工作。

(10) 光缆在吹放、"8"字预留盘放时，应确保安全。其弯曲半径应不小于规定的要求。

(11) 设备操作人员必须按章操作，以确保人身、设备、光缆的安全。

2.5.6.3 气吹微缆技术

气吹微缆是一个全新的光缆网络施工概念，它是一种完整的电信网络体系结构的施工方法，它突破了现有的室外光缆布放技术的局限性。这项新技术是将专门设计的微型子管放入HDPE母管或已有的PVC母管中，然后按需要吹入微缆，中间可以大幅减少接续。此种施工技术适用于室外光缆网络的各个部分。

1. 气吹微缆技术的运用

(1) 在长途网中，先将所需芯数的微管布放到一些硅芯管或其他子管中，以后按需求再次吹入微缆，这样可以保证光纤数量随业务量的增长而增长。

(2) 在接入网中，先将微管进行简单的耦合通路，再根据客户的要求将具有室外缆性能的微缆气吹入微管通路，这样不需接续就可完成分歧。按这种方法，接入网的容量将随需求数量和需求地点而变化，大大增加网络的灵活性。

2. 气吹微缆的优点

(1) 更快的吹缆速度。

（2）使用范围广，适用于室外光缆网络的各个部分（长途网、接入网）。

（3）灵活的大楼布线和线路分歧。

（4）光缆接头少，可以在任何地方、任何时候改变光缆通道。

（5）可以在不开挖的基础上随时对现有的管道进行扩容。

（6）新的敷缆技术可以随时满足商业和客户对网络的需求。在有需求的地方可采用子母管分歧技术，将子母管分歧，光纤不需在分歧点进行接续。

（7）初期建设成本低，投资随着需求的增长而增长。

3. 微管

（1）常用微管的规格：微管在网络中的专门作用是导入微缆，同时避免接续。微管由HDPE材料制成。JETnet常用微管规格有7/5.5mm和10/8mm两种。

（2）微管的应用：

1）干线和接入层：一般采用10mm的微管，每根微管可容纳一根48或60芯的微缆。

2）接入层和到用户：一般采用7mm的微管，每根微管最大可容纳一根4～24芯微缆。

（3）集束管

这种管道的优点在于微管的密度高，可以最大限度地利用通道的空间。其截面如同蜂窝，所有的管束被集中在一种保护性外套中。集束管的规格有：

ϕ5/3.5mm—1、2、4、7、12、19、24孔

ϕ8/6mm—1、2、4、7、12孔

ϕ10/8mm—1、2、4、5、7孔

4. 微型光缆（简称微缆）

微型光缆是接入网中关键的组成元素，其作用就是传输信息。微型光缆的光学传输指标与普通光缆相同，由于其外径比普通光缆细，所以简称为微缆。

微缆有中心钢管式、全介质中心管式、松套式等结构。

钢管结构的微缆中间是一根无缝焊接的防水钢管，光纤在填充了水凝胶的钢管内，钢管外施加了一层发泡HDPE护套。无缝焊接的钢管可防止水或其他物质渗入光纤。

全介质结构的微缆是无金属缆，可防止介电干扰，中间填充水凝胶起到纵向防水的作用。

5. 微管与微缆的吹放

微管的吹放原理与微缆的吹放原理、气流吹放光缆的基本原理相似，这里不再叙述。

（1）微管的吹放

母管里能布放微管的数量：微管的横截面积（以微管的外径计算）的总和不得超出母管横截面积的一半。母管直径与微管的数量关系如表2-3所示。

母管直径与微管的数量 **表2-3**

母管内径（mm）	可布放的微管数量	
	10mm微管	7mm微管
25	1	2
32	3	6
40	5	10
50	7	14
63	10	20

在吹管之前，应先用润滑剂将母管润滑一次；然后，子管束加压至气吹的压力水平，以预防微管出现内爆。微管布放后，两端应使用防水封帽密封。

(2) 微缆的吹放

微缆吹放时，其前端应拧上一个小巧、光滑的铜制或钢制螺帽，防止光缆堵在微管里；然后，用矫直器矫直光缆。吹放时，可采用串联气吹法、中间点向两侧气吹法、缓冲式串联气吹法三种方式在不需要接续的情况下延长光缆的一次性气吹距离。

2.6 通信管道施工技术

2.6.1 通信管道施工技术

通信管道按照其在通信管网中所处的位置和用途可分为进出局管道、主干管道、中继管道、分支管道和用户管道等5类。目前常用的管材有水泥管、钢管、塑料管，塑料管又分为双壁波纹管、栅格管、梅花管、硅芯管、ABS管等。通信管道的施工一般分为画线定位、开凿路面、开挖管道沟槽、制作管道基础、管道敷设、管道包封、制作人（手）孔及管道沟槽回填等工序。

2.6.1.1 画线定位

通信管道应满足光（电）缆的布放和使用要求，施工时应按照设计文件及规划部门已批准的位置（坐标、高程）进行路由复测、画线定位。画线定位时，应确定并划出管道中心线及人（手）孔中心的位置，并设置平面位置临时用桩及控制沟槽基础标高的临时水准点。临时用桩的间距应根据施工需要确定，以20～25m为宜。临时确定的水准点间距以不超过150m为宜，应满足施工测量的精度要求。管道中心线、人（手）孔中心的位置误差不应超过规范要求，遇特殊情况变化较大时应报规划部门重新批准。通信管道应避免与燃气管道、高压电力电缆在道路同侧建设，不可避免时，与其他管线的最小净距应符合相关规范要求。

2.6.1.2 开凿路面与开挖管道沟槽

画线定位以后，施工人员就可以按照管道中心线的位置，以管群宽度加上肥槽（施工面或放坡）为上口宽度开凿路面，向下开挖。开槽时，遇不稳定土壤、挖深超过2m或低于地下水位时，应进行必要的支护。

2.6.1.3 管道基础

1. 基础类别

管道基础分为天然基础、素混凝土基础和钢筋混凝土基础。把原土整平、夯实后直接作为管道基础称为天然基础。在土质均匀、坚硬的情况下，铺设钢管管道和塑料管道时可采用天然基础。以混凝土作为管道基础的为素混凝土基础。在土质均匀、坚硬的情况下，一般采用素混凝土基础。在混凝土内增加钢筋的基础，为钢筋混凝土基础。在土质松软、不均匀、有扰动等土壤不稳定的情况下，或与其他市政管线交叉跨越频繁的地段，一般采用钢筋混凝土基础。

2. 基础要求

(1) 做混凝土基础时须按设计图给定的位置选择中心线，中心线左右偏差应小于10mm。

(2) 使用天然地基时，沟底要平整无波浪。抄平后的表面应夯打一遍，以加强其表面密实度。

（3）水泥管道混凝土基础的宽度应比管道孔群宽度宽 100mm（两侧各宽 50mm），塑料管道混凝土基础宽度应比管道孔群宽度宽 200mm（两侧各宽 100mm）。

（4）钢筋混凝土基础的配筋要符合设计要求，绑扎要牢固。需局部增加钢筋的混凝土基础，要查验基础加筋部位的准确位置。

（5）混凝土管道基础施工时，两侧需支模板，模板内侧应平整并安装牢固。

（6）浇灌混凝土基础时，应振捣密实，表面平整，无断裂、无波浪，混凝土表面不起皮、不粉化，接茬部分要做加筋处理，以保证基础的整体连接，混凝土强度等级应不低于 C15。

（7）在地下水位高于管道地基的情况下，应采用具有较好防水性能的防水混凝土。

2.6.1.4　管道敷设

1. 水泥管道敷设

（1）水泥管道的组合结构应构筑在坚实可靠的地基上。基础坡度系数一般应在 3‰～5‰或按设计要求。

（2）管道敷设应按设计要求使用管材，管群程式、断面组合必须符合设计规定。

（3）管块与基础及上下两层管之间，均应铺垫 15mm 厚 M10 干硬性水泥砂浆。

（4）敷设管道的顺向水泥管块连接间隙应不大于 5mm，顺向管块连接处应用棉纱布包缠并用素水泥浆刷匀、粘牢后，用 1∶2.5 水泥砂浆抹管带。管带应做到不空鼓、不露纱布、表面平滑有光泽、无飞刺、无欠槎、不断裂。

（5）并排及上下层管块的接头位置均应错开二分之一管长。

（6）水泥管道进入人孔处应使用整根水泥管块。

（7）并行管块之间的管缝应用 M10 铺管砂浆灌实，边缝、顶缝应用 1∶2.5 水泥砂浆抹平，管群底脚应用 1∶2.5 水泥砂浆抹 50mm 宽八字形。

（8）敷设管道时，管块的两对角管眼应使用长 1.5m 的拉棒对正。

（9）管群进入人孔时，管道顶部距人孔上覆不得小于 300mm，底部距人孔基础不得小于 400mm。

（10）当日未敷设完的管道，应用砖砌体进行封堵，进入人孔的管道应用塑料管堵塞好，以防杂物、泥沙进入管孔。

（11）管道单段长度不宜超过 150m。弯管道的曲率半径应不小于 36m。

（12）整体管道敷设完成，在回填后应进行试通。试通棒一般为 85mm×900mm。

2. 钢管管道敷设

（1）敷设管道前，应按照图纸给定的位置，确定中心线。

（2）钢管管道可采用天然地基。管道沟挖成后，应对沟底进行夯实，抄平，保证沟槽顺直。坡度系数一般应在 3‰～5‰或按设计要求。

（3）对有局部扰动的地基，在扰动部位应用 3∶7 灰土夯实。

（4）管道敷设时管群的断面组合应符合设计要求。

（5）钢管管道应使用经防腐处理过的管材。管道敷设前，应把管口打磨成坡边，且光滑无棱、无飞刺。

（6）管道敷设时，两相邻钢管应错口连接，错口间隔应在 200～300mm 以上。两根钢管顺向连接时，应外套管箍（200～300mm），并焊接牢固。

（7）管群敷设完毕后，每两米应使用扁铁捆扎，并焊接牢固。管群的接口部分应做80mm厚C15混凝土包封。

（8）管群进入人孔墙体时，应凹进30～50mm，窗口抹成八字形，管群顶部距上覆不得小于300mm，底部距人孔基础不得小于400mm。钢管管道进入人孔时，单根尺寸应大于2m。

（9）管道的单段长度不宜超过150m。

（10）使用有缝钢管时，钢管管缝应置于上方。

3. 塑料管道敷设

塑料管道分为双壁波纹管、栅格管、梅花管、硅芯管、ABS管管道。根据材质的不同，各种管道所用的部位也不同，敷设方法也不同。

（1）双壁波纹管管道

1）按设计要求，选用同材质的双壁波纹管组成孔群，应敷设在平整、坚实、可靠的混凝土基础上，基础坡度系数一般在3‰～5‰或按设计要求。

2）敷设波纹管管道时，每隔两米应放置钢筋支架固定，层与层的间隔应为10～15mm，每层应用直径10mm钢筋隔开，中间缝隙应充填M10砂浆。

3）顺向的双壁波纹管应用套管插接，接口处应放置密封圈；管群各层、各列之间的接口应错开不小于300mm。进入人孔时的单根波纹管长度不小于2m。

4）需要敷设弯管道的，曲率半径一般不得小于15m，同一段塑料管道严禁出现反向弯曲（即S形弯）。

5）一般情况下，双壁波纹管管道需要做混凝土包封保护，包封厚度一般为80～100mm。

6）管道单段长度不宜超过150m。

（2）栅格管管道

1）敷设栅格管管道时，应按设计要求选用材质、外径相同的栅格管组成孔群，直接铺设在天然地基上，地基坡度系数一般在3‰～5‰或按设计要求。

2）敷设栅格管时，层与层的相邻管材应紧密排列，每3m用塑料扎带捆扎牢固。

3）管群铺设要平直，不能出现局部起伏。跨越障碍时，可敷设弯管道。管材在外力的作用下自然弯曲，曲率半径一般不得小于15m。

4）顺向管道连接应采用套管插接，接口处抹专用胶水，管群层间接口应错开不小于300mm。

5）管道单段长度不宜超过150m。

（3）梅花管管道

1）敷设梅花管管道时，应按设计要求选用同材质的梅花管组成孔群，敷设在平整、坚实、可靠的混凝土基础上，基础坡度系数一般在3‰～5‰或按设计要求。

2）梅花管也可与其他管材合并使用，可敷设在水泥管道上，或与其他塑料管混合组成孔群。

3）顺向单根梅花管必须使用相同规格的管材连接。管道连接应采用套管插接，接口处应抹专用胶水。敷设两根以上管材时，接口应错开。

4）管群进入人孔时，管群顶部距上覆底不得小于300mm，底部距人孔基础顶不得小于400mm。单根梅花管长度在进入人孔时应不小于2m。

5）梅花管管道需要做混凝土包封保护时，包封厚度应为80～100mm。

6）管道单段长度不宜超过150m。

（4）ABS管管道

1）ABS管可代替钢管使用，直接敷设在天然地基上，坡度系数一般在3‰～5‰或按设计要求敷设。

2）敷设方法同双壁波纹管。敷设完毕后可直接回填，不必做包封。

3）管道单段长度不宜超过150m。

（5）硅芯管

1）硅芯管可直接敷设在天然地基上。

2）在布放前应先检查两端口上的塑料端帽是否封堵严密；布放过程中，严禁有水、土、泥及其他杂物进入管内。

3）布放硅芯管时，硅芯管应从轴盘上方出盘入沟。硅芯管在沟底应顺直、无扭绞、无缠绕、无环扣和死弯。

4）同沟布放多根管时，管间应保持3mm间距，且每隔2～5m应用尼龙扎带捆绑一次。

5）管群中的单根硅芯管接头应错开，接头应采用专用标准接头件，接头的规格应与硅芯管规格配套，接头件内的橡胶垫圈与两端的硅芯管要安放到位。接口处应不漏气，不进水。

6）硅芯管群进入人（手）孔时，应在人（手）孔外部做2m包封；在人（手）孔内部，应按设计要求留足余长，管口要进行封堵。

7）管道单段长度不宜超过1000m。

2.6.1.5 管道包封

在管道敷设完毕后，若管道埋深较浅或管道周围有其他管线跨越时，应对管群采取包封加固措施，在管道两侧及顶部采用C15混凝包封80～100mm。做混凝土包封时，必须使用有足够强度和稳定性的模板，模板与混凝土接触面应平整，拼缝紧密；在混凝土达到初凝后，拆除模板。包封的负偏差应小于5mm。

浇筑混凝土时要做到配比准确、拌合均匀、浇筑密实，养护得体。侧包封与顶包封应一并连续浇筑。在管群外侧及顶部绑扎钢筋后再浇筑混凝土，为钢筋混凝土包封，一般用于跨越障碍或管道距路面的距离过近的部位。

2.6.1.6 管道沟槽回填

管道沟槽的回填，要从沟槽对应的两侧同时进行，以避免做好的管道受到过大的侧压力而变形移位。管道回填土时，首层应用细土填至管道顶部500mm处后进行夯实；再按300mm/层分步夯实至规定高度。管道沟槽回填后，要做必要的管孔试通。

2.6.2 人（手）孔与通道施工技术

人（手）孔、通道是组成通信管道的配套设施，按容量分为大号、中号、小号三类人孔，按用途分为直通、三通、四通和特殊角度的人孔；手孔的规格型号较多；通道一般建设在缆的数量较多的位置。人（手）孔、通道的结构分为基础、墙体和上覆三部分。

2.6.2.1　人（手）孔、通道的位置选择

1. 人（手）孔位置应符合通信管道的使用要求。在机房、建筑物引入点等处，一般应设置人（手）孔。

2. 管道长度超过150m时，应适当增加人（手）孔。

3. 管道穿越铁路、河道时，应在两侧设置人（手）孔。

4. 小区内部的管道、简易塑料管道、分支引上管道宜选择手孔。

5. 一般大容量电缆进局所，汇接处宜选择通道。

6. 在道路交叉处的人（手）孔应选择在人行道上，偏向道路边的一侧；人（手）孔位置不应设置在建筑或单位的门口、低洼积水地段。

2.6.2.2　人（手）孔、通道的开挖

1. 人（手）孔的开挖应严格按照设计图纸标定的位置进行，开挖宽度应等于人（手）孔基础尺寸＋操作宽度＋放坡宽度，开挖工作应自上而下进行。

2. 高低型人孔，高台部分的地基原土不得扰动。遇不稳定土壤时，应全部开挖后再重新回填，并做人工处理，方能进入下道工序。

3. 开槽时，遇不稳定土壤、挖深低于地下水位时，应进行必要的支护。

2.6.2.3　人（手）孔、通道基础

1. 人（手）孔基础一般采用混凝土或钢筋混凝土结构，在地下水位较高的地区，人（手）孔基础要采用具有较好防水性能的防水混凝土。

2. 人（手）孔基础的规格、型号和混凝土强度等级，应符合设计或标准图集的要求；高程应满足设计图纸的要求。

3. 基础的处理方法（制作方法）与前面所叙述的管道基础相同。

4. 基础混凝土厚度一般为120～150mm。有特殊需要的，应按设计要求执行。

5. 基础附件：在浇筑人（手）孔基础混凝土时，应在对准人（手）孔口圈的位置嵌装积水罐，并从墙体四周向积水罐做20mm泛水。

6. 墙体砌筑完成后，基础应进行抹面处理，表面应平整光滑。

2.6.2.4　墙体

1. 在进行墙体施工前，应对已浇筑的混凝土基础的中心位置、管道进口方位及基础顶部高程进行一次复查核对。

2. 基础混凝土的强度达到12kg/cm^2（常温下24h）时，方可进行墙体施工。

3. 砌筑墙体前，混凝土基础应清扫干净，砖块应用清水浇湿。

4. 在进行墙体施工前，应根据人（手）孔中心和管道中心的位置，按设计图纸上规定的人（手）孔规格，放出墙位基线；然后，要先撂底摆缝，确定砌法。砌筑时应随时检查墙体与基础面是否垂直。

5. 砌筑人（手）孔应采用M10水泥砂浆、MU10机砖砌体；用1∶2.5水泥砂浆抹面，内壁厚度15mm，外壁厚度20mm，抹面应密实、不空鼓、表面光滑。

6. 墙体与基础应垂直、砌面应水平，不得出现墙体扭曲。垂直允许偏差应不大于±10mm，顶部四周水平允许偏差应不大于20mm。

7. 砌筑墙体的砖层之间必须压槎，内外搭接，上下错缝，不能出现通缝，砂浆饱满度应达80%，砖缝一般不能大于10mm。

8. 人（手）孔内净高一般情况下为1.8～2.2m。遇有特殊情况时，应满足设计要求。

9. 管道进入人（手）孔窗口处应呈喇叭口形，管头应终止在砖墙体内，按设计规定允许偏差10mm，窗口要堵抹严密，外观整齐，表面平光。

10. 管道进入人（手）孔墙体，对面管道高程应对称，一般情况下不能相错1/2管群；进入人（手）孔的主管道与分支管道应错开，分支的部分管道应高于主干管道。

2.6.2.5 上覆

1. 人（手）孔上覆到口圈，要用M10水泥砂浆砖砌筑不小于200mm、不超过800mm左右的口腔，人（手）孔口腔与上覆预留洞口应形成同心圆。口腔内部应抹灰，与上覆搭接处要牢固，外侧抹八字。

2. 人（手）孔上覆各部位尺寸应与人（手）孔墙壁上口尺寸相吻合。

3. 人（手）孔上覆的底部应平光，厚度应均匀，并符合设计图纸要求。

4. 人（手）孔上覆出入口及外缘各立面应与底部垂直，上部线条整齐。

5. 人（手）孔在安装预制的上覆时，应在墙体与上覆的结合部抹找平层；两板缝之间用1∶2.5砂浆堵抹严密，不漏浆；吊装环应用砂浆抹成蘑菇状。

6. 上覆板应压墙200mm以上，与墙体的搭接处应里外抹八字角。八字角要严密贴实，不空鼓，表面光滑，无接槎，无毛刺，无断裂。

7. 人（手）孔在现场浇筑上覆时，钢筋和混凝土强度等级应满足设计要求。钢筋骨架放入模板后，应采取固定措施，以防浇筑混凝土变形、移位，在达到强度并养护后可拆模。同一模板内的混凝土应连续浇筑，保持整体性。浇筑完毕后，表面应抹平，压头。

2.6.2.6 附件

1. 穿钉应根据不同型号的人（手）孔，按图集中规定的位置进行安装。穿钉应预埋出墙面50～70mm，上下穿钉应在同一垂直线上，允许偏差应不大于5mm，间距偏差应不大于10mm，相邻两组穿钉间隔偏差应不大于20mm。

2. 支架应紧贴墙面，用螺母固定在穿钉上，要牢固，螺母不松动。

3. 拉力环应预埋在墙体里。拉力环应出墙面80～100mm，在墙体上的位置应与对面管道中心线对正，以对方管底为准向下200mm处。

4. 人（手）孔口圈应按设计给定的高程安装，口圈应高出地面20mm，绿地或耕地内口圈应高出地面50～200mm，稳固口圈及口圈接口部位应用1∶2.5水泥砂浆抹八字，外缘应用混凝土浇筑，口圈外缘应向地表作相应泛水。

2.6.2.7 回填

1. 人（手）孔回填土应按300mm分步夯实至规定高度。

2. 人（手）孔坑槽的回填，要从对应的两侧坑槽同时回填，以避免已完成的人（手）孔受到过大的侧压力而变形移位。

3. 人（手）孔回填后，应检查内壁是否有裂纹、移位现象。如发现，要及时返修。

4. 管道与人（手）孔相接的肥槽部分，应用砖砌体填充至管道地基，确保管道的稳定性。

2.7 广播电视专业工程施工技术

2.7.1 广播电视发射工程施工技术

2.7.1.1 工艺安装

（1）发射机机箱安装

1）发射机各机箱安装位置应符合机房平面设计图纸的规定。

2）机箱垂直偏差不得超过1‰。

3）各机箱必须对齐，前后偏差不得大于2mm。

4）机箱的底框应用地脚螺栓或膨胀螺栓与地面紧固。

5）各机箱应用螺栓连成一体，机箱箱体应分别用不小于50mm×0.3mm的紫铜带与高频接地母线连接。

6）底框若加垫铁片时，铁片与底框外沿对齐，不得凸出或凹入。

7）安装后的机箱应平稳、牢固。

（2）卫星传输音频信号源接收设备安装

1）卫星接收天线应架设在机房附近且前方无干扰又不影响周围环境的地方，天线底座平台宜用水泥混凝土浇筑，平台大小应符合天线口径及当地抗风强度的要求，平台的安装平面应水平，卫星天线的立柱应垂直，垂直偏差不得超过2‰，卫星天线的各转动部件应加注黄油，天线的方位角和俯仰角调整完毕后应紧固各调节螺丝。

2）卫星接收机应安装在室内相应的机柜中，连接卫星接收设备的电缆应可靠，中间不得有接续。

3）光纤传输音频信号源接收设备应按设计要求安装。

4）微波传输音频信号源接收设备应按设计要求安装。

5）音频信号源接收设备对节目传输机房有屏蔽要求时，节目传输机房的屏蔽安装应符合设计要求。

（3）监控、监测、监听设备安装

1）监控、监测、监听设备应按设计要求安装。

2）监听音箱的分布安装应能使值班员易于监听多路播出节目。

3）监控、监测设备的显示屏应安装在便于值班员监视的位置。

（4）大型电容器安装

1）电容器安装前应进行耐压试验和绝缘检查。

2）真空可调电容器在要求一端接地使用时其高压端与接地必须正确连接，可调动片必须接地。

3）电容器的陶瓷部分应用酒精或四氯化碳擦拭干净。

4）真空可调电容器安装时，应调节行程开关，使两端各留相应的余量。

5）电容器调谐传动机构中的万向接头、齿轮等经常活动的地方应加润滑油。

6）电容器串、并联时，各连接片应四边平直，四角圆滑，无尖锐毛刺，连接应可靠。

（5）大型电感线圈安装

1）线圈间的距离应均匀。

2）短路接点与滑动头接触应良好，短路连线应安装在线圈圈内并应尽可能短。

3）电动、人工调谐的传动器、减速器应加润滑油，传动的关节处采用销钉连牢，不得有松动脱落现象。

（6）高、低压成套配电柜和变压器、调压器安装

1）高压成套配电柜、低压成套配电柜、电力变压器的安装应符合《建筑电气工程质量验收规范》GB 50303 的有关规定。

2）发射机电源变压器、调压器的连线，应符合下列安装规定：连线应用电缆，其材料规格应符合设计要求，安装应平直，转弯角度一致；电缆两端应接铜接线端子，电缆芯与端子应焊接或压接牢固，并符合规范中“敷设低压电力电缆”的规定；电缆接线端子与设备上的端子连接时，应将螺母拧紧。

（7）发射机冷却系统安装

1）发射机风冷系统应按设计要求安装，其噪声指标应符合设计要求。

2）风机安装时，应有减振措施，固定螺栓应加弹簧垫片；安装应稳固可靠，运行时不得有振动和摇摆。

3）风筒应用支架或吊架固定，相邻两架间距宜为 2000mm，风筒不得漏风，风筒与风筒连接处应有橡胶垫圈（厚 3～5mm），风筒有分叉时，应按设计要求安装。

4）发射机冷却系统应按设计要求安装。

5）水泵安装时，应有减振措施，固定螺栓应加弹簧垫片，安装应平稳、牢固，水泵运行时不得有振动和摇摆，其噪声指标应符合设计要求。

6）水冷系统的风冷散热器的风机安装，应符合前述风机安装的规定。风冷散热器进出风口及风道应畅通，不得堵塞。

7）水泵的进、出水管及阀门不得渗水、漏水，并用色标以示水流方向。

8）水冷系统安装后应清洗其水路，杂质、杂物不得残留在水路中。

（8）馈筒、馈管、馈线安装

1）馈管分为硬馈管和软馈管，馈筒、硬馈管一般用作机房内部高频传输连接，软馈管一般用作机房到天线的高频传输连接。

2）安装馈筒时，馈筒检修孔应朝外。

3）馈筒、硬馈管安装应平直。馈筒、硬馈管直线段支撑点的间距不宜超过 2500mm，拐弯处两边必须加支撑架。

4）馈筒、硬馈管内部不得有杂物和灰尘，绝缘子上不得有污迹。芯管用绝缘子支撑在馈筒、硬馈管的中心部位，平直通过，不得弯曲或下垂，芯管中心与馈筒、硬馈管轴线重合，馈筒的芯管中心最大偏移为 3mm。

5）馈筒卡环应用螺栓紧固，不留毛刺。

6）馈筒连接端、馈管法兰盘及馈筒盖板连接螺栓应齐全、紧固，芯线连接应可靠。馈筒、馈管外导体两端应用符合载流量要求的紫铜带与高频接地母线连接。

7）馈筒、馈管穿墙孔四周的缝隙应用防水材料封堵。

8）软馈管架空安装时，馈管应平直，馈管底部对地面的距离不得低于 4000mm，馈管直线段悬挂点的间距不宜超过 1500mm。

9）软馈管地沟安装时，应沿沟内安装金属支撑架，其间距不宜超过 1500mm，馈管

应放置在支撑架上，馈管底部距离沟底不小于300mm，馈管放置完毕后，地沟应加盖板。

10）软馈管转弯时，转弯曲率半径应符合产品技术要求，不得直角转弯。

11）明式馈线安装应符合《中短波广播天线馈线系统安装工程施工及验收规范》GY5057的有关规定。

12）高频电缆馈线安装应按本规范软馈管安装的有关规定执行。

(9) 天线安装应符合《中短波广播天线馈线系统安装工程施工及验收规范》的有关规定。

(10) 并机网络安装

1）并机网络安装位置应符合机房平面设计图纸的规定。

2）并机网络机箱安装应符合规范中“发射机机箱安装”的规定。

3）并机网络冷却系统安装应符合规范中“发射机冷却系统安装”的有关规定。

(11) 天线切换开关安装

1）天线切换开关应按设计要求安装。

2）天线切换开关的箱体应用不小于50mm×0.3mm紫铜带与高频接地母线连接。

(12) 假负载安装

1）假负载安装位置应符合机房平面设计图纸的规定。

2）假负载应按设计要求和产品安装图安装。

3）水冷、风水冷假负载电阻应全部浸入蒸馏水中，水面应高于电阻体20mm以上。

4）水冷、风水冷假负载的进、出水口与水管连接处其外壳应无渗水、漏水现象。

5）水冷、风水冷假负载的出风口不小于2000mm范围内应无风路阻挡物。

6）水冷、风水冷假负载安装后应清洗其水路、杂质、杂物不得残留在水路中。

7）假负载与发射机的连接馈管必须满足发射机功率等级要求。

8）假负载的箱体应用不小于50mm×0.3mm紫铜带与高频接地母线连接。

(13) 天馈线调配网络安装

1）天馈线调配网络安装前，调配室应具备下列条件：调配室的位置、大小符合设计要求；屋顶、墙壁不得渗漏。天馈线引入孔应有防水措施，室外雨水不得经引入孔流入渗漏到调配室；调配室四周的墙壁、屋顶、地面敷设的高频屏蔽层，其尺寸符合设计图纸的要求。

2）调配网络所用元件参数应满足设计要求。

3）从地网导线的汇集中心牢固焊接一条200mm×1mm紫铜带引进调配室内，作为调配室高频接地母线，调配室的屏蔽层应与高频接地母线焊接。

4）雷电泄放线圈接地端应用40mm×1mm紫铜带与高频接地母线焊接，焊接应光滑牢固。

5）调配元件接地端应用厚1mm紫铜带与高频接地母线焊接，紫铜带的宽度视载流量而定。

6）调配网络输入端与馈线（管）引入端及调配网络输出端与天线引入端均应用紫铜管连接，紫铜管两端焊接特制的接线端子。紫铜管的直径视载流量而定。

7）馈线（管）终端的地线应用厚1mm紫铜带与调配室高频接地母线焊接，紫铜带的宽度视载流量而定。

8）各调配元件应按设计图纸安装。相邻电感元件应适当远离并垂直放置。元件间的连线应用满足载流量要求的紫铜带或紫铜管，连接端面应宽、平，端头应圆滑，不得有尖角毛刺。元件安装应牢固，接线端子螺母应拧紧，不得有松动和接触不良现象。网络组件有屏蔽要求的，应将组件安装在金属屏蔽箱里。

（14）控制台安装

1）控制台机柜距周围的安装距离应按设计要求确定。

2）控制台机柜安装应符合本规范“发射机机箱安装”的规定。

3）控制台上的音频阻抗变换器、音频衰减器、音频切换器、音频处理器、音频分配器及其他设备、部件等安装件，应安装稳固，不得松动和摇摆。

4）各电路连接应可靠，不得有接触不良现象。

5）控制台上的各种按钮应动作准确。

6）发射机开启后，各种指示应正确。

（15）敷设高频、音频、控制电缆

1）电缆的规格、敷设路由和方式应符合设计简约的规定。

2）电缆敷设前，其检验应符合下列规定：电缆所附标志、标签内容齐全、清晰；缆的外护套完整无损，电缆应附出厂质量检验合格证；测量电缆的芯线对芯线、芯线对屏蔽层的绝缘电阻，其阻值应达到产品质量安全要求。

3）电缆敷设应顺直、无扭折、转弯须均匀圆滑，不得折成死角，并有一定余量。

4）在同一槽内敷设不同用途的电缆时，应分层或分开排列，不得互相交错或绞缠一起，出线位置应有编号，标明电缆去向。

5）线槽内必须干净、无沙石和其他杂物。

6）电缆芯线及屏蔽网与电路连接时，若采用焊接，应焊接牢固，锡面光滑；若采用压接，应焊好或压好接线端子，并与接线部位压接紧固；若采用插接，应做好插头，插接应可靠。

7）多根电缆同槽同向敷设时，应根据其用途和种类分组后，用线匝将其捆绑成束，并加以固定。

8）机房计算机信息监控网络的电缆敷设应符合《建筑与建筑群综合布线系统工程验收规范》GB/T 50312—2007 有关规定。

（16）敷设低压电力电缆

1）电缆的规格、敷设路由和方式应符合设计图纸的规定。

2）电缆敷设前，其检验除应符合《建筑电气工程施工质量验收规范》第 3.2.12 条的规定外，还应测量电缆的芯线对芯线、芯线对外皮的绝缘电阻，其阻值应达到产品质量安全要求。

3）$10mm^2$ 以下铜芯电缆的端头应用铜线接线端子焊接，线头必须插到孔底，应焊接牢固，焊锡均匀、饱满，焊面光滑，不得有残渣、气孔。$10mm^2$ 以上电缆的端头应用铜接线端子压接，铜接线端子的孔径应与线径一致，电缆芯与铜接线端子必须压紧，不得有裂纹、松动。

4）$10mm^2$ 以上电缆转弯时，其最小曲率半径为电缆外径的 10 倍。

5）电力电缆不得有中间接头，特殊情况设接头时，连接方法必须符合有关规定；并在竣工技术文件中详细注明接头的位置。

6）电缆从槽内引出时，应用卡子固定在机架或墙壁上，放线必须平直，不得歪扭。线卡颜色应与机架颜色一致。

7）三芯电缆的芯线可用红、绿、黄三色标示电源的相序，四芯电缆除较粗的三根同三芯线样标明相序外，其较细的一根作为零线应用黑色。

8）高压电力电缆应按有关规范安装。

9）高、低压电缆可同槽敷设，但应分层布放。

10）敷设低压电力电缆除应符合本规范外，还应符合《建筑电气工程施工质量验收规范》关于电缆敷设的有关规定。

2.7.1.2　天馈线系统安装

中短波天馈线系统安装工程分为5个分项工程：架设拉绳式桅杆、架设自立式钢塔、架设天线幕、架设馈线、敷设地网。

1. 架设拉绳式桅杆

工作内容包括：布置施工现场、预制拉绳、组装拉绳、架设拉绳式桅杆、安装附件。

架设拉绳式桅杆安装要求：

（1）桅杆垂直度应符合设计要求，设计无要求时，整体垂直度偏差不大于$H/1500$，局部弯曲不大于被测高度的1/750（其中H为桅杆高度，以毫米为单位），并有检测记录；拉绳初拉力应达到设计值，偏差应符合设计要求，设计无偏差要求时，应不小于设计值但不大于设计值的5%并有记录。

（2）施工现场组装单元塔节时，应符合下列要求：应根据弦杆长度的偏差，选配组装单元节；单元节尺寸应符合设计要求，偏差应符合设计要求；单元节杆件的连接螺栓的规格、数量应符合设计要求，吊装前应拧紧所有杆件的连接螺栓。

（3）吊装桅杆前，底座绝缘子内壁应擦拭干净，底座绝缘子安放应平稳垂直受力均匀，设计要求安装的临时保护设备应随底节安装，设计无要求时应采取必要的预防撞击和位移的保护措施。

（4）架设桅杆塔节时，应使塔节的法兰螺孔重合，连接螺栓的规格、数量应符合设计要求，连接螺栓的方向应一致，塔节连接螺栓应有防松措施，并拧紧后进行下一步的吊装。

（5）架设桅杆时，应在两层正式拉绳之间至少加一层临时拉绳；每层临时拉绳（三方或四方）应固定在塔上同一高度，其绳径应与正式拉绳相近，临时拉绳的初拉力应与下层正式拉绳的初拉力相近。

（6）吊装正式拉绳应使用卷扬机，由地面人员配合送绳，拉绳与塔身保持一定距离，拉绳绝缘子应摆正，清除拉绳和绝缘子上的混土、杂草等，绝缘子应清干净，拉绳与桅杆连接固定后，用紧线器或手摇绞车收紧拉绳至安装拉力，拉绳按设计要求固定在地锚的索具螺旋扣上；同时使用经纬仪观测塔身，调整桅杆的垂直度，索具螺旋扣应有防松动措施。

（7）安装桅杆拉绳时，各方位施加拉力应协调、均匀，严禁一方拉绳抢先收紧，拉绳与地锚索具螺旋扣的连拉固定方式及绳卡的规格、数量、间距应符合设计要求；在调整、收紧拉绳时，塔上人员要下到地面。

（8）架设完成将扒杆放至地面后，应自下而上调整拉绳的初拉力和桅杆的垂直度，调整时在拉绳上挂拉力表，拉绳初拉力和桅杆垂直度应同时符合设计要求；调整后的索具螺旋扣应留有松紧量并采取防松动措施和涂防腐脂。

（9）桅杆及构件架设安装完成后应将所有连接固定螺栓重新拧紧一遍；损坏的防腐层应用防腐效果接近的方法予以修复。

（10）悬挂天线幕的桅杆，应适当向反方向倾斜，挂好天线幕的桅杆应将倾斜部分调整过来，桅杆的整体垂直度应符合设计要求。

（11）中波桅杆笼子线网安装应符合下列要求：支撑环安装应水平，位置应符合设计要求；导线安装应垂直，初拉力应符合设计要求；导线与支撑环压接固定应牢固，拉线端子与桅杆连接应紧固，导电性能应符合设计要求；底部连接固定方式及绳卡的规格、数量、间距应符合设计要求，索具螺旋扣应留有松紧量并采取防松动措施和涂防腐脂。

（12）拉绳式桅杆工程完成后应进行分项工程验收并填写拉绳式桅杆分项工程检验批质量验收记录。

2. 架设自立式钢塔

架设自立式钢塔包括：安装塔靴和安装钢塔。

（1）安装塔靴要求：

1）钢塔基础的水平高差和轴线，地脚螺栓（锚栓）边宽、间距、对角线和水平高差，应符合设计要求。

2）基础地脚螺栓、大垫片及螺母应齐全并装卸自如，底母、大垫片调整到同一高度，地脚螺栓伸出塔靴的长度应符合设计要求。

3）根据塔靴的实际位置确定钢塔中心，以相邻两塔靴的中心点连线为基础轴线，确定钢塔的中心点（塔中心点应留永久标志桩）；以钢塔中心点为基准点，根据塔靴基础轴线的实际位置和塔的设计高度，确定测量钢塔垂直度测量点，测量点应在中心点与塔弦杆中心点的延长线上或中心点与钢塔基础轴线（某一平面）的垂直线的延长线上，钢塔中心点、垂直度测量点应加以保护。

4）以塔靴中心为基准点，钢塔的边宽、对角线长度、水平高差应符合设计要求，未达到设计要求时应进行调整，直到达到设计要求为止，固定塔靴的上螺母和底螺母应拧紧。

（2）安装钢塔要求：

1）安装钢塔过程中，每层的构件未吊装齐，不能继续吊装，每吊装完一层构件，应及时检查各构件就位后的偏差，确认无误再继续吊装，允许偏差应符合表2-4的规定。

构件允许偏差值　　　　表2-4

项次	项目	允许偏差（以毫米为单位）
1	塔体垂直度： 整体垂直度 相邻两层垂直偏差	$H/1500$　H—被测高度 $\leqslant H/750$　H—被测高度
2	塔柱顶面水平度： 法兰顶面相应点水平高差　连结板 孔距水平高差（每层断面相邻塔柱之间的水平高差）	$\leqslant\pm2.00$mm $\leqslant\pm1.5$mm

续表

项 次	项 目	允许偏差（以毫米为单位）
3	塔体截面几何状公差： 对角线误差 $L \leqslant 4m$ 时 $L \geqslant 4m$ 时 相邻间距误差 $b \leqslant 4m$ 时 $b \geqslant 4m$ 时	≤±2.00mm ≤±3.00mm ≤±1.5mm ≤±2.5mm

2）每安装两层塔节，应调整一次塔身垂直度；安装到塔顶后，应测量塔身的整本垂直度和对角线尺寸，结果应符合设计要求。

3）安装钢塔可采用单件吊装、扩大拼装，必要时应做强度和稳定性验算，塔松件吊装时应有足够的吊装空间。

4）钢塔平台构件可在地面组装，各杆件连接应正确并用螺栓拧紧，平台板应铺平，与塔架联成一整体后吊装。

5）未经设计同意，严禁在钢塔结构主受力杆件上进行焊接。

6）钢塔构件现场修正或制孔不得用气割扩孔。

7）钢塔及天线等安装完毕后，螺栓应全部重新拧紧一遍，损坏的防腐层应用效果近的方法予以修复。

8）钢塔的防雷接地应与基础防雷接地网可靠焊接，焊缝截面积应不小于设计要求，设计未规定时应不小于接地扁钢横截面，焊缝应按设计要求做防腐处理。

9）钢塔结构检验方法，应按设计要求和规范进行。

10）自立式钢塔工程完成后应进行分项工程验收，并填写自立式钢塔分项工程检验批质量验收记录。

3. 架设天线幕

架设天线幕包括：预制天线幕、组装天线幕、安装天线幕。

安装天线幕的要求：

1）安装天线幕前必须对基础、钢塔、桅杆的跨度和结构几何尺寸进行测量，确认符合设计要求和安装质量标准，检查钢塔、桅杆的垂直度、拉绳、曳线，确认符合设计要求和安装质量标准；钢塔、桅杆吊挂天线幕的构件和天线幕挂点标高应符合设计要求。

2）天线幕和反射幕垂直吊线与地锚固定时应符合以下规定：天线幕与反射幕之间的距离上、下都应符合设计要求，允许偏差±50mm；所有吊线与地锚固定时，应与天线幕或反射幕成一个平面，垂直吊线应垂直；天线幕垂直吊线与地锚固定后，应与天线幕所对应的吊点成为直线，其偏差应不大于50mm；反射幕旁弧线与地锚固定时，应根据反射幕旁弧线的弧度及其与天线幕的距离确定地锚的位置，与天线幕的距离应符合设计要求；反射幕旁弧线与地锚固定后，反射幕纬线受力应均匀并拉直；经线与地锚固定后，各经线拉力应适中，受力均匀，接地螺栓应拧紧。

3）天线幕和反射幕的安装高度应符合设计要求；天线振子、导线应符合设计要求，横向水平、竖向垂直、松紧适中，用重锤控制的重量应符合设计要求。

4）吊挂天线幕时，上升速度应平稳，边提升边吊挂，绝缘子应清洁干净并应随时清除天线幕上的泥土、杂物等；上升时每层振子、下引线应有人看管，防止倾斜扭曲损伤导线；检查导线的连接螺母是否拧紧，各部位是否正常，如有异常或导线出现弯曲，应予以检查处理。

5）调整天线幕时，应同时调整拉线和曳线，并测量桅杆的垂直度，同时天线振子对地高度应符合设计要求。

6）天线下引线端制作安装时，本副天线的下引线长度必须一致，两线的间距应符合设计要求，下引线各线应顺直无扭绞，拉紧并受力均匀，瓷支撑应固定牢固。

7）天线幕安装完后应再次检查天线幕及桅杆的垂直度，确保其符合设计要求，天线吊线与地锚连接固定的绳卡的规格、数量、间距应符合设计要求，各部位的索具螺旋扣应有防松动措施并涂防腐脂。

8）架设天线幕工程应进行分项工程验收，填写天线幕分项工程检验批质量验收记录。

4. 架设馈线

架设馈线包括：埋设馈线杆、制作馈线、安装馈线和连接下引线。

安装馈线和连接下引线的要求：

（1）安装馈线应符合下列要求：安装高度应符合设计要求；同路各条导线垂度应一致，馈线的垂度应符合设计要求；中波馈线内环馈线应居于外环馈线中间并同心；短波馈线间距应符合设计要求，导线用跨接线连接的，同一路馈线上的跨接线应对齐，用撑环连接的，同一路馈线上的撑环应对齐；片状馈线应垂直于地面，环形馈线应平行；吊挂馈线的绝缘棒应垂直，绝缘棒的吊挂点应有跨接线或撑环；每一对馈线的跳接线长度应相等；固定导线的压线钩或压线板必须紧固。

（2）下引线拉到设计拉力时，在线上划出标记，做下引线终端，与馈线跳接线连接，连接螺栓紧固及方向应符合要求，同一副天线的下引线长度必须相等。

（3）敷设中波馈线的地线应符合设计要求，连接部位用Φ1.6软铜线绑扎或用地线本身与地线缠绕的方法连接，然后锡焊并与馈线支柱地脚螺栓压紧。

（4）安装馈线时，应保持一定的张力，逐档吊装到馈线杆支架上，悬挂绝缘子应垂直地面，馈线的垂度应符合设计要求，安装后馈线长度应留有调节余量。

（5）终端杆处的棒形绝缘子应与馈线在同一平面，前后距离一致，跳接线、调线叉距离及长度应相等。

（6）安装馈线工程完成后应进行分项工程验收，并填写馈线分项工程检验批质量验收记录。

5. 敷设地网

敷设地网包括：开挖地网线沟和埋设地网。

埋设地网要求：

（1）地网线应按设计要求进行敷设，以塔基础为圆心均匀成射线向外敷设，导线的根数及长度、地网线埋深应符合设计要求，设计无要求时可埋深30～50cm。

（2）地网接触地电阻值应符合设计要求。

（3）地网导线按自缠绕的方法接续，接续长度不小于导线直径的20倍并锡焊焊接；导线与外圈连接线按自缠绕的方法连接，连接长度不小于导线直径的20倍并锡焊焊接。

（4）地网线与塔基础母线应焊接牢固并符合设计要求。

（5）地网工程完成后应进行分项工程验收，填写敷设地网分项工程质量验收记录。

2.7.1.3 系统联调和测试

发射机与天馈线连接——全系统联调——全系统 24h 负荷试验。

以电视发射机系统测试为例，执行《电视发射机技术要求和测量方法》GY/T 177—2001，分图像、声音和双工器技术指标，如表 2-5 所示。

电视发射机主要技术指标表 **表 2-5**

图像部分			
序　号	指标项目	单　位	国家标准
1	输出功率	kW	$\geqq 0.9P_{AN}$
2	视频输入电平	Vp-p	1.0
3	邻频道外无用发射功率	dB	≤−60
4	邻频道内无用发射功率	dB	≤−60
5	群时延	nS	0.25MHz　0 0～2MHz　±60 4.43MHz　±30 5.5MHz　±60
6	图像输出功率变化	dB	±0.25
7	射频白电平	%	12.5～15
8	射频消隐电平	%	75±2.5
9	射频同步电平	%	100
10	2T 正弦平方波与条脉冲幅度比 K_{Pb}	%	≤2
11	行时间波形失真 K_b	%	≤2
12	场时间波形失真 K50	%	≤2
13	色-亮增益差	度	≤10
14	色-亮时延差	nS	±30
15	亮度非线性	%	≤10
16	2T 正弦平方波失真 K_P	%	≤2
17	微分增益 DG	%	±5
18	微分相位 DP	度	±5
19	连续随机杂波信杂比	dB	50
伴音部分			
序　号	指标项目	单　位	国家标准
1	输入电平		0dBm±6dB
2	输入阻抗	Ω	600
3	予加重时间常数	μS	50
4	幅度与频率特性	dB	±1
5	谐波失真	%	≤1
6	内载波失真	dB	≤−45
7	调频信杂比	dB	−60
8	输出功率：相对图像	dB	−10

2.7.1.4 发射机的防雷与接地

不论电视发射机还是调频发射机，特别是固态发射机，对于电源的稳定性和防雷要求给予高度重视，尽管许多发射机的交流与直流变换使用了开关电源，对于电源变动的适应性增强，但还会有些部件使用的是其他类型的电源，过高的电压对发射机来说是没有任何好处的，如果有条件，最好配备补偿式的交流稳压器，效率高，维修方便，如果稳压器出现问题，可以直接旁通使用。

防雷的重点集中在天馈线引入和交流电源引入，在交流电源的输入端，最好接压敏电阻和氧化锌避雷器，对于馈线引雷，最好在机房的入口将馈线的外皮剥开一段接地。接地时，要防止由于多点接地造成地电位不同所形成的“跨步电压”，按照国际上最新的对于雷电的认识，在接地上要避免“分散的、独立的”接地方式，集中力量将主要的接地点的接地电阻降为最低，并保证足够的接地面积。

2.7.2 广播电视卫星传输工程施工技术

2.7.2.1 卫星电视接收系统的组成

卫星电视接收系统由天线、馈源、高频头、功率分配器和数字卫星电视接收机等组成。

1. 天线和馈源部分：属于室外单元，抛物面天线将来自地球同步卫星上数字电视信号的电磁波反射将其聚焦于焦点上的馈源上。馈源对反射过来的电磁波进行整理，使其极化方向一致，再进行阻抗变换，提高接收天线的效率，将接收来的电磁波低损耗、高性能地传输给高频头 LNB。

2. 高频头：安装在接收天线上，属于室外单元，将馈源传送过来的微弱电视信号经过放大和滤波后，送入室内的功率分配器。

3. 功率分配器：将高频头输出的信号分成多路信号，分别送入不同的数字卫星电视接收机。

4. 数字卫星电视接收机 IRD（Intergrated Receiver Decoder）：全称为数字综合解码卫星电视接收机，是卫星电视接收系统室内核心设备，将高频头送来的卫星信号进行解调，解调出节目的视频信号和音频信号。

2.7.2.2 接收天线的安装

卫星电视接收设备是自动找星、自动跟踪卫星的装置，必须有固定的、精确的方位坐标和俯仰坐标，按照卫星在赤道上空的位置以及卫星地面站所处站址的经纬度，计算出天线轴所指向的方位角（相对于地磁南极）、俯仰角（相对于水平面）。只要地磁南极对得准、水平面找得对，天线转动到计算值的位置就能很快接收到卫星发来的电视信号。

1. 场址的选择

一般而言，接收一颗卫星上的节目需要一面接收天线，接收几颗卫星上的节目，就需要几面接收天线，因此接收天线安装场地应足够大。接收天线的建设位置应避开风口和地质松软不坚固的地方，以避免强风袭击造成天线损坏或基座沉陷。

2. 与机房之间的距离

接收天线最好与前端机房建在一起，可建在地面，也可建在屋顶。如果不在一起，两者距离应小于 30m，衰减不超过 12dB；若采用 6m 天线，高频头增益≥60dB 时，可选用≤50m 的电缆；若采用 3m 天线，高频头增益≥54dB 时，可选用≤20m 的电缆。否则，应换低损耗电缆，或增设补偿电缆损耗的宽带放大器。

3. 视野

接收天线前方的视野应开阔，尽量避开山坡、树林、高层建筑、铁路、高压输电线等对信号电磁波的阻挡。一般要求以天线基点为参考点，对障碍物最高点所成的夹角小于30°。

4. 干扰电平

对卫星电视信号的干扰主要是微波，应充分利用山坡、建筑物等遮挡干扰信号。卫星信号仰角高，只要选点适当，一般能够做到既不影响卫星信号的接收，又能遮挡来自地面的微波信号干扰。此外，应尽量避开雷达和高压线等强电磁场干扰源。

2.7.2.3 天线的安装

1. 天线基础

接收天线可以安装在地面和平面屋顶上。不论哪种方式，均应先浇筑基座，待基座凝固好以后，方可安装天线。天线基座制作尺寸和方法一般由天线制造方提供，施工时严格按照图纸要求完成。当天线放置在屋顶或楼顶时，应进行风荷载和天线质量计算，确认安全后方可施工，并注意一定要把基座制作在承重梁上。

2. 抛物面天线的安装

安装天线时，严格按照厂家提供的结构图进行安装。装配过程中，不得将面板划伤或碰撞变形，否则既影响装配精度，又影响天线的电气性能。

(1) 将脚架装在已准备好的基座或地面上，校正水平，调好方位角后基本固定脚架，完全调好方位角后方可紧固脚架或焊接固定。

(2) 装上方位托盘和仰角调节螺杆或螺钉。

(3) 依顺序将反射板的加强支架和反射板装在反射板托盘上，在反射板与反射板相连接时稍微固定即可，暂不固紧，等全部装上后，调整板面平整后，再将全部螺钉紧固。

(4) 馈源、高频头和矩形波导口必须对准、对齐，波导口内要平整，两波导口之间加密封圈，拧紧螺钉防止渗水，将连接好的馈源和高频头装在馈源固定盘上，对准天线中心位置焦点。

3. 避雷针的安装

若接收天线位于某建筑避雷针保护范围之内，可不单独设避雷针。但其基座螺栓接地应良好，接地电阻应小于4Ω，否则，应重新作接地极。如果接收天线独自在空旷地区，或在雷雨较多地区，应加装避雷针。

避雷针应在接收天线的主反射面和副反射面的顶端各装一个，避雷针的高度应使它的保护范围覆盖整个主反射面，一般高出1～2m即可。同样，基座螺栓接地电阻小于4Ω时可作为接地极，否则也应重新做接地极。避雷针的引下线可用10mm的镀锌圆钢。应注意天线的避雷接地线不要与室内卫星电视接收机等设备的保护地线接在一起。

4. 接地线的安装

接地线必须在天线座后1m左右范围内，铜板深埋于地下2～3m，铜板的尺寸应大于500mm（长）×300mm（宽）×5mm（厚），同时在埋泥土时，铜板周围洒上浓食盐水，铜板引出地面的线分别接在天线座底部和室内墙壁边沿。引线用铜皮，铜皮的尺寸不小于30mm（宽）×3mm（厚），其长度是由天线到工作间的距离。

2.7.2.4 接收天线的调试

1. 技术准备

(1) 了解欲接收卫星电视下行技术参数：波段、极化方式、传输方式、符码率、加密情况和卫星的位置。

(2) 通过计算和查表等方式确定天线的方位角和仰角。

(3) 正确连接高频头、低损耗电缆、卫星接收机和监视器，准备适当的调试仪器。

2. 调试

(1) 极化匹配调试：对照安装图安装极化器。

(2) 天线仰角、方位角和极化角粗调：

依次对天线仰角、方位角和极化角进行粗调，然后检查设备接线，确认接线无误后，开启电源，对卫星接收机输入欲接收的卫星电视下行信号参数，可获得较好的图像和伴音。

(3) 天线仰角、方位角、极化角和焦距细调：利用场强仪可调整天线仰角、方位角、极化角和馈源的位置处于最合适的状态，依次按仰角、方位角、馈源焦距和极化角顺序进行。

(4) 天线固定：细调完成后，应将所有螺栓紧固好，并将此时的仰角和方位角在天线上做好标记。

(5) 室外设备调试完毕后，金属部位需要加灌保护胶，以防腐、防雨和防松动。

2.7.3 广播电视有线传输工程施工技术

有线电视传输工程信号传输的方向是天线、前端、干线、分配网络和用户终端。

2.7.3.1 前端系统的安装

前端系统的设备种类繁多，一般配有监视器墙、控制台和机柜，各种设备的尺寸应符合机架的尺寸，通常都为19in标准机箱。前端设备总的要求是：设备安装位置要注意远离干扰源；注意防水、防潮、防鼠；设备的布置合理布局，整洁、美观、实用，便于管理和维护；接线要正确，走线要牢固、整齐和有序。

1. 天线的安装

天线的安装分天线安装位置的选择、天线的安装和天线方向的调整固定三个部分，其中天线的种类和数量较多，应注意以下几点：

(1) 天线阵的安装一般是要求各天线至混合点的引下电缆长度要一致，天线与引下电缆的连接方式要相同。

(2) 每副天线都要保持与地面平行，最下层的天线距地面一般要大于2m，避免因楼板对电磁波反射而产生干扰。

(3) 天线一般不要采用前后架设方式，如果必须前后架设，两副天线的前后距离要在10m以上。

(4) 在公共杆上架设多副VU波段天线时，上下层天线层间距离大于1.5m，左右间距大于2m。

(5) 一般高频道天线架设在上层，低频道天线架设在下层，如果在远距离的弱场强区，将弱场强频道天线安装于竖杆的上部。

(6) 天线的下引线和天线的连接处应做接线防雨处理。

(7) 安装VU波段天线时，应避免天线竖杆直接穿过振子之间，影响接收效果。

2. 前端设备的安装

（1）前端设备的布置

前端设备根据情况可分开放置，经常操作的设备应放置在操作台上，与之相应的设备就近放在操作台边，其他设备如卫星接收机、调制器、解调器和放大器等应放在设备立柜内，较小的部件如功分器、电源插座等可放置在立柜的后面，并用螺钉固定好。设备立柜内摆放的设备上下之间应有一定的距离，便于设备的放置、移动和散热。

（2）前端机房的布线

前端设备布置完毕后连接相关线路，由于设备在低电压、大电流和高频率的状况下工作，布线时既要避免产生不必要的干扰和信号衰减，影响信号的传输质量，又要便于对线路的识别。必须注意以下几点：

1）电源线、射频线、视音频线绝不能相互缠绕在一起，必须分开敷设。

2）射频电缆的长度越短越好，走线不宜迂回，射频输入和输出电缆尽量减少交叉。

3）视音频线不宜过长，不能与电源线平行敷设。

4）各设备之间接地线要良好接地，射频电缆的屏蔽层要与设备的机壳接触良好。

5）电缆与电源线穿入室内处要留防水弯头，以防雨水流入室内。

6）电源线与传输电缆要有避雷装置。

2.7.3.2 干线系统的安装

有线电视干线安装有架空明线和沿地、沿墙埋暗线两种方式。干线安装力求线路短直、安全稳定、可靠，便于维护和检测，并使线路避开易损场所，减少与其他管线等障碍物的交叉跨越。

1. 架空明线

干线的架空明线安装是利用现有建筑的墙壁，沿墙架挂电缆和利用专业水泥杆或其他电杆，用钢绞线或钢丝作电缆的纤绳，用挂环把电缆吊挂起来，干线放大器、分配器、分支器等部件安装在电杆上。采用架空明线安装要注意以下几个方面的事项：

（1）架空明线的电杆杆距不能太长，一般在40～50m。

（2）干线电缆如利用照明线电杆架设时，应距离电源线1.5m以上，过道低垂的电缆应进行换电杆或加高工作，以防止行人或过往的车辆挂碰。

（3）沿墙架设的干线用专用电缆卡固定，墙与墙之间如距离太远（超过5m），必须用钢丝架挂电缆，钢丝两端用膨胀螺栓固定。

2. 暗线埋设安装

暗线埋设是在地下预埋管道或在建筑物的墙内预埋管路安装有线电视电缆，暗线的埋设必须注意以下几点：

（1）当埋设或穿越的电缆线较长时，在适当的地方设置接线盒，以便穿线或今后维护。

（2）预埋管道要尽量短直，内壁要平整，管道拐弯的曲径尽量大些。

（3）电缆接头必须做好防水处理。

2.7.3.3 分配系统的安装

1. 支线部件和用户终端盒的安装

支线部件有分配器、分支器、均衡器和放大器等，这些部件分明装和暗装两种，具体方式可根据建筑结构决定，在明装时尽量装在遮雨处，否则必须加装防雨罩，分配器、分支器、放大器等部件必须用木螺钉安装在合适的木板上，然后用塑料胀管加木螺钉固定在墙壁上。

用户终端盒有单孔、双孔和三孔等，用塑料胀管加木螺钉固紧在靠近电视机的墙壁上。

2. 支线电缆的安装

支线电缆的安装分明线和暗线两种，暗线安装是在墙壁内埋暗管布线，暗管的内径应大于电缆外径的两倍以上。明线和暗线安装都要求尽量走直线，在拐弯处成直角。明装沿墙行线时每 40～50cm 用电缆卡固定，入户的电缆沿外墙穿入室内时要用防水导管，以防雨水沿电缆线进入室内，部件接头处的电缆要留有一定余地，以便今后对部件的拆卸。

2.7.3.4 防雷与接地

1. 室外设备的防雷和接地

（1）信号接收系统的防雷和接地

防止雷击接收设备的有效方法是安装避雷针和接收天线可靠接地。安装方法有两种，一是安装独立的避雷针，另一种是利用天线杆顶部加长安装避雷针，两种方法的保护半径必须覆盖室外信号接收设备，保护半径＝避雷针与地面高度×1.5。

避雷针的接地与接收天线的接地距离必须大于 1m，地线的埋设深度不小于 0.6m，接地电阻不能超过 4Ω，接地引线要求尽量垂直。

（2）传输系统的防雷和接地

有线电视信号传输系统一般为明线安装，传输网络范围大，遭雷击的范围相应扩大，防雷措施主要有以下几种：

1）利用吊挂电缆的钢丝作避雷线。在钢丝的两端用导线接入大地，接头必须采取防水措施，以防雨水灌入生锈。

2）在电缆的接头和分支处用导线把电缆的屏蔽层和部件的外壳引入大地。

3）在电缆的输入和输出端安装同轴电缆保护器或高频信号保护器。

2. 室内设备的防雷和接地

避免雷电沿电源线窜入设备的措施是在电源配电柜或电源板上安装氧化锌避雷器和电源滤波器，一种新型的电源防雷装置称为配电系统过电压保护装置，能在一定时间内抑制雷电和电源的过压，可靠地保护设备不受雷电沿电源线进入造成的危害。

室内应设置共同接地线，所有室内设备均应良好接地，接地电阻小于 3Ω，接地线可用钢材或铜导线，接地体要求用钢块，规格根据接地电阻而定。

2.7.3.5 系统的调试

性能指标是评价系统性能优劣的量化依据，数字有线电视系统主要参数有信号电平和场强、部件增益和衰减量、部件的幅频特性不平度、噪声系数和载噪比、交扰调制和相互调制、电压驻波比与反射波、接地电阻。

有线电视传输工程的调试可按信号传输的方向进行，即天线的调试、前端设备的调试、干线系统的调试和分配系统的调试。

2.7.4 广播电视建筑声学施工技术

2.7.4.1 专用录音场所

1. 录音室的声学要求

录音室是节目制作的重要场所，为满足不同节目的录制要求，必须进行特殊的声学处理，一是应有适当的混响时间，并且房间中的声音扩散均匀，二是应能隔绝外面的噪声。

为满足第一个要求，录音室的墙壁和顶棚上应布置适当的吸声材料，在地面上要铺上地毯，以控制各种频率的声音在录音室中的发射程度，使录音室的混响时间符合要求。

为满足第二个要求，录音室应采取一定的隔声措施，一般应设在振动和噪声小的位置，墙壁、门、窗应做隔声处理，如墙体采用厚墙或双层墙，采用密封式的双层窗，录音室与控制室之间的观察窗应由不平行的三层玻璃制成，录音室入口采用特制的双层门，并留出 $3m^2$ 以上的空间，即“声闸”。录音室顶棚与上一层楼的地面之间，以及录音室地面与下一层楼的顶棚之间，需要用弹性材料隔开，与其他房间的地基间不应有刚性连接，采取浮筑式结构，形成“房中房”，隔绝噪声和振动。同时，对录音室的通风、采暖和制冷也要采取措施，消除发出的噪声。

2. 演播室的声学要求

大型演播室除了应满足摄像外，还应满足录音的要求，最重要的是噪声与振动的控制和布景、道具等对声传播状况的影响，既要隔绝外界的噪声与振动的干扰，又应妥善处理室内可能产生的噪声和振动。

在实际应用时，随着截面或场景的不同，要求的布景、道具不同，整个工作面的净高较高，以便安装光栅层和调节灯具，在有观众席的演播室还应使用扩声系统。这些因素严重地改变了原声场的声学特性，虽然演播室的声学处理不像录音室那样严格，但必须计入布景、道具和观众对声场的影响，最终应满足以下要求：

（1）要求尽可能短的混响时间和平直的频率特性。

（2）良好的隔声与减振措施。

（3）没有声学缺陷。

室内的地面也可铺塑料地板或地毯，以减小室内噪声，并对空调等设备所产生的噪声采取相应的隔声措施。控制室与演播室之间的观察窗也是需要进行隔声处理的关键部位，常用的方法是采用双层玻璃，两层玻璃不能平行，必要时另加一层斜放玻璃，玻璃要有一定的厚度。

3. 录音控制室和审听室的声学要求

利用调音控制台对演播室或录音室送来的节目信号进行放大、音量调整、平衡、音质修饰、混合、分路和特殊音频加工并监听，然后进行录音或送往主控制室播出的房间称作控制室。通常演播室或录音室与相邻的控制室之间设有玻璃窗，以便工作人员彼此观察联系。控制室也要求有一定的空间和一定的混响时间，以便工作人员逼真地监听节目的音质。室内主要有调音台、录音设备、监听扬声器和音质处理设备等。

录音控制室是制作加工录音制品的场所，其音质及立体声声像效果都是录音师根据在房间内聆听效果机械调整的，必须分析房间（录音控制室和审听室）音质状况对监听和审听的影响。对于制作立体声的录音控制室而言，应与审听室有相同的声学环境，即相同的大小、相同的体形、相同的声学处理和相同的音响设备，否则将会因两者之间声学条件的不同而得出不同的效果。

录音控制室应满足以下要求：

1）混响时间足够短，通常在 0.25～0.4s。

2）声学处理应左右对称。

3）在监听的位置上应有平直的频率响应。

2.7.4.2 常见的声学处理措施

1. 隔声和吸声处理

(1) 隔声和吸声材料

吸声材料用于音质和噪声控制，吸声材料可分为多孔吸声材料、薄板共振吸声和空腔共振吸声。常用的有空心砖、岩棉板、岩棉袋、穿孔石膏板、钙塑板和防火绝缘板等。按照声学要求，除了吸声外，还有反射、扩散声场和利用腔体共振吸收相关的低频声能的装置。

(2) 主要的措施

地面和窗户：室内的地面也可铺塑料地板或地毯，以减小室内噪声，并对空调等设备所产生的噪声采取相应的隔声措施。控制室与演播室之间的观察窗也是需要进行隔声处理的关键部位，常用的方法是采用双层玻璃，夹层空间不要造成两玻璃平行的腔体，玻璃要有一定的厚度。

墙面：对于 $100m^2$ 以上的录音室和演播室来说，多用 49cm 砖墙和钢筋混凝土顶板加轻质隔声吊顶。但因为环保的要求，黏土砖墙逐渐少用，代之以多种材料的空心砖墙。必要时可用双层空心砖墙，砌墙时横竖砖缝都要灰浆饱满，墙体两侧抹灰。

图 2-13 是常见录音室与控制室之间隔声墙体的做法。

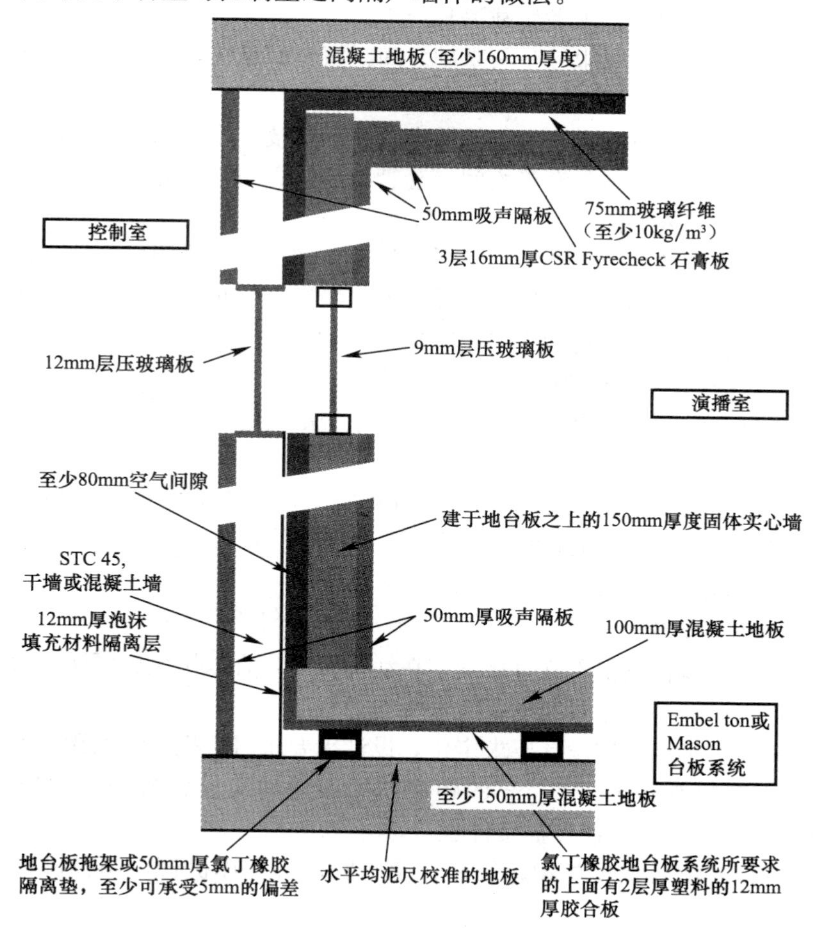

图 2-13 录音室隔声墙体做法示意图

浮筑套房（房中房）是将演播室（小型音乐录音室、配音室或立体声听音室等）用隔振材料垫起来，上面浇筑钢筋混凝土地板，然后在地板上做浮筑套房的墙和顶板。这种做法的隔振和隔声性能都很好，但造价较高。

2. 声学施工要求

（1）吸声材料在工程中应用的时候，其材质和安装条件应该与被测试件相符，如共振板的厚度、龙骨间距、板后空腔、所填玻璃棉厚度和密度、穿孔板的厚度、穿孔率、板后所贴阻尼材料等。

（2）金属共振板、穿孔板和轻钢龙骨等金属材料，选材要厚一些，免得被高声级激发后再辐射声音，造成声染色。

（3）混凝土板浇筑要均匀密实，墙体砌砖要灰缝饱满。

（4）双层墙和浮筑套房的双层结构之间避免刚性连接，必不可少的管道要在缝隙处断开，并做柔性连接。

（5）隔声门窗的边沿与墙体、楼板之间的缝隙一定要堵严，免得漏声。

2.7.4.3 录音室和演播室的空调和给排水的声学要求

1. 空调专业的施工要求

（1）空调设备严格按照要求做好减振与消声。

（2）空调设备安装不仅要求设备与基础之间减振，而且在基础与机房地面之间也要采取减振措施，即双级减振措施。

（3）空调管道在穿越各类录音室、演播室及其配套技术用房的墙体处，需做隔声的穿墙套管。特别注意在穿墙风道与套管之间，套管与墙体之间不得有任何缝隙，注意填充密实，防止噪声经缝隙传入室内。

（4）广播电视中心的各类录音室、演播室的送、回风口宜采用风口消毒器或消声静压箱，同时风口与消声静压箱之间采用一段柔性连接风道，防止管道的附加噪声与振动。

（5）吊装的空调设备及管道均应采用减振支架和吊架。

2. 给排水和消防系统专业的施工要求

（1）凡穿越录音室、演播室的给排水及消防系统的管道均应采取隔振措施，防止管道固体传声。

（2）为防止给排水和消防系统设备的噪声和振动传入广播电视中心噪声标准高的房间，管道和设备应做隔声、隔振处理。

2.7.4.4 扩声、会议系统安装工程要求

1. 机房设备安装要求

（1）机房固定式设备机柜不宜直接安装在活动板下，宜采用金属底座，金属底座应固定在结构地面上。

（2）固定安装的机柜应按设计要求定位，设计无要求时，机柜背面距墙距离宜不小于0.6m，机柜正面宜留有不小于1.5m的距离。机房活动式设备机柜正面应留有不小于1.5m的距离，进出的线缆应使用插接件连接。

（3）活动机柜就位后宜锁住脚轮锁片，使用固定脚支撑机柜，调整机柜的垂直和水平度。

（4）并列安装的固定式机柜应排列整齐，机柜之间应采用螺栓紧固连接。有底座的机柜应与底座连接牢固。设备及设备构件间连接应紧固，安装用的紧固件应有防腐镀层。机柜安装完成后应填写《扩声、会议系统（机柜安装）检验批质量验收记录表》。

（5）机架底座与地面之间的间隙，应采用金属垫块垫实，垫块应进行防腐处理，机架底座与地面悬空部位应加饰面。底座应与地线可靠连接。

（6）单个独立安装或多个并列安装的机柜应横平、竖直、垂直度偏差应不大于1‰，水平度应不大于2‰，整列水平误差不得大于±5mm。

（7）机柜内设备安装应按设计要求排列就位，设计无要求时可按照系统信号流程从上到下依次排列。

（8）机柜上安装沉重的设备时，宜加装托盘或轨道承重。

（9）设备在机柜上的布置考虑设备散热，尽可能把大功率高热量的设备分散开来安装或设备之间加装盲板分隔。

（10）非19″的设备在机柜上安装时应使用托盘或轨道，并将设备固定。机柜正面可加装专用面板。

（11）机柜上的设备安装应符合设计要求，设备面板应排列整齐，并拧紧面板螺钉。带轨道的设备应推拉灵活，机柜应与接地线良好连接。

（12）设备、端子编号应简明易读、用途标志完整，书写正确清楚。

（13）扩声、会议系统设备的工作接地应与工艺接地端良好连接，所有设备应采用星型（Y型）接法独立连接到工艺接地端上，接地电阻应符合设计要求。

（14）控制桌安装应整齐稳固。

2. 各类接线箱安装要求

（1）各类箱、盒、控制板的安装应符合设计要求和相应的施工规范。暗装箱体面板与框架应与建筑装修表面吻合；地面暗装的箱体应能使地面盖板遮盖严密，开启方便，并且有一定的强度；明装箱安装位置不得影响人员通行。箱体与预埋管口连接时应采用管护口及锁母连接，不得使用焊接。

（2）舞台台面上安装的接线箱要保持舞台台面平整，接线箱盖表面应与地板表面色调协调。

（3）观众厅现场调音位接线箱、地面暗装箱体及箱盖应保证其强度。

（4）在活动舞台机械上安装的接线箱不得妨碍舞台机械的正常运转，不得妨碍机械设备的正常维修，不得占用维修通道。活动舞台上接线箱的电缆管线应采用可移动方式或使用流动线缆。

（5）各类接线箱安装应垂直、平正、牢固，水平和垂直度偏差应不大于1.5‰。

（6）安装完成后各类接线箱外形和面表应漆层完好，面盖板开启灵活，水平、垂直度符合要求。

（7）接线箱内的接线插座，应符合设计要求和相应的国家标准；安装应牢固可靠，方向一致。

3. 扬声器系统安装要求

（1）扬声器系统的安装应符合设计要求，固定应安全可靠，水平角、俯角和仰角应能在设计要求的范围内方便调整。应填写《扩声、会议（扬声器安装）检验批质量验收记录表》。

（2）需要在建筑结构上钻孔、电焊时，必须征得有关部门的同意并办理相关手续，施工现场应设有良好的照明条件和符合安全生产条例的防护措施。

（3）扬声器系统的安装必须有可靠的安全保障措施，不应产生机械噪声。当涉及承重结构改动或增加负荷时，必须经设计单位确认后方可实施。明装或暗装扬声器，应避免对扬声器系统声辐射的不良影响，并应符合下列要求：以建筑装饰物为掩体安装（暗装）的扬声器箱，其正面不得直接接触装饰物；采用支架或吊杆安装的扬声器箱（明装），支架或吊杆应简捷可靠、美观大方，其声音的指向和覆盖范围应满足设计要求；软吊装扬声器箱及号筒扬声器，必须采用镀锌钢丝绳或镀锌铁链做吊装材料，不得使用铁丝吊装；在可能产生共振的建筑构件上安装扬声器时，必须做减振处理。

（4）背景音乐扬声器安装应符合下列要求：小型壁挂扬声器箱可采用镀锌膨胀螺栓固定；在石膏板或者矿棉板等软质板材上安装吸顶式扬声器，应在其背面加厚 5～10mm 的其他硬质板材或采用其他方法增强其承重能力。

（5）集中式扬声器箱组合悬吊安装应符合下列要求：根据施工图设计要求，拟定安装施工方案，报请有关部门批准；安装在扬声器组合架上的扬声器应固定牢固，螺栓、螺母不得有松动现象；起重运转设备及机械传动系统应运转灵活、升降自如、低噪声；机械制动、定位、电气操作与控制必须安全可靠、符合设计要求和相应的国家标准；整套装置安装完毕应进行运行调试，机械与电气控制系统的动作应协调一致，功能应达到设计要求；成套装置应作为独立的单项工程，做出调试记录、检验记录、工程实报图，并办理验收手续。

4. 无线发射接收器安装要求

（1）无线发射接收器件安装高度、角度必须满足设计要求。

（2）无线发射接收器件安装位置应避免电光源可能产生的电磁干扰。

（3）无线发射接收器件前不得有遮挡物。

5. 配接线要求

（1）线管、地沟、电缆桥架内的杂物和积水必须清理干净，管口应光滑无毛刺，管道、电缆桥架应畅通。

（2）所有线缆的型号、规格应符合设计要求。线缆敷设前必须进行通、断测试及线间绝缘检查，绝缘电阻值应符合要求，并做好相应的记录。线缆敷设完毕，应再次进行校线，测量线缆绝缘时必须断开设备及元件。

（3）线缆在布放前两端应做标识，标识书写应清晰，端正和正确；标识应选用不易损坏的材料。

（4）线缆敷设应选择最短距离，中间不应有接头，当无法避免接头时，应将接头置于分线箱或接线盒内，并用专用插接件或锡焊接线，接头不得留在线管等不易检查的部位，性能损耗应符合设计要求。

（5）电源线、信号电缆、对绞电缆、光缆及建筑物内其他弱电系统的缆线应分别布放，缆线间的最小净距离应符合相关规范要求。应填写《扩声、会议系统（穿管敷线）检验批质量验收记录表》。

（6）布放缆线的牵引力应小于缆线允许张力的 80%，对光缆瞬间最大牵引力不应超过光缆允许的张力。在以牵引方式敷设光缆时，主要牵引力应加在光缆的加强芯上。

(7) 线缆绑扎时应松紧适度。

6. 布放线要求

(1) 管内穿放线缆应符合下列要求：布放线缆的管内空间利用率应符合设计要求。设计无要求时，直线管路的管径利用率宜为50%～60%；弯管路的管径利用率宜为40%～50%；对绞电缆或光缆的利用率为25%～30%。电源线、信号线、扬声器线不应穿入同一根管内；线缆管应安装线管护口后再穿线；管路穿过防火隔离物体等应做防火隔离、隔声、防潮等处理；管内穿入多根线缆时，线与线之间不得相互拧绞；线管不便于直接铺设到位时，线管出线终端口与设备接线端子之间，必须采用金属软管连接，金属软管长度不应大于1.5m，线缆不得直接裸露。

(2) 电缆桥架、地沟内布放线缆应符合下列要求：电源线、信号线、扬声器线不应同沟平行敷设。设计有要求时，按设计要求布放；布放线缆应排列整齐，不拧绞，尽量减少交叉；交叉处应粗线在下，细线在上；除设计有要求之外，线缆应分类绑扎；线缆垂直敷设时，线缆上端每间隔1.5m应固定在线槽的支架上。水平敷设时，每间隔3～5m应设绑扎点。线缆首、末端和距转弯中心点两边300～500mm处应设置绑扎固定点。

(3) 露天架空线缆敷设应符合下列要求：根据设计要求选定架空线缆路由，线杆间距应符合设计要求；吊线应采用钢绞线，吊装线缆应采用专用的吊线钩或绑扎方式，吊装好的线缆的自然垂直度应符合要求。

(4) 光缆布放：光缆开盘后应检查光缆的外观有无损伤，光缆端头封装是否良好；光缆布放时出盘处应保持松弛的弧度，并留有适度的缓冲余量；光缆布放时最小弯曲半径应为光缆外径的15倍，施工时应不小于20倍，设计或光缆生产厂家有特殊规定时，按规定施工；光缆布放应在两端预留长度，一般每端为3～5m；有特殊要求的应按设计要求预留长度。

7. 导线连续要求

(1) 接线前，应将已布放好的线缆进行对地绝缘电阻和线间绝缘电阻检测并做记录；对其物理性能应进行粗测（对不同功能的线缆可用兆欧表、专用仪器、万用表、电话机等设备进行测量）；双绞线可打上模块实测；光缆可做通光检查，检查结果应做详细记录。

(2) 布放到位的线缆编号应与接线端子编号相符，相位应正确。

(3) 制作电缆头前，应根据设备和模块的安装位置预留电缆余量。

(4) 电缆头制作安装应符合下列要求：焊接音频线、剥去屏蔽层，其裸露的长度不得大于30mm，不得使用酸性焊剂；焊接的焊点、插头、插座等，焊锡应饱满光滑，不得虚焊；焊点应处理干净；接点处应采用相应的套管做绝缘、隔离及保护，线缆必须与插件良好固定；其他类型线缆应选用相应的插接件，接线片（线鼻子）焊接或压接时应选用与芯线截面积相同的接线片（线鼻子），独股的芯线可将线头镀锡后插接或弯钩连接；同系统中线缆接续时应保证相位一致，双绞线接续时，应尽量保持双绞线的绞合，开绞长度不应超过13mm，与插接件连接应认准线号、线位色标，不得颠倒错接；铠装电缆引入电箱后应在铠甲上焊接好接地引线，或加装专门接地夹；压接的线缆接头必须使用专用工具压接；光缆连接时应得到足够的弯曲半径后进行融接；光纤连接器制作应按设计要求进行，设计无要求时应根据使用要求选择连接器型号；光纤连接器的光学性能应符合设计要求，设计无要求时，插入损耗应不大于0.5dB，回波损耗应不小于25dB，必须在－40℃～＋70℃的温度下能够正常使用；可插拔次数应在1000次以上。

（5）各个位置的设备工艺接地箱与专用接地极之间应采用接地干线星型连接，工艺接地箱箱体应与保安接地干线良好连接，工艺接地与保安接地不应混接。

（6）线缆制作完成后应进行测试，四对双绞线、光缆应使用专用的测试仪，并打印出测试报告，达标后方可与设备连接。

2.7.5 演播室灯光施工技术

2.7.5.1 演播室灯光

演播室灯光由电源、调光设备、负荷电路、灯具和灯具的支撑装置五个部分组成。

照明灯具主要有地灯、立式灯、悬吊灯和夹持式灯。支撑器材主要包括脚架、各类卡具夹具、各类吊挂器材、棚架器材和导轨。

电视演播室的照明器材通常是固定安装在棚架上的悬吊灯，悬吊式灯架上的支架和悬吊杆分为固定式和移动式，移动式悬吊装置上面设置一定数量的滑动支架，灯具可沿着滑动支架在一定范围内移动，悬吊杆可以随意升降，灯具可停留在一定高度，使用方便。但移动轨道的安装调试是施工中的难点。

2.7.5.2 灯具的支撑悬吊装置

常用的悬吊装置有滑轨式、吊杆式和行车式。

1. 滑轨式悬吊装置由横向滑轨、纵向滑轨、万向节和弹簧伸缩器小车组成。横向滑轨通过万向节与纵向固定轨连接，可沿固定轨纵向滑行。灯具经弹簧伸缩器小车挂在横向滑轨上，一方面可沿滑轨横向滑行，另一方面可伸缩垂直位移。这样，灯具就能纵横上下任意变动位置。滑轨式悬吊装置采用手动控制，成本低而且使用灵活，适合于在面积$100m^2$左右、顶棚高度不大于5m的演播室内使用。

2. 吊杆式悬吊装置采用遥控电动的方法控制水平吊杆或垂直吊杆的升降，升降幅度有上、下限位装置保险，灯具安装在吊杆的下方。吊杆式悬吊装置采用稠密布置的方法安装在演播室顶棚上，遥控电动升降节省了时间和人力，适用于面积$200m^2$以上、顶棚高度大于7m的演播室。

3. 行车式悬吊装置可在演播室顶棚导轨上横向或纵向行走，底部与垂直伸缩杆相连，伸缩杆下端悬吊灯具，完全采用遥控电动方式，行车速度6.7m/min，垂直伸缩杆最大升降速度9.6m/min，提升重量为60kg。行车式悬吊装置使用灯具数量较少，调动灵活，布光速度快，与机械化灯具配套使用，操作十分简便，适合于在面积大于$400m^2$、顶棚高度大于8m的中、大型演播室使用。

2.7.5.3 配电设施

1. 电源要求

（1）电源容量应足够大。

（2）重视三相交流配电中心线的接零、接地和导线的截面积。一是中心线具备一定的载流截面，最小也不能小于相线负载的1/3载流截面，使中心线上没有过大的电阻。二是中心线要良好接零，使中心线上的电流畅通无阻地流向变压器零点回路，并通过零点回路良好接地。

（3）要考虑电源的相位问题。一是由不同相位电源供电的设备都必须保持一定的距离，以防止它们之间的电位差可能引起的电击。如果采用不同相位电源的灯具，不要安装在同一个吊杆上，以保持使用的安全。二是可以与普通照明、动力电源合用同一相电，但要尽量避免与视频、音频设备使用同一相电，否则，电视照明的大电流变化将会对视频、音频设备的正常工作形成干扰。

2. 电缆要求

演播室吊杆光源功率大，合理选择电力是保证安全和质量的前提。

电缆的额定电压应大于供电系统的额定电压。

电缆按照导线发热和环境温度所确定的持续容许电流应大于电光源负载的最大持续电流。演播室内易燃物较多，长时间超负荷使用电缆，会损坏装饰表面、烧坏电缆的绝缘外皮，还可能引起火灾，因此，应适当加大电缆芯线截面积，不得随意使用电流量小的电缆。

选用绝缘层耐高温的电缆，一般宜选用橡胶护套软铜芯电缆。

3. 灯具配套接插件特点

(1) 机械强度高，一般采用酚醛玻璃纤维压制而成。

(2) 绝缘性能好，绝缘电压1500V，绝缘电阻大于20MΩ。

(3) 电流量大，插接容量40A。

(4) 使用温度范围宽，可在－10～＋50℃内使用。

4. 抑制可控硅设备干扰的措施

(1) 设备内增加电感电容滤波器。

(2) 单独使用一台变压器，与视音频设备分开。

(3) 调光设备输出线远离视音频线，或对输出线采取屏蔽措施。

(4) 调光设备的屏蔽地线（交流保护地线）要良好接地。

2.7.5.4　演播室灯光施工特点

1. 预埋件的施工

土建预埋件的施工直接影响和制约演播室灯光的施工，灯栅层承重件预埋时，灯光专业人员应进场配合施工。

2. 工序搭接

演播室的施工涉及多个工种和专业，注意工序搭接，合理安排作业时间和空间。与土建工序搭接关系：土建预埋件→空调管道安装→灯栅层施工→连接件安装→墙面吊顶装修→灯光安装→地面装修。

2.7.5.5　设备安装

1. 布光柜、终端柜、分控箱的安装

(1) 布光柜应安装在调光器室内。布光柜、终端柜应安装在土建预留的型钢基础上，柜前操作距离应不小于1.5m，柜后距墙或电缆桥架或其他设备应不小于0.8m，柜顶距吊顶应不小于0.5m。

(2) 柜体安装应进行水平、垂直校正，垂直偏差应符合“柜体垂直偏差”的要求。

(3) 相同规格的布光柜、终端柜并排安装后，顶部高差不应大于2mm。

(4) 分控箱宜安装在灯光设备层所控设备的附近，且应固定在灯光设备层的钢架上，安装应牢固，维修应方便，排列应整齐。

(5) 布光柜、终端柜和分控箱上应有铭牌。进、出线孔应有橡胶护套或塑料护套。

(6) 布光柜、终端柜和分控箱应设接地螺栓并做好接地处理。

2. 布光控制台（箱）的安装

(1) 移动式布光控制台的控制电缆插座应装在演播室的墙上，插座距地宜为 300m，且宜装在进布景的门附近。

(2) 布光控制箱宜装在演播室进布景的门附近，箱顶标高不宜超过 1.8m。控制箱垂直偏差不宜超过 3mm。

3. 调光设备系统的安装

(1) 调光柜（箱）、调光控制台应安装在专用机房内，室内不能有水源。

(2) 调光柜应安装在土建预留的型钢基座上，固定应牢靠。宜采用不小于 M8 的螺栓固定。柜前操作距离应不小于 1.5m，柜体距后墙或电缆桥架就不小于 0.8m，柜顶空间高度应大于 0.5m。调光箱宜固定在土建预留的型钢架上，或放置在稳固的台面上。

(3) 调光柜柜体安装应进行水平、垂直校正，柜体垂直偏差应符合表 2-6 的规定。

柜体垂直偏差 **表 2-6**

柜体高度（mm）	≤1000	>1000～1500	>1500～2000	>2000
垂直偏差（mm）	1.5	2.0	2.5	3.0

(4) 相同规格调光柜交排安装后，顶部最大高差应不大于 2mm。

(5) 调光控制台应安装在固定的台面上。

(6) 调光柜（箱）就位后，应满足以下要求：安装电源电缆并测量相线对立柜外壳的绝缘。调光立柜电源板、控制触发板及散热风扇工作应正常。检查驱动单元并进行安装。测试机柜绝缘性。

4. 灯具一般规定

(1) 演播室灯光的灯具（含钨丝灯、管形荧光灯和其他气体放电灯）安装应按已批准的设计文件进行施工，当修改设计时，应经原设备单位同意，方可进行。

(2) 采用的灯具应符合国家标准《灯具安全要求与试验》GB 7000.1—7000.6 及《舞台灯光、电视、电影及摄影场所（室内外）用灯具安全要求》GB 7000.15 的有关规定，当灯具有特殊要求时，应符合产品技术文件的规定。

(3) 施工前，应进行如下检查：技术文件应齐全；灯具及其配件应齐全，不应有破损和漏电。反光器、螺纹透镜无破损，灯具外壳无磕碰，无机械损伤、无变形、漆膜完整；灯具应有带接地的三芯插座。

(4) 施工中的安全技术措施，应符合国家现行规范、标准及产品技术文件的规定。

5. 灯具的安装

(1) 灯具应通过灯钩、灯具滑车挂在灯光悬吊装置上。

(2) 灯具吊挂应牢固，连接销或螺栓的直径不应小于 6mm。每个灯应有保险链。

(3) 固定在移动的悬吊装置下的灯具，其灯具不应与电缆外皮相碰。

(4) 在吊杆上的三孔插座，面对插座的右孔或上孔与相线相接，左孔或下孔与零线相接，上孔或中间孔与地线相接。

(5) 灯具上的插座，面对插座，上孔与相线相接，下孔与零线相接，中间接灯具外壳。

（6）灯光插座盒若在墙上，距地面或挑台 0.3m，若装在云灯沟内，盒顶距演播室地面 0.1m。

（7）机械灯具的机械控制应有专用插接件和专用控制电缆。机械灯的灯交电缆及控制电缆敷设，不应影响机械灯的正常机械动作。

（8）杆控灯具吊挂后，用控制杆控制俯仰、水平回转和调焦，控制应灵活，无卡阻现象。

（9）除荧光灯及二次反射柔光灯外，灯具前方宜加钢丝网保护

（10）灯具附件换色器的固定：换色器与灯具的连接必须稳固而不易滑落；电源分配器或隔离式信号放大器安放的位置应尽量靠近供电电源插座，在空中必须紧固到灯杆或牢固的横梁上，在地面则必须放置在不易被人误碰到的地方；换色器、电源分配器和隔离式讯号放大器凡固定在空中的，都必须有保险链与灯杆或牢固的横梁相连。

（11）插座与插头规格、质量必须满足负载工作需要，配合良好，插接紧密，连接正确。

2.7.5.6　系统调试

1. 布光控制系统的调试

检测系统接线是否正确；电源工作是否正常；使用布光控制台对各个控制点逐一调试，做到控制准确，显示和指示正确，不粘连，不串号；逐一调试水平吊杆，调节行程限位开关，使所有吊杆在距设备层 1.2m 与距地面 1.5m 的行程范围内平稳、安全地运行，启动顺畅，停止不溜车；逐一调试三动作机械灯具，动作齐全、灵活、正确。使用手持遥控器重复以上工作，直至布光控制系统所有设备全部正常工作。

2. 调光系统的调试

检查所有接线准确；测试三相电源之间及每相对零、对地的绝缘电阻；检测电源电压是否符合要求；在没有安装调光组件之前，通电测试；装入所有调光组件，关闭所有调光组件的保护开关，通电检查；打开所有调光组件的保护开关，通电检查；检测调光信号线接调光台端的电压；接通电脑调光台，仔细测试每一光路，直至所有灯具都正常工作；多个光路同时打开、关闭，检测是否同步、线性一致；最后，打开所有负载的 65%～85% 保持 1.5～2h，检测电源电压的波动情况，电力电缆的电流和温度，空气开关的表面温度，调光柜的运行情况及散热系统，直至调光系统所有设备全部正常工作。

2.7.6　广播电视工程供配电要求

广播电视工程种类繁多，以广播电视中心工程举例进行说明。

2.7.6.1　电视中心供配电特点

1. 负荷分级

分为中心工艺负荷、照明及电热负荷、空调及水泵等动力负荷三类。其中工艺负荷又分为节目制作用电负荷、节目后期制作用电负荷、节目播出部分用电负荷和演播室灯光用电负荷。广播电视中心属于一级负荷，国家和省级中心的工艺负荷属于一级负荷中的特别重要负荷。

2. 供配电特点

（1）工艺设备用电负荷

1）节目在制作或播出时，绝不允许因供电中断而停播，故用电可靠性要求极高。

2）工艺用电设备负荷容量较小，单相负荷多，并且其大量的节目制作设备负荷为非线性负载，用电位置又相对集中，用电设备之间会产生电磁干扰。

3）工艺用电负荷使用时间长，全天 24h 连续工作，故用电负荷的长期工作稳定性要好。

（2）演播室灯光用电负荷

1）用电设备集中，负荷性质具有非线性负载的特性。

2）用电负荷容量大，且演播室的灯光用电负荷是连续负荷。

3）用电负荷对工艺用电设备产生较大的谐波干扰。

4）用电设备的单相负荷在使用中易造成严重的三相不平衡。

（3）照明和电热负荷用电

1）工艺用房间内布置照明设施时应采取降低噪声的措施，以防止其噪声干扰。

2）工艺用房间内不宜采用电子镇流器，以避免其对工艺设备的电磁干扰。

3）电热负荷的供电使用时间长，每天 24h 连续工作。

2.7.6.2　广播电视中心配电质量控制

1. 配电原则

（1）变压器容量大于 160kVA，供电要求可靠的广播电视中心通常采用 10kV 供电。

（2）自制节目套数大于 2 套的广播电视中心宜单独设置广播电视工艺用电变压器，将工艺用电负荷与其他用电负荷分开变压器供电，变压器的接线方式应为（D,yn11），以抑制工艺用负荷因电传导所产生的干扰和其他用电负荷对它的干扰。

（3）演播室灯光负荷＞160kVA，宜单独设置变压器，变压器的接线方式应为（D,yn11）。

（4）广播电视中心的工艺用电负荷容量小，或与其他负荷没有条件分开供电时，设置变比 1∶1 的隔离变压器或 UPS 不间断电源。隔离变压器的接线方式应为（D,yn11）或单相隔离变压器，UPS 可选择集中或分散式供电方式。通常采用集中式供电方式。

（5）当外电电压质量不能满足广播电视中心电压偏移允许值时，应选用有载调压变压器。自动调节范围为±4×1.25%，保证电源供电电压的偏差小于 1.25%。

2. 配电方式

（1）工艺负荷供配电采用放射式方式，电缆宜敷设在电缆沟或电缆桥架内。

（2）产生谐波的供电线路与对谐波敏感的工艺负荷供电线路宜分开变压器供电。

（3）工艺负荷配电和演播室灯光负荷配电的电缆选用 5 芯等截面电力电缆。

（4）变配电室在广播电视中心楼内的低压配电系统接地形式应为 TN-S 系统。工艺设备和演播室灯光配电及调光系统的保护地线采取一点接地的形式，只在大楼内总等电位端子板处与大楼内的接地系统联结。同时演播室灯光供电系统要求 N 线与 PE 线在变压器中性点一点接地，其他任何地方均与地绝缘。

第3章 通信与广电工程项目施工相关法规与标准

3.1 通信设施安全管理的有关规定

3.1.1 通信建设管理的有关规定

为了规范电信市场秩序，加强电信建设的统筹规划和行业管理，合理配置电信资源，维护电信用户和电信业务经营者的合法权益，促进电信业的健康发展，国务院于2000年9月25日公布了《中华人民共和国电信条例》；原信息产业部于2002年2月1日开始施行《电信建设管理办法》（20号令），原信息产业部综合规划司于2005年颁布了330号文件《关于加强对电信管道和驻地网建设管理等有关问题的通知》。上述文件在保证通信管道建设以及在民用建筑物上施工方面的要求如下：

3.1.1.1 城市建设和村镇、集镇建设配套设置电信设施的规定

1. 在民用建筑物上进行电信建设的要求

（1）建筑物内的电信管线和配线设施以及建设项目用地范围内的电信管道，应当纳入建设项目的设计文件，并随建设项目同时施工与验收。所需经费应当纳入建设项目概算。

（2）民用建筑的开发者和管理者应当为各电信运营商使用民用建筑内的通信管线等公共电信配套设施提供平等的接入和使用条件，保证电信业务在民用建筑区域内的接入、开通和使用。

（3）民用建筑的开发方、投资方以外的主体投资建设的公共电信配套设施，该设施的所有人和合法占有人利用该设施提供网络接入服务时，应获得相关电信业务经营许可证，并为电信业务经营者提供平等的接入和使用条件。

（4）民用建筑内的公共电信配套设施的建设应当执行国家、行业通信工程建设强制性标准，原则上应统一维护。

（5）基础电信业务经营者可以在民用建筑物上附挂电信线路或者设置小型天线、移动通信基站等公用电信设施，但是应当事先通知建筑物产权人或者使用人，并按照省、自治区、直辖市人民政府规定的标准向该建筑物的产权人或者其他权利人支付使用费。

（6）电信业务经营者投资改造已建电信业务经营者的电信设施时，应当按照多家电信运营商共同进入该民用建筑的标准进行电信设施建设，并向有需求的电信运营商出租。

（7）公共场所的经营者或管理者有义务协助基础电信业务经营者依法在该场所内从事电信设施建设，不得阻止或者妨碍基础电信业务经营者向电信用户提供公共电信服务。

2. 电信配套设施出租、出售资费由当事双方协商解决，双方难以协商一致的，可以由电信管理机关协调解决。电信管理机关可以结合本地区实际情况制定电信配套设施出租、出售资费标准。

3. 有关单位或者部门规划、建设道路、桥梁、隧道或者地下铁道等，应当事先通知省、自治区、直辖市电信管理机构和电信业务经营者，协商预留电信管线等事宜。

3.1.1.2　对电信管道、电信杆路、通信铁塔等设施的建设管理要求

各基础电信业务运营商可以在电信业务经营许可的范围内投资建设电信管道、电信杆路、通信铁塔等电信设施。任何组织不得阻碍电信业务经营者依法进行的电信设施建设活动。

1. 电信管道、电信杆路、通信铁塔联合建设的程序和原则

在电信通行权有限的区域新建、扩建、改建电信管道、电信杆路、通信铁塔等电信设施应当统一规划、联合建设。建设各方应按照以下程序组织电信管道、电信杆路、通信铁塔等电信设施联合建设活动：

（1）首先提出建设意向的电信运营商应向当地的电信管理机关或电信管理机关授权的社会中介组织提出书面申请，并将拟建项目的基本情况向电信管理机关或指定的社会中介组织报告。

（2）电信管理机关或指定的社会中介组织在接到申请后应及时将有关建设信息通知其他电信运营商，其他运营商应及时回复是否参加联合建设，逾期未书面答复视为主动放弃联合建设。

（3）首先提出建设意向的电信业务经营者召集各参建电信运营商，共同商定建设维护方案、投资分摊方式、资产分割原则和牵头单位，并签订联合建设协议。

（4）联合建设的牵头单位将商定的并经电信管理机关盖章同意的建设方案报城市规划、市政管理部门审批，履行建设手续。项目竣工验收后，工程相关文件应及时向当地电信管理机关备案。

（5）不参与联合建设的电信业务经营者，原则上在3年之内，不得在同路由或同位置建设相同功能的电信设施。

2. 电信管道、电信杆路、通信铁塔等电信设施共用问题

（1）本着有效利用、节约资源、技术可行、合理负担的原则，电信运营商应实现电信管道、电信杆路、通信铁塔等电信设施的共用。已建成的电信管道、电信杆路、通信铁塔等电信设施的电信业务经营者应当将空余资源以出租、出售或资源互换等方式向有需求的其他电信业务经营者开放，出租、出售资费由当事双方协商解决，双方难以协商一致的，可以由电信管理机关协调解决。电信管理机关可以结合本地区实际情况制定电信管道、电信杆路、通信铁塔等电信设施租售资费标准。

（2）在空闲资源满足需求的路由和地点，原则上不得再新建电信管道、电信杆路、通信铁塔等电信设施。对于已建成的电信设施无空闲资源可利用的路由和地点，应当尽量通过技术改造、扩建等技术手段，提高资源利用率，以满足需求。

3.1.2　保证通信网络及信息安全的规定

为了加强对通信网络安全的管理，提高通信网络安全防护能力，保证通信网络安全畅通，保证网络使用者传输信息的保密性，防止通信网络阻塞、中断、瘫痪或者被非法控制，防止通信网络中传输、存储、处理的数据信息丢失、泄露或者被篡改，避免工程施工人员破坏网络安全及损害他人利益，人为地阻碍运营商之间的互联互通，《中华人民共和国电信条例》、国办发［2003］75号文件《国务院办公厅转发信息产业部等部门关于进一

步加强电信市场监管工作意见的通知》、原信息产业部［2003］453号《关于加强依法治理电信市场的若干规定》以及工业和信息化部［2010］11号《通信网络安全防护管理办法》规定：

3.1.2.1 通信网络安全防护工作的原则

公用通信网和互联网统称“通信网络”，通信网络安全防护工作应坚持积极防御、综合防范、分级保护的原则。

3.1.2.2 通信网络安全防护各方主体的职责

1. 通信网络运行单位的职责

（1）通信网络运行单位概念

通信网络运行单位：是指中华人民共和国境内的电信业务经营者和互联网域名服务提供者。互联网域名服务，是指设置域名数据库或者域名解析服务器，为域名持有者提供域名注册或者权威解析服务的行为。

（2）通信网络运行单位应当按照电信管理机构的规定和通信行业标准开展通信网络安全防护工作，对本单位通信网络安全负责。

（3）通信网络运行单位新建、改建、扩建通信网络工程项目，应当同步建设通信网络安全保障设施，并与主体工程同时进行验收和投入运行。

（4）通信网络安全保障设施的新建、改建、扩建费用，应当纳入本单位建设项目概算。

（5）通信网络级别划分

通信网络运行单位应当对本单位已正式投入运行的通信网络进行单元划分，并按照各通信网络单元遭到破坏后可能对国家安全、经济运行、社会秩序、公众利益的危害程度，由低到高分别划分为一级、二级、三级、四级、五级。通信网络运行单位应当根据实际情况适时调整通信网络单元的划分和级别，并按照规定进行评审。

通信网络运行单位应当在通信网络定级评审通过后三十日内，将通信网络单元的划分和定级情况按照以下规定向电信管理机构备案：

1）基础电信业务经营者的集团公司向工业和信息化部申请办理其直接管理的通信网络单元的备案；基础电信业务经营者的各省（自治区、直辖市）子公司、分公司向当地通信管理局申请办理其负责管理的通信网络单元的备案；

2）增值电信业务经营者向作出电信业务经营许可决定的电信管理机构备案；

3）互联网域名服务提供者向工业和信息化部备案。

（6）通信网络运行单位办理通信网络单元备案，应当提交以下信息：

1）通信网络单元的名称、级别和主要功能；

2）通信网络单元责任单位的名称和联系方式；

3）通信网络单元主要负责人的姓名和联系方式；

4）通信网络单元的拓扑架构、网络边界、主要软硬件及型号和关键设施位置；

5）电信管理机构要求提交的涉及通信网络安全的其他信息；

6）备案信息发生变化的，通信网络运行单位应当自信息变化之日起30日内向电信管理机构变更备案；

7）通信网络运行单位报备的信息应当真实、完整。

(7) 通信网络运行单位应当落实与通信网络单元级别相适应的安全防护措施，并按照以下规定进行符合性评测：

1) 三级及三级以上通信网络单元应当每年进行一次符合性评测；

2) 二级通信网络单元应当每两年进行一次符合性评测；

3) 通信网络单元划分和级别调整的，应当自调整完成之日起 90 日内重新进行符合性评测；

4) 通信网络运行单位应当在评测结束后 30 日内，将通信网络单元的符合性评测结果、整改情况或者整改计划报送通信网络单元的备案机构。

(8) 通信网络运行单位应当按照以下规定组织对通信网络单元进行安全风险评估，及时消除重大网络安全隐患：

1) 三级及三级以上通信网络单元应当每年进行一次安全风险评估；

2) 二级通信网络单元应当每两年进行一次安全风险评估；

3) 国家重大活动举办前，通信网络单元应当按照电信管理机构的要求进行安全风险评估；

4) 通信网络运行单位应当在安全风险评估结束后 30 日内，将安全风险评估结果、隐患处理情况或者处理计划报送通信网络单元的备案机构。

(9) 通信网络运行单位应当对通信网络单元的重要线路、设备、系统和数据等进行备份，并组织演练，检验通信网络安全防护措施的有效性；同时，还应当参加电信管理机构组织开展的演练。

(10) 通信网络运行单位应当建设和运行通信网络安全监测系统，对本单位通信网络的安全状况进行监测。

(11) 通信网络运行单位可以委托专业机构开展通信网络安全评测、评估、监测等工作。

(12) 通信网络运行单位应当配合电信管理机构及其委托的专业机构开展检查活动，对于检查中发现的重大网络安全隐患，应当及时整改。

2. 电信管理机构的职责

(1) 电信管理机构概念

电信管理机构：中华人民共和国工业和信息化部简称工业和信息化部，各省、自治区、直辖市通信管理局简称通信管理局。工业和信息化部以及通信管理局统称为“电信管理机构”。

(2) 工业和信息化部的管理职责

1) 负责全国通信网络安全防护工作的统一指导、协调和检查，组织建立健全通信网络安全防护体系，制定通信行业相关标准。

2) 根据通信网络安全防护工作的需要，加强对受委托专业机构的安全评测、评估、监测能力指导。

(3) 通信管理局的管理职责：对本行政区域内的通信网络安全防护工作进行指导、协调和检查。

(4) 电信管理机构的管理内容

1) 组织专家对通信网络单元的分级情况进行评审。

2）对备案信息的真实性、完整性进行核查，发现备案信息不真实、不完整的，通知备案单位予以补正。

3）对通信网络运行单位开展通信网络安全防护工作的情况进行检查，检查内容包括：

① 查阅通信网络运行单位的符合性评测报告和风险评估报告；

② 查阅通信网络运行单位有关网络安全防护的文档和工作记录；

③ 向通信网络运行单位工作人员询问了解有关情况；

④ 查验通信网络运行单位的有关设施；

⑤ 对通信网络进行技术性分析和测试；

⑥ 法律、行政法规规定的其他检查措施。

4）委托专业机构开展通信网络安全检查活动。

5）对通信网络安全防护工作进行检查，不得影响通信网络的正常运行，不得收取任何费用，不得要求接受检查的单位购买指定品牌或者指定单位的安全软件、设备或者其他产品。

（5）电信管理机构及其委托的专业机构的工作人员对于检查工作中获悉的国家秘密、商业秘密和个人隐私，有保密的义务。

3.1.2.3 保护网络及信息安全的规定

任何组织或者个人不得有危害电信网络安全和信息安全的行为。危害电信网络安全和信息安全的行为主要有：

1. 对电信网的功能或者存储、处理、传输的数据和应用程序进行删除或者修改。对于此问题，《最高人民法院关于审理破坏公用电信设施刑事案件具体应用法律若干问题的解释》（法释［2004］21号）中提到，下列行为属于破坏公共电信设施罪，将受到刑法处罚：

（1）采用截断通信线路、损毁通信设备或者删除、修改、增加电信网计算机信息系统中存储、处理或者传输的数据和应用程序等手段，故意破坏正在使用的公用电信设施，造成火警、匪警、医疗急救、交通事故报警、救灾、抢险、防汛等通信中断或者严重障碍，并因此贻误救助、救治、救灾、抢险等，致使人员死亡、伤亡的；

（2）造成通信在一定时间内中断的；

（3）故意破坏正在使用的公用电信设施尚未危害公共安全，或者故意毁坏尚未投入使用的公用电信设施，造成财物损失，构成犯罪的；

（4）盗窃公用电信设施的；

（5）指使、组织、教唆他人实施本解释规定的故意犯罪行为的。

2. 利用电信网从事窃取或者破坏他人信息、损害他人合法权益的活动。

3. 故意制作、复制、传播计算机病毒或者以其他方式攻击他人电信网络等电信设施。

4. 危害电信网络安全和信息安全的其他行为。

3.1.2.4 维护市场秩序的规定

1. 禁止扰乱电信市场秩序的行为

任何组织或者个人不得有下列扰乱电信市场秩序的行为：

（1）盗接他人电信线路，复制他人电信码号，使用明知是盗接、复制的电信设施或者码号；

（2）伪造、变造电话卡及其他各种电信服务有价凭证；

（3）以虚假、冒用的身份证件办理入网手续并使用移动电话。

2. 运营商之间电信网互联互通的要求

（1）禁止中断或阻碍网间通信的行为

运营商之间应为各自的用户通信提供保障，应保证自己的用户能够顺利地与其他运营商的用户进行通信。运营商之间如果存在下列擅自中断或阻碍网间通信的行为，将受到相应的处罚：

1）擅自中断或限制网间通信；

2）影响网间通信质量；

3）擅自启用电信码号资源，拖延开放网间业务、拖延开通新业务号码；

4）违反网间结算规定；

5）其他引发互联争议的行为。

（2）运营商之间中止互联互通的条件

各通信运营商之间由于通信设施存在隐患等原因，根据原信息产业部第31号令《信息产业部负责实施的行政许可项目及其条件、程序、期限规定》，可申请暂停网间互联或业务互通。运营商之间中止互联互通应满足以下条件要求：

1）经互联双方总部同时认可，互联一方的通信设施存在重大安全隐患或对人身安全造成威胁。

2）经互联双方总部同时认可，互联一方的系统对另一方的系统的正常运行有严重影响。

3）有详细的实施计划、恢复通信和用户告知宣传方案等，能够使暂停网间互联或业务互通所造成的影响降至最低。

3.1.2.5　对电信设施的保护的要求

1. 电信设施的建设要求

电信运营商已经建设完成、投入使用的电信设施受到法律法规的保护。电信建设参与单位在电信建设过程中，应严格遵守《工程建设标准强制性条文》。对于运营商先期建设的电信设施，任何单位或个人的下列行为将受到严厉处罚。

（1）擅自改动、迁移、使用或拆除他人的电信线路（管线）及设施，或者擅自将电信线路及设施引入或附挂在其他电信运营企业的机房、管道、杆路等，引发争议并造成严重后果的行为；

（2）电信运营企业明示或者暗示设计单位或施工单位违反通信工程建设强制性标准，降低工程质量或发生工程质量事故的行为；

（3）设计、施工、监理等单位不执行工程建设强制性标准，造成通信中断或者其他工程质量事故的行为。

2. 电信设施的维护和使用要求

电信设施在维护和使用过程中，严禁出现下列破坏电信设施、非法阻止或者妨碍提供公共电信服务的行为。

（1）故意破坏电信线路及其他电信设施，阻止或者妨碍电信运营企业依法提供公共电信服务。构成犯罪的，依法追究刑事责任。

（2）过失损坏电信线路及其他电信设施，造成《电信运营业重大事故报告规定（试行）》规定的重大通信事故的行为。《电信运营业重大事故报告规定（试行）》所包括的电信运营业重大事故包括：

1）在生产过程中发生的人员伤亡、财产损失事故：死亡3人/次以上、重伤5人/次以上、造成直接经济损失在500万元以上；

2）一条或多条国际陆海光（电）缆中断事故；

3）一个或多个卫星转发器通信连续中断超过60min；

4）不同电信运营者的网间通信全阻60min；

5）长途通信一个方向全阻60min；

6）固定电话通信阻断超过10万户·小时；

7）移动电话通信阻断超过10万户·小时；

8）互联网业务中电话拨号业务阻断影响超过1万户·小时，专线业务阻断超过500端口·小时；

9）党政军重要机关、与国计民生和社会安定直接有关的重要企事业单位及具有重大影响的会议、活动等相关通信阻断；

10）其他需及时报告的重大事故。

（3）过失损坏电信线路及其他电信设施，导致发生通信事故但尚未构成重大通信事故的行为。

3.1.2.6 违反《通信网络安全防护管理办法》有关规定的处罚

1. 通信网络运行单位违反《通信网络安全防护管理办法》相关条款规定，由电信管理机构依据职权责令改正；拒不改正的，给予警告，并处五千元以上三万元以下的罚款。

2. 电信管理机构的工作人员违反《通信网络安全防护管理办法》相关条款规定，将依法给予行政处分；构成犯罪的，依法追究刑事责任。

3.1.3 保证电信设施安全的规定

为了保证电信设施的安全运行，原信息产业部颁布了《电信建设管理办法》（20号令），对电信工程建设项目施工等活动提出了具体要求。

3.1.3.1 保证已建电信设施安全的规定

1. 对已建通信设施的保护规定

（1）建设微波通信设施、移动通信基站等无线通信设施不得妨碍已建通信设施的通信畅通。妨碍已建无线通信设施的通信畅通的，由当地省、自治区、直辖市无线电管理机构责令其改正。

（2）建设地下、水底等隐蔽电信设施和高空电信设施，应当设置标志并注明产权人。其中光缆线路建设应当按照通信工程建设标准的有关规定设置光缆线路标石和水线标志牌；海缆登陆点处应设置明显的海缆登陆标志，海缆路由应向国家海洋管理部门和港监部门备案。在已设置标志或备案的情况下，电信设施损坏所造成的损失由责任方承担；因无标志或未备案而发生的电信设施损坏造成的损失由产权人自行承担。

（3）任何单位或者个人不得擅自改动或者迁移他人的电信线路及其他电信设施；遇有特殊情况必须改动或者迁移的，应当征得该电信设施产权人同意，并签订协议。在迁改过程中，双方应采取措施尽量保证通信不中断。迁改费用、保证通信不中断所发生的费用以及中断通信造成的损失，由提出迁改要求的单位或者个人承担或赔偿，割接期间的中断除外。

（4）从事施工、生产、种植树木等活动，应与电信线路或者其他电信设施保持一定的安全距离，不得危及电信线路或者其他电信设施的安全或者妨碍线路畅通；可能危及电信安全时，应当事先通知有关电信业务经营者，并由从事该活动的单位或者个人负责采取必要的安全防护措施。建筑物、其他设施、树木等与电信线路及其他电信设施的最小安全距离应根据通信工程建设标准的有关规定确定。

（5）从事电信线路建设，在路由选择时应尽量避开已建电信线路，并根据通信工程建设标准的有关规定与已建的电信线路保持必要的安全距离，避免同路由、近距离敷设。受地形限制必须近距离甚至同沟敷设或者线路必须交越的，电信线路建设项目的建设单位应当与已建电信线路的产权人协商并签订协议，制定安全措施，在双方监督下进行施工，确保已建电信线路的畅通。经协商不能达成协议的，根据电信线路建设情况，跨省线路由工业和信息化部协调解决，省内线路由相关省、自治区、直辖市通信管理局协调解决。

2. 对民用建筑物的保护要求

民用建筑物上设置小型天线、移动通信基站等公用电信设施时，必须满足建筑物荷载等条件，不得破坏建筑物的安全性。

3. 违规处罚规定

（1）危及电信线路等电信设施的安全或者妨碍线路畅通的下列行为，由省、自治区、直辖市通信管理局责令恢复原状或者予以修复，并赔偿造成的经济损失。

1）擅自改动或者迁移他人的电信线路及其他电信设施的；

2）从事施工、生产、种植树木等活动时，危及电信线路或者其他电信设施的安全或妨碍线路畅通的；

3）与已建电信线路近距离敷设或交越时，未与原线路的产权单位签订协议而擅自交越的。

（2）中断电信业务给电信业务经营者造成的经济损失包括：

1）直接经济损失；

2）电信企业采取临时措施疏通电信业务的费用；

3）因中断电信业务而向用户支付的损失赔偿费。

3.1.3.2　对通信线路的保护要求

为了保证通信线路及其配套设施的安全，《国务院、中央军委关于保护通信线路的规定》要求如下：

1. 保护要求

（1）不准在危及通信线路安全的范围内进行爆破、堆放易爆易燃品或设置易爆易燃品仓库。

（2）不准在埋有地下电缆的地面上进行钻探、堆放笨重物品、垃圾、矿渣或倾倒含有酸、碱、盐的液体。在埋有地下电缆的地面上开沟、挖渠，应与通信部门协商解决。

（3）不准在设有过江河电缆标志的水域内抛锚、拖锚、挖砂、炸鱼及进行其他危及电缆安全的作业。

（4）不准在海图上标明的海底电缆位置两侧各 2 海里（港内为两侧各 100m）水域内

抛锚、拖锚、拖网捕鱼或进行其他危及海底电缆安全的作业。

（5）不准在地下电缆两侧各 1m 范围内建屋搭棚，不准在各 3m 的范围内挖沙取土和设置厕所、粪池、牲畜圈、沼气池等能引起电缆腐蚀的建筑。在市区外电缆两侧各 2m、在市区内电缆两侧各 0.75m 的范围内，不准植树、种竹。

（6）不准移动或损坏电杆、拉线、天线、天线馈线杆塔及无人值守载波增音站、微波站。

（7）不准在危及电杆、拉线安全的范围内取土和架空线路两侧或天线区域内建屋搭棚。

（8）不准攀登电杆、天线杆塔、拉线及其他附属设备。

（9）不准在电杆、拉线、天线、天线馈线杆塔、支架及其他附属设备上拴牲口和搭挂电灯线、电力线、广播线。

（10）不准在通信电线上搭挂广播喇叭和收音机、电视机的天线。

（11）不准向电杆、电线、隔电子、电缆、天线、天线馈线及线路附属设备射击、抛掷杂物或进行其他危害线路安全的活动。

2. 违规处罚规定

（1）造成损坏线路、阻断通信的，应责令其承担修复线路的费用并赔偿阻断通信所造成的经济损失，直至依法追究刑事责任。

（2）虽未损坏通信线路，但已危及通信线路安全的，通信部门应进行劝阻或制止；必要时，公安机关应配合通信部门进行劝阻或制止。

（3）通信工作人员玩忽职守，使设备造成损坏、阻断通信的，应视情节轻重严肃处理。

3.1.4 电信建设工程违规处罚的规定

电信建设各方主体包括电信建设的设计、施工、监理、咨询、系统集成、用户管线建设等单位以及招投标代理机构。上述单位在工作过程中应当严格遵守原信息产业部的信产部 20 号令《电信建设管理办法》，对于违反此管理办法的，将受到以下处罚：

1. 对电信建设各方主体违反工程质量管理规定的处罚

参与电信建设的各方主体违反国家有关电信建设工程质量管理规定的，由工业和信息化部或省、自治区、直辖市通信管理局对其进行处罚，处罚办法包括：

（1）依据《建设工程质量管理条例》的规定责令其改正；

（2）已竣工验收的须在整改后重新组织竣工验收。

2. 对建设单位委托不具备相应资质的单位参与工程项目的处罚

电信建设项目投资业主单位委托未经通信主管部门审查同意或未取得相应电信建设资质证书的单位承担电信建设项目设计、施工、监理、咨询、系统集成、用户管线建设、招投标代理的，由工业和信息化部或省、自治区、直辖市通信管理局予以处罚。处罚办法包括：

（1）责令其改正；

（2）已竣工的不得投入使用；

（3）造成重大经济损失的，电信建设单位和相关设计、施工、监理、咨询、系统集成、用户管线建设、招投标代理等单位领导应承担相应法律责任。

3. 对工程参与单位违规、违纪行为的处罚

设计、施工、监理、咨询、系统集成、用户管线建设、招投标代理等单位发生违规、违纪行为，或出现质量、安全事故的，除按《建设工程质量管理条例》的规定予以相应处罚外，工业和信息化部或省、自治区、直辖市通信管理局应视情节轻重给予下列处罚：

（1）发生一般质量事故的，给予通报批评；

（2）转包、违法分包、越级承揽电信建设项目或者发生重大质量事故、安全事故的，取消责任单位1～2年参与电信建设活动的资格。

3.1.5 施工企业安全生产相关人员管理的规定

为了提高通信建设工程施工企业、通信信息网络系统集成企业以及通信用户管线建设企业主要负责人、项目负责人和专职安全生产管理人员（以下简称通信建设企业管理人员）的安全生产知识水平和管理能力，保证通信建设工程安全生产，工业和信息化部结合通信工程建设的特点，颁布了工信部规［2008］111号文件《通信建设工程安全生产管理规定》，明确了施工单位安全生产相关人员的安全生产责任；原信息产业部颁布的信部规［2005］398号文件《通信建设工程企业主要负责人、项目负责人和专职安全生产管理人员安全生产考核管理暂行规定》，制定了通信建设施工企业安全生产相关人员考核管理的办法。文件的具体要求如下：

3.1.5.1 施工单位安全生产相关人员的安全生产责任

1. 施工单位主要负责人依法对本单位的安全生产工作全面负责；

2. 项目负责人对建设工程项目的安全施工负责，落实安全生产责任制度、安全生产规章制度和操作规程，确保安全生产费用的有效使用，并根据工程的特点组织制定安全施工措施，消除安全事故隐患，及时、如实报告生产安全事故。

3. 按照国家有关规定配备专职安全生产管理人员，施工现场必须有专职安全生产管理人员。

4. 企业主要负责人、项目负责人以及专职安全生产管理人员必须取得通信主管部门核发的安全生产考核合格证书，做到持证上岗。

3.1.5.2 施工企业安全生产相关人员安全生产考核的有关规定

1. 考核人员的范围

在中华人民共和国境内从事通信建设工程活动的建设企业管理人员。

2. 通信建设企业管理人员概念

（1）建设企业主要负责人，是指对本企业日常生产经营活动和安全生产工作全面负责、有生产经营决策权的人员，包括企业法定代表人、经理、企业分管安全生产工作副经理等。

（2）建设企业项目负责人，是指由企业法定代表人授权，负责通信工程项目施工管理的负责人。

（3）建设企业专职安全生产管理人员，是指在企业专职从事安全生产管理工作的人员，包括企业安全生产管理机构的负责人及其工作人员和施工现场的专职安全员。

3. 通信建设工程企业管理人员的考核管理

（1）工业和信息化部负责全国通信建设工程企业管理人员的安全生产考核工作的统一

管理，并负责组织中央管理的通信建设工程企业的管理人员通信建设工程安全生产知识和能力考核，对考核合格的人员颁发《安全生产考核合格证书》，证书加盖“工业和信息化部通信建设工程企业管理人员安全生产考核合格证书专用章”。

（2）各省、自治区、直辖市通信管理局负责组织本行政区域内通信建设工程企业管理人员通信建设工程安全生产知识和能力考核，对考核合格的人员颁发《安全生产考核合格证书》，考核合格证书加盖“省通信建设工程企业管理人员安全生产考核合格证书专用章”。

（3）考核合格证书采用建设部规定式样并统一印制的证书。

（4）通信建设工程企业管理人员必须经通信行业主管部门安全生产考核，且考核合格取得《安全生产考核合格证书》后，方可担任相应职务。

3.1.5.3　施工企业安全生产相关人员安全生产考核的考核内容及要求

通信建设工程企业管理人员安全生产考核内容包括安全生产知识和安全生产管理能力两方面，知识考试和能力考核均合格后，安全生产考核方为合格。

1. 安全生产知识考试要求

（1）通信建设工程企业安全生产管理人员安全生产知识考试考核由工业和信息化部统一命题、统一印制考卷，统一组织进行，考试时间180分钟。

（2）通信建设工程企业管理人员应参加工业和信息化部或省（自治区、直辖市）通信管理局组织的考试，考试合格的颁发《通信建设工程安全生产教育考试合格证书》。

2. 通信建设企业管理人员考核要点

（1）通信建设工程企业主要负责人考核要点

1）安全生产管理能力考核要点

① 能够认证贯彻执行国家有关安全生产的方针政策、法律法规、部门规章、技术标准和规范性文件；

② 能够有效组织和督促本单位安全生产工作，建立健全本单位安全生产责任制；

③ 能够组织制定本单位安全生产规章制度和操作规程；

④ 能够采取有效措施保证本单位安全生产条件所需资金的投入；

⑤ 能够有效开展安全生产检查，及时消除事故隐患；

⑥ 能够组织制定自然灾害发生时通信工程安全生产措施；

⑦ 能够组织制定本单位安全生产事故应急救援预案，正确组织、指挥本单位事故救援；

⑧ 能够及时、如实报告通信工程生产安全事故；

⑨ 通信工程安全生产业绩。

2）安全生产知识考核要点

① 国家有关安全生产的方针政策、法律法规、部门规章；

② 通信工程安全生产管理的基本知识和相关专业知识；

③ 通信工程重、特大事故防范、应急救援措施、报告制度及调查处理方法；

④ 企业安全生产责任制和安全生产规章制度的内容和制定方法；

⑤ 国内外通信工程安全生产管理经验；

⑥ 通信工程典型生产安全事故案例分析。

（2）通信建设工程企业项目负责人考核要点

1）安全生产管理能力考核要点

① 能够认真贯彻执行国家有关安全生产的方针政策、法律法规、部门规章、技术标准和规范性文件；

② 能够有效组织和督促通信工程项目安全生产工作，并落实安全生产责任制；

③ 能够保证安全生产费用的有效使用；

④ 能够根据工程的特点组织制定通信工程安全施工措施；

⑤ 能够有效开展安全检查，及时消除通信工程生产安全事故隐患；

⑥ 能够及时、如实报告通信工程生产安全事故；

⑦ 通信工程安全生产业绩。

2）安全生产知识考核要点

① 国家有关安全生产的方针政策、法律法规、部门规章；

② 通信工程安全生产管理的基本知识和相关专业知识；

③ 通信工程重大事故防范、应急救援措施、报告制度及调查处理方法；

④ 企业和项目安全生产责任制和安全生产规章制度的内容和制定方法；

⑤ 通信工程施工现场安全生产监督检查的内容和方法；

⑥ 国内外通信工程安全生产管理经验；

⑦ 通信工程典型生产安全事故案例分析。

（3）通信建设工程企业专职安全生产管理人员

1）安全生产管理能力考核要点

① 能够认真贯彻执行国家安全生产方针政策、法律法规、部门规章、技术标准和规范性文件；

② 能够有效对安全生产进行现场监督检查；

③ 能够发现生产安全事故隐患，并及时向项目负责人和安全生产管理机构报告；

④ 能够及时制止现场违章指挥、违章操作行为；

⑤ 能够有效对自然灾害发生时通信工程安全生产措施落实情况进行现场监督检查；

⑥ 能够及时、如实报告通信工程生产安全事故；

⑦ 通信工程安全生产业绩。

2）安全生产知识考核要点

① 国家有关安全生产的方针政策、法律法规、部门规章；

② 通信工程重大事故防范、应急救援措施、报告制度、调查处理方法及防护救护措施；

③ 企业和项目安全生产责任制和安全生产规章制度内容；

④ 通信工程施工现场安全监督检查的内容和方法；

⑤ 通信工程典型生产安全事故案例分析。

3. 通信建设企业管理人员安全生产能力考核标准

（1）通信工程施工总承包一级资质、专业承包一级资质施工企业及通信信息网络系统集成资质甲级企业管理人员标准为：

1）具有工程、经济、安全工程类专业大专（含大专）以上学历；

2）具有中级（含中级）以上职称或者同等专业技术水平；

3）具有通信工程建设业绩及安全生产工作经历或从事安全生产管理业绩等。

（2）通信工程施工总承包二级（含二级）以下资质以及专业承包二级（含二级）以下资质施工企业、通信信息网络系统集成企业乙级（含乙级）以下资质企业以及通信用户管线建设企业管理人员标准为：

1）具有工程、经济、安全工程类专业中专（含中专）以上学历；

2）具有初级（含初级）以上职称或者同等专业技术水平；

3）具有通信工程建设业绩及安全生产工作经历或从事安全生产管理业绩等。

3.2 通信建设工程违规处罚规定中与当事人有关的内容

3.2.1 通信行政处罚原则及处罚程序

为了规范通信行政处罚行为，保障和监督各级通信主管部门有效实施行政管理，依法进行行政处罚，保护公民、法人和其他组织的合法权益，根据《中华人民共和国行政处罚法》及相关法律、行政法规的规定，原信息产业部于2001年颁布了10号令《通信行政处罚程序规定》。

3.2.1.1 通信行政处罚的要求

1. 行政处罚的主管部门

公民、法人或者其他组织实施违反通信行政管理秩序的行为，依照法律、法规或者规章的规定，应当给予行政处罚的，由通信主管部门按照《中华人民共和国行政处罚法》和原信息产业部10号令《通信行政处罚程序规定》的程序实施。在目前情况下，通信主管部门主要有：

（1）工业和信息化部。

（2）省、自治区、直辖市通信管理局。

（3）法规授权的具有通信行政管理职能的组织。

2. 各级通信主管部门实施行政处罚时，应当遵循公正、公开的原则。

3. 通信行政处罚应依据管辖权进行。管辖权的分工如下：

（1）通信行政处罚由违法行为发生地的通信主管部门依照职权管辖。法律、行政法规另有规定的，从其规定。

（2）上级通信主管部门可以办理下级通信主管部门管辖的行政处罚案件；下级通信主管部门对其管辖的行政处罚案件，认为需要由上级通信主管部门办理时，可以报请上一级通信主管部门决定。

（3）两个以上同级通信主管部门都有管辖权的行政处罚案件，由最初受理的通信主管部门管辖；主要违法行为发生地的通信主管部门管辖更为适宜的，可以移送主要违法行为发生地的通信主管部门管辖。

（4）两个以上同级通信主管部门对管辖发生争议的，报请共同的上一级通信主管部门指定管辖。

（5）通信主管部门发现查处的案件不属于自己管辖时，应当及时将案件移送有管辖权的通信主管部门或者其他行政机关管辖。受移送的通信主管部门对管辖有异议的，应当报请共同的上一级通信主管部门指定管辖。

（6）违法行为构成犯罪的，移送司法机关管辖。

4. 对行政执法的要求

（1）通信行政执法人员依法进行调查、检查或者当场做出行政处罚决定时，应当向当事人或者有关人员出示行政执法证件。

（2）当事人进行口头陈述和申辩的，执法人员应当制作笔录。通信主管部门不得因当事人申辩而加重处罚。

（3）通信主管部门对当事人提出的事实、理由和证据应当进行复核，经复核能够成立的，应当采纳。

（4）在行政处罚案件办理过程中，与案件当事人有亲属关系或其他关系、与案件本身有利害关系的执法人员和听证主持人，应在主管部门负责人审查同意后回避。

3.2.1.2　行政处罚决定的送达

1. 行政处罚决定书应当在宣告后当场交付当事人，由当事人在送达回证上记明收到日期，签名或者盖章。

2. 当事人不在场的，应当在7日内依照民事诉讼法的有关规定，将行政处罚决定书送达当事人。

3. 当事人拒绝接收行政处罚决定书的，送达人应当邀请第三方单位的代表到场见证，并说明情况，将行政处罚决定书留其单位或者住所，在送达回证上记明拒收事由、送达日期，由送达人、见证人签名或者盖章，即视为送达。

3.2.1.3　行政处罚决定的执行

1. 行政处罚决定依法做出后，当事人应当按照行政处罚决定书规定的内容、方式和期限，履行行政处罚决定。

2. 当事人对行政处罚决定不服，申请行政复议或者提起行政诉讼的，行政处罚不停止执行，法律另有规定的除外。

3. 对生效的行政处罚决定，当事人逾期不履行的，做出行政处罚的通信主管部门可以依法申请人民法院强制执行。申请执行书应当自当事人的法定起诉期限届满之日起180日内向人民法院提出。

3.2.1.4　罚款应注意的问题

1. 执法人员当场收缴罚款的，应当向当事人出具省级财政部门统一制发的罚款收据。通信主管部门应当在法定期限内将罚款交付指定银行。

2. 对当事人做出罚款决定的，当事人到期不缴纳罚款，做出行政处罚的通信主管部门可以依法从到期之次日起，每日按罚款数额的3%加处罚款。

3. 当事人确有经济困难，需要延期或者分期缴纳罚款的，当事人应当书面申请，经作出行政处罚决定的通信主管部门批准，可以暂缓或者分期缴纳。

4. 罚款、没收的违法所得或者拍卖非法财物的款项，必须全部上缴国库，任何单位和个人不得以任何形式截留、私分或者变相私分。

3.2.1.5　通信行政处罚程序

在原信息产业部10号令《通信行政处罚程序规定》中，通信行政处罚案件的办理，应根据案件的具体情况确定使用简易程序、一般程序或听证程序。三个程序的使用条件和使用要求各不相同。

1. 简易程序

执行简易程序的行政处罚案件，执法人员可以向违法的公民或其他组织当场开具《行政处罚（当场）决定书》。一个行政处罚案件在满足下列条件时，可以使用简易程序：

（1）当事人的违法事实确凿，并有法定依据；

（2）对公民处以50元以下、对法人或者其他组织处以1000元以下罚款或者警告的。

执法人员当场做出行政处罚决定时，应当填写具有统一编号的《行政处罚（当场）决定书》，并当场交付当事人，告知当事人，如不服行政处罚决定，可以依法申请行政复议或者提起行政诉讼。

2. 一般程序

使用一般程序时，执法人员发现公民、法人或其他组织有违法行为，应依法给予通信行政处罚的，应当填写《行政处罚立案呈批表》报本机关负责人批准。

（1）立案的条件

一个行政处罚案件，在符合下列条件要求时，应当在7日内立案，按照一般程序办理：

1）有违法行为发生；

2）违法行为依照法律、法规和规章应受通信行政处罚；

3）违法行为属于本级通信主管部门管辖。

（2）搜集证据的要求

1）通信主管部门立案后，应当对案件进行全面、客观、公正地调查，搜集证据，必要时应依照法律、法规和规章的规定进行检查。通信主管部门搜集的证据包括书证、物证、证人证言、视听资料、鉴定结论、勘验笔录和现场笔录。证据必须查证属实，才能作为认定事实的依据。

2）执法人员调查搜集证据或者进行检查时不得少于二人。执法人员在调查案件询问证人或当事人时，应当制作《询问笔录》。笔录经被询问人阅核后，由询问人和被询问人签名或盖章。

3）当调查案件需要时，通信主管部门有权依法进行现场勘验，对重要的书证，有权进行复制。执法人员对与案件有关的物品或者场所进行勘验检查时，应当通知当事人到场，并制作《勘验检查笔录》；当事人拒不到场的，执法人员可以请在场的其他人作证。

4）通信主管部门在调查案件时，对专门性问题，交由法定鉴定部门进行鉴定；没有法定鉴定部门的，应当提交公认的鉴定机构进行鉴定。鉴定人进行鉴定后，应当制作《鉴定意见书》。

5）通信主管部门搜集证据时，可以采用抽样取证的方法。在证据可能灭失或者以后难以取得的情况下，经本通信主管部门负责人批准，可以先行登记保存。对证据进行抽样取证或者登记保存时，应当有当事人在场。当事人不在场或者拒绝到场的，执法人员可以请有关人员见证并注明。对抽样取证或者登记保存的物品，应当制作《抽样取证凭证》或《证据登记保存清单》。

（3）结案的工作内容

执法人员在调查结束后，认为案件基本事实清楚、主要证据充分时，应当制作《案件处理意见报告》，报本通信主管部门负责人审查。通信主管部门负责人对《案件处理意见报告》审核后，认为应当给予行政处罚的，通信主管部门应当制作《行政处罚意见告知书》。

《行政处罚意见告知书》送达当事人时，应告知当事人拟给予的行政处罚内容及事实、理由和依据，并告知当事人可以在收到该告知书之日起 3 日内，向通信主管部门进行陈述和申辩。对于符合听证条件的，当事人可以要求该通信主管部门按照规定举行听证。

案件调查完毕后，通信主管部门负责人应当及时审查有关案件的调查材料、当事人陈述和申辩材料、听证会笔录和听证会报告书，根据情况分别作出予以行政处罚、不予行政处罚或者移送其他有关机关处理的决定。

通信主管部门做出给予行政处罚决定的案件，主管部门应当制作《行政处罚决定书》。行政处罚决定书应当载明下列事项：

1）当事人的姓名或者名称、地址；

2）违反法律、法规或者规章的事实和证据；

3）行政处罚的种类和依据；

4）行政处罚的履行方式和期限；

5）不服行政处罚决定，申请行政复议或者提起行政诉讼的途径和期限；

6）做出行政处罚决定的通信主管部门的名称、印章和日期。

（4）案件办理的时间要求

通信行政处罚案件应当自立案之日起 60 日内办理完毕；经通信主管部门负责人批准可以延长，但不得超过 90 日；特殊情况下 90 日内不能办理完毕的，报经上一级通信主管部门批准，可以延长至 180 日。

3. 听证程序

（1）适用范围

一个行政处罚案件，在满足下列条件时，通信主管部门可以使用听证程序：

1）通信主管部门拟作出责令停产停业（关闭网站）、吊销许可证或者执照、较大数额罚款等行政处罚决定之前；

2）当事人有举行听证的要求。

这里所称较大数额，是指对公民罚款 1 万元以上、对法人或其他组织罚款 10 万元以上。

（2）听证的组织

当事人有听证要求时，应当在收到《行政处罚意见告知书》之日起 3 日内以书面或口头形式提出。口头形式提出的，案件调查人员应当记录在案，并由当事人签字。

听证由拟作出行政处罚的通信主管部门组织。具体实施工作由通信主管部门的法制工作机构或者承担法制工作的机构负责。当事人提出听证要求后，法制工作机构或者承担法制工作的机构应当在举行听证 7 日前送达《行政处罚听证会通知书》，告知当事人举行听证的时间、地点、听证会主持人名单及可以申请回避和可以委托代理人等事项，并通知案件调查人员。

（3）对当事人的要求

当事人在收到《行政处罚听证会通知书》后，应当按期参加听证。当事人有正当理由要求延期时，经批准可以延期一次。当事人未按期参加听证并且未事先说明理由时，则视为放弃听证权利。当事人委托代理人参加听证时，应当提交委托书。

当事人在听证活动中具有以下权利和义务：

1）有权对案件涉及的事实、适用法律及相关情况进行陈述和申辩；

2）有权对案件调查人员提出的证据质证并提出新的证据；

3）如实回答主持人的提问；

4）遵守听证程序。

（4）听证过程

通信主管部门在进行听证时，应按照以下步骤实施：

1）听证记录员宣布听证会纪律、当事人权利和义务；听证主持人宣布案由，核实听证参加人名单，宣布听证开始；

2）案件调查人员提出当事人违法的事实、证据，说明拟作出的行政处罚的内容及法律依据；

3）当事人或者其委托代理人对案件的事实、证据、适用的法律等进行陈述和申辩，可以向听证会提交新的证据；

4）听证主持人就案件的有关问题向当事人、案件调查人员、证人询问；

5）案件调查人员、当事人或者其委托代理人经听证主持人允许，可以就有关证据进行质问，也可以向到场的证人发问；

6）当事人或者其委托代理人作最后陈述；

7）听证主持人宣布听证结束，听证笔录交当事人审核无误后签字或者盖章；

8）听证结束后，听证主持人应当依据听证情况，制作《行政处罚听证会报告书》并提出处理意见，连同听证笔录，报本通信主管部门负责人审查。

3.2.2 通信建设工程质量事故的处罚规定

参与通信工程建设的建设单位以及勘测设计、施工、系统集成、用户管线建设、监理等单位，在工程建设过程中，如果有违反《通信工程质量监督管理规定》的行为，发生重大质量事故，将受到相应的处罚。

3.2.2.1 对建设单位违规行为的处罚

根据《通信工程质量监督管理规定》中有关处罚的基本规定，通信工程的建设单位有下列行为之一的，工业和信息化部或省、自治区、直辖市通信管理局将责令其改正，并将依据《建设工程质量管理条例》的规定予以处罚。

1. 选择未经工业和信息化部或省、自治区、直辖市通信管理局审查同意或不具有相应资质等级的勘测设计、施工、系统集成、用户管线建设、监理等单位承担通信建设项目的。

2. 明示或暗示设计、施工单位违反工程建设强制性标准，降低工程质量的。

3. 建设项目必须实行工程监理而未实行监理的。

4. 未按照《通信工程质量监督管理规定》办理工程质量监督手续的。

5. 未按照规定办理竣工验收备案手续的。

6. 未组织竣工验收或验收不合格而擅自交付使用的。

7. 对不合格的建设工程按照合格工程验收的。

3.2.2.2 对其他工程参建单位违规行为的处罚

参与工程建设的勘测设计、施工、系统集成、用户管线建设、监理等单位有下列行为之一的，工业和信息化部或省、自治区、直辖市通信管理局将责令其改正，并将依据《建设工程质量管理条例》的规定予以处罚。

1. 超越本单位资质承揽通信工程或允许其他单位或个人以本单位名义承揽通信工程的。

2. 通信工程承包单位将承包的工程转包或违法分包的；监理单位转让工程监理业务的。

3. 勘测设计单位未按照工程建设强制性标准进行设计的。

4. 施工单位在施工中偷工减料，使用不合格材料、设备或有不按照工程设计文件和通信工程建设强制性标准进行施工的其他行为的。

另外，对于通信工程监理单位与建设单位或者施工单位串通，弄虚作假、降低工程质量或将不合格的建设工程按照合格工程签字的，工业和信息化部或省、自治区、直辖市通信管理局将责令其改正，并予以处罚。

对于上述有违规行为的单位，颁发资质证书的部门将降低其资质等级或吊销其资质证书。造成损失的，将承担连带赔偿责任。

3.2.2.3 对质量事故的处理要求

通信工程质量事故发生后，建设单位必须在 24 小时内以最快的方式将事故的简要情况向工业和信息化部或省、自治区、直辖市通信管理局及相应的通信工程质量监督机构报告。发生重大通信工程质量事故隐瞒不报、谎报或拖延报告期限的，有关单位将依据规定，对直接负责的主管人员和其他责任人依法给予行政处分。

通信工程建设、勘测设计、施工、系统集成、用户管线建设、监理等单位违反国家规定，降低工程质量标准，造成重大安全事故，构成犯罪的，由有关部门对直接责任人依法追究刑事责任。

3.3 广播电视工程建设管理规定

3.3.1 国家《广播电视管理条例》和《广播电视设施保护条例》中有关工程建设的规定

3.3.1.1 《广播电视管理条例》(国务院令第 228 号) 中有关工程建设的规定

《广播电视管理条例》第三章的《广播电视传输覆盖网》的有关规定

1. 广播电视传输覆盖网的工程选址、设计、施工、安装，应当按照国家有关规定办理，并由依法取得相应资格证书的单位承担。广播电视传输覆盖网的工程建设和使用的广播电视技术设备，应当符合国家标准、行业标准。工程竣工后，由广播电视行政部门组织验收，验收合格的，方可投入使用。

2. 安装和使用卫星广播电视地面接收设施，应当按照国家有关规定向省、自治区、直辖市人民政府广播电视行政部门申领许可证。进口境外卫星广播电视节目解码器、解压器及其他卫星广播电视地面接收设施，应当经国务院广播电视行政部门审查、同意。

3.3.1.2 《广播电视设施保护条例》（国务院令第295号）的有关规定

1. 禁止危及广播电视信号发射设施的安全和损害其使用效能的下列行为：

（1）拆除或者损坏天线、馈线、地网以及天线场地的围墙、围网及其附属设备、标志物。

（2）在中波天线周围250m范围内建筑施工，或者以天线外250m为计算起点兴建高度超过仰角3°的高大建筑。

（3）在短波天线前方500m范围内种植成林树木、堆放金属物品、穿越架空电力线路的建筑施工，或者以天线外500m为计算起点兴建高度超过仰角3°的高大建筑。

（4）在功率300kW以上的定向天线前方1000m范围内建筑施工，或者以天线外1000m为计算起点兴建高度超过仰角3°的高大建筑。

（5）在馈线两侧各3m范围内建筑施工，或者在馈线两侧各5m范围内种植树木、种植高秆作物。

（6）在天线、塔桅（杆）周围5m或者可能危及拉锚安全的范围内挖沙、取土、钻探、打桩、倾倒腐蚀性物品。

2. 禁止危及广播电视信号专用传输设施的安全和损害其使用效能的下列行为：

（1）在标志埋设地下传输线路两侧各5m和水下传输线路两侧各50m范围内进行铺设易爆液（气）体主管道、抛锚、拖锚、挖沙等施工作业；

（2）移动、损坏传输线路、终端杆、塔桅（杆）及其附属设备、标志物；

（3）在标志埋设地下传输线路的地面周围1m范围内种植根茎可能缠绕传输线路的植物、倾倒腐蚀性物品；

（4）树木的顶端与架空传输线路的间距小于2m；

（5）在传输线路塔桅（杆）、拉线周围1m范围内挖沙、取土，或者在其周围5m范围内倾倒腐蚀性物品、堆放易燃易爆物品；

（6）在传输线路保护塔（杆）、拉线上拴系牲畜、悬挂物品、攀附农作物。

3. 禁止危及广播电视信号监测设施的安全和损害其使用效能的下列行为：

（1）移动、损坏监测接收天线、塔桅（杆）及其附属设备、标志物；

（2）在监测台、站周围违反国家标准架设架空电力线路，兴建电气化铁路、公路等产生电磁辐射的设施或者设置金属构件；

（3）在监测台、站场强方向周围150m范围内种植树木、高秆作物，进行对土地平坦有影响的挖掘、施工；

（4）在监测天线周围1000m范围内建筑施工，或者以天线外1000m为计算起点修建高度超过仰角3°的建筑物、构筑物或者堆放超高的物品。

4. 《广播电视设施保护条例》规定了禁止危及广播电视设施安全和损害其使用效能的下列行为：

（1）在广播电视设施周围500m范围内进行爆破作业；

（2）在天线、馈线、传输线路及其塔桅（杆）、拉线周围500m范围内进行烧荒；

（3）在卫星天线前方50m范围内建筑施工，或者以天线前方50m为计算起点修建高度超过仰角5°的建筑物、构筑物或者堆放超高的物品；

（4）在发射、监测台、站周围1500m范围内兴建有严重粉尘污染、严重腐蚀性化学气体溢出或者产生放射性物质的设施；

（5）在发射、监测台、站周围500m范围内兴建油库、加油站、液化气站、煤气站等易燃易爆设施。

5. 在广播电视传输线路上接挂收听、收视设备，调整、安装有线广播电视的光分配器、分支放大器等设备，或者在有线广播电视设备上插接分支分配器、其他线路等，应当经广播电视设施管理单位同意，并由专业人员安装。

6. 在天线场地敷设电力、通信线路或者在架空传输线路上附挂电力、通信线路的，应当经广播电视设施管理单位同意，并在专业人员指导下进行安装和施工。

3.3.2 广播电视施工企业资质等级的规定

长期以来，广电工程一直定位于广播电影电视设备施工、安装和调试工程，2001年建设部建筑管理司重新颁布的《建筑业企业资质等级标准》中未列入这一类别，针对行业现状，目前广电工程的资质管理暂时套用《机电设备安装工程专业承包企业资质等级标准》，机电设备安装工程专业承包企业资质分为一级、二级和三级。

3.3.2.1 一级机电设备安装工程专业承包企业资质标准

1. 企业近5年承担过2项以上单项工程合同额1000万元以上机电设备安装工程，工程质量合格。

2. 企业经理具有10年以上从事工程管理工作经历或具有高级职称，总工程师具有10年以上从事机电设备安装技术管理工作经历并具有本专业高级职称，总会计师具有高级会计职称。

3. 企业有职称的工程技术和经济管理人员不少于100人，其中工程技术人员不少于60人；工程技术人员中，具有高级职称的人员不少于10人，具有中级职称的人员不少于30人，具有一级资质的项目经理不少于10人。

4. 企业注册资本金1500万元以上，企业净资产1800万元以上。

5. 企业近3年最高年工程结算收入4000万元以上。

6. 企业具有与承包工程范围相适应的施工机械和质量监测设备。

3.3.2.2 二级机电设备安装工程专业承包企业资质标准

1. 企业近5年承担过2项以上单项工程合同额500万元以上机电设备安装工程，工程质量合格。

2. 企业经理具有8年以上从事工程管理工作经历或具有中级职称，技术负责人具有8年以上从事机电设备安装技术管理工作经历并具有本专业高级职称，财务负责人具有中级以上会计职称。

3. 企业有职称的工程技术和经济管理人员不少于60人，其中工程技术人员不少于30人，工程技术人员中，具有中级以上职称的人员不少于20人，具有的二级资质以上项目经理不少于10人。

4. 企业注册资本金800万元以上，企业净资产1000万元以上。

5. 企业近3年最高年工程结算收入2000万元以上。

6. 企业具有与承包工程范围相适应的施工机械和质量监测设备。

3.3.2.3 三级机电设备安装工程专业承包企业资质标准

1. 企业近5年承担过2项以上单项工程合同额250万元以上机电设备安装工程，工程质量合格。

2. 企业经理具有5年以上从事工程管理工作经历，技术负责人具有5年以上从事机电设备安装技术管理工作经历并具有本专业中级以上职称，财务负责人具有中级以上会计职称。

3. 企业有职称的工程技术和经济管理人员不少于30人，其中工程技术人员不少于15人，工程技术人员中，具有中级以上职称的人员不少于5人，具有的三级资质以上项目经理不少于5人。

4. 企业注册资本金300万元以上，企业净资产360万元以上。

5. 企业近3年最高年工程结算收入500万元以上。

6. 企业具有与承包工程范围相适应的施工机械和质量监测设备。

3.3.2.4 承包工程范围

1. 一级企业：可承担各类一般工业和公共、民用建设项目的设备、线路、管道的安装，35kV及以下变配电站工程，非标准钢构件的制作、安装。

2. 二级企业：可承担投资额1500万元及以下的一般工业和公共、民用建设项目的设备、线路、管道的安装，10kV及以下变配电站工程，非标准钢构件的制作、安装。

3. 三级企业：可承担投资额800万元及以下的一般工业和公共、民用建设项目的设备、线路、管道的安装，非标准钢构件的制作、安装。

4. 工程内容包括锅炉、通风空调、制冷、电气、仪表、电机、压缩机机组和广播电影、电视播控等设备。

3.3.3 广播电视工程建设行业管理规定

3.3.3.1 相关文件

1. 建筑管理规定

(1)《国家广播电影电视总局建设项目建设管理办法》(广计发字[2000]113号)。

(2)《国家广播电影电视总局建设工程项目设备材料管理办法》(广计发字[2000]983号)。

(3)《国家广播电影电视总局关于实行建设项目法人责任制的暂行规定》(广计发字[2000]3号)。

(4)《国家广播电影电视总局关于进一步建设项目管理和投资概算控制的通知》(广计发字[2005]44号)。

2. 基本建设程序

(1)《广播电影电视部基本建设项目建议书编审办法》(广计发字[1995]644号)。

(2)《广播电影电视部部属单位建设项目可行性研究报告编审办法》(广计发字[1995]798号)。

(3)《广播电影电视建设项目的设计文件编审办法》(广计发字[1993]250号)。

(4)《广播电影电视部建设项目竣工验收规定》(广计发字[1990]349号)。

(5)《国家广播电影电视总局改扩建工程固定资产验收移交暂行规定》(广计发字[1998]455号)。

(6)《国家广播电影电视总局工程建设档案管理暂行规定》。

3. 招标投标管理和资金管理

(1)《国家广播电影电视总局委托代理政府采购招标业务管理暂行规定》(广计发字

［2000］245号）。

（2）《国家广播电影电视总局工程建设项目招标暂行办法》（广计发字［2001］140号）。

（3）《国家广播电影电视总局基本建设工程财务管理暂行规定》（广计发字［2000］981号）。

3.3.3.2 《国家广播电影电视总局建设工程项目设备材料管理办法》重点要求

1. 设备材料的采购

文件中第四至十六条与施工单位有关规定：

（1）按照合同约定由施工单位采购的建筑材料、建筑构配件及设备，建设单位应配合工程监理单位对采购的产品质量进行认定，对高于施工预算价格的产品进行确认。建设单位不得明示或者暗示施工单位采购不合格的建筑材料、建筑构配件及设备。

（2）规定政府采购的材料、设备，必须由政府采购。

（3）规定实行招标采购的建筑材料、建筑构配件及设备，必须按规定进行招标采购。招标前应对投标厂家的状况和信誉、相应的生产条件、技术装备、生产工艺流程和质量保证体系等进行考察，并把好产品看样、评标、订货、运输和检验的质量关。

（4）规定招标和政府采购以外的建筑材料、建筑构配件及设备的市场采购，必须要加强制约机制，经过组织调查，货比三家后，由经办人提出采用该厂家产品的理由报经建设单位主管领导批准方可采购。

（5）采用新材料、新产品，应检查技术鉴定文件，避免使用未经国家建议推广的新材料和新产品。如国内无同类的特殊材料和产品，需要建设单位出资试制的，应报总局批准。

（6）采购建筑材料、建筑构配件和设备，其质量必须符合以下要求：

1）符合国家或行业现行有关标准和设计要求。

2）符合产品说明书、技术合格证、质量保证书、实物样品等方式表明的质量状况。

3）符合合同约定的技术质量要求及包装内的使用说明和清单。

（7）采购的建筑材料、建筑构配件和设备其包装上的标识应当符合以下要求：

1）有产品质量检验合格证。

2）有中文注明的产品名称、规格、型号、重量、生产日期、厂名、厂址及其他必要的标识。

3）产品包装和商标样式符合国家有关规定和标准要求。

4）设备应有产品详细的使用说明书，电气设备应附有线路图。

5）实施生产许可证或使用产品质量认证标志的产品，应有许可证或质量认证的编号、批准日期和有效期限。

（8）进口材料、设备等，其技术标准、参数、规格、数量等应符合商务合同的约定。

2. 材料和设备的施工现场管理

文件中第十七至十九条有关规定：

（1）建设单位应建立严格的仓储管理制度，做到出入库手续完备，计量一致。不得货物未经验收，亦不办理出入库手续直接进入工程。做到按计划供应，防止虚领、冒领等不良现象的发生。

（2）建立健全物资账目，根据总账的会计科目设立库存设备和材料明细账目，按照设备材料的用途、性质分类核算，采用加权平均法或先进先出法计算发出的器材实际成本。库房应建立实物账，至少每季度与明细账核对一次。

（3）工程竣工验收时，应对库存各种材料、设备、工具、器具等，逐项盘点核实填列清单，及时按照国家规定进行处理，处理损失计入待摊投资，收回资金按结余资金处理。库存物资不准无偿调拨，不准任意侵占、挪用。

3.4 通信工程项目建设和试运行阶段环境保护规定

3.4.1 通信工程项目建设和试运行阶段环境保护的要求

为了贯彻执行《中华人民共和国环境保护法》，消除或减少通信工程建设对环境的影响，严格控制环境污染，保护和改善生态环境，更好地发挥通信工程建设项目的效益，工业和信息化部通［2009］76号颁布了《通信工程建设环境保护技术暂行规定》YD 5039—2009；对于设备试运行期间通信局（站）内部的环境要求，应按照《通信中心机房环境条件要求》YD/T 1821—2008和《中小型电信机房环境要求》YD/T 1712—2007的规定执行。本条目所涉及的内容仅限于通信工程项目建设和试运行阶段对外部环境的保护规定。

通信建设工程项目建设和试运行过程中，除应遵守《通信工程建设环境保护技术暂行规定》YD 5039—2009的规定以外，还应遵守相关的国家标准和规范。通信建设工程项目的环境保护要求主要涉及电磁辐射防护、生态环境保护、噪声控制和废旧物品回收及处置等几个方面。

3.4.1.1 一般要求

1. 对于产生环境污染的通信工程建设项目，建设单位必须把环境保护工作纳入建设计划，并执行“三同时制度”，即与主体工程同时设计、同时施工、同时验收投产使用。

2. 建设单位应采取有效措施预防和治理项目建设及运营过程中产生的环境污染和危害。通信工程建设项目在建设和运行过程中，应注意对生态环境的影响，保护好植被、水源、海洋环境、特殊生态环境，防止水土流失，保护好自然和城市景观。通信工程建设项目应优先采用节能、节水、废物再生利用等有利于环境与资源保护的产品。

3. 建设对环境有影响的通信工程项目时，应依照《中华人民共和国环境影响评价法》对其进行环境影响评价。从事环境影响评价工作的单位，必须取得环境保护行政主管部门颁发的资格证书，按照资格证书规定的等级和范围，从事建设项目环境影响评价工作，并对评价结论负责。

3.4.1.2 电磁辐射保护要求

1. 电磁辐射限值规定

无线通信局（站）通过天线发射电磁波的电磁辐射防护限值，应符合《电磁辐射防护规定》GB 8702—1988的相关要求。

在通过天线发射电磁波的单项无线通信系统工程项目中，对于国家环保局负责审批的大型项目和非国家环保局负责审批的其他项目，其电磁辐射评估限值均应满足相关要求。不同电信业务经营者、不同频段或不同制式的无线通信局（站），如CDMA800MHz、GSM900MHz、GSM1800MHz移动通信基站，均应按不同的单项考虑。

无线通信局（站）内的微波（300MHz～300GHz）和超短波（30～300MHz）通信设

备正常工作时，各工作位置值机操作人员所处环境和区域的电磁辐射安全限值，应符合《微波和超短波通信设备辐射安全要求》GB 12638—1990 的相关规定。

2. 电磁辐射强度的计算

(1) 电磁辐射强度的计算步骤

无线通信局（站）产生的电磁辐射强度，应按以下基本步骤进行预测计算：

1) 了解电磁辐射体的位置、发射频率和发射功率等信息；

2) 确定电磁辐射体是否可免于管理，是否需要做电磁辐射影响评估；

3) 如果需要评估，应先明确电磁辐射防护限值、评估限值和评估范围；

4) 进行电磁辐射强度预测计算或现场测量，划定公众辐射安全区、职业辐射安全区和电磁辐射超标区边界。

(2) 可免于管理的电磁辐射体

对于下列电磁辐射体，可免于管理：

1) 输出功率小于或等于 15W 的移动式无线电通信设备（如陆上、海上移动通信设备以及步话机等）。

2) 向没有屏蔽的空间辐射且等效辐射功率小于表 3-1 中数值的辐射体。

可免于管理的电磁辐射体的等效辐射功率 **表 3-1**

频率范围（MHz）	等效辐射功率（W）
0.1～3	300
3～30000	100

(3) 电磁辐射的计算范围

对于不满足上面条件要求的电磁辐射体，其电磁辐射计算范围可按下列要求确定：

1) 对于大中型固定卫星地球站上行站，应以天线为中心，在天线辐射主瓣方向、半功率角 500m 范围内；

2) 对于干线微波站，应以天线为中心，在天线辐射主瓣方向、半功率角 100m 范围内；

3) 对于移动通信基站（含站内微波传输设备），定向发射天线应以发射天线为中心，在天线辐射主瓣方向、半功率角 50m 范围内；全向发射天线应以发射天线为中心，半径 50m 范围内。

在电磁辐射计算范围内，应对人体可能暴露在电磁辐射下的场所，特别是电磁辐射敏感建筑物进行评估，评估后应划分为公众辐射安全区、职业辐射安全区和电磁辐射超标区三个区域。

(4) 电磁辐射预测计算应考虑的问题

在无线通信局（站）的电磁辐射预测计算时，应考虑以下几方面内容：

1) 通信设备的发射功率按网络设计最大值考虑。

2) 天线输入功率应为通信设备发射功率减去馈线、合路器等器件的损耗。

3) 对于卫星地球站上行站、微波站和宽带无线接入站，其天线具有很强的方向性，应重点考虑天线的垂直方向性参数。

4）对于移动通信基站，应考虑天线垂直和水平方向性影响。在没有天线方向性参数的情况下，预测计算时按最大方向考虑。

5）单项无线通信系统有多个载频，应考虑多个载频的共同影响。

6）计算观测点的综合电磁辐射是否超标，应考虑背景电磁辐射的影响。

3. 电磁辐射防护措施

（1）通过调整无线通信局（站）站址的位置控制电磁辐射超过限值区域的电磁辐射

对于电磁辐射超过限值的区域，可采取调整无线通信局（站）站址的措施控制辐射超过限值标准：

1）移动通信基站选址应避开电磁辐射敏感建筑物。在无法避开时，移动通信基站的发射天线水平方向 30m 范围内，不应有高于发射天线的电磁敏感建筑物。

2）在居民楼上设立移动通信基站，天线应尽可能建在楼顶较高的构筑物上（如楼梯间）或专设的天线塔上。

3）在移动通信基站选址时，应避开电磁环境背景值超标的地区。超标区域较大而无法避开时，应向环保主管部门提出申请进行协调。

4）卫星地球站的站址应保证天线工作范围避开人口密集的城镇和村庄，天线正前方的地势应开阔，天线前方净空区内不应有建筑物。

（2）通过调整设备的技术参数控制电磁辐射超过限值区域的电磁辐射

对于电磁辐射超过限值的区域，可采取以下调整设备技术参数的措施控制电磁辐射超过限值标准：

1）调整设备的发射功率。

2）调整天线的型号。

3）调整天线的高度。

4）调整天线的俯仰角。

5）调整天线的水平方向角。

（3）通过加强管理控制电磁辐射超过限值区域的电磁辐射

对于电磁辐射超过限值的区域，可采取以下加强现场管理的措施控制电磁辐射超过限值标准：

1）可设置栅栏、警告标志、标线或上锁等，控制人员进入超标区域。

2）在职业辐射安全区，应严格限制公众进入，且在该区域不应设置长久的工作场所。

3）工作人员必须进入电磁辐射超标区时，可采取以下措施：

① 暂时降低发射功率；

② 控制暴露时间；

③ 穿防护服装；

④ 定期检查无线通信设施，发现隐患及时采取措施。

3.4.1.3　生态环境保护要求

1. 对植物、动物的保护要求

（1）通信线路建设中应注意保护沿线植被，尽量减少林木砍伐和对天然植被的破坏。在地表植被难以自然恢复的生态脆弱区，施工前应将作业面的自然植被与表土层一起整块移走，并妥善养护，施工后再移回原处。

(2) 通信设施不得危害国家和地方保护动物的栖息、繁衍；在建设期也应采取措施减少对相关野生动物的影响。

(3) 通信工程建设中，不得砍伐或危及国家重点保护的野生植物。未经主管部门批准，严禁砍伐名胜古迹和革命纪念地的林木。

2. 对文物的保护要求

(1) 在工程建设中发现地下文物，应立即报告当地文化行政管理部门。

(2) 在文物保护单位的保护范围内不得进行与保护文物无关的建设工程。如有特殊需要，必须经原公布（文物保护单位）的人民政府和上一级文化行政管理部门同意。

(3) 在文物保护单位周围的建设控制地带内的建设工程，不得破坏文物保护单位的环境风貌。其设计方案应征得文化行政管理部门同意。

3. 对土地的保护要求

(1) 通信局（站）选址和通信线路路由选取应尽量减少占用耕地、林地和草地。

(2) 选择通信线路路由时，应尽量减少对沙化土地、水土流失地区、饮用水源保护区和其他生态敏感与脆弱区的影响。

(3) 严禁在崩塌滑坡危险区、泥石流易发区和易导致自然景观破坏的区域采石、采砂、取土。

(4) 工程建设中废弃的沙、石、土必须运至规定的专门存放地堆放，不得向江河、湖泊、水库和专门存放地以外的沟渠倾倒；工程竣工后，取土场、开挖面和废弃的砂、石、土存放地的裸露土地，应植树种草，防止水土流失。

(5) 通信工程中严禁使用持久性有机污染物做杀虫剂。

(6) 在项目施工期，为施工人员搭建的临时生活设施宜避免占用耕地，产生的生活污水和生活垃圾不得随意排放或丢弃，应按环保部门要求妥善处置。

4. 对河流、水源的保护要求

(1) 在饮用水源保护区、江河湖泊沿岸及野生动物保护区不得使用化学杀虫剂。

(2) 建设跨河、穿河、穿堤的管道、缆线等工程设施，应符合防洪标准、岸线规划、航运要求，不得危害堤防安全，影响河道稳定、妨碍行洪畅通；工程建设方案应经有关水行政主管部门审查同意。

(3) 在蓄滞洪区内建设的电信设施和管道，建设单位应制定相应的防洪避洪方案，在蓄滞洪区内建造的房屋应采用平顶式结构。建设项目投入使用时，防洪工程设施应当经水行政主管部门验收。

5. 对大气的保护

(1) 通信局（站）使用的柴油发电机、油汽轮机的废气排放应符合环保要求。

(2) 通信设备的清洗，应使用对人体无毒无害溶剂，且不得含有全氯氟烃、全溴氟烃、四氯化碳等消耗臭氧层的物质（ODS）。

3.4.1.4 噪声控制要求

通信建设项目在城市市区范围内向周围生活环境排放的建筑施工噪声，应当符合《建筑施工场界噪声限值》GB 12523—1990 的规定，并符合当地环保部门的相关要求。位于城市范围内和乡村居民区的通信设施，向周围环境排放噪声，应符合《声环境质量标准》GB 3096—2008 的相关规定，按表 3-2 执行。

城市5类环境噪声标准值　等效声级 L_{eq}[dB(A)]　　表3-2

类别		昼间	夜间	适用区域
0		50	40	适用于疗养区、高级别墅区、高级宾馆区
1		55	45	适用于居住、文教机关为主的区域（乡村居住区参照）
2		60	50	适用于居住、商业、工业混杂区
3		65	55	适用于工业区
4	4a	70	55	适用于交通干线两侧区域
	4b	70	60	适用于铁路干线两侧区域

注：1. 位于城郊和乡村的疗养区、高级别墅区、高级宾馆区，按严于0类标准5dB执行。
2. 各类声环境功能区，夜间突发噪声不得超过相应标准值15dB。

必须保持防治环境噪声污染的设施正常使用；拆除或闲置环境噪声污染防治设施应报环境保护行政主管部门批准。

3.4.1.5　废旧物品回收及处置要求

通信工程建设单位和施工单位应采取措施，防止或减少固体废物对环境的污染。施工单位应及时清运施工过程中产生的固体废弃物，并按照环境卫生行政主管部门的规定进行利用或处置。

严禁向江河、湖泊、运河、渠道、水库及其最高水位线以下的滩地和岸坡倾倒、堆放固体废弃物。

3.4.2　通信工程项目建设和试运行阶段相关环境保护标准

3.4.2.1　《电磁辐射防护规定》GB 8702—1988的相关要求

1. 电磁辐射防护限值的要求

(1) 职业照射：在每天8h工作期间内，任意连续6min按全身平均的比吸收率(SAR)应小于0.1W/kg。其中，比吸收率(SAR，Specific Absorption Rate)是指生物体每单位质量所吸收的电磁辐射功率，即吸收剂量率。

(2) 公众照射：在1天24h内，任意连续6min按全身平均的比吸收率(SAR)应小于0.02W/kg。

2. 对电磁辐射源的管理要求

(1) 长波通信、中波广播、短波通信及广播的发射天线，离开人口稠密区的距离，必须满足本规定安全限值的要求。

(2) 对伴有电磁辐射的设备进行操作和管理的人员，应施行电磁辐射防护培训。培训内容应包括：

1) 电磁辐射的性质及其危害性；

2) 常用防护措施、用具以及使用方法；

3) 个人防护用具及使用方法；

4) 电磁辐射防护规定。

3. 电磁辐射监测要求

(1) 新建、改建、扩建后的辐射体，投入使用后的半年内提交监测报告。

(2) 当电磁辐射体的工作频率低于300MHz时，应对工作场所的电场强度和磁场强度分别测量；当电磁辐射体的工作频率大于300MHz时，可以只测电场强度。

(3) 监测点应选在开阔地段，要避开电力线、高压线、电话线、树木以及建筑物等的影响。

4. 测量的质量保证要求

（1）监测点位置的选取应考虑使监测结果具有代表性。不同的监测目的，应采取不同的监测方案。

（2）监测时要设法避免或尽量减少干扰，并对不可避免的干扰估计其对测量结果可能产生的最大误差。

（3）监测时必须获得足够的数据量，以保证测量结果的统计学精度。

3.4.2.2 《微波和超短波通信设备辐射安全要求》GB 12638—1990 的相关规定

1. 微波通信设备辐射安全要求

（1）脉冲波

1）每日 8h 连续暴露时，允许平均功率密度为 $25\mu W/cm^2$。

2）短时间间断暴露或每日超过 8h 暴露时，每日计量不得超过 $20025\mu W \cdot h/cm^2$。

3）在平均功率密度大于 $2525\mu W/cm^2$ 或每日剂量超过 $200\mu W \cdot h/cm^2$ 环境中暴露时，应采取相应防护措施（如戴微波护目镜，穿微波护身衣，并定期进行身体检查和较高营养保证）。

4）允许暴露的平均功率密度上限为 $2mW/cm^2$。

（2）连续波

1）每日 8h 连续暴露时，允许平均功率密度为 $50\mu W/cm^2$。

2）短时间间隔暴露或每日超过 8h 暴露时，每日剂量不得超过 $400\mu W \cdot h/cm^2$。

3）在平均功率密度大于 $25\mu W/cm^2$ 或每日剂量超过 $400\mu W \cdot h/cm^2$ 环境中暴露时，应采取相应防护措施（如戴微波护目镜，穿微波护身衣，并定期进行身体检查和较高营养保证）。

4）允许暴露的平均功率密度上限为 $4mW/cm^2$。

2. 超短波通信设备辐射安全要求

（1）脉冲波

1）每日 8h 连续暴露时，允许平均电场强度为 10V/m。

2）允许暴露的平均电场强度上限为 90V/m。

（2）连续波

1）每日 8h 连续暴露时，允许平均电场强度为 14V/m。

2）允许暴露的平均电场强度上限为 123V/m。

3.4.2.3 《建筑施工场界噪声限值》GB 12523—1990 的相关规定

《建筑施工场界噪声限值》GB 12523—1990 适用于城市建筑施工期间，施工场地产生噪声的控制标准。不同施工阶段的作业噪声限值应控制在表 3-3 范围之内。

施工场地作业噪声限值　等效声级 L_{Aeq}[dB(A)]　　表 3-3

施工阶段	主要噪声源	噪声限值	
		昼间	夜间
土石方	推土机、挖掘机、装载机等	75	55
打桩	各种打桩机等	85	禁止施工
结构	混凝土搅拌机、振捣机、电锯等	70	55
装修	吊车、升降机等	65	55

注：1. 表中所列噪声值是指与敏感区域相应的建筑施工场地边界线处的限值；
2. 如有几个施工阶段同时进行，则以高噪声阶段的限值为准。

3.4.2.4 《声环境质量标准》GB 3096—2008的相关规定

《声环境质量标准》GB 3096—2008是对《城市区域环境噪声标准》GB 3096—93和《城市区域环境噪声测量方法》GB/T 14623—93的修订，与原标准相比，新标准扩大了标准适用区域，将乡村地区纳入标准适用范围；将环境质量标准与测量方法标准合并为一项标准；明确了交通干线的定义，对交通干线两侧4类区环境噪声限值作了调整；提出了声环境功能区监测和噪声敏感建筑物监测的要求。

1. 声环境功能区分类

按区域的使用功能特点和环境质量要求划分，声环境功能区分为表3-2所示的五种类型，其昼夜的噪声标准值也如表中所示。对于表3-2中的适用区域所指的具体位置如下：

（1）0类声环境功能区：指康复疗养区等特别需要安静的区域。

（2）1类声环境功能区：指以居民住宅、医疗卫生、文化教育、科研设计、行政办公为主要功能，需要保持安静的区域。

（3）2类声环境功能区：指以商业金融、集市贸易为主要功能，或者居住、商业、工业混杂，需要维护住宅安静的区域。

（4）3类声环境功能区：指以工业生产、仓储物流为主要功能，需要防止工业噪声对周围环境产生严重影响的区域。

（5）4类声环境功能区：指交通干线两侧一定距离之内，需要防止交通噪声对周围环境产生严重影响的区域，包括4a类和4b类两种类型。4a类为高速公路、一级公路、二级公路、城市快速路、城市主干路、城市次干路、城市轨道交通（地面段）、内河航道两侧区域；4b类为铁路干线两侧区域。4b类声环境功能区环境噪声限值，适用于2011年1月1日起环境影响评价文件通过审批的新建铁路（含新开廊道的增建铁路）干线建设项目两侧区域。

2. 乡村声环境功能的确定

乡村区域一般不划分声环境功能区。根据环境管理的需要，县级以上人民政府环境保护行政主管部门可按以下要求确定乡村区域适用的声环境质量要求：

（1）位于乡村的康复疗养区执行0类声环境功能区要求；

（2）村庄原则上执行1类声环境功能区要求，工业活动较多的村庄以及有交通干线经过的村庄（指执行4类声环境功能区要求以外的地区）可局部或全部执行2类声环境功能区要求；

（3）集镇执行2类声环境功能区要求；

（4）独立于村庄、集镇之外的工业、仓储集中区执行3类声环境功能区要求；

（5）位于交通干线两侧一定距离（参考GB/T 15190第8.3条规定）内的噪声敏感建筑物执行4类声环境功能区要求。

3.5 通信工程建设标准

3.5.1 通信工程防雷接地及强电防护要求

雷击是通信系统常见的自然灾害，它会危及人身安全、造成设备损坏，防雷接地保护是确保通信系统安全正常运行的重要措施。另外，随着城乡经济的发展，电力线路的分布密度加大，为确保通信系统免受强电的干扰和危险影响，通信工程建设中必须采取相应的强电防护措施，确保系统安全。

3.5.1.1 电信房屋设计要求

1. 国际电信枢纽楼，高度在100m及以上的电信楼，应按第一类防雷建筑物进行防雷设计。其余电信建筑物和高度在15m及以上的微波铁塔、移动通信基站天线塔、卫星地球站天线塔等构筑物，应按第二类防雷建筑物和构筑物的防雷要求设计。当工艺设计有特殊要求时，应按工艺设计要求设计。

2. 电信专用房屋应按联合接地方式进行防雷接地设计：即电信建筑物的防雷接地（含天线铁塔的防雷接地）、电信设备的工作接地以及其保护接地共同组成一个联合接地网。

3.5.1.2 接闪器、引下线、接地线

1. 接闪器上不能附着其他电气线路。

2. 引下线上不能附着其他电气线路。

3. 严禁在接地线中加装开关或熔断器。

4. 接地线布放时应尽量短直，多余的线缆应截断，严禁盘绕。

3.5.1.3 电源配电系统的防雷与接地

1. 交流供电线路应采用地下电力电缆入局，电力电缆应选用具有金属铠装层的电力电缆或将电力电缆穿钢管埋地引入机房，电缆金属护套两端或者钢管应就近与地网接地体焊接连接。电力电缆与架空电力线路连接处应设相应等级的电源避雷器。

2. 交流零线在入户处应与联合地网朝变压器方向专门预留的接地端子作重复接地，楼内交流零线不得再作重复接地。

3. 电力变压器初级、次级及高压柜（10kV）应安装相应电压电流等级的氧化锌电源避雷器。低压电力线进入配电设备端口处外侧应安装电源防雷器，通信局（站）电源用防雷器应采用限压型（8/20μs）SPD，通信局（站）不应使用间隙型（开关型）或者间隙组合型防雷器。电源防雷器最大通流容量应根据通信局（站）类型、所处地理环境、雷暴强度等因素来确定。

4. 接入网站的供电系统采用TT供电方式时，单相供电应选择“1+1型”SPD，三相供电应选择“3+1型”SPD。

5. 严禁将C级40kA模块型SPD进行并联组合作为80kA或120kA的SPD使用。

3.5.1.4 线缆的出、入局要求

1. 出入机房的各类信号线应由地下入局，其信号线金属屏蔽层以及光缆内金属结构均应在成端处就近作保护接地；金属芯信号线在进入设备端口处应安装符合相应传输指标要求的防雷器。

2. 由楼顶引入机房的电缆应选用具有金属护套的电缆，并应在采取了相应的防雷措施后方可进入机房。

3.5.1.5 交换设备的接地电阻要求

交换设备接地电阻标准应符合表3-4的规定。

接地电阻标准　表 3-4

交换系统容量	市话 2000 门以下	市话 10000 以下（含 10000 门） 长话 2000 门以下（含 2000 门）	市话 10000 以上 长话 2000 门以上
接地电阻（Ω）	≤5	≤3	≤1

3.5.1.6　通信线路防雷与接地

1. 年平均雷暴日数大于 20 的地区及有雷击历史的地段，光（电）缆线路应采取防雷保护措施。

2. 光（电）缆线路与强电线路平行、交越或与地下电气设备平行、交越时，其间隔距离应符合设计要求。

3. 光（电）缆线路的防强电措施应符合设计要求。

4. 光（电）缆内的金属构件，在局（站）内或交接箱处线路终端时必须做防雷接地。光（电）缆线路进入交接设备时，可与交接设备共用一条地线，其接地电阻值应满足设计要求。

5. 若强电线路对光（电）缆线路的感应纵电动势以及对电缆和含铜芯线的光缆线路干扰影响超过允许值时，应按设计要求，采取防护等措施。

6. 光（电）缆线路在郊区、空旷地区或强雷击区敷设时，应根据设计规定采取防雷措施。

7. 在雷害特别严重的郊外、空旷地区敷设架空光（电）缆时，应装设架空地线。

8. 在雷击区，架空光（电）缆的分线设备及用户终端应有保安装置。

9. 郊区、空旷地区埋式光（电）缆线路与孤立大树的净距及光（电）缆与接地体根部的净距应符合设计要求。

10. 光（电）缆防雷保护接地装置的接地电阻应符合设计要求。

11. 在雷暴严重地区，应按照设计要求的规格程式和安装位置在相应段落安装防雷排流线。防雷排流线应位于光（电）缆上方 300mm 处，接头处应连接牢固。

3.5.1.7　其他要求

1. 通信局（站）内使用的浪涌保护器，应经工业和信息化部认可的防雷产品质量监测部门测试合格。

2. 设备机架的接地，应采用截面不小于 16mm^2 多股铜芯线接到本机房的接地汇集排。

3. 施工现场临时用电应有可靠的接地保护系统。

3.5.2　通信工程相关专业要求

3.5.2.1　通信管道和光（电）缆通道工程

1. 承包单位应当在施工组织设计中编制安全技术措施和施工现场临时用电方案，对下列分项工程应编制专项施工方案，并附安全验算结果，经承包单位技术负责人批准，报总监理工程师签认后实施，由专职安全生产管理员进行现场监督：

（1）土方开挖工程；

（2）起重吊装工程；

（3）拆除、爆破工程；

(4) 国务院建设行政主管部门确定的或者其他危险性较大的工程。

2. 在施工现场安装、拆卸施工起重机械等自升式架设设施，必须由具有相应资质的单位承担。并应符合以下规定：

1) 安装、拆卸施工起重机械等自升式架设设施，应当编制拆装方案、制定安全施工措施，并由专业技术人员现场监督。

2) 施工起重机械等自升式架设设施安装完毕，安装单位应当自检，出具自检合格证明，并向施工单位进行安全使用说明，办理验收手续并签字。

3. 施工起重机械等自升式架设设施的使用达到国家规定的检验检测期限的，必须经具有专业资质的检验检测机构检测。经检测不合格的，不得继续使用。

4. 挖掘沟（坑）施工时，如发现有埋藏物，特别是文物、古墓等必须立即停止施工，并负责保护好现场，与有关部门联系。在未得到妥善解决之前，施工单位严禁在该地段内继续施工。

3.5.2.2　通信线路工程

1. 标石的埋设位置

(1) 普通标石的埋设位置：光缆拐弯点、排流线起止点、同沟敷设光缆的起止点、光缆特殊预留点、与其他缆线交越点、穿越障碍物地点以及直线段市区每隔 200m，郊区和长途每隔 250m 处均应设置普通标石。

(2) 监测标石的埋设位置：需要监测光缆内金属护层对地绝缘、电位的接头点均应设置监测标石。

(3) 有可以利用的标志时，可用固定标志代替标石。

2. 标石的埋设方式

(1) 长度为 1m 的标石，埋深应为 600mm，出土 400mm；长度为 1.5m 的标石，埋深应为 700mm，出土 800mm。标石周围的土壤应夯实。

(2) 标石埋设的朝向要求

1) 普通标石应埋设在光缆的正上方。

2) 接头处的标石应埋设在光缆线路的路由上，标石有字的一面应朝面向光缆接头。

3) 转弯处的标石应埋设在光缆线路转弯的交点上，标石朝向光缆弯角较小的一面。

4) 当光缆沿公路敷设间距不大于 100m 时，标石可朝向公路。

(3) 标石的制作要求

1) 标石用坚石或钢筋混凝土制作。

2) 规格有两种：一般地区使用短标石，规格应为 1000mm×140mm×140mm；土质松软及斜坡地区用长标石，规格应为 1500mm×140mm×140mm。

(4) 标石的标号要求

1) 标石编号为白底红（或黑）漆正楷字，字体端正，表面整洁。

2) 标石编号应根据传输方向，自 A 端至 B 端方向编排。

3) 标石编号一般以一个中继段为独立编号单位。

4) 标石的编号及符号应一致，并符合图 3-1 所示。

3. 水线标志牌的设置要求

(1) 水线标志牌应按设计要求或河流大小采用单杆或双杆支撑，并应在水线敷设前安

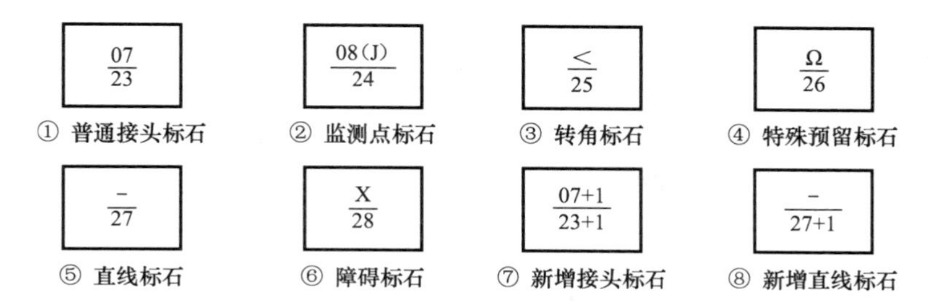

注：编号的分子表示标石的不同类别或同类标石的序号，如①、②；分母表示一个中继段内总标石编号。图⑦、⑧中分子＋1 和分母＋1 表示新增加的接头或直线光缆标石。

图 3-1　各种标石的编写规格图

装在设计确定的位置上；

（2）水线标志牌应设置在地势高、无障碍物遮挡的地方，其牌的正面应分别与上游或下游方向成 25°～30°的夹度；

（3）水线标志牌设置在土质松软地区或埋深达不到规定时，应加拉线，水泥杆根部应采用底盘、卡盘等加固措施。

4. 其他要求

（1）新建杆路应首选水泥电杆，木杆或撑杆应采用注油杆或根部经防腐处理的木杆。

（2）高空作业人员应持证上岗，采取安全防护措施；恶劣气候严禁施工。

（3）人（手）孔内作业时，应防止中毒。

（4）海底光缆登陆点处必须设置明显的海缆登陆标志。

3.5.2.3　综合布线系统工程

1. 设备间内应有足够的设备安装空间，其面积最低不应小于 $10m^2$。

2. 交接间的面积不应小于 $5m^2$，如覆盖的信息插座超过 200 个时，应适当增加面积。

3. 当施工作业可能对既有和运行设备、管线等造成损害时，应采取防护措施。

3.5.2.4　通信钢塔桅

1. 移动通信工程钢塔桅结构设计要求

（1）在移动通信工程钢塔桅结构设计文件中，应注明结构的设计使用年限、使用条件、钢材牌号、连接材料的型号（或钢号）和对钢材所要求的力学性能、化学成分及其他的附加保证项目。此外，还应注明所要求的焊缝形式、焊缝质量等级、端部刨平顶紧部位及对施工的要求。

（2）在已有建筑物上加建移动通信工程钢塔桅结构时，应经技术鉴定或设计许可，确保建筑物的安全。未经技术鉴定或设计许可，不得改变移动通信工程钢塔桅结构的用途和使用环境。

（3）移动通信工程钢塔桅结构的设计基准期为 50 年。移动通信工程钢塔桅结构的安全等级应为二级。

（4）移动通信工程钢塔桅结构应按承载能力极限状态和正常使用极限状态进行设计：

1）承载能力极限状态：这种极限状态对应于结构或结构构件达到最大承载能力，或达到不适于继续承载的变形；

2）正常使用极限状态：这种极限状态对应于结构或结构构件达到变形或耐久性能的

有关规定限值。

（5）荷载要求

1）风荷载：钢塔桅结构所承受的风荷载计算应按现行国家标准《建筑结构荷载规范》GB 50009—2001 的规定执行，基本风压按 50 年一遇采用，但基本风压不得小于 0.35kN/m^2。

2）雪荷载：平台雪荷载的计算应按现行国家标准《建筑结构荷载规范》GB 50009—2001 的规定执行，基本雪压按 50 年一遇采用。

（6）移动通信工程钢塔桅结构采用的钢材应具有抗拉强度、伸长率、屈服强度和硫、磷含量的合格保证，对焊接结构还应具有碳含量的合格保证。

焊接结构以及重要的非焊接承重结构采用的钢材还应具有冷弯试验的合格保证。

（7）钢塔桅结构常用材料设计指标应满足表 3-5～表 3-9 的规定：

钢材的强度设计值（N/mm^2） **表 3-5**

类别		抗拉、抗压和抗弯 f	抗剪 f_v	端面承压（刨平顶紧）f_{ce}
牌号	厚度或直径 mm			
Q235 钢	≤16	215	125	325
	17～40	205	120	
Q345 钢	≤16	310	180	400
	17～35	295	170	
Q390 钢	≤16	350	205	415
	17～35	335	190	

注：1. 表中厚度系指计算点的钢材厚度，对轴心受拉和轴心受压构件系指截面中较厚板件的厚度。
2. 20 号优质碳素钢（无缝钢管）的强度设计值同 Q235 钢。

螺栓和锚栓连接的强度设计值（N/mm^2） **表 3-6**

螺栓的性能等级、锚栓和构件钢材的牌号		普通螺栓						锚栓	承压型连接高强度螺栓		
		C 级螺栓			A 级、B 级螺栓						
		抗拉 f_t^b	抗剪 f_v^b	承压 f_c^b	抗拉 f_t^b	抗剪 f_v^b	承压 f_c^b	抗拉 f_t^a	抗拉 f_t^b	抗剪 f_v^b	承压 f_c^b
普通螺栓	4.6 级、4.8 级	170	140	—	—	—	—	—	—	—	—
	6.8 级	300	240	—	—	—	—	—	—	—	—
	8.8 级	400	300	—	400	320	—	—	—	—	—
地脚锚栓	Q235	—	—	—	—	—	—	140	—	—	—
	Q345	—	—	—	—	—	—	180	—	—	—
	35 号钢	—	—	—	—	—	—	200	—	—	—
	45 号钢	—	—	—	—	—	—	228	—	—	—
承压型连接高强度螺栓	8.8 级	—	—	—	—	—	—	—	400	250	—
	10.9 级	—	—	—	—	—	—	—	500	310	—

续表

螺栓的性能等级、锚栓和构件钢材的牌号		普通螺栓						锚栓	承压型连接高强度螺栓		
		C级螺栓			A级、B级螺栓						
		抗拉 f_t^b	抗剪 f_v^b	承压 f_c^b	抗拉 f_t^b	抗剪 f_v^b	承压 f_c^b	抗拉 f_t^a	抗拉 f_t^b	抗剪 f_v^b	承压 f_c^b
构件	Q235	—	—	305	—	—	405	—	—	—	470
	Q345	—	—	385	—	—	510	—	—	—	590
	Q390	—	—	400	—	—	530	—	—	—	615

注：1. A级螺栓用于$d \leqslant 24$mm和$l \leqslant 10d$或$l \leqslant 150$mm（按较小值）的螺栓；B级螺栓用于$d > 24$mm或$l > 10d$或$l > 150$mm（按较小值）的螺栓。d为公称直径，l为螺杆公称长度。

2. A、B级螺栓孔的精度和孔壁表面粗糙度，C级螺栓孔的允许偏差和孔壁表面粗糙度均应符合《移动通信工程钢塔桅结构质量验收规范》的要求。

焊缝的强度设计值（N/mm²） **表 3-7**

焊接方法和焊条型号	构件钢材		对接焊缝				角焊缝
	牌号	厚度或直径（mm）	抗压 f_c^w	焊缝质量为下列等级时，抗拉 f_t^w		抗剪 f_v^w	抗拉、抗压和抗剪 f_f^w
				一级、二级	三级		
自动焊、半自动焊和E43型焊条的手工焊	Q235钢	≤16	215	215	185	125	160
		17～40	205	205	175	120	
自动焊、半自动焊和E50型焊条的手工焊	Q345钢	≤16	310	310	265	180	200
		17～35	295	295	250	170	
自动焊、半自动焊和E55型焊条的手工焊	Q390钢	≤16	350	350	300	205	220
		17～35	335	335	285	190	

注：1. 自动焊和半自动焊所采用的焊丝和焊剂，应保证其熔敷金属的力学性能不低于现行国家标准《埋弧焊用碳钢焊丝和焊剂》GB/T 5293和《低合金钢埋弧焊用焊剂》GB/T 12470中相关的规定。

2. 焊缝质量等级应符合现行国家标准《钢结构工程施工质量验收规范》GB 50205的规定。其中厚度小于8mm钢材的对接焊缝，不应采用超声波探伤确定焊缝质量等级。

3. 对接焊缝在受压区的抗弯强度设计值取f_{cw}，在受拉区的抗弯强度设计值取f_{tw}。

4. 表中厚度系指计算点的钢材厚度，对轴心受拉和轴心受压构件系指截面中较厚板件的厚度。

5. 构件为20号优质碳素钢的焊缝强度设计值同Q235钢。

拉线用镀锌钢绞线强度设计值（N/mm²） **表 3-8**

股数	热镀锌钢丝抗拉强度标准值				备　注
	1270	1370	1470	1570	1. 整根钢绞线拉力设计值等于总截面与f_g的积； 2. 强度设计值f_g中已计入了换算系数：7股0.92，19股0.90； 3. 拉线金具的强度设计值由国家标准的金具强度标准值或试验破坏值定，$\gamma R=1.8$
	整根钢绞线抗拉强度设计值 f_g				
7股	745	800	860	920	
19股	720	780	840	900	

拉线用钢丝绳强度设计值（N/mm²） **表 3-9**

钢丝绳公称抗拉强度	1470	1570	1670	1770	1.870
钢丝绳抗拉强度设计值	735	785	835	885	935

（8）钢塔桅结构地基基础设计前应进行岩土工程勘察。

(9) 地基基础设计时，所采用的荷载效应最不利组合与相应的抗力限值应按下列规定：

1) 按地基承载力确定基础底面积及埋深或按单桩承载力确定桩数时，传至基础或承台底面上的荷载应按正常使用极限状下荷载效应标准组合，相应的抗力应采用地基承载力特征值或单桩承载力特征值。

2) 计算地基变形时，传至基础底面上的荷载应按准永久效应组合，相应的限值应为地基变形允许值；当风玫瑰图严重偏心时，应取风荷载的频遇值组合。

3) 钢塔桅基础的抗拔计算采用安全系数法，荷载效应应按承载能力极限状下荷载效应的基本组合，但分项系数为1.0，且不考虑平台活荷载。

4) 在确定基础或桩台高度，计算基础内力，确定配筋和验算材料强度时，上部结构传来的荷载效应组合和相应的基底反力，应按承载能力极限状态下荷载效应的基本组合，采用相应的分项系数。

5) 当需要验算裂缝宽度时，应按正常使用极限状态荷载效应标准组合。

(10) 钢塔桅结构的地基变形允许值可按表3-10的规定采用。

移动通信工程钢塔桅结构的地基变形允许值 **表3-10**

塔桅高度 H(m)	沉降量允许值 (mm)	倾斜允许值 $\mathrm{tg}\theta$	相邻基础间的沉降差允许值
$H \leqslant 20$	400	$\leqslant 0.008$	$\leqslant 0.005l$
$20 < H \leqslant 50$	400	$\leqslant 0.006$	
$50 < H \leqslant 100$	400	$\leqslant 0.005$	

注：l 为相邻基础中心间的距离。

2. 移动通信工程钢塔桅结构验收要求

(1) 移动通信工程钢塔桅结构应按下列要求进行验收

1) 移动通信工程钢塔桅结构施工质量应符合本标准及其他相关专业验收规范的规定；

2) 符合工程勘察、设计文件的要求；

3) 参加验收的人员应具备相应的资格；

4) 验收均应在施工单位自行检查评定的基础上进行；

5) 隐蔽工程隐蔽前应由施工单位通知监理人员进行验收，并应形成验收文件；

6) 对有疑义的钢材、标准件等应按规定进行见证取样检测；

7) 检验批的质量应按主控项目和一般项目验收；

8) 对涉及结构安全和使用功能的重要项目进行抽样检测；

9) 承担见证取样检测及有关结构安全检测的单位应具有相应资质；

10) 工程的观感质量应由验收人员通过现场检查，并应共同确认。

(2) 钢材的品种、规格、性能等应符合现行国家产品标准和设计要求。进口钢材产品的质量应符合设计和合同规定标准的要求。

(3) 焊接材料的品种、规格、性能等应符合现行国家产品标准和设计要求。

(4) 移动通信工程钢塔桅结构连接用高强度螺栓、普通螺栓、锚栓（机械型和化学试剂型）、地脚锚栓等紧固标准件及螺母、垫圈等标准配件，其品种、规格、性能等应符合现行国家产品标准和设计要求。

(5) 桅杆用的钢绞线、钢丝绳、线夹、花篮螺栓、拉线棒采用的原材料，其品种、规格、性能等应符合现行国家产品标准和设计要求。

(6) 焊工必须经考试合格并取得合格证书。持证焊工必须在其考试合格项目及其认可范围内施焊。

(7) 设计要求全焊透的二级焊缝应采用超声波探伤进行内部缺陷的检验，超声波探伤不能对缺陷作出判断时，应采用射线探伤，其内部缺陷分级及探伤方法应符合现行国家标准《钢焊缝手工超声波探伤方法和探伤结果分级》GB 11345 或《钢熔化焊对接接头射线照相和质量分级》GB 3323 的规定。

二级焊缝的质量等级及缺陷分级应符合表 3-11 的规定。

二级焊缝质量等级及缺陷分级 **表 3-11**

焊缝等级质量		二　级
内部缺陷超声波探伤	评定等级	Ⅲ
	检验等级	B 级
	探伤比例	20%
内部缺陷射线探伤	评定等级	Ⅲ
	检验等级	B 级
	探伤比例	20%

注：探伤比例的计数方法应按以下原则确定：
1. 对工厂制作焊缝，应按每条焊缝计算百分比，且探伤长度应不小于 200mm，当焊缝长度不足 200mm 时，应对整条焊缝进行探伤；
2. 对现场安装焊缝，应按统一类型、同一施焊条件的焊缝条数计算百分比，探伤长度应不小于 200mm，并应不少于 1 条焊缝。

3.5.2.5 公用计算机互联网工程

机房内不同电压的电源设备、电源插座应有明显区别标志。

3.5.2.6 通信电源设备安装工程

1. 低压交流供电系统应采用 TN-S 接线方式。

2. 低压市电间、市电与油机之间采用自动切换方式时必须采用具有电气和机械联锁的切换装置；采用手动切换方式时，应采用带灭弧装置的双掷刀闸。

3. 自动运行的变配电系统应具备手动操作功能。

4. 不同厂家、不同容量、不同型号、不同时期的蓄电池组严禁并联使用。

5. 直流电源线、交流电源线、信号线必须分开布放，应避免在同一线束内。其中直流电源线正极外皮颜色应为红色，负极外皮颜色应为蓝色。

6. 电源线、信号线必须是整条线料，外皮完整，中间严禁有接头和急弯处。

3.5.3 通信网络及设施安全要求

通信设施作为国家基础设施，为国家社会、政治、经济各方面提供公共通信服务。通信设施的安全既涉及电信企业的利益，也涉及国家安全和社会公众的利益。

通信设施安全包括：通信网络的安全，电信设施之间及电信设施与其他设施之间的安全间距，通信线路的埋深、通信线路的其他安全以及电信生产楼的安全。

通信设施建设时，必须保证新建电信设施的安全以及已建通信设施和其他设施的安全。新建通信设施与已建的通信设施、其他设施应保持必要的安全距离，这样不仅可以避免新建的通信设施在施工和运营、维护过程中，对已建通信设施和其他设施的安全造成影响，同时也有利于新建通信设施的安全，避免已建通信设施和其他设施在运营、维护过程中对新建通信设施造成影响。

3.5.3.1　通信网络的安全要求

1. 软交换网应采取的安全措施

(1) 防止合法用户超越权限地访问软交换网设备。

(2) 防止合法用户的 IP 包流入、流出软交换网设备所在局域网。

(3) 防止合法用户对软交换网设备所需的 IP 承载网资源的大量占用，导致软交换网设备因无法使用 IP 承载网资源而退出服务。

(4) 防止软交换网元设备之间的 IP 包的非法监听。

(5) 防止病毒感染和扩散。

2. 互联网网络的安全要求

(1) 核心汇接节点之间必须设置 2 个或 2 个以上不同局向的中继电路，不同局向的中继电路必须由不同的传输系统开通。

(2) 必须保证路由协议自身的安全性，在 OFPF、IS-IS、BGP 等协议中启用校验和认证功能，保证路由信息的完整性和已授权性。

(3) 核心汇接节点设备必须实现主控板卡、交换板卡、电源模块、风扇模块等关键部件的冗余配置。

3.5.3.2　设施安全间距的规定

1. 通信管道及通道与其他地下管线、建筑物间的最小净距要求

通信管道及通道应避免与燃气管道、高压电力电缆在道路同侧建设，不可避免时，通信管道、通道与其他地下管线及建筑物间的最小净距应符合表 3-12 的规定。

通信管道、通道和其他地下管线及建筑物间的最小净距　　表 3-12

其他地下管线及建筑物名称		平行净距 (m)	交叉净距 (m)
已有建筑物		2.0	—
规划建筑物红线		1.5	—
给水管	$d \leqslant$ 300mm	0.5	0.15
	300mm < $d \leqslant$ 500mm	1.0	
	d > 500mm	1.5	
污水、排水管		1.0	0.15
热力管		1.0	0.25
燃气管	压力≤300kPa (压力≤3kg/cm^2)	1.0	0.3
	300kPa<压力≤800kPa (3kg/cm^2 压力≤8kg/cm^2)	2.0	
电力电缆	35kV 以下	0.5	0.5
	≥35kV	2.0	

续表

其他地下管线及建筑物名称		平行净距（m）	交叉净距（m）
高压铁塔基础边	＞35kV	2.5	—
通信电缆（或通信管道）		0.5	0.25
通信电杆、照明杆		0.5	—
绿化	乔木	1.5	—
	灌木	1.0	—
道路边石边缘		1.0	—
铁路钢轨（或坡脚）		2.0	—
沟渠（基础底）		—	0.5
涵洞（基础底）		—	0.25
电车轨底		—	1.0
铁路轨底		—	1.5

注：1. 主干排水管后铺设时，其施工沟边与管道间的水平净距不宜小于1.5m。
2. 当管道在排水管下部穿越时，交叉净距不宜小于0.4m，通信管道应作包封处理。包封长度自排水管道两侧各长2m。
3. 在交越处2m范围内，燃气管不应作接合装置和附属设备；如上述情况不能避免时，通信管道应作包封处理。
4. 如电力电缆加保护管时，交叉净距可减至0.15m。

2. 通信线路与其他建筑设施间的最小净距

（1）直埋光（电）缆、硅芯塑料管道与其他地下管线或其他建筑设施间的最小净距应符合表3-13的要求。

直埋光（电）缆与其他建筑设施间的最小净距　　表3-13

名　称	平行时（m）	交越时（m）
通信管道边线（不包括人手孔）	0.75	0.25
非同沟的直埋通信光、电缆	0.5	0.25
埋式电力电缆（交流35kV以下）	0.5	0.5
埋式电力电缆（交流35kV及以上）	2.0	0.5
给水管（管径小于300mm）	0.5	0.5
给水管（管径300mm～500mm）	1.0	0.5
给水管（管径大于500mm）	1.5	0.5
高压油管、天然气管	10.0	0.5
热力、排水管	1.0	0.5
燃气管（压力小于300kPa）	1.0	0.5
燃气管（压力300kPa～1600kPa）	2.0	0.5
通信管道	0.75	0.25
其他通信线路	0.5	
排水沟	0.8	0.5
房屋建筑红线或基础	1.0	

续表

名　称	平行时（m）	交越时（m）
树木（市内、村镇大树、果树、行道树）	0.75	
树木（市外大树）	2.0	
水井、坟墓	3.0	
粪坑、积肥池、沼气池、氨水池等	3.0	
架空杆路及拉线	1.5	

注：1. 直埋光缆采用钢管保护时，与水管、燃气管、输油管交越时的净距可降低为0.15m。
2. 对于杆路、拉线、孤立大树和高耸建筑，还应考虑防雷要求。
3. 大树指直径300mm及以上的树木。
4. 穿越埋深与光缆相近的各种地下管线时，光缆宜在管线下方通过。
5. 隔距达不到上表要求时，应采取保护措施。

（2）架空电缆线路与其他设施交越时，其水平净距应符合表3-14的规定，架设高度应符合表3-15的规定，垂直净距应符合3-16的规定。

杆路与其他设施的最小水平净距　　表3-14

其他设施名称	最小水平净距（m）	备　注
消火栓	1.0	指消火栓与电杆距离
地下管、缆线	0.5～1.0	包括通信管、缆线与电杆间的距离
火车铁轨	地面杆高的4/3倍	
人行道边石	0.5	
地面上已有其他杆路	地面杆高的4/3	以较长标高为基准
市区树木	0.5	缆线到树干的水平距离
郊区树木	2.0	缆线到树干的水平距离
房屋建筑	2.0	缆线到房屋建筑的水平距离

注：在地域狭窄地段，拟建架空光缆与已有架空线路平行敷设时，若间距不能满足以上要求，可以杆路共享或改用其他方式敷设光缆线路，并满足隔距要求。

架空光（电）缆架设高度　　表3-15

名　称	与线路方向平行时		与线路方向交越时	
	架设高度（m）	备　注	架设高度（m）	备　注
市内街道	4.5	最低缆线到地面	5.5	最低缆线到地面
市内里弄（胡同）	4.0	最低缆线到地面	5.0	最低缆线到地面
铁路	3.0	最低缆线到地面	7.5	最低缆线到轨面
公路	3.0	最低缆线到地面	5.5	最低缆线到路面
土路	3.0	最低缆线到地面	5.0	最低缆线到路面
房屋建筑物			0.6	最低缆线到屋脊
			1.5	最低缆线到房屋平顶
河流			1.0	最低缆线到最高水位时的船桅顶
市区树木			1.5	最低缆线到树枝的垂直距离
郊区树木			1.5	最低缆线到树枝的垂直距离
其他通信导线			0.6	一方最低缆线到另一方最高线条
与同杆已有缆线间隔	0.4	缆线到缆线		

架空光（电）缆交越其他电气设施的最小垂直净距 表 3-16

其他电气设备名称	最小垂直净距（m）		备 注
	架空电力线路有防雷保护设备	架空电力线路无防雷保护设备	
10kV 以下电力线	2.0	4.0	最高缆线到电力线条
35kV 至 110kV 电力线（含 110kV）	3.0	5.0	最高缆线到电力线条
110kV 至 220kV 电力线（含 220kV）	4.0	6.0	最高缆线到电力线条
220kV 至 330kV 电力线（含 330kV）	5.0		最高缆线到电力线条
330kV 至 500kV 电力线（含 500kV）	8.5		最高缆线到电力线条
供电线接户线（注 1）	0.6		
霓虹灯及其铁架	1.6		
电气铁道及电车滑接线（注 2）	1.25		

注：1. 供电线为被覆线时，光（电）缆也可以在供电线上方交越。
2. 光（电）缆必须在上方交越时，跨越档两侧电杆及吊线安装应做加强保护装置。
3. 通信线应架设在电力线路的下方位置，应架设在电车滑接线的上方位置。

3. 海底光缆之间的间距要求

所选择的海底光缆线路路由与其他海缆路由平行时，两条平行海缆之间的距离应不小于 2 海里（3.704km）。

3.5.3.3 通信线路安全埋深的规定

1. 通信管道埋深规定

（1）通信管道的埋设深度（管顶至路面）不应低于表 3-17 的要求。当达不到要求时，应采用混凝土包封或钢管保护。

管顶至路面的最小深度（单位：m） 表 3-17

类 别	人行道下	车行道下	与电车轨道交越（从轨道底部算起）	与铁道交越（从轨道底部算起）
水泥管、塑料管	0.7	0.8	1.0	1.5
钢管	0.5	0.6	0.8	1.2

（2）进入人孔处的管道基础顶部距人孔基础顶部不应小于 0.4m，管道顶部距人孔上覆底部不应小于 0.3m。

（3）当遇到下列情况时，通信管道埋设应作相应的调整或进行特殊设计：

1）城市规划对今后道路扩建、改建后路面高程有变动时。

2）与其他地下管线交越时的间距不符合规定时。

3）地下水位高度与冻土层深度对管道有影响时。

2. 通信线路埋深规定

（1）光缆埋深应符合表 3-18 的规定。

光缆埋深标准 **表 3-18**

敷设地段及土质		埋深（m）
普通土、硬土		≥1.2
砂砾土、半石质、风化石		≥1.0
全石质、流砂		≥0.8
市郊、村镇		≥1.2
市区人行道		≥1.0
公路边沟	石质（坚石、软石）	边沟设计深度以下 0.4
	其他土质	边沟设计深度以下 0.8
公路路肩		≥0.8
穿越铁路（距路基面）、公路（距路面基底）		≥1.2
沟渠、水塘		≥1.2
河流		按水底光缆要求

注：1. 边沟设计深度为公路或城建管理部门要求的深度。
2. 石质、半石质地段应在沟底和光缆上方各铺 100mm 厚的细土或沙土。此时光缆的埋深相应减少。
3. 上表中不包括冻土地带的埋深要求，其埋深在工程设计中应另行分析取定。

（2）水底光（电）缆埋深标准应符合表 3-19 要求。

水底光（电）缆埋深要求 **表 3-19**

河床情况		埋深要求（m）
岸滩部分		1.2
水深小于 8m（年最低水位）的水域	河床不稳定，土质松软	1.5
	河床稳定、硬土	1.2
水深大于 8m（年最低水位）的水域：		自然掩埋
有疏浚规划的区域		在规划深度以下 1m
冲刷严重、极不稳定的区域		在变化幅度以下
石质和风化石河床		＞0.5

（3）硅芯塑料管道埋深应根据铺设地段的土质和环境条件等因素分段确定，且应符合表 3-20 的规定。特殊困难地点可根据铺设硅芯塑料管道要求，提出方案，呈主管部门审定。

硅芯塑料管道埋深要求 **表 3-20**

序　号	铺设地段及土质	上层管道至路面埋深（m）
1	普通土、硬土	≥1.0
2	半石质（砂砾土、风化石等）	≥0.8
3	全石质、流砂	≥0.6
4	市郊、村镇	≥1.0
5	市区街道	≥0.8
6	穿越铁路（距路基面）、公路（距路面基底）	≥1.0
7	高等级公路中间隔离带及路肩	≥0.8

续表

序　号	铺设地段及土质	上层管道至路面埋深（m）
8	沟、渠、水塘	≥1.0
9	河流	同水底光缆埋深要求

注：1. 人工开槽的石质沟和公（铁）路石质边沟的埋深可减为0.4m，并采用水泥砂浆封沟。硬路肩可减为0.6m。
2. 管道沟沟底宽度通常应大于管群排列宽度每侧100mm。
3. 在高速公路隔离带或路肩开挖管道沟，硅芯塑料管道的埋深及管群排列宽度，应考虑到路方安装防撞栏杆立柱时对塑料管的影响。

3. 杆路埋深规定

（1）电杆洞深应符合表3-21规定，洞深允许偏差不大于50mm。

架空光（电）缆电杆洞洞深标准　　表3-21

电杆类别	分类 / 洞深（m） / 杆长（m）	普通土	硬　土	水田、湿地	石　质
水泥电杆	6.0	1.2	1.0	1.3	0.8
	6.5	1.2	1.0	1.3	0.8
	7.0	1.3	1.2	1.4	1.0
	7.5	1.3	1.2	1.4	1.0
	8.0	1.5	1.4	1.6	1.2
	9.0	1.6	1.5	1.7	1.4
	10.0	1.7	1.6	1.7	1.6
	11.0	1.8	1.8	1.9	1.8
	12.0	2.1	2.0	2.2	2.0
木质电杆	6.0	1.2	1.0	1.3	0.8
	6.5	1.3	1.1	1.4	0.8
	7.0	1.4	1.2	1.5	0.9
	7.5	1.5	1.3	1.6	0.9
	8.0	1.5	1.3	1.6	1.0
	9.0	1.6	1.4	1.7	1.1
	10.0	1.7	1.5	1.8	1.1
	11.0	1.7	1.6	1.8	1.2
	12.0	1.8	1.6	2.0	1.2

注：1. 12m以上的特种电杆的洞深应按设计文件规定实施；
2. 本表适用于中、轻负荷区新建的通信线路。重负荷区的杆洞洞深应按本表规定值增加100～200mm。

坡上的洞深应符合图3-2要求。杆洞深度应以永久性地面为计算起点。

（2）各种拉线地锚坑深应符合表3-22的规定，允许偏差应小于50mm。

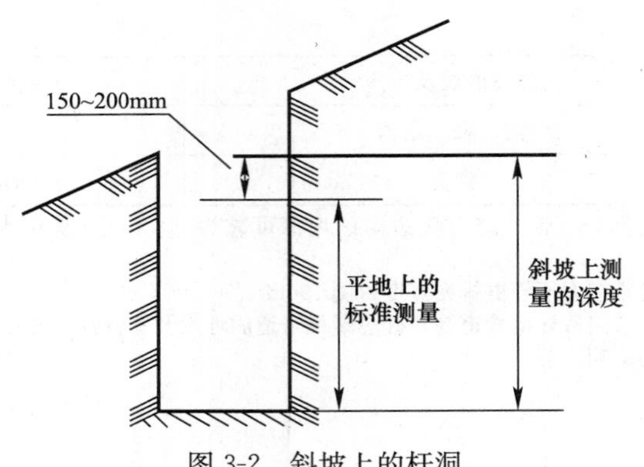

图 3-2　斜坡上的杆洞

拉线地锚坑深　　　　表 3-22

拉线程式 \ 坑深（m） \ 土质分类	普通土	硬　土	水田、湿地	石　质
7/2.2mm	1.3	1.2	1.4	1.0
7/2.6mm	1.4	1.3	1.5	1.1
7/3.0mm	1.5	1.4	1.6	1.2
2×7/2.2mm	1.6	1.5	1.7	1.3
2×7/2.6mm	1.8	1.7	1.9	1.4
2×7/3.0mm	1.9	1.8	2.0	1.5
V型 上2 下1 ×7/3.0mm	2.1	2.0	2.3	1.7

3.5.3.4　电信生产楼的安全规定

1. 局址内禁止设置公众停车场。

2. 直辖市和省会城市的综合电信营业厅不应设置在电信生产楼内。对于地（市）级城市的综合电信营业厅不宜设置在电信生产楼内。

3.5.4　通信工程抗震防灾要求

我国是一个多地震国家，地震活动分布广、强度高、危害大，通信工程作为生命线不仅在平时要保证正常通信需要，还要在震时传递震情和灾情，它的畅通可以为加速救灾工作，稳定社会秩序发挥重要作用。电信建筑、电信设备在地震中的安全可靠运行则是确保通信畅通的重要因素。通信工程抗震的相关规定包括电信建筑设防分类标准、电信设备安装的抗震要求和电信设备抗震性能检测三个部分。

3.5.4.1　通信建筑抗震设防

1. 通信建筑工程应分为以下三个抗震设防类别：

(1) 特殊设防类，指使用上有特殊设施，涉及国家公共安全的重大通信建筑工程和地震时使用功能不能中断，可能发生严重次生灾害等特别重大灾害后果，需要进行特殊设防的通信建筑。简称甲类。

(2) 重点设防类，指地震时使用功能不能中断或需尽快恢复的通信建筑，以及地震时可能导致大量人员伤亡等重大灾害后果，需要提高设防标准的通信建筑。简称乙类。

（3）标准设防类，指除1、2款以外按标准要求进行设防的通信建筑。简称丙类。

2. 通信建筑的抗震设防类别，应符合表3-23的规定。

通信建筑抗震设防类别 **表3-23**

类　别	建筑名称
特殊设防类（甲类）	国际出入口局、国际无线电台 国际卫星通信地球站 国际海缆登陆站
重点设防类（乙类）	省中心及省中心以上通信枢纽楼 长途传输干线局站 国内卫星通信地球站 本地网通信枢纽楼及通信生产楼 应急通信用房 承担特殊重要任务的通信局 客户服务中心
标准设防类（丙类）	甲、乙类以外的通信生产用房

3. 通信建筑的辅助生产用房，应与生产用房的抗震设防类别相同。

4. 各抗震设防类别通信建筑的抗震设防标准，应符合下列要求：

（1）标准设防类，应按本地区抗震设防烈度确定其抗震措施和地震作用，达到在遭遇高于当地抗震设防烈度的预估罕遇地震影响时不致倒塌或发生危及生命安全的严重破坏的抗震设防目标。

（2）重点设防类，应按高于本地区抗震设防烈度一度的要求加强其抗震措施；抗震设防烈度为9度时应按比9度更高的要求采取抗震措施；地基基础的抗震措施，应符合有关规定，同时，应按本地区抗震设防烈度确定其地震作用。对于划为重点设防类而规模很小的通信建筑，当改用抗震性能较好的材料且符合抗震设计规范对结构体系的要求时，允许按标准设防类设防。

（3）特殊设防类，应按高于本地区抗震设防烈度提高一度的要求加强其抗震措施；抗震设防烈度为9度时应按比9度更高的要求采取抗震措施。同时，应按批准的地震安全性评价的结果且高于本地区抗震设防烈度的要求确定其地震作用。

5. 安装在地面上的天线基础宜采用整体式钢筋混凝土结构，并宜按照一级基础考虑，对于一、二类地球站天线基础的设计地震烈度按当地地震烈度提高一度计算，对于8度以上地区不再提高。

3.5.4.2　通信设备安装的抗震要求

1. 列架式通信设备安装抗震要求

（1）架式电信设备顶部安装应采取由上梁、立柱、连固铁、列间撑铁、旁侧撑铁和斜撑组成的加固联结架。构件之间应按有关规定联结牢固，使之成为一个整体，并应与建筑物地面、承重墙、楼顶板及房柱加固。

（2）电信设备顶部应与列架上梁加固。对于8度及8度以上的抗震设防，必须用抗震夹板或螺栓加固。

（3）电信设备底部应与地面加固。对于8度及8度以上的抗震设防，设备应与楼板可靠联结。

（4）列架应通过连固铁及旁侧撑铁与柱进行加固，其加固件应加固在柱上。

（5）对于 8 度及 8 度以上的抗震设防，小型台式设备应安装在抗震组合柜内。6～9 度抗震设防时，自立式设备底部应与地面加固。

（6）6～9 度抗震设防时，计算的螺栓直径超过 M12 时，设备顶部应采用联结构件支撑加固。

2. 通信电源设备安装的抗震要求

（1）8 度和 9 度抗震设防时，蓄电池组必须用钢抗震架（柜）安装，钢抗震架（柜）底部应与地面加固。加固用的螺栓规格应符合表 3-24 和表 3-25 的规定。

双层双列蓄电池组螺栓规格 **表 3-24**

<table>
<tr><td>设防烈度</td><td colspan="3">8　度</td><td colspan="3">9　度</td></tr>
<tr><td>楼层</td><td>上层</td><td>下层</td><td>一层</td><td>上层</td><td>下层</td><td>一层</td></tr>
<tr><td>蓄电池容量（Ah）</td><td colspan="3">≤200</td><td colspan="3">≤200</td></tr>
<tr><td>规格</td><td>≥M10</td><td>≥M10</td><td>≥M10</td><td>≥M12</td><td>≥M12</td><td>≥M10</td></tr>
</table>

注：上层指建筑物地上楼层的上半部分，下层指建筑物地上楼层的下半部分。单层房屋按表内一层考虑。

蓄电池组螺栓规格 **表 3-25**

<table>
<tr><td>设防烈度</td><td colspan="3">8　度</td><td colspan="3">9　度</td></tr>
<tr><td>楼层</td><td>上层</td><td>下层</td><td>一层</td><td>上层</td><td>下层</td><td>一层</td></tr>
<tr><td>蓄电池容量（Ah）</td><td rowspan="12">M12</td><td rowspan="12">M10</td><td rowspan="12">M8</td><td rowspan="6">M12</td><td rowspan="6">M10</td><td rowspan="6">M10</td></tr>
<tr><td>300</td></tr>
<tr><td>400</td></tr>
<tr><td>500</td></tr>
<tr><td>600</td></tr>
<tr><td>700</td></tr>
<tr><td>800</td><td rowspan="5">M12</td><td rowspan="5">M12</td><td rowspan="5">M10</td></tr>
<tr><td>900</td></tr>
<tr><td>1000</td></tr>
<tr><td>1200</td></tr>
<tr><td>1400</td></tr>
<tr><td>1600</td><td rowspan="7">M14</td><td rowspan="7">M14</td><td rowspan="7">M12</td></tr>
<tr><td>1800</td><td rowspan="6">M14</td><td rowspan="6">M12</td><td rowspan="6">M10</td></tr>
<tr><td>2000</td></tr>
<tr><td>2400</td></tr>
<tr><td>2600</td></tr>
<tr><td>2800</td></tr>
<tr><td>3000</td></tr>
</table>

注：上层指建筑物地上楼层的上半部分，下层指建筑物地上楼层的下半部分。单层房屋按表内一层考虑。

（2）在抗震设防地区，母线与蓄电池输出端必须采用母线软连接条进行连接。穿过同层房屋抗震缝的母线两侧，也必须采用母线软连接条连接。“软连接”两侧的母线应与对应的墙壁用绝缘支撑架固定。

3. 馈线的安装抗震要求

微波站的馈线采用硬波导时，应在以下几处使用软波导：

（1）在机房内，馈线的分路系统与矩形波导馈线的连接处；波导馈线有上、下或左、右的移位处。

（2）在圆波导长馈线系统中，天线与圆波导馈线的连接处。

（3）在极化分离器与矩形波导的连接处。

3.5.4.3　通信设备的抗地震性能检测

1. 在我国抗震设防烈度7度以上（含7度）地区公用电信网上使用的交换、传输、移动基站、通信电源等主要电信设备应取得电信设备抗地震性能检测合格证，未取得工业和信息化部颁发的电信设备抗地震性能检测合格证的电信设备，不得在抗震设防烈度7度以上（含7度）地区的公用电信网上使用。

2. 被测设备抗地震性能检测的通信技术性能项目应符合相关电信设备的抗地震性能检测规范。

3. 被测设备的抗地震性能检测按送检烈度进行考核，其起始送检烈度不得高于8烈度。

4. 被测设备在进行抗地震性能考核后，在7、8、9地震烈度作用下，都不得出现设备组件的脱离、脱落和分离等情况并应达到以下要求：

（1）在7烈度抗地震考核后，被测设备结构不得有变形和破坏。

（2）在8烈度抗地震考核后，被测设备应保证其结构完整性，主体结构允许出现轻微变形，连接部分允许出现轻微损伤，但任何焊接部分不得发生破坏。

（3）在9烈度抗地震考核后，被测设备主体结构允许出现部分变形和破坏，但设备不得倾倒。

被测设备满足以上相应的地震烈度要求，则其结构在相应的地震烈度下的抗地震性能评为合格。

5. 被测设备按送检地震烈度考核后，各项通信技术性能指标符合相关电信设备抗地震性能检测标准的具体规定，则其在抗地震性能考核中的通信技术性能指标评为合格。

6. 被测设备按送检地震烈度考核后，符合第4及第5条的规定，被测设备抗地震性能评为合格。

3.5.5　通信工程环境保护要求

环境保护是我国的一项基本国策。为了贯彻《中华人民共和国环境保护法》和《中华人民共和国环境评价法》等相关的法律法规和标准，保证通信工程建设项目符合国家环境保护的要求，消除或减少其对环境产生的有害影响，原信息产业部及工业和信息化部根据国家有关的法律、法规，对通信工程建设中可能对人及环境造成危害和污染的内容做出了强制规定。参与通信工程建设的各方在建设过程中必须严格执行，并按照有关法律、法规的要求，做好建设项目的环境影响评价，采取有效措施，确保通信建设项目的环境安全，同时也有利于为项目创造一个安全和谐的施工、运营环境。

1. 对于产生环境污染的通信工程建设项目，建设单位必须把环境保护工作纳入建设计划，并执行“三同时制度”，即与主体工程同时设计、同时施工、同时投产使用。

2. 严禁在崩塌滑坡危险区、泥石流易发区和易导致自然景观破坏的区域采石、采砂、取土。

3. 工程建设中废弃的沙、石、土必须运至规定的专门存放地堆放，不得向河流、湖泊、水库和专门存放地以外的沟渠倾倒；工程竣工后，取土场、开挖面和废弃的沙、石、土存放地的裸露土地，应植树种草，防止水土流失。

4. 通信工程建设中不得砍伐或危害国家重点保护的野生植物。未经主管部门批准，严禁砍伐名胜古迹和革命纪念地的林木。

5. 通信工程中严禁使用持久性有机污染物做杀虫剂。

6. 严禁向江河、湖泊、运河、渠道、水库及其高水位线以下的滩地和岸坡倾倒、堆放固体废弃物。

7. 对施工时产生的噪音、粉尘、废物、振动及照明等对人和环境可能造成危害和污染时，要采取环境保护措施。必须保护防治环境噪声污染的设施正常使用；拆除或闲置环境噪声污染防治设施应报环境保护行政主管部门批准。

8. 发电机房设计除应满足工艺要求外，还应采取隔声、隔震措施，其噪声对周围建筑物的影响不得超过《声环境质量标准》GB 3096—2008 的规定。机组由于消噪音工程所引起的功率损失应小于机组额定功率的 5%。

9. 在局、站址选择时应考虑对周围环境影响的防护对策。通过天线发射产生电磁波辐射的通信工程项目选址对周围环境的影响应符合《电磁辐射防护规定》GB 8702—1988 限值的要求。

10. 电信专用房屋的微波和超短波通信设备对周围环境产生电磁辐射的应符合《电磁辐射防护规定》GB 8702—1988 限值的规定。对周围一定距离内职业暴露人员、周围居民的辐射安全，应符合《微波和超短波通信设备辐射安全要求》GB 12638—1990 的规定。

3.6 广播电视项目建设标准

3.6.1 广播电视建设项目抗震和环境保护要求

广播电影电视工程建筑抗震分级的相关标准是《广播电影电视工程建筑抗震分级的标准》GY 5060—97，环境保护行业标准是《广播电视天线电磁辐射防护规范》GY 054—95。

3.6.1.1 抗震的基本规定

1. 标准适用设防烈度为 6～9 度地区的广播电影电视工程建筑的抗震设防类别的划分。

2. 广播电影电视工程建筑设防类别划分的依据因素：

（1）社会影响、直接经济损失和间接经济损失大小；

（2）城市的大小和地位、工程建设规模和广电技术性建筑的特点；

（3）使用功能失效后对全局影响范围的大小；

（4）结构本身的抗震潜力大小，使用功能恢复的难易程度；

（5）对建筑各部位重要性有明显不同且在结构上可以分割时，进行局部的类别划分。

3．广播电影电视工程建筑设防类别划分为甲、乙、丙和丁四类，符合以下要求：

（1）甲类建筑：地震破坏后对社会有严重影响，造成巨大经济损失，并要求地震后不中断播出的广播电视建筑；

（2）乙类建筑：主要指播出不能中断或需要很快恢复播出，且地震破坏会造成重大社会影响和重大经济损失的建筑；

（3）丙类建筑：地震破坏后造成一定社会影响和经济损失及其他不属于甲、乙、丁类建筑；

（4）丁类建筑：地震破坏或倒塌不会影响周围甲、乙、丙类建筑，且社会影响和经济损失轻微的建筑，一般为储存物品价值低和人员活动少的单层仓库等建筑。

4．各类建筑的抗震设防标准，应符合以下要求：

（1）甲类建筑：地震作用应按专门研究的地震动参数计算，其设防烈度和设计峰值加速度的概率水准取100年期限内超越概率5%，抗震措施应按本地区抗震设防烈度提高一度设计；

（2）乙类建筑：地震作用应按本地区设防烈度计算，抗震措施：当设防烈度为6～8度时，应提高一度设计，当为9度时，应适当提高抗震措施；对较小的乙类建筑，可采用抗震性能好、经济合理的结构体系，并按本地区的抗震设防烈度采取抗震措施；

（3）丙类建筑：地震作用和抗震措施应按本地区设防烈度计算；

（4）丁类建筑：地震作用应按本地区设防烈度计算；抗震措施：当设防烈度为7～9度时，可按本地区设防烈度降低一度设计；当为6度时可不降低。

3.6.1.2　设防类别规定

1．广播电影电视建筑，应根据其在整个广播电影电视系统中的地位和保证正常播出的作用划分抗震设防类别，其配套的供电、供水建筑的抗震设防类别，应与主体建筑的抗震设防类别相同。但甲类建筑中配套的供电、供水建筑为单独建筑时，可划分为乙类建筑。

2．广播电影电视建筑设防类别，应符合表3-26的规定。

广播电影电视建筑设防类别　　　　**表3-26**

类　别	建筑名称
乙类	中央级广播电台、电视台主体建筑 省级、省会和市区人口在100万以上城市和全国重点抗震城市的广播电台、电视台主体建筑 发射总功率≥200kW的中短波广播发射台的机房建筑及天线支持物 中央级及省级电视发射台的机房建筑 中央级及省级的广播监视监测台和节目传送台的机房建筑及天线支持物 广播电视地球站的机房建筑及天线基座 1200座及以上的大型电影院
丙类	地、市级及以下的广播电台、电视台及节目传送中心的主体建筑，电视发射台的机房建筑，微波站、有线广播电视站 电影制片厂、唱片厂、磁带厂等 1200座以下的中小型电影院 其他不属于甲、乙、丁类建筑

3. 电视调频广播发射塔的设防类别，应符合表 3-27 规定。

电视调频广播发射塔的设防类别　　表 3-27

塔　型	钢筋混凝土塔		钢　塔	
类别	$h>250$m	$h\leqslant 250$m	$h>300$m	$h\leqslant 300$m
甲类	中央级、省级		中央级、省级	
乙类	其他	省级	其他	省级
丙类		其他		其他

3.6.1.3　广播电视发射台电磁辐射防护规范

行业标准《广播电视天线电磁辐射防护规范》GY 054—95 中有关规定要点

1. 电磁辐射职业照射导出限值

在每天 8h 工作时间内，电磁辐射场的场量参数，在任意连续 6min 内的平均值，应符合表 3-28 的规定。

电磁辐射职业照射导出限值　　表 3-28

频率范围 f(MHz)	电场强度 A(V/m)	磁场强度（A/m）	功率密度（W/m²）
0.1～3	87	0.25	20
3～30	$150/f^{1/2}$	$0.40f^{1/2}$	$60/f$
30～3000	28	0.075	2
3000～15000	$0.5f^{1/2}$	$0.0015f^{1/2}$	$f/1500$
15000～300000	61	0.16	10

2. 电磁辐射公众照射导出限值

在每天 24h 工作时间内，环境电磁辐射场的场量参数，在任意连续 6min 内的平均值，应符合表 3-29 的规定。

电磁辐射公众照射导出限值　　表 3-29

频率范围 f(MHz)	电场强度 A(V/m)	磁场强度(A/m)	功率密度（W/m²）
0.1～3	40	0.10	4
3～30	$167/f^{1/2}$	$0.17f^{1/2}$	$12/f$
30～3000	12	0.032	0.4
3000～15000	$0.22f^{1/2}$	$0.001f^{1/2}$	$f/1500$
15000～300000	27	0.073	2

3.6.1.4　卫星广播电视地球站电磁辐射防护

1. 行业建设标准《卫星广播电视地球站建设标准》GYJ 44—91 中规定

地球站的建设应执行国家有关环境保护规定，对地球站前方高频辐射和高功放高频泄露应符合国家标准《电磁辐射防护规定》GB 8702—88。

2. 行业建设标准《卫星广播电视地球站设计规范》GYJ 41—89 中规定

天线前方高频辐射和高功放高频泄露对公众和职业人员的影响应符合下列规定：

(1) 职业照射：在每天 8h 工作时间内，电磁辐射的场量参数在任意连续 6min 内的平均限值：

频段 3000Hz～15000MHz；功率密度 $f/1500$（W/m^2）。

（2）公众照射：在每天 24h 工作时间内，电磁辐射的场量参数在任意连续 6min 内的平均限值：

频段 3000Hz～15000MHz；功率密度 $f/7500$（W/m^2）。

其中 f 为工作频率。

3.6.2 广播电视建设项目接地和防雷要求

3.6.2.1 中短波发射台

1. 调配室内各元件的地线应用专用接地线与室外地网线、馈线地线连接；短波天线的支持物应接地，接地电阻不应超过 10Ω。

2. 机房设备接地包括保安接地、工作接地和发射机高频接地，其中保安接地和工作接地按电力规程要求执行。

3. 发射机接地：每部发射机应采用专用接地引线从高周末级引至接地极；机房馈筒外皮及馈线出口处，必须用铜带和高频接地干线相接；凡高频大电流的接地回路均应敷设专用地线；各机箱都必须有保安接地；交流电源的中性线及其他大电流工作接地不得借用地线。

4. 与电气设备带电部分绝缘的金属外壳必须有保安接地。

5. 防雷接地：发射台电气设备较多并且有高塔，必须加强防雷措施。

6. 接地电阻：发射台各种接地（防雷接地除外）难于分开，总接地电阻要求不得超过 4Ω；防雷接地电阻不大于 10Ω，且须与保安接地分开；当必须合用一个接地极时，总接地电阻要求小于 1Ω。

7. 接地极：接地极可采用混合式、水平式（土层薄时）、垂直式（水位高时）；保安和防雷接地极与建筑物的水平距离不得小于 2m，上部埋深不小于 0.8m，四周土质加以处理。

3.6.2.2 调频、电视发射台

1. 防雷接地、工作接地、保护接地接地体应根据具体情况决定共用或分设。

2. 技术用房在天线塔避雷保护范围内时，与天线塔共用防雷接地系统；否则单设。

3. 天线塔或高层建筑内的机房台站，工作接地、防雷接地、保护接地应合用一个接地装置；严禁防雷接地线穿越机房；要用多于两根专用防雷接地引线将接闪器直接和接地体相连。

4. 一个接地系统的接地装置不应少于两组，两组接地装置之间的距离不应小于 40m。

5. 接地网应做成围绕天线塔的环行并增加辐射状接地体；高山台机房基础设计中应有均压地网；接地体埋深不小于 1m；土壤电阻率高时须进行降阻处理。

6. 天线塔、技术用房、辅助技术用房接地电阻应分别不大于 4Ω，若地层结构复杂，不应大于 6Ω，工作、保护、防雷接地合用接地系统时，接地电阻不应大于 1Ω，困难时，可放宽到 4Ω 以下。

7. 天线塔顶应设置雷电接收装置，有塔楼时应在塔楼部位敷设人工避雷带。

3.6.2.3 有线电视系统

系统防雷设计应有防止直击雷、感应雷、雷电侵入波的措施。

3.6.2.4 民用建筑闭路（监视）电视系统

1. 系统接地宜采用一点接地方式。接地母线应采用铜质线。接地线不得形成封闭回路，不得与强电的电网零线短接或混接。

2. 系统采用专用接地装置时，其接地电阻不得大于 4Ω；采用综合接地网时，不得大于 1Ω。

3. 光缆传输系统中，各监控点的光端机外壳应接地；光缆加强芯和架空光缆接续护套应接地。

4. 架空电缆吊线的两端和线路中的金属管道应接地。

5. 进入监控室的架空电缆入室端和摄像机装于旷野、塔顶或高于附近建筑物的电缆端，应设置避雷保护装置。

6. 防雷接地装置宜与电气设备接地装置和埋地金属管道相连；当不相连时，距离不宜小于 20m。

3.6.2.5 微波工程

1. 微波天线、技术用房、设备接地系统接地电阻应分别小于 4Ω；若地层复杂不应大于 6Ω。

2. 微波天线塔顶必须装避雷针，保护角应包括天线喷口。

3. 微波站的工作接地、保护接地和防雷接地系统应分设接地体，并且将三个接地体汇接为一个总接地系统。

4. 一个接地系统的接地装置不应少于两组，其直线距离不应少于 40m。

5. 设置在塔楼或高层建筑上的微波机站，工作、保护及防雷接地应共用一个接地系统，接地电阻应小于 1Ω。

6. 进入机房的供电线路，必须在两端装设低压阀型避雷器。电缆两端铅护套、钢带应焊在一起并与机房接地母线连接，作为防雷二次保护。

7. 在多雷地区，每面微波天线两侧应有避雷针。

8. 天线铁塔顶应设置避雷针。避雷针高度应做到有效保护各面天线。

3.6.2.6 广播电视地球站

1. 地球站的工作接地、保护接地、防雷接地合用一个接地系统，接地电阻不应大于 1Ω。

2. 有微波天线塔的地球站，可将防直击雷的避雷针固定在微波塔顶，使地球站天线、技术用房等位于避雷针的保护范围内；如大型天线及技术用房不在微波塔避雷针保护范围内，应单设防雷系统。

3. 不含微波塔的地球站，应设避雷针或在大型天线的反射体顶端或抛物面边沿制高点设避雷针，并使技术区位于保护范围内。

第 4 章　通信与广电工程项目施工管理

4.1　通信建设工程造价管理

4.1.1　通信工程概预算定额

在生产过程中，为了完成某一单位合格产品，需要消耗一定的人工、材料，机具设备、仪表和资金，由于这些消耗受技术水平、组织管理水平及其他客观条件的影响，所以其消耗水平是不相同的。因此，为了便于统一管理和核算，就必须制定一个统一考核的平均消耗标准。这个标准就是定额。

所谓定额，就是在一定的生产技术和劳动组织条件下，为完成单位合格产品所必需的人工、材料、机械和仪表消耗方面的数量标准。

4.1.1.1　概、预算定额的内容

概、预算定额包含劳动消耗定额、材料消耗定额、机械消耗定额和仪表消耗定额。

劳动消耗定额：也称人工定额，是指完成一定量的合格产品所必须消耗的劳动时间标准。

材料消耗定额：是指完成一定量的合格产品所必须消耗的材料数量标准。

机械（仪表）消耗定额：是指完成一定量的合格产品所必须消耗的机械（仪表）时间标准。

4.1.1.2　概、预算定额的特点

定额水平以符合社会必要劳动量为原则，即在正常施工条件下，多数企业经过努力可以达到的水平。定额具有科学性、系统性、统一性和时效性的特点。

1. 科学性：是从生产活动的客观实际出发，按照规律的要求，采用科学的方法在测定、计算的基础上制定的，它是随生产技术的发展而不断提高和完善起来的，反映了工程消耗的普遍规律。

2. 系统性：工程建设具有庞大的系统性，类别多，层次多，要求有与之相适应的多种类、多层次的定额。

3. 统一性：定额是由国家主管部门或由它授权的机关统一制定的，一经颁发即具有法规性，不得有随意性，也不得任意修改。这些定额在一定范围内是对工程规划、组织、调节、控制统一的尺度。

4. 时效性（实践性）：定额反映的是一定时期内的生产力水平，它需要保持相对稳定。但随着技术和管理水平的不断提高，需对原有定额进行必需的修订或制定新的定额。

4.1.1.3　概、预算定额的作用

1. 概算定额的作用

（1）概算定额是初步设计阶段编制建设项目概算和技术设计阶段编制修正概算的依据。

（2）概算定额是对设计方案进行比较的依据。所谓设计方案比较，目的是选择出技术先

进可靠、经济合理的方案。在满足使用功能的条件下，达到降低造价和资源消耗的目的。

(3) 概算定额是编制主要材料需要量的计算基础，是筹备和签订设备、材料订货合同的依据。

(4) 概算定额是编制概算指标和投资估算，安排投资计划，控制施工图预算的依据。

(5) 概算定额在招标中是确定标底的依据。

2. 预算定额的作用

(1) 预算定额是编制概算定额和概算指标的基础。

(2) 预算定额是编制施工图预算，合理确定和控制建筑安装工程造价的计价基础。

(3) 预算定额是落实和调整年度建设计划，对设计方案进行技术经济比较、分析的依据。

(4) 预算定额是编制标底、投标报价的基础和签订承包合同的依据。

(5) 预算定额是工程结算的依据。

4.1.1.4 现行工程预算定额的构成

根据工信部规〔2008〕75号文件的规定，预算定额由总说明、册说明、章节说明、定额项目表、工作内容、项目注释和附录构成，在编制工程概、预算时，必须套用准确，综合考虑。

【案例 4.1.1】

1. 背景

2009年5月，某通信运营商决定建设一条省际光缆传输设备安装工程，全长800km，需要安装16个终端站、分路站，安装80个10GB/s波道的波分复用设备和光传输设备。本工程采用两阶段设计，由一设计院承担该工程的两阶段设计任务。

2. 问题

(1) 初步设计阶段概算定额应包括哪些内容?

(2) 编制施工图设计预算时，应采用概算定额还是预算定额?

3. 解析

(1) 初步设计阶段概算定额应包括劳动消耗定额、材料消耗定额、机械消耗定额和仪表消耗定额。

(2) 编制施工图设计预算时，应使用预算定额。

4.1.2 通信工程费用定额

费用定额是指工程建设中各项费用的计取标准，其表现形式主要是以人工费为基数，计取各项建设费用的发生额。通信建设工程费用定额依据工程的特点，对其费用的构成、定额及计算规则进行了相应的规定。

通信建设工程项目的总费用，是由各个单项工程的费用之和构成的。如果一个建设工程只含有一个单项工程，这个建设项目的总费用就等于这个单项工程的费用。

根据工信部规〔2008〕75号文件颁布的《通信建设工程概算、预算编制办法》及相关定额规定，通信建设工程项目的费用由工程费、工程建设其他费、预备费和建设期投资贷款利息四部分组成。

工程费由建筑安装工程费和设备、工器具购置费组成。其中建筑安装工程费由直接费、间接费、利润和税金组成。直接费又由直接工程费、措施费构成。具体费用项目的组成如图4-1所示。

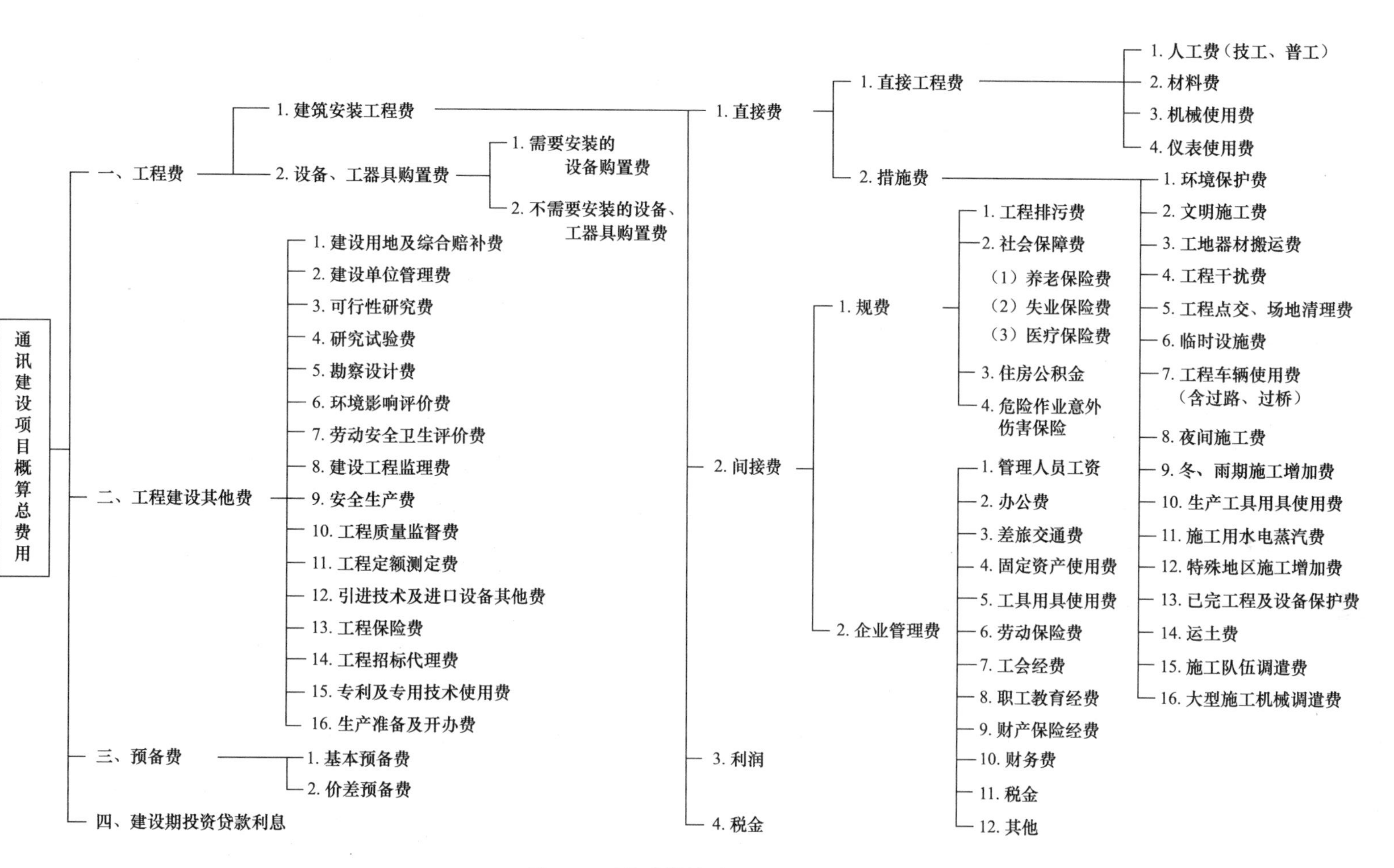

图 4-1　通信建设单项工程总费用组成

4.1.2.1 直接费

直接费由直接工程费、措施费构成。

1. 直接工程费

直接工程费是指施工过程耗用的构成工程实体和有助于工程实体形成的各项费用，其构成包括：

（1）人工费：指直接从事建筑安装施工的生产人员开支的各项费用（包括基本工资、工资性补贴、辅助工资、职工福利费、劳动保护费等）。

（2）材料费：指在施工过程中，实体消耗的原材料、辅助材料、构配件、零件、半成品的费用和周转性材料摊销，以及采购材料所发生的费用总和。其内容包括材料原价、材料运杂费、运输保险费、采购及保管费、采购代理服务费和辅助材料费。

（3）机械使用费：指在施工中使用机械作业所发生的机械使用费以及机械安拆费。其内容包括折旧费、大修理费、经常修理费、安拆费、人工费、燃料动力费、养路费及车船使用税。

（4）仪表使用费：指施工作业所发生的属于固定资产的仪表使用费。内容包括折旧费、经常修理费、年检费及人工费。

2. 措施费

措施费是指为完成工程项目施工，发生于该工程前和施工过程中非工程实体项目的费用。其构成包括：

（1）环境保护费：指施工现场为达到环保部门要求所需要的各项费用。此费用只限于无线通信设备安装工程、通信线路工程、通信管道工程中计取。

（2）文明施工费：指施工现场文明施工所需要的各项费用。各通信专业工程均计取此项费用。环境保护费和文明施工费都属于不可竞争的费用，在投标报价时不得打折。

（3）工地器材搬运费：指由工地仓库（或指定地点）至施工现场转运器材而发生的费用。通信设备安装工程、通信线路工程、通信管道工程均计取此项费用。

（4）工程干扰费：通信线路工程、通信管道工程由于受市政管理、交通管制、人流密集、输配电设施等影响工效的补偿费用。通信线路工程、通信管道工程中受干扰的地区以及移动通信基站设备安装工程计取此项费用。综合布线工程不计取此费用；

（5）工程点交、场地清理费：指按规定编制竣工图及资料、工程点交、施工场地清理等发生的费用。各通信专业工程均计取此项费用。

（6）临时设施费：指施工企业为进行工程施工所必须设置的生活和生产用的临时建筑物、构筑物和其他临时设施的费用等。临时设施费用包括：临时设施的租用或搭设、维修、拆除费或摊销费。各通信专业工程均计取此项费用。

（7）工程车辆使用费：指工程施工中接送施工人员、生活用车等（含过路、过桥）的费用。各通信专业工程均计取此项费用。

（8）夜间施工增加费：指因夜间施工所发生的夜间补助费、夜间施工降效、夜间施工照明设备摊销及照明用电等费用。通信设备安装工程、通信线路工程（城区部分）以及通信管道工程均计取此项费用。

（9）冬、雨期施工增加费：指在冬雨季施工时所采取的防冻、保温、防雨等安全措施及工效降低所增加的费用。此项费用用于无线通信设备安装工程（室外部分）、通信线路工程（除综合布线工程）以及通信管道工程。不分施工所处季节，这些工程均应计取此项费用。

（10）生产工具用具使用费：指施工所需的不属于固定资产的工具、用具等的购置、摊销、维修费。各通信专业工程均计取此项费用。生产用车包括在机械使用费和工地器材搬运费中。

（11）施工用水电蒸汽费：指施工生产过程中使用水、电、蒸汽所发生的费用。工程中依据施工工艺要求计取此项费用。

（12）特殊地区施工增加费：指在原始森林地区、海拔2000m以上高原地区、化工区、核污染区、沙漠地区、山区无人值守站等特殊地区施工所需增加的费用。

（13）已完工程及设备保护费：指竣工验收前，对已完工程及设备进行保护所需的费用。

（14）运土费：指直埋光（电）缆、管道工程施工，需从远离施工地点取土及必须向外倒运出土方所发生的费用。

（15）施工队伍调遣费：指因建设工程的需要，应支付施工队伍的调遣费用。其内容包括调遣人员的差旅费、调遣期间的工资、施工工具与用具等的运费。

（16）大型施工机械调遣费：指大型施工机械调遣所发生的运输费用。

4.1.2.2 间接费

间接费由规费和企业管理费构成。

1. 规费：指政府和有关部门规定必须缴纳的费用（简称规费）。包括：

（1）工程排污费：指施工现场按规定缴纳的工程排污费。

（2）社会保障费：包括养老保险费、失业保险费、医疗保险费。

（3）住房公积金：指企业按照规定标准为职工缴纳的住房公积金。

（4）危险作业意外伤害保险：指企业为从事危险作业的建筑安装施工人员支付的意外伤害保险费。

规费属于不可竞争的费用，此项费用在投标报价时不得打折。

2. 企业管理费

企业管理费是指施工企业为组织施工生产、经营活动所发生的费用。包括管理人员工资、办公费、差旅交通费、固定资产使用费、工具用具使用费、劳动保险费、工会经费、职工教育经费、财产保险费、财务费、税金等。

4.1.2.3 利润

利润是指施工企业完成所承包工程获得的盈利。有的企业为了中标，可以放弃这项费用。

4.1.2.4 税金

指按国家税法规定应计入安装工程造价的营业税、城市维护建设税和教育费附加。税金为建筑安装工程费的3.41%。

4.1.2.5 设备、工具购置费

设备、工具购置费是指根据设计提出的设备（包括必需的备品、备件）、仪表、工器具清单，按设备原价、采购及保管费、运杂费、运输保险费和采购代理服务费计算的费用。

设备、工具购置费由需要安装的设备购置费和不需要安装的设备购置费组成。

4.1.2.6 工程建设其他费

工程建设其他费是指应在建设项目的建设投资中开支的固定资产其他费用、无形资产费用和其他资产费用。其内容包括：

1. 建设用地及综合赔补费

建设用地及综合赔补费是指按照《中华人民共和国土地法》等规定，建设项目征用土地或租用土地应支付土地征用及迁移补偿费、耕地占用税、租地费用、场地租用费等赔补费用。

此费用由设计单位根据地方政府规定，并结合工程勘测具体情况计列。

2. 建设单位管理费

建设单位管理费是指建设单位发生的管理性质的开支。包括：差旅交通费、工具用具使用费、固定资产使用费、必要的办公及生活用品购置费、必要的通信设备及交通工具购置费、零星固定资产购置费、招募生产工人费、技术图书资料费、业务招待费、设计审查费、合同契约公证费、法律顾问费、咨询费、完工清理费、竣工验收费、印花税和其他管理性质开支。

如果成立筹建机构，建设单位管理费还应包括筹建人员工资类开支。此项费用参照国家有关规定计取。

3. 可行性研究费

可行性研究费是指在建设项目前期工作中，编制和评估项目建议书（或预可行性研究报告）、可行性研究报告所需的费用。此项费用参照国家有关规定计取。

4. 研究试验费

研究试验费是指为本建设项目提供或验证设计数据、资料等进行必要的研究试验及按照设计规定，在建设过程中必须进行的试验、验证所需的费用。此项费用不包括以下费用：

(1) 应由科技三项费用（即新产品试制费、中间试验费和重要科学研究辅助费）开支的项目；

(2) 应在建筑安装费用中列支的施工企业对材料、构件进行一般鉴定、检查所发生的费用及技术革新的研究试验费；

(3) 应由勘察设计费或工程费开支的项目。

在普通和常见的工程中，一般不会发生该项费用。

5. 勘察设计费

勘察设计费是指委托勘察设计单位进行工程水文地质勘察、工程设计所发生的各项费用。包括：工程勘察费、初步设计费、施工图设计费。

6. 环境影响评价费

环境影响评价费是指按照《中华人民共和国环境保护法》、《中华人民共和国环境影响评价法》等规定，为全面、详细评价本建设项目对环境可能产生的污染或造成的重大影响所需的费用，包括编制环境影响报告书（含大纲）、环境影响报告表和评估环境影响报告书（含大纲）、评估环境影响报告表等所需的费用。

7. 劳动安全卫生评价费

劳动安全卫生评价费是指按照劳动部10号令（1998年2月5日）《建设项目（工程）劳动安全卫生预评价管理办法》的规定，为预测和分析建设项目存在的职业危险、危害因素的种类和危险危害程度，并提出先进、科学、合理可行的劳动安全卫生技术和管理对策所需的费用。包括编制建设项目劳动安全卫生预评价大纲和劳动安全卫生预评价报告书以及为编制上述文件所进行的工程分析和环境现状调查等所需费用。

8. 建设工程监理费

建设工程监理费是指建设单位委托工程监理单位实施工程监理的费用。

9. 安全生产费

安全生产费是指施工企业按照国家有关规定和建筑施工安全标准，购置施工防护用具、落实安全施工措施以及改善安全生产条件所需要的各项费用。

根据工信部通函［2012］213号文件的规定，安全生产费按建筑安装工程费的1.5%计取。此项费用属于不可竞争的费用，在投标报价时不得打折。

10. 工程质量监督费

工程质量监督费是指工程质量监督机构对通信工程进行质量监督所发生的费用。根据工信厅通［2009］22号文件规定，停止计列。

11. 工程定额编制测定费

工程定额编制测定费是指建设单位发包工程按规定上缴工程造价（定额）管理部门的费用。根据工信厅通［2009］22号文件规定，停止计列。

12. 引进技术及进口设备其他费

引进技术及进口设备其他费的费用内容包括：

（1）引进项目图纸资料翻译复制费、备品备件测绘费；

（2）出国人员费用：包括买方人员出国设计联络、出国考察、联合设计、监造、培训等所发生的差旅费、生活费、制装费等；

（3）来华人员费用：包括卖方来华工程技术人员的现场办公费用、往返现场交通费用、工资、食宿费用、接待费用等；

（4）银行担保及承诺费：指引进项目由国内外金融机构出面承担风险和责任担保所发生的费用，以及支付贷款机构的承诺费用。

13. 工程保险费

工程保险费是指建设项目在建设期间根据需要对建筑工程、安装工程及机器设备进行投保而发生的保险费用。保险的险种包括建筑安装工程一切险、引进设备财产和人身意外伤害险等。

14. 工程招标代理费

工程招标代理费是指招标人委托代理机构编制招标文件、编制标底、审查投标人资格、组织投标人踏勘现场并答疑，组织开标、评标、定标以及提供招标前期咨询、协调合同的签订等业务所收取的费用。

15. 专利及专用技术使用费

（1）费用内容包括：

1）国外设计及技术资料费、引进有效专利、专有技术使用费和技术保密费；

2）国内有效专利、专有技术使用费用；

3）商标使用费、特许经营权费等。

（2）其计取规定如下：

1）按专利使用许可协议和专有技术使用合同的规定计取；

2）专有技术的界定应以省、部级鉴定机构的批准为依据；

3）项目投资中只计取需要在建设期支付的专利及专有技术使用费。协议或合同规定在生产期支付的使用费应在成本中核算。

16. 生产准备及开办费

生产准备开办费是指建设项目为保证正常生产（或营业、使用）而发生的人员培训费、提前进场费以及投产使用初期必备的生产生活用具、工器具等购置费用。内容包括：

（1）人员培训费及提前进厂费：自行组织培训或委托其他单位培训的人员工资、工资性补贴、职工福利费、差旅交通费、劳动保护费、学习资料费等；

（2）为保证初期正常生产、生活（或营业、使用）所必需的生产办公、生活家具用具购置费；

（3）为保证初期正常生产（或营业、使用）必需的第一套不够固定资产标准的生产工具、器具、用具购置费（不包括备品备件费）。

生产准备及开办费指标由投资企业自行测算，此项费用应列入运营费。

对于工程建设其他费中的各项费用，工程质量监督费和工程定额测定费，目前已不再收取。其他费用如无说明，均按照国家相关规定计取。

4.1.2.7 预备费

预备费是指在初步设计及概算中，难以预料的费用。预备费包括基本预备费和价差预备费。

基本预备费是指在批准的初步设计范围内，技术设计、施工图设计及施工过程中所增加的费用；设计变更等增加的费用；一般自然灾害造成的损失和预防自然灾害所发生的费用；在工程竣工验收时为鉴定工程质量，对隐蔽工程必须进行挖掘和修复的费用。

价差预备费是指建设项目在建设期内设备、材料的差价。

多阶段设计的施工图预算不计取此项费用，在总预算中应列预备费余额。预备费不得承包使用。当需要动用此项费用时，由建设单位提出，报原概算批准部门审批。

4.1.2.8 建设期利息

建设期利息是指建设项目贷款在建设期内发生并应计入固定资产的贷款利息等财务费用。建设期利息按银行当期利率计算。

【案例 4.1.2】

1. 背景

2009 年 12 月某通信工程公司在西部某省境内承担了一部分移动通信传输设备、电源设备的安装测试任务。建设单位要求施工单位对这一部分施工费报价。施工单位按照工信部规［2008］75 号文件规定的工程预算定额、费用定额编制了施工费用预算。建设单位在审查施工单位编制的施工费用预算时，把冬雨期施工费、夜间施工增加费、工程干扰费、特殊地区施工增加费、工程车辆使用费、工地器材搬运费都删除了。施工单位对此提出了异议。

2. 问题

建设单位把以上费用都删除掉是否正确?

3. 解析

建设单位和施工单位在工作中都应全面理解、贯彻和执行工信部规［2008］75 号文件的要求。建设单位把工程干扰费删除是正确的，因为工程干扰费只用于通信线路工程、通信管道工程（干扰地区）和移动通信基站设备安装工程。移动通信传输设备、电源设备的安装不属于上述工程，所以应该删除。

工地器材搬运费是指从工地仓库（或指定地点）至施工现场搬运工程器材的费用。各类通信设备安装工程均应计取此项费用，因此不应该删除此项费用。

夜间施工增加费用是用于通信设备安装工程和在城区内施工的通信线路、通信管道工程。移动通信传输设备、电源设备的安装属于通信设备安装工程项目，因此不应该删除。

工程车辆使用费用是用于通信设备安装工程、通信线路工程和通信管道工程，因此此项费用也不应该删除。

冬雨期施工费仅限于无线通信设备安装工程的室外部分和通信线路工程、通信管道工程。因此，对于移动传输设备、电源设备的安装工程，此项费用不应计取。

特殊地区施工增加费用是指在特殊地区施工时的费用。根据工信部规［2008］75 号文件规定，如果该工程的施工地点有文件规定的特殊地区，则这部分移动通信设备的安装工程中应保留特殊地区施工增加费；否则不应计取此项费用。

4.1.3 通信工程概预算的编制

4.1.3.1 概、预算的定义

概、预算是设计文件的重要组成部分，它是根据各个不同设计阶段的深度和项目内容，按照国家和主管部门颁发的概、预算定额、设备及材料价格、编制方法、费用定额、机械（仪表）台班定额等有关规定，对建设项目或单项工程按实物工程量法，预先计算和确定工程全部造价费用的文件。

4.1.3.2 概、预算的编制原则和编制依据

1. 编制工程概、预算，必须由持有勘察设计证书的单位编制，编制人员应持有工业和信息化部颁发的概、预算资格证书。概、预算的审核以及从事通信工程造价相关工作的人员也应持有此资格证书。

2. 通信工程概、预算的编制应按照工信部规［2008］75 号文件关于“通信建设工程概算、预算编制办法及费用定额”的要求执行，费用定额为上限，编制概预算文件时不得超过该文件的规定。

3. 通信工程概、预算的编制，应按相应的设计阶段进行。当建设项目采用两阶段设计时，初步设计阶段应编制设计概算，施工图设计阶段应编制施工图预算。采用一阶段设计时，应编制施工图预算，并计列预备费、建设期利息等费用。建设项目接三阶段设计时，在技术设计阶段应编制修正概算。

4. 一个建设项目如果有几个设计单位共同设计时，总体设计单位应负责统一概算、预算的编制原则，并汇总建设项目的总概算。分设计单位负责本设计单位所承担的单项工程概、预算的编制。

5. 设计概算的编制依据主要有批准的可行性研究报告、初步设计图纸及有关资料；施工图预算的编制依据主要有批准的初步设计概算及有关文件，施工图、标准图、通用图及其编制说明。除此之外，概、预算的编制依据还包括国家相关部门发布的有关法律、法规、标准规范；《通信建设工程预算定额》、《通信建设工程费用定额》、《通信建设工程施工机械、仪表台班费用定额》及其有关文件；建设项目所在地政府发布的土地征用和补偿

费用等有关规定；有关合同、协议等。

6. 概算是初步设计的组成部分，要严格按照批准的可行性报告和其他有关文件编制。

7. 预算是施工图设计文件的重要组成部分，编制时要在批准的初步设计文件概算范围内编制。

8. 概算或预算应按单项工程编制。通信行业概算定额还没有颁布，暂由预算定额代替。

9. 引进设备安装工程的概、预算的编制：

(1) 引进设备安装工程的概、预算除必须编制引进国的设备价款外，还应按设备到岸价（CIF）的外币折成人民币的价格编制。

(2) 引进设备安装工程的概、预算应用两种货币表现形式，即外币和人民币。外币可用美元或引进国的货币。

(3) 引进设备安装工程的概、预算的编制依据：

经国家或有关部门批准的引进设备安装工程项目订货合同、细目及价格；国外有关技术、经济资料及相关文件。

国家或有关部门发布的现行通信建设工程概算、预算编制办法、定额及有关规定。

(4) 引进设备的概、预算除包括本办法和费用定额规定的费用外还应包括关税、增值税、工商统一费（商费）、海关监督费、外贸手续费、银行财务费等以及国家规定应计取的其他费用。

4.1.3.3 概、预算文件的组成

1. 概、预算是设计文件的重要组成部分，主要由编制说明及概、预算表格两部分组成。

2. 概、预算编制说明应包括：

(1) 工程概况、规模、用途、生产能力和概、预算总价等；

(2) 编制依据及采用的取费标准和计算方法的说明；

(3) 工程技术经济指标分析，主要分析各项投资比例和费用构成，分析投资情况，分析设计的经济合理性及编制中存在的问题等情况。

(4) 其他需要说明的问题。

3. 概、预算表格统一使用六种十张表格来组成。

即：建设项目总概（预）算表（汇总表）、工程概（预）算总表（表一）、建筑安装工程费用概（预）算表（表二）、建筑安装工程量概（预）算表（表三）甲、建筑安装工程机械使用费概（预）算表（表三）乙、建筑安装工程仪器仪表使用费概（预）算表（表三）丙、国内器材概（预）算表（表四）甲、引进器材概（预）算表（表四）乙、工程建设其他费用概（预）算表（表五）甲、引进设备工程其他费用概（预）算表（表五）乙。

4.1.3.4 概、预算的编制程序

概、预算的编制程序为：收集资料→熟悉图纸→计算工程量→套用定额→选定材料价格→计算各项费用→复核→编写说明→审核出版。

编制概、预算前，要针对工程的具体情况，收集与本工程有关的资料，并对图纸全面检查和审核。

编制概、预算时，应准确统计和计算工程量，套用定额时要注意定额的标注和说明，计量单位要和定额一致。

审核概、预算时，应认真复核，要从所列项目、工程量的统计和计算结果、套用定额、器材选用单价、取费标准等逐一审核。

概、预算的编制说明要简明扼要，凡设计文件的图表中不能明确反映的事项，以及编写中必须说明的问题，如对施工工艺的要求，施工中注意的问题，工程验收技术指标等都应以文字表达出来。

凡是由企业运营费列支的费用不应计入工程总造价，其数字可以用符号加以区别，如生产准备费，按运营费处理。

要编制准确上述费用，必须掌握概、预算表格的编制要求。编制概、预算时，首先要编制（表三）甲，即工程量的计算。工程量是按每道施工工序的定额规定编写的。在工程预算定额中包括四部分内容，即人工工时、材料用量、机械使用台班和仪表使用台班。在编制（表三）甲时，要同时编制（表三）乙、（表三）丙、（表四）甲。（表三）乙、（表三）丙分别是施工机械使用费和仪表使用费，这两项费用的编制应以工信部规［2008］75号文件规定的机械、仪表台班使用单价为依据。（表四）甲为工程中材料用量及费用，其中材料单价应以国家公布价为依据，地方材料应以当地价格为依据。

在（表三）甲、乙、丙和（表四）甲编制完毕后，即可进行（表二）即建筑安装工程费的编制，然后再进行（表五）甲即工程建设其他费的编制，最后计算编制（表一），即各项总费用。如果一个建设项目由若干个单项工程构成，还应在编制（表一）后，再编制汇总表。

概、预算表格的编写及审查顺序为（表三）甲→（表三）乙→（表三）丙→（表四）甲→（表二）→（表五）甲→（表一）。

【案例 4.1.3】

1. 背景

2009 年 3 月，某通信运营商委托一设计单位勘测设计一项光缆传输干线工程，工程规模约 150km，采用 48 芯的 G.652 光缆，敷设方式为直埋。本工程采取一阶段设计。

2. 问题：

（1）在施工图设计阶段，预算表编制的次序是什么？

（2）生产准备费是否应列入工程建设其他费用？

3. 解析

（1）施工图预算的编制，首先要编制（表三）甲，即工程量的计算。在编制（表三）甲时，要同时编制（表三）乙、（表三）丙、（表四）甲。在（表三）甲、乙、丙和（表四）甲编制完毕后，即可进行（表二）即建筑安装工程费的各项总费用组成的计算和编制；然后再编制（表五）甲，即工程其他费用的计算和编制；最后编制（表一），即各项总费用。

（2）生产准备费是指生产维护单位在工程施工中对维护人员培训、熟悉工艺流程、设备性能等在生产前作准备所发生的费用，应按运营费处理，不应统计在工程建设其他费用中，但应编制在表（五）工程建设其他费中。

4.1.4 通信工程价款的结算内容

4.1.4.1 工程价款结算的基本原则

1. 工程价款的结算应以国家和工业和信息化部等部门发布的各种预算定额、费用定额、批准的设计文件和工程双方所签订的承包合同为依据。

2. 发包、承包单位应根据批准的计划、设计文件、概预算或中标通知书的内容签订工程合同。在工程合同中除要明确工程名称、工程造价、开工及竣工日期、材料供应方式外，还要专门说明工程价款的结算方式等内容。工程合同文本应采用国家示范文本。

3. 工程价款结算必须符合有关法律、法规和国家政策的要求，符合原信息产业部信部规［2005］418号文件关于《通信工程价款结算暂行办法》的规定。

4. 承包商应缴或代缴的营业税及交税地点应按国家税务总局的规定办理。

5. 工程承包、发包双方应严格履行合同，工程结算中如发生纠纷，应协商解决，协商不成可仲裁或起诉。

4.1.4.2 工程预付款

通信工程一般采用包工包料、包工不包料（或部分包料）两种形式。工程预付款方式如下：

1. 采用包工包料方式时，工程预付款比例原则上不低于合同总价的10%，不高于合同总价的30%。设备及材料投资比例较高的，可按不高于合同总价的60%支付。

2. 包工不包料（或部分包料）的工程，预付款应分别按通信管道、通信线路、通信设备工程合同总价的40%、30%、20%支付。

3. 在具备施工条件的前提下，发包人应在双方签订合同后的一个月内或不迟于约定的开工日期前的7天内预付工程款。发包人不按约定预付，承包人应在预付时间到期后10天内向发包人发出要求预付的通知。发包人收到通知后仍不按要求预付时，承包人可在发出通知14天后停止施工。发包人应从约定应付之日起向承包人支付应付款的利息（利率按同期银行贷款利率计），并承担违约责任。

4. 预付的工程款必须在施工合同中约定抵扣方式，并在工程进度款中进行抵扣。

5. 凡是没有签订合同或不具备施工条件的工程，发包人不得预付工程款，不得以预付款为名转移资金。

4.1.4.3 工程进度价款的结算

1. 工程进度款的支付数量及扣回

根据双方确定的工程计量结果，承包人向发包人提出支付工程进度款申请书之日起14天内，发包人应按不低于工程价款的60%、不高于工程价款的90%向承包人支付工程进度款。按约定时间发包人应扣回的预付款，可与工程进度款同期结算抵扣。

2. 工程进度款的延期支付

发包人超过约定支付时限而不支付工程进度款，承包人应及时向发包人发出要求付款的通知。发包人收到承包人通知后仍不能按要求付款时，可与承包人协商签订延期付款协议，经承包人同意后可延期支付。协议应明确延期支付的时限，以及自工程计量结果确认后第15天起计算应付款的利息（利率按同期银行贷款利率计）。

3. 对拒付工程进度款的责任认定

发包人不按合同约定支付工程进度款，双方又未达成延期付款协议，导致施工无法进行时，承包人可停止施工，由发包人承担违约责任。

4.1.4.4 工程竣工价款的结算

工程初验后三个月内，双方应按照约定的工程合同价款、合同价款调整内容以及索赔事项，进行工程竣工结算。非施工原因造成不能竣工验收的工程，施工结算同样适用。

1. 工程竣工结算的编审

工程竣工结算分为单项工程竣工结算和建设项目竣工总结算。

（1）单项工程竣工结算或建设项目竣工总结算由总（承）包人编制，发包人可直接进行审查；实行总承包的工程，由具体承包人编制，在总包人审查的基础上，发包人直接审查；政府投资项目，由同级财政部门审查。

（2）工程价款结算文件应包括工程价款结算编制说明和工程价款结算表格。工程价款编制说明的内容应包括：工程结算总价款，工程款结算的依据，因工程变更等使工程价款增减的主要原因。

（3）单项工程竣工结算或建设项目竣工总结算经发、承包人签字盖章后有效。

（4）承包人应在合同约定期限内完成项目竣工结算编制工作，未在规定期限内完成的且提不出正当理由延期的，发包人可依据合同约定提出索赔要求。

（5）发包人要求承包人完成合同以外的项目，承包人应在接受发包人要求的7天内就用工数量和单价、机械及仪表台班数量和单价、使用材料和金额等向发包人提出施工签证，发包人签证后施工。如发包人未签证，承包人施工后发生争议的，责任由承包人自负。

（6）由于建设单位的原因造成的停工，应根据双方（或监理）签证按实结算，停工损失由建设单位承担。计算办法为损失的人工工日×工日单价×（1＋现场管理费率），同时工期顺延。由承包商原因造成的停工、窝工，损失由承包商负担，工期不得顺延。

（7）索赔价款的结算：发承包双方未按合同约定履行自己的各项义务或发生错误，给另一方造成经济损失的，由受损失方按合同约定提出索赔，索赔金额按合同约定支付。

（8）设备、材料采购保管费应按以下方法处理：工程采用总承包或包工包料时，采购保管费由承包商全额收取；工程采用包工不包料时，采购保管费由承包商最多收取50％。

2. 工程竣工结算的审查期限

（1）单项工程竣工后，承包人应在提交竣工验收报告的同时，向发包人递交竣工结算报告及完整的结算资料，发包人应按以下规定的时限进行核对（审查）并提出审查意见。

（2）工程竣工结算报告的审查时间

1）500万元以下的工程，应从接到竣工结算报告和完整的竣工结算资料之日起开始20天内完成审查。

2）500万元至2000万元的工程，应从接到竣工结算报告和完整的竣工结算资料之日起开始30天内完成审查。

3）2000万元至5000万元的工程，应从接到竣工结算报告和完整的竣工结算资料之日起开始45天内完成审查。

4）5000万元以上的工程，应从接到竣工结算报告和完整的竣工结算资料之日起开始60天内完成审查。

（3）建设项目竣工总结算应在最后一个单项工程竣工结算审查确认后15天内汇总，送达发包人，发包人应在30天内审查完成。

3. 工程竣工价款结算

（1）发包人收到承包人递交的竣工结算报告及完整的结算资料后，应按上述规定的期限（合同约定有期限的，从其约定）进行核实，给予确认或者提出修改意见。

发包人收到竣工结算报告及完整的结算资料后，在上述规定或合同约定期限内，对结算报告及资料没有提出意见，则视同认可。

承包人如未在规定时间内提供完整的工程竣工结算资料，经发包人书面通知到达 14 天内仍未提供或没有明确答复时，发包人有权根据已有资料进行审查，责任由承包人自负。

（2）根据双方确认的竣工结算报告，承包人向发包人申请支付工程竣工结算款。发包人应在收到申请后 15 天内支付结算款，到期没有支付的应承担违约责任。承包人可以催告发包人支付结算价款，如达成延期支付协议，发包人应按同期银行贷款利率支付拖欠工程价款的利息。如未达成延期支付协议，承包人可以申请通信行业主管部门协调解决，或依据法律程序解决。

（3）发包人应根据确认的竣工结算报告向承包人支付工程竣工结算价款，并保留 5% 左右的工程质量保证（保修）金，待工程交付使用一年质保期到期后清算（合同另有约定的，从其约定）。

（4）质保期内如有返修，发生费用应在工程质量保证（保修）金内扣除。

（5）工程竣工后，发、承包双方应及时办理工程竣工结算。否则，工程不得交付使用，有关部门不予办理权属登记。

（6）凡实行监理的工程项目，工程价款结算过程中涉及监理工程师签证事项，应按工程监理合同约定执行。

4.1.4.5 工程价款结算争议处理

1. 发、承包人双方自行结算工程价款时，就竣工结算问题发生争议的，双方可按合同约定的争议或纠纷解决程序办理。

2. 发包人对工程质量有异议的，已竣工验收或已竣工未验收但实际投入使用的工程，其质量争议按该工程保修合同执行；已竣工未验收也未投入使用的工程以及停工、停建工程的质量争议，应当就有争议的部分暂缓办理竣工结算。双方可就有争议的工程提请通信行业主管部门协调或申请仲裁，其余部分的竣工结算依照约定办理。

【案例 4.1.4】

1. 背景

2 月初，某通信工程公司与 C 市通信运营公司签订了一项光缆传输设备安装工程的施工合同。合同金额为 60 万元，工程采用包工不包料的方式，工期为 3 个月，自 3 月 1 日开工至 5 月 31 日完工。合同采用示范文本，并按原信息产业部信部规字（2005）418 号文件的规定对工程价款的结算方式和支付时间、保修金、工程变更等项都在合同中进行了约定。施工单位按合同工期完成，同时将竣工技术文件和工程结算文件送达建设单位。该工程于 6 月 15 日经过初验后开始试运行，至 9 月 15 日结束。9 月 25 日该工程进行了终验，并正式投入运行。

2. 问题

（1）工程预付款应在什么时间支付？应支付多少？

（2）建设单位应在什么时间审定和支付工程结算款？

（3）保修金应在什么时间清算？

3. 解析

（1）工程预付款应在开工前 7 日内支付。支付金额为 12 万元。

（2）因工程费用在 500 万元以下，建设单位应在 6 月 20 日前（20 日内）完成结算资料的审定工作。并在 9 月 15 日前（初验后 3 个月内）结算工程价款。建设单位应保留

5%的保修金。

（3）建设单位保留的5%保修金，应待次年9月25日质保期满（工程正式交付使用一年）后清算。

4.2 通信与广电工程施工组织设计编制

施工组织设计是规划和指导拟建工程从施工准备到竣工验收全过程的一个综合性文件，是工程建设、监理、设计和施工单位之间的沟通桥梁。它既要体现拟建工程的设计和合同要求，又要符合建筑施工的客观规律。因此，编制好施工组织设计，有利于科学组织施工，建立正常的施工程序；指导施工前的各项准备工作，保证劳动力和各种资源的供应和使用；便于协调各专业之间、各施工段落之间和各种资源之间的关系；保证工程顺利实施，促使工程按期、按质、按量地完工。根据工程的专业、规模、现场条件和施工要求的不同，施工组织设计的内容和深度可以有所不同，但一般应包括工程概况、编制依据、组织结构、施工方案、工程管理目标及控制计划、施工资源配备计划、对建设单位的其他承诺等内容。

4.2.1 通信设备安装工程施工组织设计编制

常见的通信设备安装工程主要有交换设备、传输设备、移动设备、微波设备、电源设备等安装工程，这些工程的施工现场除铁塔上作业以外均在室内，施工过程受外界环境的影响比较小，需要考虑的工程管理中的影响因素相对来说也比较少。对于传输工程、移动工程和微波工程，由于施工现场分布在不同的位置，所以工程施工需要穿梭于各站点之间，施工过程中需考虑交通的问题。由于目前很多工程都是在原有机房内施工，因此施工中应特别注意在用设备的正常运行。具体内容要求如下：

4.2.1.1 工程概况

通信设备安装工程的工程概况应针对设备安装工程的专业特点和机房的特殊环境编制，其内容应包括工程特点、施工现场环境状况以及施工条件等。在施工现场环境状况中，应重点介绍机房施工准备情况和机房内已有设备的情况，并说明施工过程中可能带来的影响；对于传输、移动和微波工程，还应说明站点沿线的交通情况。

4.2.1.2 施工组织设计的编制依据

由于通信设备安装工程一般在室内施工，所以编制施工组织设计所依据的文件主要包括工程设计及其会审纪要、相关定额及规范和规定、施工合同、摸底报告等。

4.2.1.3 组织结构

绝大部分设备安装工程的工程量都集中在机房内，施工人员数量较少，因此，此类工程的组织结构较为简单。一般情况下，设备安装工程由一名项目经理带领一个或几个施工小组施工。在组织结构中，应设置技术负责人、质检员、安全员、环保员、材料员等几个岗位。这些岗位一般均为兼职。对于需在铁塔上面作业或在开通业务的机架内作业的施工项目，应设专职安全员。

4.2.1.4 施工方案

设备安装工程的施工方案应在考虑专业特点和现场条件的基础上编制，不同的施工专业，施工方案的个别要求也不一样。

1. 编制工程实施计划

由于设备安装工程的大部分工程量都在机房内完成，不同专业的作业特点也不一样，因此，实施计划的编制方法也应具体专业具体分析。

（1）分解工程项目

对于由若干个机房组成的设备安装工程，项目经理部可根据地域及设备到货情况将一个项目分解为若干个工作包。各工作包可以按空间顺序依次施工，也可以同时开工。

（2）确定施工的起点和流向

由于通信设备安装工程各专业的施工特点不同，其施工起点也各不相同。各工作包的施工顺序可根据合同的工期要求和施工资源的配备情况确定。各工作包内作业量的施工流向应按照工序要求确定，一般为顺序施工。各专业的施工起点确定方法如下：

1）对于交换工程，一般都是在一个机房内施工，因此无所谓施工起点和流向，一般为顺序施工。如果同时进行几个交换机房的施工，可根据工期要求及施工资源的配置情况确定施工起点和流向。

2）对于电源工程，可以按照配电室、油机室、电池室等位置分别进行施工，单独考虑施工的起点。

3）对于传输、移动、微波工程，可以按照各站点的位置划分施工起点，各站内的施工起点可根据工艺要求确定，一般为按工序顺序施工。

（3）确定施工顺序

通信设备安装工程各专业的施工顺序应该按照各专业的工艺要求顺序施工，工序内各项工作的安排可根据工程的实际状况确定。

1）对于交换工程，立机架的施工顺序可以按照机架的列划分，放缆的施工顺序可以按照走线架上电缆的断面要求或机架划分，测试工作由于具有系统性而不再分开。

2）对于电源工程，各电力室及各种用电设备之间的电源线的布放应系统考虑在走线架上的截面，确定放缆工作的顺序。

3）对于传输、移动和微波工程，各站内的施工顺序应按规范要求确定。

（4）确定施工人员

在确定组织结构和分解的工作包以后，应确定每个工作包的施工负责人和参加施工的人员。这也是工作分解的目的之一。

2. 选择管理方式

设备安装工程中，有些工程量是由分包单位完成的；有些工程的施工站点较多。对于站点较多的工程，应根据工期要求确定同时施工还是依次施工。项目经理部应根据工程的施工组织方式和施工的顺序编制相应的、与之配套管理方法，保证工程的质量、安全、进度满足合同要求，保证施工成本控制在规定范围之内。

3. 编写施工标准

在设备安装工程中，不同的单项工程可能会涉及多个施工专业。专业多样性的特点决定了其标准种类较多。在施工准备阶段，项目经理部应根据施工图设计和施工合同的要求，列出施工项目的受控文件清单，并根据施工内容阐述相关标准的有关内容。

4. 描述操作步骤

通信设备安装工程的操作步骤，应重点描述在运行设备内部施工时的操作要求和在铁塔上面施工时的操作要领，以保证施工人员的人身安全和在用设备的安全。在操作步骤的描述中，应重点描述危险部位的操作注意事项和在用系统的保护措施。如果工程中存在新技术、新材料等，应事前对作业人员进行培训，详细介绍操作步骤。对于自己不熟悉的测试等工作内容，应重点关注其操作方法的合理性。

4.2.1.5 工程管理目标及控制计划

设备安装工程应依据工程的专业特点和施工现场的环境状况，确定质量、进度、成本、安全及环境等管理目标，并编制管理目标控制计划，其中应重点做好在用设备的安全防护和仪表的保管工作。

4.2.1.6 施工资源配备计划

设备安装工程的施工资源配备计划应包括用工计划、施工车辆机具及仪表使用计划、材料需求计划和资金需求及使用计划。

4.2.1.7 对建设单位的其他承诺

设备安装工程应根据合同要求编制其他的相关内容，作为对建设单位的承诺。

【案例 4.2.1-1】

1. 背景

某电信工程公司的项目经理部承接了西北某地区通信综合楼电源工程。项目经理部在现场勘查后编写的施工组织设计中的部分内容如下：

（1）工程概况：本工程为通信运营商西北某地区通信综合楼电源改建工程，承包方式为包工不包料。工程涉及配电室、电池室、油机室的设备安装及走线架安装、电力电缆的敷设工作。各种机房的土建工程已完工，市电已引入，已具备开工条件……

（2）编制依据：施工图设计及其会审纪要、电源工程的验收规范及操作规程、本工程的施工合同、摸底报告。

（3）组织结构：本工程项目的施工组织结构见组织结构图（图略）。

（4）施工方案：其中包括项目分解、施工的起点和流向、施工顺序、施工人员、管理方式、施工标准和操作步骤等内容。其中，在管理方式中，要求工程分 5 个作业组同时开始施工，分别负责配电室、电池室、油机室的设备安装及走线架安装、电力电缆的敷设工作。待具备割接、测试条件以后，再从各组中抽调技术人员组建割接测试组完成后续工作……

（5）工程管理目标及控制计划：其中包括质量、进度、成本、安全、环境的管理目标和相应的控制计划。在质量控制计划中要求蓄电池应进行放电实验；在成本控制计划中要求项目成本应按月核算；在安全控制计划中要求严禁带电作业……

（6）施工资源配备计划：其中包括劳动力需求计划，施工车辆、机具及仪表配备计划。由于主要材料为建设单位提供，因此不再制定主要材料需求计划……

（7）对建设单位的其他承诺……

2. 问题

（1）此施工组织设计中存在哪些问题？

（2）此工程的施工起点应怎样确定？

3. 解析

（1）在此施工组织设计中存在以下问题：

1）5 个作业组不能同时工作。因为在走线架及配电室、电池室、油机室的设备安装完成以前，电力电缆的敷设不具备条件。

2）安全控制计划规定严禁带电作业是不可行的。在原有设备割接到新的电源设备上来以后，如果发现问题，只能带电作业。

3）即使主要材料为建设单位提供，施工单位也应制定主要材料需求计划，这样可使建设单位更加合理地安排自己的材料供应计划。

（2）此工程可分别以配电室、电池室以及油机室的施工为施工起点，但电力电缆敷设工作应在其他安装工作完成以后开始。

【案例 4.2.1-2】

1. 背景

某通信工程公司针对一个 SDH 传输工程编制的施工组织设计包括以下内容：

（1）工程概况（内容略）

（2）施工组织设计编制依据（内容略）

（3）工程目标

1）工程进度目标

2）工程成本控制目标

3）工程环境控制目标

（4）项目经理部组织结构及人员配备（内容略）

（5）施工方案（内容略）

（6）施工资源配备

1）机具配备计划（内容略）

2）材料供应计划（内容略）

（7）控制计划

1）质量控制计划（内容略）

2）成本控制计划（内容略）

（8）环境控制计划（内容略）

（9）对顾客的其他承诺（内容略）

（10）竣工资料的收集与整理（内容略）

2. 问题

你认为此施工组织设计的内容是否符合要求？为什么？

3. 解析

此施工组织设计不符合要求，它存在以下问题：

（1）在工程管理目标中丢掉了工程质量目标和工程安全控制目标；

（2）在施工资源配备计划中丢掉了仪表配备计划；

（3）在控制计划中丢掉了进度控制计划；

（4）未编制安全控制计划。

4.2.2 通信线路工程施工组织设计编制

通信线路工程根据光（电）缆敷设方式的不同，可以分为架空工程、直埋工程、管道工程三类。通信线路工程的绝大部分工作量均为室外作业，线路路由一般比较长，沿途可能穿越城市、村镇、公路、铁路、河流、农田、果园、森林、平原、山区、丘陵，甚至高原等各种地形，施工过程中需要与沿线的政府、居民、企业、农户等各方面的人员打交道，施工现场可能遇到高温天气、多雨季节、冬季施工、大风、大雾、沙尘天气以及不可抗力的影响，因此线路工程受外界环境的影响比较大，施工过程中需要考虑的影响因素也比较多。通信线路工程的施工组织设计应在现场勘查的基础上编制。在线路工程的施工组织设计中，应根据光（电）缆的敷设方式和施工现场的实际特点，周密策划，精心编制工程的施工方案，全面考虑可能影响工程质量、进度、成本、安全和环境的因素，保证工程顺利实施。内容应全面、具体、具有可行性。具体内容要求如下：

4.2.2.1　工程概况

通信线路工程的工程概况应全面介绍工程的特点和施工要求，重点介绍工程沿线的环境状况，确定施工过程中应重点对待的施工地段，分析路由沿线的有利因素和不利因素，并说明工程的施工准备情况。

4.2.2.2　施工组织设计的编制依据

由于通信线路工程的沿线环境复杂，牵扯到的人为因素比较多，因此其施工组织设计的内容应涉及相关的法律法规和当地政府的相关文件要求，同时还应依据施工图设计及会审纪要、相关定额及规范和规定、施工合同、摸底报告等编制。

4.2.2.3　组织结构

通信线路工程的规模有大有小，相应的组织结构也会有较大的区别。但是，不管什么规模的工程项目，项目经理以及技术、质检、安全、环境、物资等管理岗位以及施工队长都是不可缺少的。规模大的项目，上述岗位可以专设；规模小的项目，上述岗位可以兼职。对于较大的工程项目，组织结构应尽量扁平化，减少中间环节，提高管理效率。确定组织结构时，应考虑项目分解的情况，合理安排每项工作的施工力量。

4.2.2.4　施工方案

通信线路工程的施工方案应在考虑敷设方式和施工现场环境状况的条件下编制，不同的敷设方式，施工方案的个别要求也不一样。

1. 编制工程实施计划

线路工程的实施计划应考虑施工现场的环境特点和线路的敷设方式，长途线路工程和市话线路工程、架空线路工程和直埋及管道线路工程均具有不同的实施计划。如果工程项目的报建工作需要由施工单位来完成，项目经理部还应确定项目的报建计划。

（1）分解工程项目

1）长途通信线路工程的项目分解一般按照中继段来划分，一个中继段可以作为一个工作包，若干个中继段也可以组成一个工作包，具体的分解方法视项目经理部的组织结构和合同的工期要求确定。

2）本地网线路工程的项目分解一般以管道建设、主干光（电）缆施工、配线区施工等为单元分解项目。

（2）确定施工的起点和流向

长途线路工程的施工现场是在一条路由上，本地网线路工程的施工区域分布较广，它们的施工起点的确定都比较容易，施工流向也都比较灵活。一般线路工程的敷设方式不同，其施工的起点位置和施工流向的确定方法也不相同。

1）在架空线路工程中，可以设置为施工起点的位置比较多，终端杆位置一般均可设置为施工起点。施工流向可以从一个施工起点开始向另一端进展，也可以从两个起点开始向中间进展。施工过程中具体应该采用哪种施工流向，还应该根据施工资源的配备情况和合同的工期要求确定。

2）在直埋线路工程的一个中继段中，施工起点一般确定在终端或光缆接头处。施工起点设置在光缆接头处时，要求光缆的配盘必须准确，否则不可以把光缆接头处设置为施工起点。对于过河或入管道需要变换光缆程式的工程，也可以把过河点和管道入口处设置为施工起点。直埋线路工程的施工流向比较灵活，可以从施工起点向另一端进展，也可以从两个起点位置向中间进展，施工时可根据要求安排施工流向。

3）目前常见的管道线路工程有两类，一类是市内管道线路工程，另一类是长途管道线路工程。在配盘准确的情况下，两类工程的施工起点均可设置在任意一个接头人孔，其施工流向应按照光（电）缆A、B端的要求确定。

（3）确定施工顺序

采用各种敷设方式的线路工程的施工顺序应按照规范要求的工序顺序确定。在施工过程中，应考虑施工方法和施工现场的地形、气温、气候等条件；应保证施工质量、进度和成本的要求，保证其他已有设施的安全。

（4）确定施工人员

在确定好工作包和施工顺序以后，即可确定各工作包的负责人和参加施工的人员，并明确每个工作包中各项工作量的施工责任人。

2. 选择管理方式

在通信线路工程中，很多工程量都是外包施工，项目经理部的施工人员大多作为现场指导人员。对于这种工作方式，应编制好施工管理方法，保证工程的施工质量、安全和进度满足施工合同的要求。另外，还应详细介绍各工作包的施工顺序。

3. 编写施工标准

线路工程不同的敷设方式、不同的地理环境，均具有不同的施工标准。编写线路工程的施工标准时，应该考虑这两方面的因素，结合施工图设计和验收规范的要求，编制施工标准。

4. 描述操作步骤

由于线路工程的施工环境差别较大，不同的施工环境可以采用不同的施工方法。在施工过程中，可根据施工现场的具体地理环境选用人工、机械等方法进行施工。对于特殊路段及易动土的路段，应选择满足规范要求的保护方法对线路进行保护。

线路工程的操作步骤应按照施工图设计、验收规范、操作规程及相关技术文件的要求，深入了解现场环境的情况下，依据敷设方式编制。操作步骤应重点描述不同地理环境、不同敷设方式条件下的施工过程中的操作注意事项。

5. 工程管理目标及控制计划

线路工程应在现场摸底的前提下，根据不同的敷设方式，在考虑施工人员水平及现场环境状况等条件下编制质量、进度、成本、安全、环境的管理目标及控制计划。由于架空线路工程的工艺比较复杂，在质量控制计划中应重点做好施工工艺的控制措施。由于线路工程受外界环境影响比较大，因此项目经理部应重点做好进度控制计划、成本控制计划和安全控制计划的编制工作。

6. 施工资源配备计划

施工资源配备计划应根据工程的组织形式，考虑工程进度计划，根据施工现场的需要进行编制。编制的内容应包括用工计划、施工车辆机具及仪表的使用计划、材料需求计划和资金需求及使用计划等。由于线路工程属于劳动密集型的施工作业活动，现场所需施工人员比较多，因此项目经理部应重点编制好用工计划。用工计划既要满足现场需要，又要避免发生窝工。

7. 对建设单位的其他承诺

线路工程应根据合同要求编制其他的相关内容，作为对建设单位的承诺。

【案例 4.2.2】

1. 背景

某地新建架空光缆线路工程全长 128km，工期为 11 月 20 日至次年 1 月 20 日，由某电信工程公司项目经理部负责施工。施工单位承包除光缆、接头盒及尾纤以外的所有材料，路由报建工作由建设单位负责完成。工程开工前，项目经理部在现场勘查后编写了施工组织设计，其中部分内容如下：

在工程概况中提到，施工过程中可能遇到大风降温天气，寒冷季节施工时，工效会降低；部分段落可能会遇到当地居民的阻工问题。在施工进度计划中要求杆路敷设工作于 12 月 20 日完成，放缆接续工作于 1 月 10 日完成。在用工计划和施工车辆、机具及仪表使用计划中，按照进度计划配备了施工人员和相应的车辆、机具和仪表；在材料需求计划中要求全程材料平均分 3 次到货，从 11 月 17 日开始，每 10 天到货一次。

工程按期开工后，施工人员首先发现施工现场的气温比施工组织设计工程概况中描述的情况要好，气温比常年偏高，到 12 月 20 日还没有冻土，因此工程进度比预计的要快。定购的材料每次都能按计划到货，而且质量符合规定标准的要求。虽然部分地段发生了阻工的问题，但在建设单位的协调下，问题在一周之内都能得到解决。

在施工单位和建设单位的共同努力下，工程按时完工。

2. 问题

（1）按照此施工组织设计施工可能会发生哪些问题？为什么？应如何解决？

（2）此工程阻工问题可能影响工程进度吗？为什么？

3. 解析

（1）按照此施工组织设计施工，施工现场可能会存在窝工和成本增加的问题。

由于施工单位开工后，现场的气温比常年偏高，使得立杆及制装拉线等工作变得简单、快速，按照施工组织设计配置的施工资源进行施工，实际工程进度肯定比计划进度要快一些。由于施工现场的材料仍按照原计划供货，因此会导致现场缺少材料而无法施工，从而使得施工现场出现窝工和成本增加的问题。

解决施工现场的窝工和成本增加的问题，可采取减少施工资源配置或加快材料供应速度等方式解决。但是加快材料的供应速度比较难实现。这主要是由材料厂家的生产周期和供货周期决定的。

（2）此工程的阻工问题可能不会影响工程进度。这是由于架空线路工程存在多个施工起点，如果某一地段出现阻工问题，施工单位可以到其他的段落继续施工，待该地段阻工问题解决以后，再继续此段的施工。由于建设单位解决阻工的问题比较及时，因此可能不会影响施工进度。

4.2.3 广播电视工程施工组织设计编制

广播电视工程是一个系统工程，按照其节目传播的过程来说可分为制作、播出、传送、发射、接收和监测六个主要环节，从工程施工角度分析各环节又各有不同特点。既有与声、光、电、温、湿度密切相关的工艺要求，又有野外施工可能遇到的高温天气、多雨季节、冬期施工、大风、大雾、沙尘天气以及不可抗力的影响，因此广播电视工程施工过程中需要考虑的影响因素非常复杂。

施工组织设计应在业主及设计方提供的有关资料及设计图的基础上由施工单位在投标时编制。在项目开工前结合施工现场实际情况全面考虑可能影响工程质量、进度、成本、安全和环境的因素，进行修订、细化，并报监理单位审批后用于指导项目施工。施工组织设计在项目实施过程中不得随意变更修改，确需变更修改的，由施工单位报监理单位审批后执行。施工单位必须严格按照经审批的施工组织设计组织施工，如出现严重违反施工组织设计的施工行为，现场监理人员有权发出限期纠正的指令。

广播电视工程的施工组织设计具体应包括如下内容：

4.2.3.1 编制依据

施工组织设计应依据广电主管部门立项文件、项目招标文件、设计单位的工程施工图设计、项目考察报告以及国家和行业有关的标准、规范及施工单位质量管理体系文件等进行编制。

4.2.3.2 工程概况

应介绍包括以下两个方面内容：一是工程名称、地点、工程规模、工期要求以及工程所在地的地理气候情况等；二是重点介绍工程所涉及的各部分的规划要求、系统构成、设备要求以及应达到的技术、效果要求。

4.2.3.3 工程主要施工特点

应结合设计要求说明项目在施工组织方面的特点和要求等。包括：

1. 项目在广电宣传领域的意义，在人员、质量、进度、安全等诸多方面应得到重视。

2. 结合项目施工场地的特点，合理安排工程进程。

3. 确定项目首要任务、关键任务及计划进行的先决条件。

4. 根据广电专业特点，合理安排施工进度及劳动力调配，注意协调，避免影响总工期。

5. 强调高空特种作业的安全、作业难度及易受气候影响等，需要适时、合理地安排高空作业，减小其可能给工程进度带来的影响。

6. 广播电视工程专业性强且涉及专业面较宽，对施工人员的专业技术要求较高，注重施工队伍的组建，施工前要充分做好技术准备工作。

7. 广播电视设备属精密设备，施工及仓储时需要注意防尘、防潮、防震、防盗。对已安装完毕的设备要进行妥善的成品保护，避免磕碰损坏。

4.2.3.4 施工部署

是组织施工的总体设想，包含了施工的计划总工期、计划开工期日期、竣工日期，施工单位承诺的工程各重点部位质量保修期等。应重点说明以下三方面内容：

1. 施工阶段的划分

一般可划分为施工准备阶段、基础和建筑施工阶段、安装调试阶段、施工验收阶段。阐述各阶段需完成的主要任务。

如：施工准备阶段主要完成的任务有：（1）劳动力和组织准备；（2）技术准备；（3）物资准备；（4）财务准备；（5）施工现场准备；（6）施工场外准备。

2. 工程施工顺序

排定整个工程各部分的总体施工顺序。在此总体施工顺序的基础上，对各部分施工顺序作简介、对关键工序进行说明。

3. 专业工程的穿插与协调

结合施工组织的特点和具体施工内容，阐明如何在保证质量和安全的前提下，合理安排各工种、工序工作时间，合理调配人力资源，保证施工中无论专业之间还是专业内部都能够实现穿插和协调。

4.2.3.5　施工进度计划

在明确项目计划开工期日期、竣工日期和总工期的前提下，编制施工进度计划横道图和网络图（可作为附件），说明施工关键路径（控制工期）及各主要分项、分部工程的流水施工情况及衔接和延续时间。

以及为保证实现各工期控制点和工程按期完工，需要从组织、管理、经济、技术四方面采取的控制措施。并重点说明以下内容：

1. 合理确定总的开、竣工时间；

2. 施工关键路径及各主要分项、分部工程的流水施工情况及衔接和延续时间；

3. 合理确定工期控制点。工期控制点是指在限定总工期条件下，无论前后工程阶段与顺序如何调整，必须到期完成的施工阶段。

4. 保证实现各工期控制点和工程按期完工的措施。

4.2.3.6　工程项目划分

通常按照工程项目五级划分原则，可划分为建设项目、单项工程、单位工程、分部工程和分项工程，可以表格的方式列明各级工程名称，作为施工资料整理、验收的依据。

4.2.3.7　施工方案

确定项目中的重点分项工程，分别详述重点分项工程施工方案，要结合广播电视专业特点对有特别要求的部分应重点说明施工工艺作法，强调相关规定。其他非重点分项工程施工方案可以简述。

广播电视工程所涵盖的制作、播出、传送、发射、接收和监测六个主要环节各有不同技术要求、施工工艺各有特点，所以都应该做出细化的施工方案以指导施工；在发射工程施工中铁塔架设施工、天馈线安装施工因其技术上是特殊专业、施工上有高空作业，通常被确定为重点工程。

对于工程施工期间可能遭遇的各种气候因素的影响，制定出自然条件影响下的施工方案。

4.2.3.8　主要施工机械和设备材料

重点说明工程所需各项施工机械、设备材料的配置、选型、价格、供货计划和提供方式。广电类重要物资的采购要求，如必须直接向生产厂商或代理商采购，验证其产品合格证、测试报告和生产许可证等，有条件时需做出厂测试、验收。

4.2.3.9　检测试验

按规范要求重点说明如下内容：

1. 检测试验项目；
2. 检测试验工作内容；
3. 检测试验手段的配置；
4. 检测试验方案。

4.2.3.10 劳动力配备计划。应重点说明如下内容：

1. 项目经理部的组成、人数、资质、工种安排等；
2. 配置当地工人的数量、工种和雇佣计划；
3. 重要管理、技术人员应附人员履历表说明。

【案例 4.2.3】

1. 背景

某广电工程公司针对一广电安装工程的施工组织设计包括以下内容：

(1) 施工组织设计编制依据（内容略）。
(2) 工程概况（内容略）。
(3) 工程主要施工特点（内容略）。
(4) 施工部署：
1) 施工阶段的划分；
2) 工程施工顺序；
3) 专业工程的穿插与协调。
(5) 施工进度计划：
1) 开竣工时间；
2) 施工关键路径及分部分项工程流水施工及衔接；
3) 工期控制点。
(6) 工程项目划分。
(7) 施工方案（内容略）。
(8) 主要施工机械和设备材料。
(9) 检测试验：
1) 检测试验项目；
2) 检测试验工作内容；
3) 检测试验手段的配置。
(10) 劳动力配备计划：
1) 配置当地工人的数量、工种和雇佣计划；
2) 重要管理、技术人员履历表说明。

2. 问题

此施工组织设计的内容是否符合要求？为什么？

3. 解析

此施工组织设计不符合要求，存在以下问题：

(1) 在施工进度计划中缺少保证实现各工期控制点和工程按期完工的措施。
(2) 在检测试验中未编制检测试验方案。
(3) 劳动力配备计划中缺少项目经理部的组成、人数、资质、工种安排等。

4.3 通信工程施工准备

4.3.1 通信工程施工的现场准备

施工的现场准备工作，主要是为了给项目施工创造有利的施工条件和物资保证。不同的施工阶段、不同的施工专业，现场准备工作的内容也各有其要求，此处按光（电）缆线路工程、光（电）缆管道工程、设备安装工程分别叙述。

4.3.1.1 施工现场准备的一般要求

1. 进行现场勘察，了解现场地形、地貌、水文、地质、气象、交通、环境、民情、社情以及文物保护、建筑红线等情况，核对设计重点部位的工程量及安全技术措施的可行性。

2. 线路及管道工程应设立临时设施，临时设施包括项目经理部办公场地、材料及仪表设备的存放地、宿舍、食堂设施的建立，安全设施及防火、防水设施的设置，保安防护设施的设立。设立临时设施的原则是：距离施工现场就近；运输材料、设备、机具便利；通信、信息传递方便；人身及物资安全。

3. 进行必要的材料厂验，签订材料的供货合同，及时采购承包的主要材料及计划内的辅助材料、劳保用品，做好材料及设备的清点、进场检验及标识工作，并对其数量、规格等进行登记，建立台账。材料和设备进场检验工作应有建设单位随工人员和监理人员在场，并由随工人员和监理人员确认，将检验记录备案。

4. 清点施工机具、仪表和工具，并建立台账。

5. 安装调试施工机具、设备、仪表，做好施工机具和施工设备的安装、调试工作，避免施工时设备和机具发生故障，造成窝工，影响施工进度。

6. 办理施工许可证。

4.3.1.2 光（电）缆线路工程的施工现场准备

除了上述施工现场准备工作的一般要求以外，光（电）缆线路工程的现场准备工作还要着重考虑以下几个方面的工作：

1. 地质条件考察及路由复测：考察线路的地质情况与设计是否相符，确定施工的关键部位（障碍点），制定关键点的施工措施及质量保证措施。对施工路由进行复测，对各种保护措施的工程量及实施的可行性要重点核实。如与原设计不符，应及时提出设计变更请求。复测结果要作详细的记录备案。

2. 光（电）缆单盘检验和配盘：项目经理部应做好光（电）缆单盘检验工作，并根据路由复测结果、设计资料、材料到货的实际情况和单盘检验的结果，进行光（电）缆配盘及接头点的规划。

3. 与当地有关部门取得联系，求得当地政府和相关部门的支持与配合。进行施工动员，开好民工动员会，协调施工现场各方关系，并向施工人员进行相关安全技术交底。

4.3.1.3 管道建设工程的施工现场准备

管道建设工程的施工现场准备工作除施工现场准备的一般要求以外，还应考虑以下几项准备工作：

1. 管道路由的实地考察：了解交通、市政建设等特点对施工的影响，了解当地市政、城管、环卫、规划、公安等部门对工程施工的要求。

2. 考查其他管线情况及路由复测：考查路由的地质情况与设计是否相符，确定路由上其他管线的情况，制定交叉、重合部分的施工方案，明确施工的关键部位，制定关键点的施工措施及质量保证措施。对施工路由进行复测，确定路由的位置和人（手）孔的位置。如与原设计不符，应及时提出设计变更请求。复测结果要作详细的记录备案。

3. 隔离施工现场：如果当地政府、建设单位或施工图设计有要求，施工单位应对施工现场进行隔离，并悬挂警示标志，以保证工程安全。

4.3.1.4 设备安装工程的施工现场准备

设备安装工程的施工现场准备工作除施工现场准备的一般要求以外，还应考虑以下几项准备工作：

1. 施工机房的现场考察：了解现场、机房内的特殊要求，考察电力配电系统、机房走线系统、机房接地系统、施工用电和空调设施、消防设施的情况。

2. 办理机房准入证件：了解现场、机房的管理制度，服从管理人员的安排；提前办理必要的机房准入手续。

3. 设计图纸现场复核：依据设计图纸进行现场复核。复核的内容包括：需要安装的设备位置、数量是否准确有效；线缆走向、距离是否准确可行；电源电压、熔断器容量是否满足设计要求；保护接地的位置是否有冗余；防静电地板的高度是否和抗震机座的高度相符等。

4. 安排设备、仪表的存放地：落实施工现场的设备、仪表存放地，检查是否需要防护（防潮、防水、防曝晒），是否需要配备必要的消防设备。仪器仪表的存放地要求安全可靠。

4.3.1.5 其他准备工作

1. 做好冬雨季施工的准备工作：包括施工人员的防护工作，施工设备运输及搬运的防护工作，施工机具、仪表的安全使用工作。

2. 做好特殊地区施工的准备工作：包括高原、高寒地区、沼泽地区等特殊地区施工的特殊准备工作。

【案例 4.3.1】

1. 背景

某通信管道光缆工程为敷设塑料子管及穿放光缆，由 A 单位中标承担施工任务。合同规定施工单位承包除光缆、接头盒及尾纤以外的其他材料。合同签订后，建设单位现场负责人向施工单位竭力推荐 B 厂生产的塑料子管。施工单位考虑了诸多因素后无奈接受。

B 厂将塑料子管运至施工现场，施工单位材料员和监理工程师在查看了厂家发货单及厂家产品合格证后，接收了该批塑料子管，但在随后的进场验收时发现管壁厚度偏小，误差超过了标准要求。

2. 问题

(1) 施工单位接受建设单位现场负责人推荐 B 厂的子管后，应做哪些后续工作？

(2) 面对塑料管质量问题，施工单位应如何处理？

3. 解析

(1) 在签订正式供货合同前，施工单位应对 B 厂的生产能力和质量保证能力进行考察调研，如果B厂家的工艺流程、生产能力和质量保证能力可以满足要求，则应写出供方评价报告，签订供货合同。施工单位在签订订货合同时，应向B厂提供子管盘长，以便于施工单位做好塑料子管的配盘工作，减少材料浪费。

（2）施工单位在进场验收时，发现塑料子管的管壁厚度偏小并超过了规定的误差范围，应将此批塑料子管作为不合格品处理，并在其上作出明显的标识单独存放，决不允许用于工程。同时施工单位还应依据子管订货合同的规定，追究B厂的责任。如果施工单位因此批材料不合格需要更换而导致施工进度滞后，还应采取相应措施保证工程按期完工。

4.3.2 通信工程施工的技术准备

施工前的技术准备工作包括施工技术资料准备，施工现场、作业环境的技术准备，参与施工图设计会审和设计交底，编制施工组织设计或施工方案，项目施工人员的资格认定，安全技术交底，编制工程设备和材料、施工机械设备以及仪表的需求计划等。施工前技术准备工作的目的，是使参加施工的每个施工人员都明确施工任务及技术标准，严格按施工合同、施工图设计、验收规范施工。关于施工组织设计或施工方案、工程设备和材料、施工机械设备以及仪表的需求计划在其他章节已有说明，这里不再赘述。

4.3.2.1 准备相关资料

为了便于工程项目的实施，保证施工过程中可以方便、准确地查找到相关工程技术资料、管理资料，在施工准备阶段，项目经理部除应做好施工合同、施工图设计、设计会审纪要的收集工作以外，还应收集、准备好与工程有关的政府文件、与工程专业有关的技术文件和与安全施工有关的资料。需要注意的是，所收集的文件、资料必须是有效的。

1. 与工程有关的政府文件

与工程有关的政府文件主要有通信行业预算定额和费用定额，国务院和相关部委发布的安全生产规定和公共设施保护规定、当地政府发布的与工程有关的地方行政法规、当地的建筑定额、工程报批文件等。

2. 与工程专业有关的技术文件

与工程专业有关的文件主要有相关专业的验收规范及设计规范、作业指导书、材料厂验报告、光（电）缆的随盘技术文件、设备包装箱内的技术资料、接头盒使用说明书等。

3. 与安全施工有关的资料

根据工程不同施工专业的特点，保证安全施工的资料主要有：

（1）设备安装工程中的有关资料主要有：机房原有设备的竣工文件、DDF和ODF配线图和跳线（纤）图、机房内缆纤的路由图、MDF跳线表以及在用设备的其他运行资料。

（2）线路工程中的有关资料主要有：ODF及光缆交接箱中的光纤成端端子排列图、MDF及电缆交接箱中的端子板排列图、MDF及交接箱的配线图、人（手）孔内管孔的占用图以及在用缆的维护资料等。

（3）管道工程中的有关资料主要有：管道路由报建资料、路由沿线的其他管线资料等。

4.3.2.2 施工图设计审核

在工程开工前，应使参与施工的工程管理及技术人员充分地了解和掌握设计图纸的设计意图、工程特点和技术要求，审核施工图设计中存在的问题。通过审核，发现施工图设计及预算中存在的问题和错误，应在施工图设计会审会议上提出，为施工项目实施提供一份准确、齐全的施工图纸及预算。审查施工图设计的程序通常分为自审、会审两个阶段。

1. 施工图设计的审核

施工单位收集到施工项目的有关技术文件后，应尽快地组织有关的工程技术人员熟悉施工图设计，写出自审的记录。施工图设计自审的记录应包括对设计图纸的疑问、对设计图纸的有关建议和预算中存在的问题等。

施工图设计自审的内容包括：施工图设计是否完整、齐全，施工图纸和设计资料是否符合国家有关工程建设的法律法规和强制性标准的要求；施工图设计是否有误，各组成部分之间有无矛盾；工程项目的施工工艺流程和技术要求是否合理；对于施工图设计中的工程复杂、施工难度大和技术要求高的施工部分或应用新技术、新材料、新工艺的部分，分析现有施工技术水平和管理水平能否满足工期和质量要求；分析施工项目所需主要材料、设备的数量、规格、供货情况能够满足工程要求；施工图中穿越铁路、公路、桥梁、河流等技术方案的可行性；找出施工图上标注不明确的问题并记录；工程预算是否合理。

2. 参加施工图设计会审

施工图设计会审一般由建设单位主持，由设计单位、监理单位和施工单位等参加，参加会审的各方共同对施工图设计进行审核。会审中由设计单位的工程主设计人员向与会者说明拟建工程的设计依据、意图和功能要求，并对特殊结构、新材料、新工艺和新技术提出设计要求。施工单位根据自审记录以及对设计意图的了解，提出对施工图设计的疑问和建议。在统一认识的基础上，对所探讨的问题逐一地做好记录，会议最终应形成“施工图设计会审纪要”。施工图会审纪要应由建设单位正式行文，作为与设计文件同时使用的技术文件和指导施工的依据，同时它也是建设单位与施工单位进行工程结算的依据。

审定后的施工图设计与施工图设计会审纪要，都是指导施工的法定性文件，工程的各项施工指标既要满足规范、规程、施工合同的要求，又要满足施工图设计和会审纪要的要求。

4.3.2.3 制定安全技术措施

安全技术措施是为了克服生产中的薄弱环节，挖掘生产潜力，保证施工安全，按时完成生产任务，获得良好的经济效益，提高技术水平等方面所采取的各种手段或方法。工程中主要应制定以下几方面的安全技术措施：保证施工质量和进度方面的安全技术措施；节约劳动力、原材料、动力、燃料的措施；推广新技术、新工艺、新结构、新材料的措施；提高机械化水平、改进机械设备的管理以提高其完好率和利用率的措施；改进施工工艺和操作技术以提高劳动生产率的措施，保证安全施工的措施。

为了保证在用设施、设备的安全，技术人员应了解机房内、线路路由沿线在用设施、设备的情况，施工过程中严禁乱动机房、机架内与工程无关的设施、设备和缆线；通信线路、管道应与其他设施保持规定的安全距离。项目经理部应针对此类问题制定相应的安全防范措施。

4.3.2.4 安全技术交底

安全技术交底是指工程施工前由主持编制该工程施工组织设计的人员向工程实施人员

说明工程在技术方面、安全操作方面要注意和明确的问题，是施工企业一项重要的安全技术管理制度。交底的目的是为了使所有参与施工的操作人员和管理人员了解工程的概况、特点、设计意图以及工程施工所采用的施工方法、技术措施和安全措施等。安全技术交底是确保工程项目施工质量和施工安全的关键环节，是质量要求、安全要求、技术标准得以全面认真执行的保证。

1. 安全技术交底的依据

安全技术交底应随同施工组织设计的交底工作一同进行。安全技术交底的依据主要有施工合同、施工图设计、工程摸底报告、设计会审纪要、施工规范、各项技术指标、管理体系要求、作业指导书、辨识的质量控制点和重大危险源、建设单位或监理工程师的其他书面要求等。这些需要交底的内容都应编制在施工组织设计中，因此，可以说施工组织设计是一个综合管理文件。

2. 安全技术交底的内容

工程开工前，施工组织设计的编制人员应向施工人员作施工组织设计交底，以做好施工准备工作。交底的主要内容为：施工组织机构设置、工程特点及难点、主要施工工艺及施工方法、进度安排、工程质量及安全技术措施。专业工序施工前，负责人还应向施工作业人员作施工方案的安全技术交底，其主要内容包括该专业工序的过程、工序的施工工艺要求、操作方法及操作要领、质量控制、安全措施等。如果编制有关键及特殊过程的作业指导书、特种环境及特种作业的指导书，以及“三新”技术的应用等，均应向施工人员交底。工程中质量通病的预防措施及施工注意事项也应一同交底。

3. 安全技术交底的实施

安全技术交底可以用会议、口头沟通或示范、样板等作业形式，也可采用文字、图像等表达形式，但不管采用哪种方式，都要形成记录，由参加交底的人员签字，并归档。

（1）安全技术交底应明确项目技术负责人、管理人员、操作人员的职责。

（2）如果工程规模比较大，安全技术交底可以逐级进行，直至交底到施工操作人员；如果工程规模不大，交底工作可以集中进行，直接向操作人员交底。交底必须在作业前进行，并有书面交底资料。

（3）安全技术交底的范围包括高空作业、地下作业、大件运输、爆破作业、带电作业及其他高风险作业，对此应进行作业环境专项的安全技术交底。

（4）安全技术交底的记录将作为履行职责的检查依据。安全技术交底记录应有统一的标准格式，交底人员应认真填写并签字，接受交底人员也应在交底记录上签字。

（5）项目经理部应在项目经理的主持下，建立本项目的安全技术交底制度。一般情况下，安全技术交底仅做一次是不适宜的，当安全技术人员认为不交底难以保证施工正常进行时，应及时交底。

4.3.2.5 新技术的培训

1. 新技术、新设备的不断推出，新技术、新工艺培训是通信工程实施的重要技术准备，是保证工程顺利实施的前提。

2. 由于新技术是动态的、不断更新的，因此需要对参与工程施工的工作人员不断进行培训，以保证接受培训人员具备相关工程施工的技术能力。

3. 参加培训的人员包括参与新技术施工所有人员。

【案例 4. 3. 2】

1. 背景

某长途干线光缆线路工程需敷设硅芯管道及气流吹放光缆。该项目的施工技术标准、规定和操作规程，由项目总工程师组织相关的技术人员编制。同时相关技术人员还编制了针对硅芯管穿越河流、铁路、公路等工作的施工方案。工程于 9 月 6 日开工，9 月 10 日开始敷设硅芯管。项目经理由于忙于其他工作，9 月 20 日抽出时间进行了硅芯管敷设的安全技术交底工作。

在线路路由上，硅芯管道需跨越一座大跨度的桥梁，管道跨桥的设计方案为硅芯管外套钢管架挂在桥的外侧。项目经理部的专业技术人员在施工准备阶段根，据施工现场的实际情况编制了施工方案，计划用绳索将施工人员悬浮于桥体外侧，用三角支架固定钢管。此施工方案经过项目总工程师审核批准，同时也取得了建设单位和大桥主管单位的批复。施工前，管理人员向施工人员进行了施工资源配置及安全技术措施交底。

2. 问题

(1) 项目经理进行硅芯管敷设安全技术交底工作的时间选择的合理吗？应该由谁在什么时间向哪些人员进行交底工作？

(2) 施工技术交底时，项目总工程师因员工找其谈话而未能参加，他这样做是否合适？为什么？

(3) 本项目应该由谁向施工人员作施工方案交底？施工方案交底应该在什么时候进行？

(4) 项目管理人员所进行的交底内容是否完善？如不完善，还需补充哪些内容？

3. 解析

(1) 不合适。硅芯管敷设的技术交底工作，应该由施工组织设计的编制人员在该工序开始前（即 9 月 10 日前），向施工管理人员和施工操作人员进行交底工作，以利于施工。

(2) 员工找项目总工程师谈话是一般事情，项目总工程师在工程安排上不能避重就轻。项目总工程师不能参加安全技术交底工作是不合适的。

(3) 本项目的施工方案应该由编制人员向施工人员交底。施工方案的交底工作应该在工程施工前进行。

(4) 项目管理人员所进行的交底内容不完善。在桥外侧施工，除了附挂过程需要特别关注外，由于施工是在空中进行，施工人员处于高空悬浮状态，是危险性很大的高风险作业，必须制定专门的安全技术措施。因此在进行技术交底时，应同时进行作业环境专项的安全技术交底。

4.4 通信与广电工程项目施工现场管理

4.4.1 施工现场管理要求

施工现场指施工活动所涉及的施工场地，以及项目各部门和施工人员可能涉及的一切活动范围。通信工程的特点是点多线长、施工工期较短，施工经常跨地区、跨省市进行；

施工过程中需要与沿线政府、企业、居民沟通，办理相应手续、支付相应赔补费用。现场管理就是对这些施工场地进行科学安排、合理使用，并与环境保持协调的关系。

施工现场管理的目的是保证场容整洁、道路畅通、材料存放有序、施工有条不紊、安全有保障、利益相关者都满意；赢得广泛的社会信誉；使现场各种活动良好开展；贯彻城市规划、市容整洁、交通运输、消防安全、文物保护、居民生活、文明建设、绿化环境、卫生健康等有关法律法规；处理好与相关单位的关系，保证工程顺利进行。

施工现场管理要求项目经理部应规范场容、文明施工、安全有序、整洁卫生、不扰民、不损坏公共利益。

现场管理工作应对施工现场工作区、居住地、现场周围、现场物资以及所有参与项目施工的人员行为进行管理，应按照事前、事中、事后的时间段，采用制定计划、实施计划、过程检查、发现问题及处理问题的程序进行现场管理。通信工程施工现场管理的基本要求主要包括以下方面：

4.4.1.1　现场工作区的管理

项目经理部应按照施工组织设计的要求管理作业现场的工作区，落实各项工作。在施工过程中，应严格执行检查计划，对于检查中所发现的问题应进行分析，制定纠正和预防措施，并予以实施。对工程中的责任事故应按奖惩方案予以处罚。施工现场的安全和环境保护工作应按照企业的相关保护措施和施工组织设计的相关要求进行。当施工现场发生紧急事件时，应按照事故应急预案进行处理。

由于线路工程、管道工程受外界环境影响较大，影响因素较多，为了保证工程项目的顺利进行，应按照施工组织设计中的工程报建计划，组织现场负责人及时与线路沿线政府部门联系，汇报工程概况，并力争取得政府相关部门的理解与支持。

在外进餐时应注意饮食卫生，并保管好仪表设备和未使用的材料，以保证施工人员和施工材料的安全。

4.4.1.2　现场居住地的管理

项目经理部应根据施工驻地的情况合理安排驻地场地，布置生活区、材料堆放点等。项目经理部应根据施工组织设计的要求，对施工驻地的材料放置和生活区卫生进行重点管理，落实驻地管理负责人和驻地环境卫生管理办法、驻地防火防盗措施，使员工清楚火灾时的逃生通道。

4.4.1.3　现场周围的管理

要求项目经理部实施施工组织设计中的相关计划，在考虑施工现场周围的地形特点、施工的季节、现场的交通流量、施工现场附近的居民密度、施工现场的高压线和其他管线情况、与公路及铁路的交越情况、与河流的交越情况等前提下进行施工作业，对重要环境因素应重点对待。在城市市区噪声敏感区和建筑物集中的区域内，禁止夜间进行产生环境污染的建筑施工。经批准的夜间作业，必须采取措施降低噪声，并公告附近居民。

4.4.1.4　现场物资的管理

施工现场的物资管理人员应根据施工组织设计的要求做好现场物资的采购、检验、保管、领用和移交工作，保证工程中使用的物资满足设计要求或规范要求，避免工程物资的浪费。对此，要求项目经理部应做好工程物资的进货检验工作，并合理存放，恰当标识，注意防火、防盗、防潮，物资管理人员还应做好现场物资的进货、领用的账目记录。对于建设单位采购的物资，物资管理人员应负责向建设单位移交剩余物资，办理相应的手续。

受现场环境限制，难以经济地检验质量状况的工程材料，在使用时，应记录好材料的批次和使用地点。一旦在使用中发现其中有的材料存在质量问题，应注意检查同批次其他材料的质量状况，以保证工程质量满足要求。

4.4.1.5 现场施工人员的管理

项目经理部应制定施工人员行为规范和奖惩制度，教育员工遵守法律法规、当地的风俗习惯、施工现场的规章制度，保证施工现场的秩序。同时项目经理部应明确由施工现场负责人对此进行检查监督，对于违规者应及时予以处罚。

【案例 4.4.1】

1. 背景

某施工单位承接了某电信运营商的某小区（非新建小区）的宽带接入户线工程。该工程采用墙壁架空敷设方式将电缆引入住户。合同明确了工期要求，同时规定了每提前一天完工，按合同总价 3%奖励的条款。由于工期紧迫，加之奖励条款的刺激，施工单位要在合同工期内完工必须加大投入或加班加点。施工单位从减少施工成本角度考虑，实行延长工作时间，（连续施工，并将每天收工时间由下午 6 时延时到晚上 11 时）的方案施工。在施工过程中，居民对此意见极大，纷纷到有关单位反映此事，有关单位也做出了罚款等相应处理决定。

2. 问题

（1）该单位的施工方案是否合理？为什么？

（2）施工单位在人口密集的地带施工应如何采取措施控制噪声对居民的影响？

3. 解析

（1）该施工单位的施工方案不合理。文明施工、不扰民、不损害公共利益是施工现场管理的目标之一，而中午、晚上以及周六、周日都是居民休息的时间，打墙洞会产生超标噪声，在以上时段施工会对居民的休息产生严重干扰。

（2）施工单位在人口密集的地带施工时，应采取下列措施控制噪声对居民的影响：严格控制作业时间，一般在 22：00 至次日早 6：00 之间（或按物业规定时间）停止强噪声作业。确系特殊情况须在 22：00 至次日早 6：00 之间（或在物业规定施工时间以外）及周六、周日和节假日施工时，应尽量采取降低噪声措施（采用低噪声设备和工艺代替高噪声设备与工艺、在噪声源处安装消声器消声等方法），并会同相关单位与社区、物业或居民协调，出安民告示，求得居民谅解。

4.4.2 施工现场环境因素识别与控制

环境保护是可持续发展的保证之一，也是我国的国策。施工活动应尽最大可能地减少对环境的影响，这也是施工单位义不容辞的责任。

4.4.2.1 环境因素的识别范围

施工现场的环境因素是指施工、管理、服务等所有活动（包括施工准备、施工过程、竣工交验、售后服务等阶段的活动）中，能控制的或可能施加影响的环境因素。施工现场环境因素的识别范围包括施工单位自身的活动、产品及服务过程以及工程分包方、劳务分包方、物资供应方等相关方与环境有关的全部内容。

4.4.2.2 环境因素识别方法

环境因素识别常采用以下方法：

1. 通过现场调查、观察、咨询等方法识别环境因素；

2. 采用过程分析，把工程实施过程按工序进行分解，按作业活动、资源消耗等识别环境因素。

4.4.2.3 识别施工现场环境因素

为了能够对施工过程中的环境污染进行预防和有效控制，在工程项目开工前，项目经理部应对现场环境因素进行识别，评价出重要环境因素。对于同一种环境因素，在不同的施工项目中是否为重要环境因素，应根据施工现场的环境评价情况确定。这里介绍的施工现场环境因素识别包括识别原则和识别内容两部分。

识别施工现场环境因素应以对施工现场的环境情况进行全面、具体、明确地识别和准确地描述为原则，具体要求如下：

1. 全面识别环境因素，应充分考虑施工准备、施工过程、竣工验收和保修服务中能够控制及可能对其施加影响的环境因素。

2. 识别环境因素时应对"三种状态"、"三种时态"和"七种类型"的环境因素进行识别。其中，三种状态是指施工生产的正常（如施工连续运行）、异常（如工程停工）和紧急（如发生火灾、洪水、地震等）状态；三种时态是指过去（工程未开工时现场的环境情况），现在（施工过程中现场的环境情况）和将来（工程完工以后，施工现场的环境情况）；七种类型是指以上三种状态、三种时态下的大气排放、水体排放、废弃物处置、土地污染、噪声排放、放射性污染及原材料等自然资源的使用和消耗、对当地或社区周边环境的影响等情况。

3. 具体识别施工现场环境因素时，要求识别出的环境因素应与随后的控制和管理需要相一致，以达到为施工现场环境管理提供明确控制对象的目的。识别的具体程度应细化到可对其进行检查验证和追溯，但也不必过分细化。

4. 识别施工现场环境因素应明确其环境因素影响，包括有利和不利的环境影响。

4.4.2.4 评价环境因素，确定重要环境因素

对于已识别出的环境因素，经过评价分析，确定该环境因素是否为重要环境因素。

1. 影响全球范围，周边社区强烈关注或不符合有关法律、法规和行业规定的环境因素，可直接确定为重要环境因素。

2. 其他情况下，从该环境因素的影响范围、影响程度、产生量、产生频次、法规符合性、周边社区关注度、改变影响的难度、可节约成本等方面考虑，确定是否为重要环境因素。

3. 对于识别出的环境因素，不能或不易直接确定的，应调查其对周围环境的影响程度，采用多因素打分法和是非判断法综合评价后，确定是否为重要环境因素。

4.4.2.5 常见的环境因素

通信与广电工程，一般分为设备安装工程、线路工程和管道工程三大专业。不同的施工专业，所涉及的环境因素也不一样。为了能够对施工过程中的环境污染进行预防和有效控制，在工程项目开工前，项目经理部应对现场环境因素进行识别，评价出重要环境因素。对于同一种环境因素，在不同的施工项目中是否应为重要环境因素，应根据施工现场

的环境评价情况确定。

1. 设备安装工程的环境因素一般包括：铁件刷漆时的剩余油漆被随意倾倒；楼板、墙壁、铁件钻孔时的粉尘、噪声排放；切割机的噪声排放；设备开箱时，包装废弃物等垃圾被随意倾倒；仪表废电池被随意丢弃；光（电）缆接续时下脚料、废弃物被随意丢弃，微波、移动工程的电磁辐射；施工材料、机具、仪表随意摆放；电缆皮、线头等废料不能及时清理；机房四周的杂物随意堆放；未换鞋进入机房等。

2. 线路工程的环境因素一般包括：光（电）缆测试时，废电池、包装垃圾随意丢弃；发电机、抽水机工作时的废气和噪声排放；开挖光（电）缆沟时，造成的植被破坏、尘土飞扬；人（手）孔排出的水沿街漫流；墙壁、楼板钻孔时的噪声、粉尘排放；光（电）缆接续时，下脚料、垃圾、废弃物被随意丢弃；封缩热缩制品使用喷灯时造成的废气排放；吹缆设备工作时空气压缩机的噪声排放；剩余油漆被焚烧或填埋；电缆芯线被焚烧；施工驻地的伙房泔水和生活垃圾随意倾倒等。

3. 管道工程的环境因素一般包括：路面切割机工作时，噪声排放和尘土飞扬；开挖管道沟时的尘土飞扬；发电机、抽水机工作时，废气和噪声排放；搅拌机工作时，噪声和污水随意排放；管道沟和人（手）孔坑抽出的水沿街漫流；打夯机的噪声排放；工程及生活废弃物、垃圾被随意丢弃；人工搅拌水泥砂浆时，路面上的灰浆遗留；在施工驻地，生活垃圾被随意倾倒；马路上的砂、石、模板、水泥、红砖随意放置等。

4.4.2.6　制定现场环境保护措施应考虑的因素

1. 对确定的重要环境因素制定控制目标、控制指标及管理方案。
2. 明确关键岗位的操作人员和管理人员的职责。
3. 建立对施工现场环境保护的管理制度。
4. 对噪声、电焊弧光等方面可能造成的污染和防治的控制。
5. 对易燃、易爆及其他化学危险品的管理。
6. 废弃物，特别是有毒有害及危险品等物体的管理和控制。
7. 节能降耗管理。
8. 应急准备及响应等方面的管理制度。
9. 对工程分包方和相关单位提出现场环境保护所需的控制措施和要求。
10. 对物资供应方提出保护环境的行为要求，并在采购合同中予以明确。

4.4.2.7　环境因素控制措施

有效地控制环境因素，是保护环境的主要手段，环境控制措施可按工程类别分别制定。

1. 设备安装工程

设备安装工程施工时，铁件刷漆剩余的油漆应统一回收，不得随意丢弃。使用电锤或切割机作业时，应避开中午或晚上时间；操作人员在室外作业时应站在上风口，并用用水喷淋钻头；在室内作业时应用吸尘器等工具降尘。设备开箱时，应及时将包装箱内的废弃物收集，并送到指定地点。仪器、仪表上换下的废旧电池应收集，统一安放到指定地点。光（电）缆接续时的下脚料、废弃物应在下班时收集，并丢置到指定地点。从事微波、移动工程测试工作的操作人员工作时，应穿戴相应的防护工作服，避免受到电磁波辐射的伤害。施工材料、机具、仪表应摆设整齐。电缆皮、线头等废料应及时清理。不能在机房四周堆放杂物，应保持机房进出道路的畅通；进入机房要换鞋，特别是雨天或道路泥泞时，更有注意机房卫生，建立轮流值日制度，保持机房卫生经常化等。

2. 线路工程

光（电）缆仪表换下的废旧电池应统一收集存放，光（电）缆盘的包装物拆下后应及时收集，避免乱扔乱放。发电机、抽水机要定期保养，以降低噪声和废气排放量，同时尽量将其远离人群放置。开挖光（电）缆沟的土应尽早回填，挖出的表层植被应单独放置，回填时将其放在表面。人（手）孔排出的水应引至下水道、排水沟或其他不影响交通的地方。在小区等场所使用电锤或电钻作业时，应避开中午或晚上时间，操作人员在室外作业时应站在上风口位置，并用水喷淋钻头；在室内作业时应用吸尘器等工具降尘。光（电）缆接续时的下脚料、废弃物应在更换场地时统一收集，带回驻地统一存放。热缩制品封缩时应采取通风措施。吹缆设备工作时，空气压缩机应放置在远离操作人员的地方。标石刷漆时，剩余的油漆应统一回收，不得随意丢弃。电缆芯线应放在指定地点，统一处理，严禁焚烧。生活垃圾要及时清运到合适地点，以减少环境污染等。

3. 管道工程

切割机工作时应接水源；应选择合适的作业时间，减少对周围人员的影响，同时，作业人员应配发防噪声耳罩。开挖的管道沟应尽早回填。发电机、抽水机要定期保养，以降低噪声和废气排的放量，同时尽量将其远离人群放置。向搅拌机内倒水泥时应采取防尘措施，搅拌机应及时维护，以降低其工作噪声；搅拌机流出的污水应定点排放。管道沟排出的水应引至下水道、排水沟或其他不影响交通的地方。打夯机工作时，应根据工作场地的情况选择合适的工作时间。工程废弃物、垃圾应及时清理，做到人走场清；生活垃圾要及时清运到合适地点，以减少环境污染。人工搅拌水泥砂浆时，应在路面上铺设工作板，不得在路面上直接工作；工作完成后应及时清理工作场地，避免路面上遗留砂浆痕迹。生活垃圾应统一收集，统一送到合适的地点。市内通信管道施工，堆放材料要确定指定地点，不能在马路上堆放砂、石、模板、水泥、红砖等工程材料，影响交通。

上述针对环境因素制定的控制措施，都是在现有技术水平情况下制定的，其中有些控制措施仅仅是对前边提出的环境因素在一定程度上进行控制，而未从根本上消灭此环境因素对环境可能带来的影响。随着科学技术的发展，前面提到的环境因素有些可能也就不复存在了，有些可能还会有更好的控制措施。

【案例 4.4.2-1】

1. 背景

某通信管道工程 3 月份施工，在人行道上敷设 24 孔水泥管管道 5.276km，平均每 80m 要修建一大号人孔。在对开挖的土进行保护和清运建筑垃圾时，施工单位心存侥幸心理，认为管道铺放很快会完成，所以对堆放在管道沟旁的土未进行遮盖保护，造成扬尘；在清运多余泥土和建筑垃圾时，认为晚上清运，不会对周围居民产生多大影响，也没有采取遮盖措施，造成渣土沿路有遗撒现象发生。在修建人孔时，用抽水机从人孔坑抽出的水直接排放在道路上。经市民举报，该单位受到环保部门罚款处理。施工单位堆放在路边的砖和砂子经常丢失。施工过程中，经常有些单位以各种名义前来罚款，致使施工单位开支超标。

2. 问题

（1）此工程施工过程中，可能存在哪些环境因素？

（2）修建人孔时，排出的污水应如何处理？

(3) 当地的治安环境、社会环境可以识别为环境因素吗？为什么？

3. 解析

(1) 此工程中可能存在的环境因素包括：开挖管道沟时造成的尘土飞扬，抽水机工作时的废气和噪声排放，搅拌机工作时的噪声和污水排放、灰尘飞扬，打夯机产生的噪声排放，工程及生活废弃物、垃圾被随意丢弃；人工搅拌水泥砂浆时在路面上的灰浆遗留，施工驻地的生活垃圾被随意倾倒等。

(2) 修建人孔时，从人孔坑排出的污水会对周边居民的生活及交通带来较大影响，施工单位应将污水直接排放到下水道，而不能直接排放到道路上。

(3) 当地的治安环境和社会环境不属于环境因素的识别范围。环境因素的识别主要考虑大气排放、水体排放、废弃物处置、土地污染、噪声排放、放射性污染及原材料等自然资源的使用和消耗、对当地或社区周边环境的影响七个方面，也就是说环境因素的识别仅限于自然环境。

【案例 4.4.2-2】

1. 背景

某施工单位在承建某电信运营商管道工程的施工过程中，组织了六个施工班组分段同时施工，出于节约成本的角度考虑，人（手）孔及管道包封所用水泥砂浆均采用人工搅拌。由于施工班组较多，施工班组直接在柏油路面上搅拌，施工后又未清理工作场地，因此在路面上遗留了很多砂浆痕迹。市政管理部门在巡查时，发现在不到 1km 的地段，多达 11 处水泥搅拌点，随即通知施工单位停止施工，接受处罚，并责令予以改正。

2. 问题：

(1) 施工人员的这种行为正确吗？为什么？

(2) 施工单位对此应采取什么措施施工？

3. 解析

(1) 施工人员的这种行为是错误的。节约成本固然是施工单位应该考虑的因素，但避免或减少因施工对施工点周围的其他人员的影响，保证生产环境、生活环境、工作环境的清洁及城市市容的整洁，也是施工单位的职责。施工单位的这种行为，破坏了工程沿线的市容，所以，这种行为不正确。

(2) 施工单位在采用人工搅拌水泥砂浆时，应在路面上铺设工作板，不得在路面上直接搅拌，工作完成后应及时清理工作场地，避免路面上遗留砂浆痕迹。

【案例 4.4.2-3】

1. 背景

某施工单位通过投标方式承担了某运营商的直埋光缆线路工程，该工程需穿越某草原约 19km，且路由沿线有防护林。经草原管理局批准，以设计红线为基准，两侧各 1m 为施工区域，可堆放土及作为布放光缆时的通道。

2. 问题

(1) 该项目施工时对环境潜在的影响是什么？

(2) 施工单位应采取哪些措施保护草原植被？

3. 解析

(1) 该项目施工时对环境潜在的影响是：施工占压或损毁草原植被。对土地、草原、原生生物、自然遗迹、自然保护区、风景名胜区、城市和乡村的保护是施工现场环境保护的重要内容，因此，施工单位应制定相应的保护措施。

（2）施工单位应采取下列保护措施：尽量减少施工占压或损毁草原植被，特别是草皮稀疏地带；施工机械及施工人员需穿行红线外大面积草地时，应固定通道，减少红线外草地的损毁面积；大型机械设备安装和移动时，应避免损毁植物；禁止利用树木作为设备安装的临时支撑物；不得在草皮和绿化苗圃地进行施工设备的前期安装；应根据施工特点和区域特征在施工范围内对草原植被、防护林地带设置警示牌标识，以便于操作、监督和检查。

4.5 通信与广电工程项目施工安全管理

4.5.1 施工安全管理要求

施工单位必须遵守有关安全生产的法律、法规，加强安全生产管理，建立、健全安全生产责任制度，坚持“安全第一，预防为主”的方针，完善完备安全生产规章制度和操作规程，根据实际情况设置安全生产管理机构、配备专职的安全生产管理人员，合理使用安全生产费，提供必需的安全生产用品、用具，所有参加工程项目的人员都经过安全教育和培训，并考核合格，持证上岗，完善安全生产条件，确保安全生产。施工单位的安全生产管理工作应满足以下要求：

4.5.1.1 明确安全管理的范围

项目经理部的安全管理工作，应从施工现场的实际出发，控制好施工现场的一切不安全因素，避免施工资源和施工现场周围的环境受到损坏，防止安全生产事故发生，减少事故损失。

1. 施工资源的安全管理

施工现场的施工资源主要包括施工人员、施工车辆、机械及仪表、材料、财物等。在施工过程中，对这些施工资源应制定妥善的保护措施，消除人的不安全行为及物的不安全状态。

（1）对施工人员安全保护，主要涉及施工人员的行为、施工人员的安全意识以及施工人员的自我保护能力。

（2）对施工现场车辆、设备、机具、仪表及施工材料的保护，主要涉及防损坏、防丢失、防浪费等问题。

2. 施工现场周围环境的安全管理

（1）对施工现场周围人员、车辆安全保护，主要涉及可能进入施工现场的人员、车辆的安全。其中包括：

1）在敷设吊线时，路口、路边等地段可能受到钢绞线伤害的过往人员、车辆；

2）在开挖光缆沟、管道沟、接头坑、人（手）孔坑、杆坑及拉线坑时，可能坠落摔伤的人员；

3）安装路边拉线可能挂伤的过往行人、挂坏的过往车辆。

（2）对其他设施的安全保护，主要涉及在用设备、设施的安全。其中包括：

1）设备安装工程施工过程中，在用设备的安全。

2）线路工程施工过程中，其他缆线、管线及设施的安全。

3）管道建设工程施工过程中，地下各种缆线、管线及设施的安全。

4.5.1.2　合理使用安全生产费

1. 安全生产费的管理

(1) 项目经理部安全生产费用，应当按照“项目计取、确保使用、企业统筹、规范使用”的原则进行管理。

(2) 实行专款专用。应按规定范围安排使用，不得挪用或挤占。安全费用不足时，超出部分按正常成本费用列支。

2. 安全生产费的使用范围

(1) 完善、改造和维护安全防护、检测、探测设备、设施的支出；

(2) 配备必要的应急救援器材、设备和现场作业人员安全防护物品的支出；

(3) 安全生产检查与评价的支出；

(4) 重大危险源、重大事故隐患评估、整改、监控的支出；

(5) 安全技能培训及进行应急救援演练的支出；

(6) 其他与安全生产直接相关的支出。

3. 安全生产费的具体要求

(1) 建立项目安全生产费核算制度，明确安全生产费使用的管理程序、职责及权限；

(2) 总包单位对工程项目安全生产费的使用总负责，分包单位对所分包工程的安全生产费使用负责；

(3) 应为从事高空、高压、易燃、易爆、剧毒、放射性、高速运输、野外作业的人员办理团体人身意外伤害险或个人意外伤害险。所需费用直接列入成本（费用），不在安全费用中列支。

4.5.1.3　根据施工现场的具体特点确定安全管理内容

通信与广电工程不但施工专业繁多，而且施工地域非常广阔。不同专业的施工项目，其施工情况差别很大。即使是同一专业的施工项目，如果其所处的地理位置或施工季节不同，施工现场安全管理的要求也不尽相同。对于每一个施工项目，项目经理部都应该根据施工现场，具体情况确定本工程的安全管理要求。

1. 不同施工情况应注意的安全问题

(1) 山区施工时，应采取措施保证施工人员的安全、保证车辆及机械设备的安全、保证工程材料的安全，应防止施工人员滑倒、摔伤；防止车辆侧翻、制动装置失灵；防止机械设备摔坏、损坏、丢失。临时设施应远离河道、峭壁、低洼地段等存在安全隐患的地方。

(2) 高温天气施工时，应采取措施防止施工人员中暑。气温过高时应停止施工。

(3) 低温雨雪季节施工时，应采取措施保证施工人员及车辆的安全，应预防人员冻伤，防止施工人员在泥泞、冰雪路段摔伤，防止车辆冻坏或侧翻。

(4) 室内施工时，应采取措施保证施工人员的安全、机房建筑的安全、机房内在用设备及新装设备的安全，应防止施工人员发生触电、物体打击、高处坠落等安全事故，防止建筑物的楼板、墙体损坏，防止在用设备短路，防止新装设备受到撞击或过压、过流工作。禁止触碰与工程施工无关的机房设备。

(5) 市内施工时，应采取措施保证施工人员及周围人员的安全、车辆的安全、周围基础设施及其他设施的安全，防止发生人员伤亡事故、车辆损坏事故、设施被破坏事故。

（6）郊外施工时，应采取措施保证下列环境中的施工安全：

1）公路上施工时，应采取措施保证施工人员、材料及路上过往车辆的安全，防止发生交通事故，防止工程材料被车辆压坏。

2）农田中施工时，应采取措施保证施工人员及农作物的安全，防止施工人员发生坠落及传染病的危害，防止农作物被损坏。

3）铁路附近施工时，应采取措施保证施工人员的安全、铁路设施的安全和铁路的通畅，防止发生铁路交通事故，防止损坏铁路路基及信号系统。

2. 不同施工专业应注意的安全问题

（1）设备安装工程施工时，应注意防止施工人员坠落、电源短路、用电设备漏电、电源线错接、静电损坏机盘、激光伤人等安全事故的发生。

（2）铁塔上作业时，应防止发生人员坠落、铁塔倒塌、物体坠落等安全事故。

（3）线路工程施工时，应防止发生施工人员触电、杆上坠落、溺水、人（手）孔内毒气使人窒息、跌入沟坑、激光伤人等安全事故。

4.5.1.4 安全管理工作应分阶段进行

安全生产管理工作应该按照工程项目的准备、施工和竣工验收等三个阶段进行，落实安全措施，保证施工安全。

1. 项目准备阶段，项目经理部应做好以下工作：

（1）按照施工现场的具体特点识别危险源，评价出重大危险源，针对重大危险源制定安全控制措施，保证项目顺利进行；

（2）确定安全控制目标，安全控制措施应写入施工组织设计中；

（3）针对确定的重大危险源，应认真地进行安全技术交底工作；

（4）编制应急预案，并对其内容定期演练。

2. 项目实施阶段，项目经理部应落实安全控制措施，并定期或不定期进行安全检查工作，对发现的问题应分析原因，并制定纠正、预防措施。对于一些危险工序，现场专职安全负责人应现场指挥。

3. 项目验收阶段，项目经理部应采取措施对已完成的工作量妥善保管，直至移交给维护单位；应对安全控制计划的实施情况进行分析、总结。

4.5.1.5 安全施工的基本要求

施工单位的安全生产应以保证人员和机械设备、仪表、材料及其他设施的安全为原则。施工企业应以《建设工程安全生产管理条例》为依据，做好本企业的安全生产管理工作。

1. 对施工企业的安全管理要求

（1）企业必须依法取得相应等级的资质证书，并在其资质等级许可的范围内承揽工程；必须取得安全生产许可证，才可以从事生产活动。

（2）企业主要负责人依法对本单位的安全生产工作全面负责。

（3）企业应当建立健全安全生产责任制度和安全生产教育培训制度，制定安全生产规章制度和操作规程，保证本单位安全生产条件所需资金的投入。

（4）企业应当设立安全生产管理机构或者配备专职安全生产管理人员，对所承担的建设工程进行定期和专项安全检查，并做好安全检查记录。

2. 对人员的安全管理要求

（1）对企业安全管理人员的要求：企业的主要安全负责人、项目负责人、施工现场专职安全管理人员均应经建设行政主管部门或者其他有关安全部门考核合格后方可任职。项目负责人应当由取得相应执业资格的人员担任，对建设工程项目的安全施工负责，落实安全生产责任制度、安全生产规章制度和操作规程，确保安全生产费用的合理使用，并根据工程的特点组织制定安全施工措施，消除安全事故隐患，及时、如实报告生产安全事故。

（2）对特殊岗位作业人员的要求：对于通信工程中的电工、电焊工、爆破、登高架设等特种作业人员，必须按照国家有关规定经过专门的安全作业培训，考试合格并取得特种作业操作资格证书后，方可上岗作业。

（3）对一般作业人员的要求：作业人员应当遵守安全施工的强制性标准、规章制度和操作规程，正确使用安全防护用具、机械设备等。

3. 对机械设备、仪器仪表和施工材料的安全管理要求

（1）对车辆、机具、设备应定期保养，按要求使用；

（2）施工仪器、仪表应妥善保管，严格按照其使用条件、使用环境、操作规程的要求使用；

（3）施工材料应妥善保管，防止损坏和丢失。

4. 对项目经理部的要求

（1）项目经理部应设立安全生产管理机构或者配备专职安全生产管理人员。专职安全生产管理人员负责对安全生产进行现场监督检查。发现安全事故隐患，应当及时向项目负责人和安全生产管理机构报告；对违章指挥、违章操作的，应当立即制止。

（2）项目经理部应当在施工组织设计中编制安全技术措施，对危险性较大的爆破工程编制专项施工方案，并附安全验算结果，经施工单位技术负责人、总监理工程师签字后实施，由专职安全生产管理人员进行现场监督。

（3）项目经理部应坚持逐级安全技术交底制度。施工前，项目技术负责人应当对有关安全施工的技术要求向施工作业班组、作业人员做出详细说明，并由双方签字确认。

（4）项目经理部应当向危险岗位作业人员提供安全防护用具和安全防护服装，并书面告知操作规程和违章操作的危害。作业人员有权对施工现场的作业条件、作业程序和作业方式中存在的安全问题提出批评、检举和控告，有权拒绝违章指挥和强令冒险作业。在施工中发生危及人身安全的紧急情况时，作业人员有权立即停止作业或者在采取必要的应急措施后撤离危险区域。

（5）采购、租赁的安全防护用具、机械设备、施工机具及配件，应当具有生产（制造）许可证、产品合格证，并在进入施工现场前进行查验。施工现场的安全防护用具、机械设备、施工机具及配件必须由专人管理，定期进行检查、维修和保养，建立相应的资料档案，并按照国家有关规定及时报废。

（6）施工现场应当建立消防安全责任制度，确定消防安全责任人，制定用火、用电、使用易燃易爆材料等各项消防安全管理制度和操作规程，熟悉机房消防通道、消防水源，消防设施和灭火器材的使用。

（7）在人孔、沟坑边沿、临时用电设施、顶管基坑边沿、爆破物及有害危险气体和液体存放处等危险部位，应设置明显的安全警示标志。安全警示标志必须符合国家标准。项

目经理部应当根据不同施工阶段和周围环境及季节、气候的变化，在施工现场采取相应的安全施工措施。施工现场暂时停止施工的，应当做好现场防护。

（8）因施工可能造成损害的毗邻建筑物、构筑物、地下古墓和地下管线等，应当采取专项防护措施；应当遵守有关环境保护法律、法规的规定，在施工现场采取措施，防止或者减少粉尘、废气、固体废物、噪声、振动和施工照明对人和环境的危害和污染。

4.5.1.6 工程项目安全控制过程

1. 编制安全控制计划

安全控制计划是保证施工安全的纲领性文件，它包括安全控制要求、安全检查计划、安全控制措施和应急预案等内容。安全控制计划应在危险源识别和评价的基础上编制，其内容应完整、全面，应涉及所识别出来的所有危险源，应重点对重大危险源进行控制。

2. 做好安全技术交底工作

安全技术交底工作是保证安全控制计划落实、避免施工过程中发生安全事故所必须做的一项工作。安全技术交底工作必须在开工前进行。安全交底工作的要求如下：

（1）安全交底工作应由项目经理部的安全管理机构或专职安全管理人员负责

根据工程规模，项目经理部可设安全管理机构或专职安全管理人员。安全管理机构或专职安全管理人员负责安全交底的组织工作，组织项目经理或技术负责人从技术、操作、管理要求等方面向施工、管理人员进行安全交底。

（2）安全交底工作应符合规定要求

项目经理或技术负责人应当对有关安全施工的技术要求向管理人员、施工人员进行详细的讲解和说明。安全交底的形式应根据工程规模确定，原则上要求逐级进行。安全交底的内容应满足《建设工程项目管理》的相关要求。安全技术交底工作应保存书面的签字记录。

3. 检查安全控制计划的落实情况

项目经理部在开工前要编制安全控制计划，建立安全生产责任制，对作业人员进行安全教育，进行具体的、有针对性的安全技术交底工作。通过上述工作，全体管理人员和施工人员应掌握安全控制计划的内容。管理人员和施工人员是否按照安全施工要求进行施工，这就要求项目经理部的相关人员深入施工现场，检查安全控制计划的落实情况。项目经理部的具体检查要求如下：

（1）项目经理部应按照安全控制计划要求进行安全控制，按照安全检查要求做好安全检查工作。安全检查工作应针对现场管理人员的工作范围、工作方法和工作态度等进行检查，针对施工人员的操作方法、安全操作规程的执行情况等进行检查。

（2）安全检查结束后应编写安全检查报告，说明安全工作中的已达标项目、未达标项目、存在问题、原因分析，并针对具体问题制定纠正和预防措施。

（3）对于不同专业的工程项目，项目经理部应根据工程的实际特点确定安全检查方法。

4. 重点检查事故隐患

项目经理部应针对施工现场可能存在安全隐患及容易发生安全事故的重要部位或工序进行重点检查，检查前应有安全检查方案。对于存在事故隐患和容易发生安全事故的部位或工序，施工时，专职安全管理人员应亲临施工现场，确保这些部位或工序的顺利完成。安全检查工作应重点检查以下几个方面：

(1) 材料堆放场所、施工现场及驻地的安全问题

1) 现场防火；

2) 安全用电；

3) 低温雨期施工时的防滑、防雷、防潮。

(2) 机械设备、仪器仪表的安全问题

1) 机械设备、车辆、仪器仪表的安全存放、安全搬运及安全调遣；

2) 机械设备、车辆、仪器仪表的合理使用。

(3) 其他设施的安全问题

1) 机房内施工时，通信设备、网络等电信设施的安全；

2) 人（手）孔内作业时，原有线缆的安全；

3) 施工过程中，水、电、煤气、通信光（电）缆管线等市政或电信设施的安全；

4) 施工过程中的文物保护。

(4) 施工中的安全作业问题

1) 人（手）孔内作业时，防毒、防坠落；

2) 公路上作业的安全防护；

3) 高处作业时人员和仪表的安全。

5. 对存在的问题应进行跟踪检查

项目经理部的安全管理机构或专职安全管理人员要对安全交底的内容进行检查，对安全施工方法、施工程序、安全技术措施进行定期或不定期检查。对于过去检查中发现的问题，要检查其整改情况。每次检查应当留有书面记录。

【案例 4.5.1-1】

1. 背景

某通信工程公司于 7 月初中标 87km 架空通信线路工程，工程为“交钥匙”工程，工期为 7 月 20 日至 9 月 30 日，施工地点位于山区，沿线有多处河流，线路需与电力线、直埋光缆、公路交越，进城部分为穿放管道缆。针对此项目，施工单位任命了项目经理，项目经理组建了项目经理部，并委托质量负责人兼管安全管理工作。项目经理部在现场勘查的基础上，组织项目经理部的全体管理人员采用头脑风暴法辨识出了危险源，采用打分法评价出了重大危险源；根据工程特点及相关文件编写了施工组织设计，其中包含了安全控制目标和安全控制措施。项目经理认为危险源是大家辨识出来的，所以不需要再向大家进行安全交底。此项目的水线敷设工作分包给水线作业队进行施工；施工现场不允许爆破作业。

在施工过程中，路由复测人员按照设计图纸上电杆位置将杆位确定在电力线下方；项目经理部向杆上作业人员配发了安全带、安全帽；由于施工期间气温较高，项目经理在工地检查时向作业队负责人提出了批评，要求高温天气时中午休息，不得施工；质量负责人在检查质量的同时对安全工作进行检查，并编写了安全检查记录；水线队冲槽作业时，作业人员长时间在水下作业，质量检查员发现后及时制止了作业队的违规操作行为；现场作业人员为了防止高温影响，在下班前将第二天准备立杆的杆坑挖好才收工，这样立杆速度提高了很多；由于过路地段水泥杆需要接杆，作业队选派曾做过气焊工作的人员将两根水泥杆电焊好；在敷设管道光缆时，由于人行道较窄，作业人员将光缆倒放在路上进行施工，并由专人看管。在施工过程中，除个别人脚扭伤、摔伤、中暑以外，未发生其他安全事故。

2. 问题

(1) 此工程安全管理工作的范围应涉及哪些方面？应怎样对其进行管理？

(2) 此工程的安全管理工作应如何安排？

(3) 此项目中，哪些岗位的人员必须持证上岗？

(4) 施工过程中，项目经理部及施工现场的哪些做法违反了安全管理要求？

3. 解析

(1) 此工程的安全管理工作应涉及工程的施工人员及施工现场周围的人员、施工现场的机械设备及仪表、施工现场的材料、施工现场周围的设施等。

对于施工人员的安全，应从其行为、安全意识以及自我防护能力等方面进行管理。

对于现场周围人员的安全，在过路施工时，应有专人看管路口；挖杆坑及拉线坑时，如当天不能完成后续工作，夜晚应设立安全标志；路旁的拉线制作好以后，应及时设立警示标志。可能的情况下，施工现场应设立工作区，非施工人员严禁入内。

对于现场的机械设备、仪表及材料的安全，应防止其损坏、丢失和浪费。

对于施工现场周围设施的安全，在开挖杆坑及拉线坑时应防止其他缆线、管线损坏；在穿放管道缆时，应保证人（手）孔内的其他缆线安全。

(2) 此工程的安全管理工作应随工程的进展同步进行，即按照工程的施工准备阶段、施工阶段和竣工验收阶段进行。

在工程的施工准备阶段，项目经理部应做好危险源的辨识和评价工作；应确定安全目标，并在施工组织设计中编写好安全控制措施；应做好安全技术交底工作；应编写好应急预案，并定期演练。

在工程的实施阶段，项目经理部应落实安全控制计划，定期检查其落实情况，发现问题及时分析原因，并制定纠正、预防措施。对于危险工序，应由专职安全负责人现场指挥。

在工程的竣工验收阶段，项目经理部应保护好已完工作量直至交工，并应对安全控制计划的实施情况进行分析、总结。

(3) 此工程中，人员必须持证上岗的岗位包括：项目经理、现场专职安全管理人员、电工、电焊工、登高作业人员等。

(4) 项目经理部及施工现场违反安全管理要求的做法包括：

1) 安全管理工作由质量负责人兼管；

2) 项目经理部未进行安全技术交底工作；

3) 路由复测人员将电杆的杆位安排在电力线下方；

4) 项目经理部未向施工人员配发绝缘鞋；

5) 挖好的杆坑及拉线坑当天没有回填时，晚上未设置安全标志；

6) 从事电焊工作的人员无证上岗；

7) 敷设管道缆时，将光缆倒放在路上。

【案例 4.5.1-2】

1. 背景

某通信工程公司承接的高速公路管道光缆工程全长 320km，工期为 4 月 1 日至 6 月 30 日。项目经理部组织人员沿线进行了现场勘查，并编写了施工组织设计，其中包含安全控制计划。项目经理部计划分 3 个施工队分段完成此工程施工。由于在高速公路上施工的危险性比较大，项目经理决定亲自负责此工程的安全管理工作。在工程开工前，项目经理组织全体管理人员、施工人员召开安全会，进行了安全技术交底工作，并要求与会人员在签到表上签字。在交底会上，项目经理重点介绍了在施工中应如何保护施工人员和光缆的安全。

工程于4月1日开工。项目经理要求项目经理部的技术负责人每周一次检查各施工队质量的同时检查施工安全，并将检查结果向其汇报。技术负责人每周检查完以后，都及时向项目经理口头汇报现场的情况。在施工过程中，施工人员严格按“高管处”的要求摆放安全标志，服从公路管理部门的指挥，保证了施工人员及材料的安全；由于施工人员在收工前未清理干净公路上的下脚料，致使公路上行驶的一辆车的后轮胎爆胎，险些发生重大交通事故；为了赶进度，施工队在雾天施工。在项目经理部及全体施工人员的共同努力下，此工程最终按期完工，未发生重大安全事故。

2. 问题

（1）本工程的安全控制要点有哪些？

（2）本工程的安全检查工作应重点检查哪些安全问题？

（3）本工程的安全工作存在哪些问题？

3. 解析

（1）本工程的安全控制要点主要包括以下四个方面：

1）项目经理部应针对高速公路的施工特点及施工人员的组成情况制订安全控制措施，做好安全技术交底工作，确保安全控制计划的落实；

2）项目经理部应做好施工现场的安全检查工作，检查安全控制计划的落实情况，发现问题，及时分析原因，并制订纠正、预防措施。检查结束后应编写检查报告；

3）项目经理部应重点检查事故隐患和容易发生安全事故的部位和工序，对于这些部位或工序，项目经理部的专职安全管理人员应该现场监督施工；

4）项目经理部对于检查中发现的问题，应进行跟踪检查：一方面要检查施工队是否及时改正了提出的问题；另一方面要检查施工队在后续的工作中是否还发生类似的问题。

（2）本工程的安全检查工作应重点检查：安全交底工作，安全控制计划的落实情况，施工人员驻地及材料堆放地的防火工作，施工人员驻地及施工现场的安全用电工作，雨天施工的防雷、防潮工作，机械设备、车辆及仪表的安全使用，人（手）孔内作业时原有线缆的安全防护工作，人（手）孔内作业时防毒、防坠落、防原有缆线损伤工作，公路上作业的安全防护工作等。

（3）本工程的安全工作存在以下问题：

1）项目经理应指派专职人员负责安全管理工作；

2）安全交底工作应根据工程的特点，全面分析工程中可能存在的安全问题，向工程管理人员及施工人员进行全面的交底。本工程的安全交底内容只涉及施工人员及光缆的安全防护问题，未涉及其他材料及施工现场的环境保护问题和施工人员驻地的安全问题；

3）项目经理部的技术负责人进行安全检查以后，未编写安全检查报告；

4）项目经理作为安全负责人未亲自到现场检查、监督施工现场的安全工作；

5）施工人员离开施工现场时未清理路上下脚料，未考虑周围环境的安全问题；

6）施工队雾天继续施工，忽视了对施工人员的安全保护问题。

4.5.2 施工阶段危险源辨识与风险控制

危险源是指可能导致伤害或疾病、财产损失、工作环境破坏或这些情况组合的根源或状态。要避免危险源酿成事故，就应在工程开工前认真进行危险源辨识。对于识别出的危险源，应分析其引发事故的概率和事故发生以后所造成的影响程度，即进行风险评价。通过风险评价，确定具有高度风险的危险源，在施工过程中对其进行重点控制，以避免发生安全事故。

4.5.2.1 危险源的识别要求

危险源辨识是为了明确施工项目在现有生产技术条件下的不可承受的风险，进而制定并实施控制措施对风险加以控制，保证以合理成本获得最大安全保障。施工企业或项目经理部应在掌握危险源定义的基础上，深入施工现场，掌握工程的具体特点和施工工艺要求，了解现场的环境状况，分析可能发生事故的根源，按照危险源的命名要求对危险源进行识别。

危险源辨识应按照科学的方法进行，同时还应考虑涉及的范围，避免因遗漏危险源而给工程的安全管理带来隐患。

1. 常用的危险源辨识方法有基本分析法和安全检查表法。实际工程中使用哪种方法，应根据施工企业或项目经理部的人员结构以及施工现场的实际状况确定。

2. 危险源辨识应根据工程的特点进行；应考虑人为因素、财产损失和环境破坏三个方面，应按照工序顺序充分识别每道工序存在的两类危险源。第一类危险源为物的不安全状态；第二类危险源为人的不安全行为。危险源辨识所涉及的范围一般包括：所有的常规的和非常规的施工作业活动、管理活动；所有进入工作场所的人员；所有的施工设备、设施，包括相关方的设备；场所和环境。

4.5.2.2 工程中常见的危险源

工程施工过程中存在着大量的危险源，如不加以防范，可能会造成物体打击、机械伤害、触电、高处坠落、坍塌、中毒、窒息、电磁辐射及其他伤害事故。根据工程实践，线路工程、管道工程、室内设备安装工程以及室外设备安装工程等各专业常见的危险源计列如下。

1. 通信线路工程

(1) 架空线路工程中的危险源：特殊的地形、地质、气温，路由附近的高压电力线、低压裸露电力线及变压器，有缺陷的夹杠、大绳、脚扣、安全带、座板、紧线设备、梯子、试电笔等工具，有缺陷的钢绞线、夹板、螺丝、螺母、地锚石、电杆等材料，固定不牢固的滑轮、线担、夹板等高处重物，码放过高的材料，车上固定不牢的重物，千斤顶上的光（电）缆盘，未做防护的杆坑、拉线坑，未立起的电杆，绷紧的钢绞线，锋利的工具，燃油，伙房的煤气罐，雷电，有缺陷的标志，激光，异常的电压，行驶的车辆，传染病等。

(2) 直埋线路工程中的危险源：特殊的地形、地质、气温，地下电力线及其他各种管线，挖开的无警示标志的光缆沟，车上固定不牢的重物，千斤顶上的光（电）缆盘，锋利的工具，行驶的车辆，漏电的电动设备，使用不当的喷灯，激光，异常的电压，雷电，有缺陷的标志，炸药，燃油，伙房的煤气罐，传染病等。

(3) 管道光（电）缆工程中的危险源：（长途管道光缆）特殊的地形，人（手）孔内的有毒气体，落入人（手）孔的重物，车上固定不牢的重物，有缺陷的标志，断股的油丝绳，固定不牢的滑轮，安装不牢的拉力环，千斤顶上的光（电）缆盘，锋利的工具，开凿引上孔溅起的灰渣，使用不当的喷灯，激光，异常的电压，行驶的车辆，气吹机喷出的高压高温气体，打开的没有围栏的人（手）孔等。

2. 通信管道工程

（1）长途通信管道工程中的危险源：特殊的地形、地质、气温，地下电力线及其他各种管线，挖开的无警示标志的管道沟，车上固定不牢的重物，千斤顶上的硅芯管盘，行驶的车辆，锋利的工具，雷电，有缺陷的标志，炸药，燃油，伙房的煤气罐，传染病等。

（2）市内通信管道工程中的危险源：特殊的气温，地下电力线、煤气管道及其他管线，挖开的或无警示标志的管道沟、人（手）孔坑，不牢固的挡土板，落入作业点的重物，车上固定不牢的重物，行驶的车辆，漏电的电动设备，有缺陷的标志，炸药，燃油，伙房的煤气罐，传染病等。

3. 室内设备安装工程

带钉子或铁皮的机箱板，有缺陷的电钻、试电笔、万用表、高凳、切割机、电焊机等工具，强度不够的楼板，不合格的防雷系统，高处的重物，静电，激光，异常的电压，储酸室、电池室中能够产生电火花的装置，有缺陷的标志，割接时未作绝缘处理的工具，带电裸露的电源线或端子，开关在外面的防火门，行驶的车辆，传染病等。

4. 室外设备安装工程

特殊的环境，制动失灵的吊装设备，有缺陷的安全带、电钻、绝缘鞋、电笔、切割机、电焊机等工具，高处的重物，附近的带电体，断股的绳索，微波辐射，雷电，不合格的防雷系统等。

5. 各专业工程中常见的不安全行为

违章指挥，野蛮施工，违规操作，长时间作业，睡眠不足，身体不适，未进行安全技术培训等。

4.5.2.3 风险评价要求

风险评价是分析辨识出来的危险源可能带来风险的程度。通过风险评价，对风险进行分级，找出具有高度风险的危险源，对其进行重点控制。

风险评价应由满足能力要求的人员组成评价小组，熟悉作业现场、相关法律法规、标准，定出评价方法后进行。

风险评价方法主要有：定性评价和作业条件危险性评价法（LEC 法）等。

4.5.2.4 施工现场应制定的安全控制措施

安全控制措施应按照编制要求进行编制，其内容应能保证工程的安全需要，应能够在避免施工现场发生安全事故方面起到指导作用。为了避免施工现场发生安全事故，项目经理部应在施工组织设计中制定以下安全控制措施，需要编制应急预案的，还应编制应急预案。制定的安全控制措施应向施工人员进行详细的交底。

1. 施工现场的防火措施

施工现场可能发生火灾的位置主要有施工人员驻地、材料存放点、燃料存放点、人（手）孔内、机房等地，发生火灾的原因主要有电源短路、明火等。施工现场的防火措施应依据现场的实际情况制定。具体的防火要求如下：

（1）施工现场应实行逐级防火责任制；

（2）临时使用的仓库应建立消防管理要求，配置消防器材，使用防暴灯具，电源线的线径应符合要求；易燃易爆物品应单独存放；严禁保管人员住在仓库中；仓库内严禁烟火；

（3）在机房内施工作业使用电焊、气割、砂轮锯等设备时，必须有专人看管。电气设备、电动工具严禁超负荷运行。电力线路的线径应满足负载电流的要求，接头要结实可靠。机房施工现场严禁吸烟。储酸室、电池室内严禁安装能够产生电火花的装置；

（4）人（手）孔内施工时，严禁在人（手）孔内吸烟、点燃喷灯；点燃的喷灯严禁对准光（电）缆及光纤；

（5）施工人员驻地严禁乱拉电力线，电力线的线径应满足负载的要求；严禁乱扔烟头；应配置灭火器材，并应对员工进行防火安全教育。

2. 施工现场的安全用电措施

（1）施工现场用电应采用三相五线制的供电方式。用电应符合三级配电结构，即由总配电箱经分配电箱到开关箱。每台用电设备应有各自专用的开关箱，实行“一机一箱”制。

（2）施工现场用电线路应采用绝缘护套导线。

（3）安装、巡检、维修、移动或拆除临时用电设备和线路，应由持有电工证的人员完成，并应有人监护。

（4）检修各类配电箱、开关箱、电气设备和电力工具时，应切断电源，并在总配电箱或者分配电箱一侧悬挂“检修设备，请勿合闸”的警示标牌，必要时设专人看管。

（5）使用照明灯应满足以下要求：

1）室外宜采用防水式灯具。在人孔内宜选用电压 36V 以下（含 36V）的工作灯照明。在潮湿的沟、坑内应选用电压为 12V 以下（含 12V）的工作灯照明。用蓄电池做照明灯具的电源时，电瓶应放在人孔或沟坑以外；

2）在管道沟、坑沿线设置普通照明灯或安全警示灯时，灯具距地面的高度应大于 2m；

3）使用灯泡照明时不得靠近可燃物。当用 150W 以上（含 150W）的灯泡时，不得使用胶木灯具；

4）灯具的相线应经过开关控制，不得直接引入灯具。

（6）使用用电设备时应考虑对供电设施的影响，不得超负荷使用。

3. 低温雨期施工的控制措施

低温雨期施工措施主要涉及室外铁塔上作业、光（电）缆接续、车辆保养和行车等工作以及防雷、防滑、防潮等。对低温雨期施工的安全要求如下：

（1）低温季节施工时，施工人员应尽量避免高处作业。必须进行高处作业时，应穿戴防冻、防滑的保温服装和鞋帽。在低温下吊装机具时，应考虑其安全系数。光缆熔接机和测试仪表工作时应采取保温措施，以满足其对温度要求。车辆在冬季应加装防冻液，雪天、冰路上行车应装防滑链或使用防滑轮胎，注意防冻、防滑。

（2）雨期施工时，雷雨天气禁止从事高空作业，空旷环境中施工人员避雨时应注意防雷。施工人员应注意道路状况，防止滑倒摔伤。雨天及湿度过高的天气施工时，作业人员在与电力设施接触前，应检查其是否受潮漏电。施工现场的仪表及接续机具在不使用时应及时放到专用箱中保管。下雨前，施工现场的材料应及时遮盖；对于易受潮变质的材料应采取防水、防潮措施单独存置。雨天行车应减速慢行。暂时不用的电缆应及时缩封端头，及时充气。

4. 机具、仪表的保护措施

工程使用的机具、仪表的保管应注意防火、防盗、防潮，应严格按照其说明书要求进行保管和维护。在使用时，操作人员应持证上岗。仪表的使用应注意其所用电源的电压情况，应注意避免电源问题导致仪表损毁。

5. 在用通信设备、网络安全的防护措施

在用通信设备、网络的安全防护主要涉及割接、防尘、原有设备的保护、防静电等工作。对在用通信设备及网络安全的防护要求如下：

(1) 机房内施工电源割接时，应注意所使用工具的绝缘防护；通电前应检查新装设备，在确保新设备电源系统无短路、接地、错接等故障时，确认输入电压正常时，方可进行电源割接工作。

(2) 在机房内施工时，应采取防尘措施，保持施工现场整洁。

(3) 禁止触动与施工无关的机房设备。需要用到机房原有设备时，应经机房负责人同意，以机房值班人员为主进行工作。

(4) 拔插机盘时，应佩戴防静电手环。

6. 防毒、防坠落、防原有线缆损坏的措施

防毒、防坠落、防原有缆线损坏的措施主要涉及挖掘作业和在人（手）孔内施工等。对此应制定的安全防护要求如下：

(1) 在开挖光缆沟、管道沟、接头坑、人（手）孔坑、杆坑及拉线坑时，如果当天不能回填，应根据现场的实际特点，晚上在沟坑的周围燃亮红灯，以防人员跌落。

(2) 施工过程中挖出有害物质时，应及时向有关部门报告，必要时启动应急预案。

(3) 在人（手）孔内工作时，井口处应设置警示标志。施工人员打开人孔后，应先进行有害气体测试和通风，确认无有害气体后才可下去作业。在人孔内抽水时，抽水机或发电机的排气管不得靠近人孔口，应放在人孔的下风方向。

(4) 下人孔时必须使用梯子，不得蹬踩光（电）缆托板。在人孔内工作时，如感觉头晕、呼吸困难，必须离开人孔，采取通风措施。严禁在人孔内吸烟。

7. 地下设施的安全防护措施

地下设施的安全防护主要包括对地下管线以及文物的保护。具体的安全防护要求如下：

(1) 开挖土石方前，应充分了解施工现场的具体情况，确定保护地下管线及其他设施的方案。开挖城市路面前，应与当地的规划部门联系，必要时应使用仪器探明地下管线的深度和位置。开挖时，禁止使用大型机械工具开挖。

(2) 施工过程中挖出文物时，项目经理部应保护好现场，并及时向文物管理部门报告，等候处理。

8. 公路上作业的安全防护措施

公路上施工时，应遵守交通管理部门的有关规定，保证施工人员及过往车辆、行人的安全。公路上作业时的安全防护要求如下：

(1) 现场施工人员应严格按照批准的施工方案，在规定的区域内进行施工，作业人员应服从交警的管理和指挥，协助搞好交通安全工作，同时还要保护好公路设施。

(2) 每个施工地点都应设置安全员，负责按公路管理部门的有关规定摆放安全标志，

观察过往车辆并监督各项安全措施执行情况，安全标志尚未全部摆放到位和收工撤离收取安全标志时应特别注意，发现问题及时处理。在夜间、雾天或其他能见度较差的气候条件下禁止施工。所有进入施工现场的人员必须穿戴符合规定的安全标志服，施工车辆应装设明显标志（如红旗等）。

（3）施工车辆应按规定的线路和地点行驶、停放，严禁逆行。

（4）各施工地点的占用场地应符合高速公路管理部门的规定。

（5）每个施工点在收工时，必须认真清理施工现场，保证路面上清洁。

9. 高处作业时的安全防护措施

高处作业是一项危险性较大的作业项目，容易发生人员、物体坠落等事故。高处作业的安全防护要求如下：

（1）高处作业人员应当持证上岗。安全员必须严格按照安全控制措施和操作规程进行现场监督、检查。

（2）作业人员应配戴安全帽、安全带，穿工作服、工作鞋，并认真检查各种劳保用具是否安全可靠。高处作业人员情绪不稳定、不能保证精神集中地进行高处作业时不得上岗。高空作业前不准饮酒，前一天不准过量饮酒。

（3）高处作业应划定安全禁区，设置警示牌。操作人员应统一指挥。需要上下塔时，人与人之间应保持一定距离，行进速度宜慢不宜快。高处作业用的各种工、器具要加保险绳、钩、袋，防止失手散落伤人。作业过程中禁止无关人员进入安全禁区。严禁在杆、塔上抛掷物件。当地气温高于人体体温、遇有5级以上大风或能见度低时严禁高处作业。

（4）高处作业须确保踩踏物牢靠。作业人员应身体健康，并做好自我安全防护工作。操作过程中应防止坠落物伤害他人。

【案例 4.5.2-1】

1. 背景

某电信工程公司承揽到70km的新建架空线路工程，施工中不允许爆破，光缆通过管道入局。项目经理部组织人员勘查现场后编写了勘查报告，勘查报告中介绍：

本工程地处山区，沿线道路崎岖，部分路段汽车无法通行，工具、材料需人工送达现场。山上有大片较为密集的竹林，其中偶见蛇和其他动物，现场蚊子较多，白天气温较高，湿度较大，施工期间正逢多台风季节。线路上有部分村庄，线路路由多次与电力线及公路交越，入局管道的人孔在车行道上，道路上车辆较多。

项目经理部在研究勘查报告的基础上，根据以往的施工经验，编制了安全控制计划。通过项目经理部的努力及施工人员的辛勤工作，工程顺利按期完工。

2. 问题

（1）项目经理部应如何辨识此项目的危险源？

（2）此项目施工过程中存在哪些危险？

（3）项目经理部应如何对识别出来的危险源进行控制？

3. 解析

（1）项目经理部应在详细了解施工现场实际状况的前提下，根据以往的施工经验，组织项目经理部的专职安全管理人员、技术负责人及相关负责人按照基本分析法的要求辨识工程中的危险源，或者聘请企业的资深安全管理人员、技术人员采用安全检查表法辨识工程中的危险源，或者采用其他有效方法辨识工程中的危险源。

危险源的识别范围应包括：施工人员及周围人员的安全，施工材料及车辆、工机具、仪表的安全，施工现场其他设施的安全，施工现场的环境安全等。识别的危险源应包括第一类危险源和第二类危险源。

（2）此施工项目的危险源包括：

1）山区道路，高温、过高的湿度，密集的竹林，路由附近的电力线，有缺陷的夹杠、大绳、脚扣、安全带、座板、紧线设备、梯子、试电笔等工具，有缺陷的车辆，有缺陷的钢绞线、夹板、螺丝、螺母、地锚石、电杆等材料，未做防护的杆坑、拉线坑，未立起的电杆、未夯实的电杆、埋深不够的电杆、偏移路由中心线较多的电杆，固定不牢固的滑轮、线担、夹板等高处重物，码放过高的材料，车上固定不牢的重物，绷紧的钢绞线，千斤顶上的光（电）缆盘，锋利的开剥工具，有缺陷的标志，人（手）孔内的毒气，打开的没有围栏的人（手）孔，落入人（手）孔的重物，开凿引上孔溅起的灰渣，使用不当的喷灯，激光，异常的电压，蚊虫，雷电，台风，行驶的车辆，燃油，伙房的煤气罐，传染病等。

2）违章指挥，野蛮施工，违规操作，长时间作业，睡眠不足，身体不适，未进行安全技术培训等。

(3) 项目经理部对辨识出来的危险源应进行风险评价，判断哪些危险源对工程的影响比较严重，哪些危险源发生事故的概率比较大。确定重大危险源并制定有针对性的安全控制措施，对其进行重点控制，以保证施工安全。

【案例 4.5.2-2】

1. 背景

某电信工程公司项目经理部承接到新建 35km3 孔市内 PVC 塑料管道工程的施工任务，工期为 6 月 1 日至 7 月 31 日，管道路由位于人行道上。城市规划部门介绍：沿线附近有通信、自来水、煤气等多条管道及电力电缆，各条管线的埋深均在 1m 以下。管道要求埋深 1m，人孔净深为 1.7m。项目经理部选定了临时居住点，并根据现场摸底报告等相关文件编写了安全控制计划。安全控制计划中对现场的材料及施工方法的控制要求如下：

（1）做好水泥、砂子及碎石的保管工作，到场的材料应用塑料布盖好，并做好防水工作。塑料管材要整齐露天存放，并做好防盗工作，每 100 根塑料管捆扎在一起。

（2）为了保证施工人员的安全，在挖管道沟时，应加密装设挡土板；在挖人孔坑时，坑的四周与人孔外壁距离应大于 1m。

（3）严格控制挖掘机的开挖深度，挖掘深度不得大于 1m。

（4）为了保证周围人员的安全，所挖的管道沟两侧每隔 100m 应插一面红旗，作为警示标志。

（5）上述规定如因保管人员或操作人员疏忽而导致损失，责任人应照价赔偿。项目经理部安全员每周应进行现场检查，发现问题应分析原因，并制定纠正、预防措施。

为了保证上述要求在工程中得到落实，项目经理部做了认真的交底工作。施工过程中，施工人员未发生伤亡事故。由于个别地段自来水管道埋深不够，被挖掘机挖断，致使大量自来水泄漏。由于晚上看不到没有回填的管道沟，致使一人跌入沟中摔伤。工程最终按期完工。

2. 问题

(1) 本工程所编制的安全控制措施有哪些问题未考虑?

(2) 本工程所编制的哪些安全控制措施违背了编制原则?

(3) 本工程为什么会发生挖断自来水管的事故?

3. 解析

(1) 未考虑到的问题有:

1) 塑料管露天放置，易造成火灾和管材老化。

2) 开挖人孔坑未加挡土板，易发生塌方事故。

3) 由于管道附近有其他管线，采用挖掘机作业非常危险。

4) 当天不能回填的管道沟白天应用红旗作警示标志，夜晚应用红灯作警示标志。红旗及红灯的间距不得过大，以保证可能进入现场的人员能方便看到。

(2) 本工程部分要求过高，不满足安全控制措施可行性或可作性的制定原则。其中包括:

1) 材料存放条件过高，碎石没有必要做防水保管，违反了可操作性的原则。

2) 人孔坑深在1.7m以上，应加装挡土板;不需要将坑挖得过大，违反了可行性原则。

3) 掘机不适合在本工程中使用，违反了可行性的原则。

4) 管道沟的警示标志放置过少，不利于周围人员的安全，违反了可行性的原则。

(3) 本工程挖断自来水管的原因，一方面是由于使用了挖掘机，另一方面是由于没有使用仪器探测沿线各种管线的位置。由于已经知道路由沿线有多条其他管线，为了保证各条管线的安全，开挖前应使用仪器探明各条管线沿线的准确位置，而且施工时应采用人工挖掘。

【案例 4.5.2-3】

1. 背景

某项目经理部承接一电视调频发射台建设工程，施工内容包括架设一座81m自立塔、在塔南侧15m处建6m×6m机房一座，并安装调试机房内设备等。为了抢工期，项目经理部安排塔桅架设与机房土建并行施工，两个施工队人员职责明确，互不交叉。塔桅施工队利用塔东侧20m处的一棵成年大树固定卷扬机用于提升作业。随着施工的展开，引来工地周围大量村民聚集围观，一些热情的村民还主动帮施工队搬运构件到作业区。第一天的工程量超额完成。当晚项目经理部摆酒宴祝贺开门红，施工队员把酒言欢直到后半夜，第二天一早又奔赴工地继续施工。

2. 问题

(1) 请指出该项目经理部在施工现场管理中存在的问题。

(2) 请针对该项目经理部工地管理的现状提出整改措施。

(3) 作为项目经理，请为该项目经理部制定完善的塔桅施工安全措施。

3. 解析

(1) 根据场地状况，该项目现场管理存在的问题有:

1) 塔桅架设和机房土建不能安排并行施工;

2) 在施工过程中，未划定施工区及施工禁区;

3）在施工禁区内设置了卷扬机，机房施工也处于施工禁区内；

4）管理不严，致使无关人员任意进入施工区围观，非施工人员（村民）进入施工区及施工禁区；

5）高空作业人员违反规定饮酒，存在安全隐患。

（2）该项目经理部应按照以下要求整改：

1）以塔高的1/3为半径画定施工禁区，禁区内不得有其他施工项目，与塔桅作业无关的人员不得进入；施工用卷扬机也应移出施工禁区，埋设地锚固定。

2）以塔高的1/2为半径画定施工区，非本项目工作人员一律不得入内。对此，应向村民做好宣传工作，严禁村民参与施工，更不得进入施工禁区。

3）高空作业施工期间及施工前8小时内严禁饮酒。

（3）塔桅施工安全措施需完善，具体内容如下：

1）加强安全知识教育、安全检查工作，交代施工任务的同时要明确交代安全注意事项，保证设备及人身安全。现场负责人、施工队长和安全检查人员，必须严格按照国家和公司有关安全施工和安全防护的规章制度检查工地执行情况，发现问题及时纠正，防患于未然。

2）高空作业，必须严格执行高空作业安全技术操作规程，现场施工人员要合理安排，形成良好的施工环境和协调的施工顺序，减少干扰。

3）保证施工工具设备使用的安全可靠。

4）稳装卷扬机及吊装物品、人员所用绳具、索具，应按照规范严格把关，保证吊物3倍以上的保险系数。

5）高处作业中所用的物料，均应堆放平稳，不得妨碍通行和装卸。高空作业用各种工、器具要加保险绳、钩、袋，防止失手散落伤人；工具应随手放入工具袋，拆卸下来的物件及余料和废料应及时清理运走，不得任意乱置或向下丢弃，传递物件时严禁抛掷。

6）高空作业需划定以塔高1/3为半径的施工禁区，高空作业过程中禁止与本工程无关人员进入禁区，有关人员进入禁区必须戴安全帽，地面安全负责人要严格把守。施工禁区内不得设置起重装置及临时设施。要在重点危险区域设置明显的警示标志。

7）当气温高于人体体温、遇有5级以上大风、能见度低、风沙、雷雨时严禁高空作业。

8）高空作业时，必须保证与地面指挥人员联系畅通，服从地面指挥；天馈线安装、调试操作时，必须保证与机房内调试人员联系畅通。机房内断电后，电源开关处要有明确标识，同时在天馈线维修部分做好短路处理，防止误开机。

9）高空施工时，工地应有急救车值班，确保出现危险时能及时抢救。天线系统安装过程中，要严格按照操作规程、安全条例施工，保证安全，高质量地完成施工任务。

4.5.3 应急预案编制及事故的分析处理

为了避免工程项目安全控制措施失控以及发生突发事件时施工现场出现混乱，项目经理部在编制安全控制措施的基础上，还应编制应急预案。应急预案也称作应急反应计划，它是对识别出的潜在的可能随之引发疾病和伤害的事件或紧急情况所采取的措施，也是对风险控制措施失效情况所采取的补充措施和抢救行动。项目经理部应根据施工现场的实际状况及工程的具体特点，制定相应的应急预案。在应急事件发生时，应启动应急预案，控制事故的蔓延，抢救受伤人员。在事故得到控制以后，还应对事故进行分析处理。

4.5.3.1　应急预案的编制要求

为了保障人身安全和相关设施的安全，便于紧急情况下做出响应，最大限度地减少疾病和伤害等损失，项目经理部应按照要求编制应急预案。

1. 应急预案的编制原则

应急预案是在损失发生时起作用的，应急预案的编制目的是使项目风险损失最小化。编制应急预案应遵循以下原则：

（1）项目经理部应根据识别出的危险源评价潜在事故或紧急情况，识别应急响应需求（包括对应急设备的需求），制定应急预案。

（2）由于经济方面的原因，项目经理部并不需要对每一项风险都制定应急预案，只需在风险评价的基础上，对那些较大风险或可以分类的风险，制定应急方案。如火灾应急预案，人员伤亡事故应急预案，电源短路事故应急预案等。

（3）项目经理部的应急预案应在施工企业应急方案的基础上编制。施工企业应确定应急期间的主要负责人、应急程序以及应急人员职责、权限和义务。项目经理部在此基础上，根据工程的具体特点和项目经理部的人员构成情况编制施工现场的应急预案。

2. 应急预案应包括的内容

项目经理部的应急预案应根据施工现场的具体情况和工程的专业特点编制。一般应急预案可在下面的内容中选取，具体工程的应急预案应包括哪些内容还需要针对应急事件的特点具体分析。

（1）应急期间的负责人，决定采取的应急措施；

（2）起特定作用的人员和专家的职责、权限及义务；

（3）疏散的程序，包括疏散对象，负责人，疏散方法、步骤、路线，到达地点，疏散的组织和管理，工具需求，设备需求；

（4）危险材料的识别和放置以及所要求的应急措施；

（5）与外部应急服务机构的联系方式以及与邻居和公众的沟通方式、办法；

（6）至关重要的设备和记录的识别及保护方法；

（7）应急期间的必要信息及适用情况，如驻点布置图，库房平面图，危险原材料的资料及处理程序，工作指示和联络电话号码等。

3. 应急救援预案的编制要求

应急救援预案是应急预案的一种，它是指事先制定的关于安全生产事故发生时进行紧急救援的组织、程序、措施、责任以及协调等方面的方案和计划，它具有重点突出、针对性强，内容简单、步骤清晰，统一指挥、责任明确的特点。根据通信行业的具体特点，项目经理部应对施工现场易发生重大事故的部位、环节进行监控，一旦发生安全生产事故，应急组织应能够迅速、有效地开展抢救工作，防止事故进一步扩大。

4. 应急预案的演练与保障

为了证明应急预案的可行性，保证应急事件发生时应急预案能真正发挥作用，降低事件造成的损失，项目经理部还应对全体保管员、从事有毒有害和强光作业人员，机械、仪表设备的操作人员等关键岗位的人员进行应急防护知识培训，提高自防自救能力。必要时应组织人员进行演练。

4.5.3.2 事故的分析处理

安全事故的分析处理，应按照国家规定的程序进行。

1. 安全事故的分析处理程序

为了保证安全事故发生后，伤亡人员能够得到及时救助、财产损失尽可能地减少，为了保证以后不再发生类似的安全事故，处理安全事故应依照安全事故分析处理程序进行。该程序可以分为报告安全事故——处理安全事故——安全事故调查——对事故责任者进行处理——编写、上报事故调查报告等几个步骤。

(1) 报告安全事故

1) 事故发生后，事故现场有关人员应当立即向本单位负责人报告；单位负责人接到报告后，应当于1小时内向事故发生地县级以上人民政府安全生产监督管理部门和负有安全生产监督管理职责的有关部门报告；

2) 情况紧急时，事故现场有关人员可以直接向事故发生地县级以上人民政府安全生产监督管理部门和负有安全生产监督管理职责的有关部门报告；

3) 事故报告应当及时、准确、完整，任何单位和个人对事故不得迟报、漏报、谎报或者瞒报。

(2) 处理安全事故

单位负责人及项目经理部应配合当地政府和相关的安全生产监督管理部门的抢救工作及其他险情排除、事故范围控制、标识及现场保护工作。

(3) 安全事故调查

单位负责人及项目经理部应配合事故调查组工作，在事故调查期间不得擅离职守，并应当随时接受事故调查组的询问，如实提供有关情况。

(4) 对事故责任者进行处理

事故发生单位应当按照负责事故调查的人民政府的批复，对本单位负有事故责任的人员进行处理。

负有事故责任的人员涉嫌犯罪的，依法追究刑事责任。

(5) 编写、上报事故调查报告

未造成人员伤亡的一般事故，由县级人民政府委托事故发生单位组织事故调查组的，施工单位应按照要求成立事故调查组。事故调查组成员应当具有事故调查所需要的知识和专长，并与所调查的事故没有直接利害关系。通过了解与事故有关的情况，查看相关文件、资料，坚持实事求是、尊重科学的原则，及时、准确地提交事故调查报告，出具有关证据材料，事故调查组成员应在事故调查报告上签名，并复核事故调查报告应当包括的内容：

1) 事故发生单位的概况；

2) 事故发生经过和事故救援情况；

3) 事故造成的人员伤亡和直接经济损失；

4) 事故发生的原因和事故性质；

5) 事故责任的认定以及对事故责任者的处理建议；

6) 事故防范和整改措施。

2. 安全事故的处理应考虑专业及施工环境特点

专业、环境的多样性决定了通信与广电工程的安全事故也是多种多样的。工程中容易发生的安全事故主要有触电、坠落、物体打击、坍塌、火灾、交通损伤、电源短路、其他设施被损坏等事故以及不可抗力的影响。对于这些事故的处理应严格遵守上述程序规定，同时还应考虑工程的特点。安全事故发生时，有应急预案的应立即启动应急预案。

【案例 4.5.3】

1. 背景

某通信工程公司项目经理部承包了 28 个站的 WDM 设备扩容工程，工程包括调整走线架、更换列头柜熔丝座、机柜搬迁、新机柜安装、缆线敷设、本机测试、系统测试等工作量。在开工前，项目经理部编写了施工组织设计，并针对人员伤亡事故编写了应急预案。

在人员伤亡事故应急预案中，主要涉及交通事故、人员从高凳上掉下、触电、被重物砸伤等方面。应急预案的内容主要包括应急期间的负责人、应急人员及应采取的措施，发生事故时各方面的顾问、专家的责任、权限和义务，项目经理部所在地急救中心的联系电话。

在更换列头柜熔丝座时，由于作业人员操作紧张，使得电力室熔丝被烧断。由于一时找不到电力室值班人员，致使系统瘫痪 90min。

在施工人员所住的宾馆内，由于一个房间失火，致使施工人员未能及时找到安全出口，险些窒息。

2. 问题

(1) 此工程人员伤亡事故应急预案中哪些内容不妥？还缺少哪些内容？

(2) 此工程还应编制哪些应急预案？所编制的应急预案应包括哪些内容？

(3) 对于施工过程中发生的电源短路事故应如何处理？

3. 解析

(1) 此应急预案还缺少至关重要的记录识别（如施工站点沿线的地图、机房各种电闸的位置图等）、各机房值班人员的联系电话等。

(2) 此工程还应编制机房电源短路应急预案、火灾应急预案等。

电源短路应急预案中应涉及机架、列头柜及电力室等处的熔丝烧断事故。应急预案的内容应包括应急期间的负责人和应采取的应急措施，应急期间的技术专家及其职责、权限和义务，机房电源系统图，各相关机房值班人员的电话，各相关机房人员的值班时间表等。

火灾应急预案中应涉及机房、住所及车辆内部等处的火灾事故。应急预案的内容应包括应急期间的负责人和应采取的应急措施，应急期间的技术专家及其职责、权限和义务，疏散负责人、疏散方法、疏散步骤、疏散线路、到达地点、疏散工具等，应急服务机构的联系电话，仪表、设备的保护方法，应急期间的必要信息及适用情况等。

(3) 工程中电源短路事故发生后，现场操作人员应迅速断开短路点，配合人员应迅速确定熔丝烧断的位置，以新熔丝更换。事后，施工企业应分析事故的原因，处理责任者，制定预防措施，编写事故报告，报送有关单位，确保此后不再发生类似事故。

4.6 通信与广电工程项目施工质量管理

4.6.1 施工单位质量行为的规范规定

根据通信与广电工程的单件性、多样性的固有特征，要求通信与广电施工企业必须严格按照国家、行业的质量规范，控制工程管理人员、施工人员在施工生产过程中的行为，按照事先明确的质量标准，遵循必要的质量行为规范进行操作。

4.6.1.1 依法承揽及分包工程

通信与广电工程施工单位应当依法取得相应等级的资质证书，并在其资质等级许可的范围内承揽工程，不得超越本单位资质等级许可的业务范围或者以其他施工单位的名义承揽工程，不得允许其他单位或者个人以本单位的名义承揽工程。

通信与广电工程的施工单位应对建设工程的施工质量负责。建设工程实行总承包的，总承包单位应当对全部建设工程质量负责；建设工程勘察、设计、施工、设备采购的一项或者多项实行总承包的，总承包单位应当对其承包的建设工程或者采购的设备的质量负责。总承包单位依法将建设工程分包给其他单位的，分包单位应当按照分包合同的约定对其分包工程的质量向总承包单位负责，总承包单位与分包单位对分包工程的质量承担连带责任。

4.6.1.2 建立质量责任制

通信与广电工程的施工单位应当建立质量责任制，确定工程项目的项目负责人、技术负责人和现场管理负责人，明确其职责与权限，同时建立健全施工质量的检验制度。

从事影响工程质量工作并承担规定职责的人员应能胜任其所担任的工作。因此，施工单位应当建立健全教育培训制度；根据岗位职责的能力要求、法定的强制性培训及持证上岗要求，对员工进行有效的教育培训，使其能够持续满足要求；企业应保存员工的教育、培训、技能、资格认可的适当记录，不能满足要求的人员，不得上岗作业。

4.6.1.3 做好项目施工前质量策划及设备器材检验工作

通信与广电工程施工单位应坚持做好施工前的质量策划，编制施工组织设计，对每项工程都应制定保证质量的措施。

施工单位应按行业的相关要求，参加设备和器材出厂或施工现场开箱的检验工作。

施工单位必须按照工程设计要求、施工技术标准和合同约定，对工程材料进行检验。检验的设备、材料应当有书面记录和专人签字，未经检验或者检验不合格的，不得使用。

对不能从外观检验判断质量的设备、材料，在使用或测试中发现存在质量问题应及时处理，自购的设备、材料应立即更换，与此发生的费用由施工单位向供应商获得索赔；建设单位提供的设备、材料应向监理和建设单位现场代表汇报，由建设单位确定处理办法。

4.6.1.4 按标准及规范要求施工

国家标准以及工业和信息化部、广电总局颁布的施工验收技术规范是工程项目是否达到合格要求的标准和依据，设计单位的施工图设计和设备生产厂商提供的性能指标要求是对验收规范的补充，也是竣工验收的重要依据。

施工单位应按国家标准和部颁有关施工及验收技术规范的要求进行施工，严格工序管理，坚持“三检”制度（自检、互检、专检），把问题消灭在生产过程中，确保不留隐患。隐蔽工程的质量检查应有记录，隐蔽工程在实施隐蔽前，应当通知建设单位和监理单位进行隐蔽工程检查验收。

4.6.1.5 自觉接受质量监督机构的质量监督

质量监督机构是政府依据有关质量法规、规章行使质量监督职能的机构，具有典型的第三方检验的公正性。工业和信息化部通信工程质量监督机构负责全国通信工程质量监督工作，省、自治区、直辖市通信工程质量监督机构负责各行政区内的通信工程质量监督工作。

施工单位应自觉接受质量监督机构的质量监督，为质量监督检查提供方便，并与之积极配合。

工程监理是由建设单位委托，在工程实施过程中代表建设单位严格按照施工图设计及验收规范行使监督检查的职能单位。施工单位应与监理单位沟通，处理工程中出现的各种技术问题。

4.6.1.6 提供竣工资料及工程返修、保修

施工单位在施工完毕后，应提供完整的施工技术档案和准确详细的竣工资料，竣工资料应满足存档要求，表格中的签名应手签完成，由建设单位或监理单位签字的地方也不能疏漏。

施工单位对施工中出现质量问题或者竣工验收不合格的部位，应当负责返修，返修发生的费用应由责任单位承担。对所承建的工程项目，应按合同规定在保修期内负责保修，保修过程中，属于施工原因造成的质量问题发生的费用应由施工单位承担。

【案例 4.6.1】

1. 背景

某通信施工企业以包工包部分材料的方式承揽了三个省的干线传输设备安装工程。工程开工后，当地质量监督站到现场检查，现场负责人以没有与质量监督站发生过任何关系为由拒绝接受检查。工程实施一段时间后，项目经理到工地检查，在材料进货记录中发现没有采购信号线的检验记录。现场负责人解释，因时间太紧，凡是有合格证的就没有进行检验。在后来的检查中发现，A 省工地 DDF 数据接头焊接问题较多，有假焊、露铜、出尖等问题。现场负责人说，焊接的职工在其他工地一直干得不错，我们就放松了对他工作的检查。

2. 问题

（1） 质量监督站到工地检查的做法是否正确？说明原因。

（2） 自购的材料需要检验吗？有合格证标签的材料也需要检验吗？理由是什么？

（3） A 省负责人的质量行为不符合哪些要求？

3. 解析

（1） 质量监督站的做法是正确的。因为质量监督站依据有关质量法规、规章行使质量监督职能是其法定义务，并且具有第三方检验的公正性，施工单位应自觉接受质量监督机构的质量检查，并予以积极配合。

（2） 自购材料需要检验，有合格证的材料也需要检验。按照质量行为规范的要求，施工单位必须对用于工程的材料进行检验，无论是自购的还是建设单位提供的。有合格证的材料只表明生产厂商的检验，施工单位仍需要进行检查，检查后的材料状态应当有书面记录并有检查人签字。

（3） A 省工地负责人没有按照标准及规范要求施工，工程中存在质量问题，体现出项目负责人在工序管理过程中没有坚持“三检”制度。项目负责人应严格过程管控，把问题消灭在生产过程中，确保不留隐患。

4.6.2 施工重要过程的控制

重要过程从不同层面、不同角度来看内容各不相同。对整个通信网而言，重要过程的内容是工程设计及组网的配置过程；在设计确认后，重要过程的内容是工程实施过程；在

工程实施的过程中，重要过程可由工艺和技术指标来确定。

施工工艺主要是从工程的安全可靠性来说的，任何一个工程首先需要考虑的就是工程的安全可用性，因此，影响施工工艺最终质量的过程是工程控制的重点。

4.6.2.1 重要过程的概念

重要过程是指对工程的最终质量起重大影响或者施工难度大、质量易波动的过程（或工序）。在重要过程中，有一些对形成的产品不能由后续的监视或测量加以验证，其产品缺陷可能在后续的生产和服务过程中或交付后才显露出来的过程，或过程的特性不能经济地检测，这种过程通常称为特殊过程。特殊过程是重要过程的特例，他们对工程质量都存在质的影响，都应重点加以控制。

4.6.2.2 重要过程的识别

确定重要过程时，需要精通工程的整个工艺过程和施工的专业知识，并具有丰富的实践经验。在识别重要过程时，主要识别对最终质量起重大影响或者施工难度大、质量易波动的过程。不同工程项目，不同的资源配备，不同的施工环境，识别出的重要过程不尽相同，这里仅就一般确定重要过程应考虑的因素做如下分析：

1. 直接影响工程质量的施工过程，这些过程涉及重要过程的重要部位，如材料检验、光（电）缆及管道的沟深、焊接过程、性能指标测试（包括检测装备的精度）等。

2. 工艺有特殊要求或对工程质量有较大影响的过程，如电缆绑扎、机架安装、喷漆、标识等。

3. 质量不确定、不易通过一次检查合格的过程，可能受温度、湿度、环境、气候等影响的部位，如光纤接续、端子焊接、单机测试等。

4. 施工中的薄弱环节，质量不稳定、不成熟的方案、工序、工艺等，如第一次接触，方案还存在不足但没有更行之有效的措施等。

5. 采用新工艺、新技术、新材料、新人员等。

6. 施工中无足够把握、技术难度大、施工困难多的工序或环节等，如敷设跨度较大的山沟及较大河流的光缆，较大容量通信网的割接，城市管道开挖等。

7. 对安全、环境造成重大影响的施工过程；人的不安全行为和物的不安全状态可能造成人的伤害和设备损坏；在恶劣的环境中施工，如高处作业、高原缺氧、原始森林施工、通风不良的地下室等。

8. 特殊过程，不宜或不能经济地验证是否合格的施工过程，如沟坎加固、隐蔽工程、焊接工序等。

4.6.2.3 重要过程的控制

为了对工程质量进行有效控制，需要特别注意影响施工的因素、环节、过程等，应将这些重要且具有特殊意义的因素、环节、过程等作为质量控制工作的重点。对重要过程的控制是实现工程质量目标的重要手段，要控制好重要过程，应首先对重要过程进行分解，找出需要重点控制的质量点，重点控制这些质量点。

在特殊过程活动中，要有翔实的质量记录，这些记录资料要真实、准确，一旦出现问题应能追溯。从事特殊过程的人员应满足相应的资格与能力要求。

1. 质量控制点的设置

识别出重要过程以后，就要在这些过程中设置质量控制点。质量控制点是反映该过程的质量状态的一个或一组数据，我们通过机架的垂直度这组数据就得到组立机架的质量状态，调整机架垂直使垂直度数据在规范指标内，就可以使组立机架达到质量要求。换言之，将过程参数和质量特性作为控制的重点，就能满足规程、规范或指标的要求。质量控制点可以设一个，也可以设多个，每个点必须是可测量或可识别的。

质量控制点必须对重要过程有直接影响，重要过程中有特殊要求的地方，是设置质量控制点的重要部位，如光（电）缆转弯处的曲率半径，保护接地连接点的接地电阻值等。有些重要过程的质量因素不确定，不易通过一次检查识别出是否合格，有时要借助于特殊的仪表工具才能判断，如电缆端头的焊接、光（电）缆埋深、沟坎及护坡的制作等。

有些特殊过程可能对人身、设备造成伤害或损坏，如电焊、吊装过程，这些过程的控制点要有预防措施。对重要过程中采用的新技术、新工艺、新材料要增加质量控制点，确保各个环节达到设计要求。

2. 质量控制点的控制方法

（1）制定相应的控制措施

明确质量控制点所依据的规范、规程、作业指导书、施工技术要求，根据不同质量控制点的技术要求，制定可测量操作的质量检验方法和指标，在编制的《施工组织设计》中应明确重要过程和特殊过程，制定过程控制措施。

（2）进行技术交底

对重要过程进行技术交底，使上岗操作人员和质检员明确技术要求、质量要求和操作要求。工程交底要形成文字记录，并有交底人和被交底人签字。

（3）落实“三检”制度

“三检”是指自己检查、互相检查和专人检查。操作者必需严格按照规程、规范和标准进行施工，每道工序进行自检，确保符合质量要求。在一个完整的过程中，下道工序对上道工序要进行检查，质检员负责过程（工序）的质量检验及认定，对过程进行工序质量监控。

（4）确保测量设备处于良好状态

在施工中，操作人员和检查人员必须保证安装工具的良好性和专业测量仪表的准确性。安装工具的良好状态是保证安装工艺达到要求的重要因素，质检员、安全员要定期检查，对易出故障的手动或电动工具要经常检查，操作者在使用这些工具之前也应进行自检，确保其安全可靠。仪表必须按规定的周期计量校验，一旦出现问题应及时处理。

（5）对不合格项制定纠正或预防措施

工程中的不合格项是经常发生的，很多不合格项的操作者可以直接纠正，但仍有一些不合格项事后才能被发现。一般情况下，事后发现的不合格项可以立即整改，对已成事实无法弥补的不合格项要专门做出评估，决定是否放行。针对同一工序经常性的不合格项要分析不合格的原因，制定纠正措施，防止再发生；为了从根源上杜绝不合格项的产生，还应针对潜在的（虽没有出现不合格项但从收集上的各种数据证明向不合格的趋势发展的）不合格项要制定预防措施，防止不合格项的产生。

【案例 4.6.2】

1. 背景

某项目部在某地敷设 100km 光缆线路，其中 50km 架空线路处在无人烟的山林。山涧中有一条河，按设计要求，跨河 300m 采用架空敷设，由于河水很急给施工增加了很大难度。另50km经过平原进入市区，其中40km直埋，10km管道，市区管道已建好。项目部查勘完地形，研究施工方案并制订过程控制措施，技术员提供的重要过程和质量控制点如下：

(1) 重要过程：300m跨河敷设钢绞线、40km直埋光缆沟、100km全程光缆的接续；

(2) 质量控制点：山上电杆拉线的地锚埋深、40km直埋缆沟的深度、100km光缆的接续指标。

在施工交底会上，一处处长认为300m跨河只是施工难度大，技术上不复杂，不属于重要过程，重要过程应该是把电杆怎样运到原始森林。二处处长认为，40km缆沟的沟深不应成为重要过程，重要过程应该是挖沟时与电力电缆交越的地方。技术员认为电力电缆的埋深在2m以下，光缆沟不可能挖得那么深。经理最后说，为了防止意外，大家提的都作为重要过程，设置质量控制点。

2. 问题

(1) 在此工程中，哪些是影响质量的重要过程？

(2) 这些重要过程应采取哪些控制措施？

3. 解析

(1) 影响本工程质量的重要过程是：敷设300m跨河钢绞线、40km直埋光缆沟、100km的光缆接续、与电力电缆交越。把电杆运到原始森林是个过程，但不是对质量产生影响的重要过程，应属于工程计划中的组织管理范畴。

(2) 首先应把识别出的重要过程设置为质量控制点，针对确定的质量控制点，再根据规程、规范和作业指导书制定可测量的检验方法，明确技术指标参数，进行技术交底，落实检查制度，对不合格项要有纠正或预防措施。

4.6.3 施工质量事故的防范

通信工程项目的特点是点多线长，分布面广，系统性强，生产流动性大，施工环境复杂，野外作业多，自然条件多变，现场管理难度大。同时，通信产品更新换代快，新设备、新材料多，施工技术要求高。因此，在施工过程中，对质量的影响因素繁多，如不进行严格的质量管理，局部的问题可能引起全系统性的质量问题或质量事故。为此，必须采取有效措施主动控制，对常见的质量问题应事先加以预防，以免发生质量事故。下面是一些在施工中常见质量事故的防范措施。

4.6.3.1 直埋光缆线路工程质量事故的预防措施

1. 直埋光缆埋深不符合要求的预防措施：缆沟开挖深度严格按照设计要求和有关验收标准执行；放缆前应清理沟底杂物，全面检查沟底深度，重点检查沟、坎等特殊点沟底的深度，并保持沟底平整；光缆应顺直地贴在沟底；回填土应满足规范要求。

2. 光缆敷设时打结扣的预防措施：敷设光缆时，应严格按施工操作规程进行；配备必要的放缆机具；按照规范要求盘好"8"字；根据不同的施工环境配备足够的敷缆人数；控制好放缆的速度；在关键点要安排有丰富经验的人员具体负责；保证光缆在现场指挥人员的视线范围以内。

3. 光纤接头衰耗大、纤芯在接头盒中摆放不整齐、接头盒安装工艺不符合要求的预防措施：对从事光纤接续的技术人员应进行技术培训和示范，使其熟练掌握接续、安装要领；对切割刀、光纤接续设备和光时域反射仪（OTDR）进行维护和校准，满足施工需要；按接头盒说明书的要求盘纤，并保证光纤的曲率半径满足规范要求；现场环境的温度、洁净度应满足接续要求。

4. 光缆对地绝缘不合格的预防措施：在光缆敷设和回填土时应避免光缆外皮损伤，接头盒必须按工艺要求封装严密。

4.6.3.2 杆路工程质量事故的预防措施

1. 电杆倾倒的预防措施：电杆进场要进行严格的质量检查，符合出厂标准；直线杆路中间杆位的左右偏移量不得超出验收规范要求；杆根装置应按设计和相关操作规程安装，电杆埋深应符合验收规范或设计要求；不同位置电杆的垂直度、拉线距高比、地锚的埋深和地锚出土点的左右偏移量均应满足规范要求，不得随意改动地锚位置；地锚应埋设牢固；电杆回填土要夯实；杆路的档距和杆上负荷必须符合工程设计要求、收紧拉线时应松开吊线上的夹板。

2. 吊线垂度不符合要求的预防措施：吊线收紧时应根据不同地区、地形和挂设的光（电）缆程式分段进行，分档检查，每档吊线垂度都要满足规范要求；在吊线收紧时，不得使吊线过紧；吊线上的电缆负荷应满足要求；线路的杆距不宜过大；终端拉线制作应满足要求。

4.6.3.3 市话电缆工程质量事故的预防措施

1. 芯线间绝缘电阻小的预防措施：在敷设电缆前应严格检查线间绝缘电阻、耐压和串音等项目，保证电缆的各项电气性能良好；电缆应带气布放；施工完毕后，电缆端头应及时封闭，及时进行气压维护；接头盒应按说明书要求严密封装。

2. 接头接触不良或混线的预防措施：在刨电缆端头分线时，要按规定色谱分编芯线；检查接线子质量，压接或焊接工具满足施工要求；接续结束，应认真对线；电缆接头应尽早密封；封装接头套管前应填写接头责任卡片；完成接续的电缆应及时保气。

4.6.3.4 通信管道工程质量事故的预防措施

1. 塑料管孔接头断开造成管孔不通的预防措施：如果是管孔沟槽地基土质松软而容易下沉的原因，应采取措施夯实地基，并浇灌混凝土基础。接头塑胶使用时，应进行试验，粘接不牢固时，要及时更换。

2. 管道漏水的预防措施：敷设的塑料管在接头时，管孔接头不得松弛，接头两端橡胶圈的质量应良好；接头处应严密堵封；在人（手）孔内，管孔两端应堵封严密。

3. 硅芯管漏气的预防措施：硅芯管运到工地后，应作保气试验；敷设时禁止在地面上拖、磨、刮、蹭、压；回填土时，不要使石头等尖状物体损坏硅芯管；用接头套管接续时，一定要保持接头严密；每段接续（两人孔之间）完成后，可回填部分细土，应按要求作保气试验，确认不漏气后，再回填土。

4. 人（手）孔漏水、渗水，体积不符合要求的预防措施：在建人（手）孔时，按照规定尺寸放样，用测量工具经常检查，发现问题，及时纠正；在建人（手）孔基础时，要采取防止漏水、渗水的措施，在砌墙体时，里外都要按要求抹一定厚度的水泥墙面；人孔上覆必须按图纸要求制作；墙体与基础之间、上覆与墙体之间、口圈与上覆之间均应使用规定标号的水泥抹“八”字。

4.6.3.5 室内设备安装工程质量事故的预防措施

1. 缆线布放不整齐的预防措施：布放线缆前应设计好缆线的截面；严格按施工操作规程和工程验收规范要求放缆；线缆绑扎的松紧度应符合要求；做好缆线的整理工作。

2. 线缆端接的假焊和虚焊的预防措施：焊接前，组织人员进行示范和操作技术交底；选派有经验和合格的操作人员与质量检查人员进行操作和及时检查；选用合格的焊接工具，并保证焊接工具工作时的温度满足要求；应防止烙铁头氧化不粘锡；使用适宜的焊剂；焊锡丝的质量应合格。

3. 机架、槽道、走线架安装不整齐的预防措施：机架、槽道、走线架安装的位置、垂度及机架之间缝隙必须满足工程规范要求；安装好的机架、槽道、走线架应加固牢固。

4.6.3.6 天、馈线工程质量事故的预防措施

1. 天线随风左右摇摆的预防措施：固定在天线支撑杆架上的天线要按说明书要求加固牢固；天线支架的螺丝及固定天线的螺丝均应紧固。

2. 室外馈线受潮、损耗变大的预防措施：要严格按操作规程和操作工艺对馈线接头进行防水处理，如在接头处缠防水胶带时必须由下而上缠绕，使接头防水可靠。

3. 馈线接口处断裂的预防措施：馈线接口应自然对齐，不得强行受力使其扭曲。

4. 天线方位角（方向）误差较大的预防措施：应用罗盘或场强仪测定，准确定位，调整天线支撑架位置，固定牢固。

5. 防雷措施不到位的预防措施：天、馈线的避雷设施必须按工程设计要求安装，接地装置的电阻值必须经检验合格。

4.6.3.7 铁塔工程质量事故的预防措施

1. 拉线塔倒塌的预防措施：要注意拉锚工程质量，埋设位置、深度应符合要求；各条拉线的拉力应均匀；塔身材料和钢绞线绳索的规格、质量应符合要求。

2. 自立式铁塔倾斜和倒塌的预防措施：铁塔基础施工时，每道工序必须经监理检验合格；开挖基础坑时，必须挖到地基的持力层，以防止基础不均匀下沉；基础用的钢筋材料要严格检验，必要时，取样送检验机构检验其理化特性；浇灌基础混凝土时，混凝土必须严格按照配合比的要求配制；铁塔基础的强度和保养时间应符合要求；塔身材料必须有出厂的化学成分检验报告，并符合质量要求；地脚螺栓浇灌应牢固，塔身连接螺栓应紧固，焊接点焊接应牢靠，避雷设施完好；在组装塔身时，每安装一层都要用经纬仪进行测量，保持塔身垂直度符合要求。

3. 防腐的预防措施：塔身材料必须采用热镀锌钢材，所有焊接点及避雷设施都必须经过防腐处理。

【案例 4.6.3】

1. 背景

某通信工程公司通过投标承担了某省内二级干线光缆波分复用（WDM）系统传输设备的安装调测任务。工程公司在投标文件中承诺，该工程的施工质量为优良。为了抓好工程质量，该工程公司成立了项目经理部。

2. 问题

项目经理部应针对哪些常见的质量问题制定哪些预防措施？

3. 解析

项目经理部应编制完善的施工组织设计，从抓好施工质量角度出发，提高施工人员的

质量意识，配置必要的施工机具。这是搞好工程质量的重要一环。

在设备安装阶段，项目经理部应根据参与工程的人员的实际情况，控制好容易发生质量事故的关键工序和工艺，如走线槽架和机架的安装位置、水平度、垂直度、抗震加固，线缆和信号线的布放、绑扎及成端的焊接。这些关键工序都必须严格按照验收规范的要求进行控制。工程质量检查员要定期检查各个工序，必要时，要对一些工序进行示范安装。

在加电测试阶段，项目经理部应做好设备的本机测试和系统测试。不符合技术指标的，要找出原因，认真解决。

4.6.4 质量事故产生的原因及特点

通信工程质量事故是指在工程建设过程中，由于工程管理、监理、勘测、设计、施工、材料、设备等原因造成工程质量不符合规程规范、工程设计和合同规定的质量标准，影响通信网络使用寿命和对网络安全运行造成隐患和危害的事件。

4.6.4.1 工程质量事故产生的原因

工程质量事故产生的原因是多方面的，其中主要有技术方面的原因、管理方面的原因、操作方面的原因、社会和经济方面的原因。技术方面的原因主要是项目实施过程中出现的勘察、设计、施工时技术方面的失误，如对现场环境情况了解不够；技术指标设计不合理；重要及特殊工序技术措施不到位等。管理方面的原因主要是管理失误或不完善，如施工或监理检验制度不严密；质量控制不到位；设备、材料检验不严格等。操作方面的原因主要是操作人员不了解操作规程，或操作不熟练、操作人员情绪不稳定导致的错误操作等。社会和经济方面的原因主要是建设领域存在的不规范行为等。对于工程各参建单位，可能导致工程质量问题的错误行为主要有：

1. 建设单位的错误行为：全面规划不够，违反基本建设程序，在工程建设方面往往出现先施工、后设计或边施工、边设计、边投产的“三边工程”；将工程发包给不具备相应等级的勘察设计、监理、施工单位；向参工程参建单位提供的资料不准确、不完整；任意压缩工期；工程招投标中，以低于成本的价格中标、承包费过低、不能及时拨付工程款；对于不合格的工程按合格工程验收等。

2. 监理单位的错误行为：没有建立完善的质量管理体系；没有制定具体的监理规划或监理实施细则；不能针对具体项目制定适宜的质量控制措施；监理工程师不熟悉相关规范、技术要求和工程验收标准；现场监理人员业务不熟练、缺乏责任感；在监理工作过程中不能忠于职守。

3. 勘察设计单位的错误行为：未按照工程强制性标准及设计规范进行勘察设计；勘察不详细或不准确，对相关影响因素考虑不周；技术指标设计不合理；对于采用新技术、新材料、新工艺的工程未提出相应的技术措施和建议；设计中未明确重要部位或重要环节及具体要求等。

4. 施工单位的错误行为：施工前策划不到位，没有完善的质量保证措施；承担施工任务的人员不具备相关知识，不能胜任工作；未交底或交底内容不正确、不完善；未给作业人员提供适宜的作业指导文件；检验制度不严密，质量控制不严格；监视和测量设备管理不善或失准；未按照工程设计要求对设备及材料进行检验；发现质量问题时，没有分析原因；相关人员缺乏质量意识、责任感以及违规作业等。

5. 器材供应单位的错误行为：没有建立、健全器材性能的检验制度，供应人员不熟悉器材性能、技术指标和要求，不熟悉器材检验方法，把不合格的器材运到工地，给工程质量带来隐患。

4.6.4.2 常见工程质量事故的特点

1. 影响范围广。通信行业具有全程全网的特点，局部问题可能引起全系统性的质量事故。

2. 经济损失大。通信工程技术含量较高，一旦某种方案出现问题或在施工中出现阻断事故，其经济损失较大，社会影响也较严重。

3. 导致安全事故的概率较大。

【案例 4.6.4】

1. 背景

某项目经理部于 1 月份在华北地区承接了 50km 的架空光缆线路工程，线路沿乡村公路架设。施工过程中，各道工序都由质量检查员进行了检查，建设单位的现场代表及监理单位也进行了检查，均确认符合要求并签字。由于春节临近，建设、监理、施工各方经协商同意 3 月下旬开始初验。3 月中旬，在初验前施工单位到施工现场作验收前准备工作，发现近 20％的电杆有倾斜现象。

2. 问题

（1）电杆倾斜质量问题是什么原因产生的？

（2）哪些工程参与单位与此工程质量问题有关？为什么？

（3）如何解决此工程中电杆倾斜的质量问题？

3. 解析

（1）产生电杆倾斜的原因主要是电杆、拉线埋入杆洞、拉线坑后，夯实不够，加上当时是冻土，没有完全捣碎，就填入杆洞及拉线坑。到了 3 月，冻土已逐步开始融化，杆洞及拉线地锚坑松软，因此导致电杆倾斜。

（2）对于此工程中电杆倾斜问题，首先与建设单位及监理单位有一定关系。建设单位现场代表及监理单位的现场监理人员不了解冬期施工应注意的问题，未对现场立杆的质量情况进行认真的监督检查，未发现及制止施工单位将冻土回填到杆洞及拉线坑，从而导致电杆倾斜。其次施工单位对电杆倾斜问题也负有不可推卸的责任，项目经理部未注意冬期施工回填冻土问题，而且未对电杆及拉线坑回填问题进行“三检”，也导致了电杆倾斜问题的发生。

（3）对于倾斜的电杆，由于土壤已经化冻，因此只需把中间电杆周围的土层挖开，重新扶正电杆，夯实其周围的回填土；终端杆如倾斜，则应临时松开吊线，待按上述方法将电杆扶到规定的倾斜度后重新制作吊线终端。对于没有倾斜的电杆杆洞及地锚坑也应加土，做进一步夯实。

4.7 通信建设工程竣工验收的有关管理规定

4.7.1 竣工资料的收集和编制

工程竣工资料是记录和反映施工项目全过程工程技术与管理档案的总称。整理工程竣工资料是指建设工程承包人按照发包人工程档案管理规定的有关要求，在施工过程中按时收集、整理相关文件，待工程竣工验收后移交给发包人，由其汇总、归档、备案的管理过程。

4.7.1.1　竣工资料的收集和编制要求

1. 工程竣工资料的收集要依据施工程序，遵循其内在规律，保持资料的内在联系。竣工资料的收集、整理和形成应当从合同签订及施工准备阶段开始，直到竣工为止，其内容应贯穿于施工活动的全过程，必须完整，不得遗漏、丢失和损毁。

2. 建设项目的竣工资料，内容应齐全，真实可靠，并能如实反映工程和施工中的真实情况，不得擅自修改，更不得伪造。

3. 竣工资料必须符合设计文件、最新的技术标准、规程、规范、国家及行业发布的有关法律法规的要求，同时还应满足施工合同的要求和建设单位的相关规定。

4. 竣工资料应规格形式一致，数据准确，标记详细，缮写清楚，图样清晰，签字盖章手续完备。

5. 竣工资料应采用耐久性强的书写材料，如碳素墨水、蓝黑墨水，不得使用易褪色的书写工具，如红色墨水、纯蓝墨水、圆珠笔、复写纸、铅笔等。有条件时应用机器打印。

6. 竣工资料的整理应符合《建设工程文件归档整理规范》GB/T 50328—2001 的要求。

4.7.1.2　建设项目竣工资料的编制内容

建设项目竣工资料分为竣工文件、竣工图、竣工测试记录三大部分。

1. 竣工文件部分

竣工文件部分包括案卷封面、案卷目录、竣工文件封面；竣工文件目录、工程说明、建筑安装工程量总表、已安装设备明细表、工程变更单及洽商记录、隐蔽工程/随工验收签证、开工报告、停（复）工报告、交（完）工报告、重大工程质量事故报告、验收证书、交接书和备考表。

（1）工程说明：是本项目的简要说明。其内容包括项目名称；项目所在地点；建设单位、设计单位、监理单位、承包商名称；实施时间；施工依据、工程经济技术指标；完成的主要工程量；施工过程的简述；存在的问题，运行中需要注意的问题。

（2）建筑安装工程量总表：应包括完成的主要工程量。

（3）已安装设备明细表：应写明已安装设备的数量和地点。

（4）设计变更单和洽商记录：应填写变更发生的原因、处理方案、对合同造价影响的程度。设计变更单和洽商记录应有设计单位、监理单位、建设单位和施工单位的签字和盖章。

（5）隐蔽工程/随工验收签证：是监理或随工人员对隐蔽工程质量的确认（对于可测量的项目，隐蔽工程/随工验收签证应有测量数据支持）。

（6）开工报告：指承包商向监理单位和建设单位报告项目准备情况，申请开工的报告。

（7）停（复）工报告：指因故停工的停工报告及复工报告。应填写停（复）工原因、责任人和时间。

（8）交（完）工报告：承包商向建设单位报告项目完成情况，申请验收。

（9）重大工程质量事故报告：应填写重大质量事故过程记录、发生原因、责任人、处理方案、造成的后果和遗留问题。

(10) 验收证书：是建设单位对项目的评价，要有建设单位的签字和盖章。

(11) 交接书：是施工单位向建设单位移交产品的证书。

(12) 备考表：是档案管理用表。

上述文件在竣工资料中，无论工程中相关事件是否发生，必须全部附上。对于工程中未发生的事件，可在相关文件中注明"无"的字样。

2. 竣工图纸部分

(1) 竣工图的内容必须真实、准确，与工程实际相符合。通信线路工程竣工图应尽可能全面地反映路由两侧 50m 以内的地形、地貌及其他设施。竣工图纸中反映的工程量应与建筑安装工程量总表、已安装设备明细表中的工程量相对应。图例应按标准图例绘制。

(2) 利用施工图改绘竣工图，必须标明变更依据。凡变更部分超过图面 1/3 的，应重新绘制竣工图。

(3) 所有竣工图纸均应加盖竣工图章。竣工图章的基本内容包括："竣工图"字样、施工单位、编制人、审核人、技术负责人、编制日期、监理单位、现场监理人员、总监理工程师。竣工图章应使用不易褪色的红印泥，盖在图标栏上方空白处。竣工图章示例如图 4-2 所示。

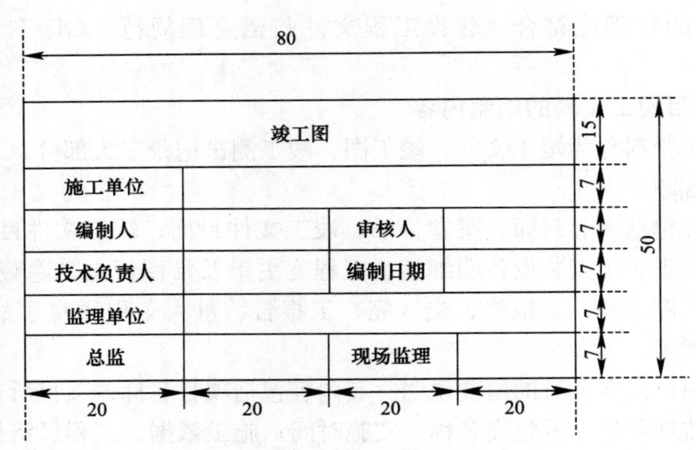

图 4-2 竣工图章示例

3. 竣工测试记录

竣工测试记录的内容应按照设计文件和行业规范规定的测试指标的要求进行测试、填写，测试项目、测试数量及测试时间都要满足设计文件的要求。测试数据要能真实地反映设备性能、系统性能以及施工工艺对电气性能的影响。建设单位无特殊要求时，竣工测试记录一般都要求打印。

【案例 4.7.1-1】

1. 背景

某通信管道工程于 4 月 8 日开始施工，7 月 7 日完工。在施工过程中，建设部颁布了《通信管道工程施工及验收规范》GB 50374—2006，并于 5 月 1 日开始实施。施工单位与建设单位签订的施工合同约定："施工期间如国家、行业或建设单位主管部门颁布新的法律法规、规范、规程，本项目将按新的法律法规、规范、规程执行"。施工单位在编制竣工资料时，标注的施工依据为《通信管道工程施工及验收技术规范》YD 5103—2003。但总监理工程师在审核竣工资料后认为工程说明存在问题，将竣工资料退还施工单位。对于管道的埋深问题，施工单位严格按照设计文件及施工技术要求施工，监理人员对此也进行了现场确认，并在“隐蔽工程随工验收签证”中只签署了“管道埋深合格”的字样。

2. 问题

(1) 总监理工程师的做法是否符合要求？为什么？

(2) 管道埋深的“隐蔽工程随工验收签证”是否符合要求？为什么？

3. 解析

(1) 总监理工程师的做法是符合要求的。因施工合同已经约定：“施工期间如国家、行业或建设单位管部门颁布新的法律法规、规范、规程，本项目按新的法律法规、规范、规程执行”。因此，施工依据应按施工阶段分别注明 5 月 1 日前的施工依据为《通信管道工程施工及验收技术规范》YD 5103—2003，5 月 1 日后的施工依据是《通信管道工程施工及验收规范》GB 50374—2006。

(2) 监理人员在隐蔽工程随工验收签证中只签署了“管道埋深合格”的字样不符合要求。因为管道沟的沟深是可以测量的，在“隐蔽工程随工验收签证”中应签署管道沟的实际埋深。因此，“管道埋深合格”的结论是不可信的，应有管道沟沟深测量的实际数据记录。

【案例 4.7.1-2】

1. 背景

某施工单位在绘制直埋光缆线路工程竣工图时，在第一张图纸上直接绘制了竣工图章，其他图纸的图标只绘制了图号；竣工图上只绘制了光缆走向及安装的配套装置（如标石、接头、保护装置等），装订成册后移交建设单位，建设单位审查后拒绝接收。

2. 问题

(1) 建设单位拒绝接收竣工图是否合理？为什么？

(2) 施工单位应如何完善竣工图？

3. 解析

(1) 建设单位拒绝接收竣工图是合理的。因为按照竣工资料的编制要求，所有竣工图均应加盖竣工图章，而施工单位提交的竣工图显然不符合规定。

(2) 施工单位应按照竣工图纸编制要求完善竣工图，首先在竣工图上尽可能全面的补充光缆沿线路由两侧 50m 以内的地形、地貌及其他设施，以便于日后的线路维护工作；在每张竣工图图标栏上方空白处均应加盖竣工图章。竣工图章应包括施工单位、编制人、审核人、技术负责人、编制日期、监理单位、现场监理人员、总监理工程师等内容，（竣工图章应使用不易褪色的红印泥）盖章。

4.7.2 随工验收和部分验收

工程随工验收和部分验收是通信建设工程中的一个关键步骤，是考核工程建设成果、检验工程设计和施工质量是否满足要求的重要环节，应坚持“百年大计，质量第一”的原则，认真做好随工验收和部分验收工作。

4.7.2.1 随工验收和部分验收的基本规定

1. 随工验收的基本规定

随工验收应对工程的隐蔽部分边施工、边进行验收、边签字确认。在竣工验收时一般不再对隐蔽工程进行复查。建设单位、监理工程师或随工人员随工时应做好详细记录，随工验收签证记录应作为竣工资料的组成部分。

2. 部分验收的基本规定

通信工程中的单位工程建设完成后，需要提前投产或交付使用时，经报请上级主管部门批准后，可按有关规定进行部分验收。部分验收工作由建设单位组织。部分验收工程的验收资料应作为竣工验收资料的组成部分。在竣工验收时，对已验收的工程一般不再进行复验。

4.7.2.2 通信建设工程随工验收的内容

1. 通信设备安装工程随工验收内容

通信设备安装工程随工验收的内容包括：地线系统工程的沟槽开挖与回填、接地导线跨接、接地体安装、接地土壤电导性能处理、电池充放电测试、设备的单机测试和系统测试、天馈线测试等。

2. 通信线路工程随工验收内容

(1) 直埋光（电）缆工程的随工验收内容包括：路由位置、埋深及沟底处理、光（电）缆与其他设施的间距、缆线的布放、排流线的埋设、引上管及引上缆的安装质量、沟坎加固等保护措施的质量、保护和防护设施的规格数量和安装地点及安装质量、接头装置的安装位置及安装质量、回填土的质量等。

(2) 管道光（电）缆工程的随工验收内容包括：塑料子管的规格及质量、子管敷设安装质量、光（电）缆敷设安装质量、光（电）缆接头装置的安装质量等。

(3) 架空光（电）缆的随工验收内容包括：电杆洞深、拉线坑深度、拉线下把的制作、接头装置的安装及保护、防雷地线的埋设深度等。

3. 通信管道工程随工验收内容

通信管道工程的随工验收内容包括：管道沟及人（手）孔坑的深度、地基与基础的制作、结构各部位钢筋制作与绑扎、混凝土配比、管道铺管质量、人（手）孔砌筑质量、管道试通、障碍处理情况等。

4. 移动通信工程随工验收内容

移动通信工程的随工验收内容包括：铁塔基础制作、铁塔防腐处理、避雷针的安装位置及高度、接地电阻、天线安装等。

4.7.2.3 通信工程隐蔽工程随工验收的程序

隐蔽工程随工验收是指将被后续工序所隐蔽的工作量，在被隐蔽前所进行的质量方面的检查、确认，是进入下一步工序施工的前提和后续各阶段验收的基础。认真履行隐蔽工程随工验收制度是防止质量隐患的重要措施，未经隐蔽工程验收或验收不合格的项目，不得进入下道工序施工，也不得进行后续各阶段的验收。隐蔽工程验收按以下程序实施：

1. 项目经理部向建设单位、监理单位提出隐蔽工程验收申请，并提交隐蔽施工前和施工过程的所有技术资料。

2. 建设单位、监理单位对隐蔽工程验收申请和隐蔽工程的技术资料进行审验，确认符合条件后，确定验收小组、验收时间及验收安排。

3. 建设单位、监理单位、项目经理部共同进行隐蔽工程验收工作，并进行工程实施结果与实施过程图文记录资料的比对分析，做出隐蔽工程验收记录。

4. 对验收中发现的质量问题提出处理意见，并在监理单位的监督下限时处理。完成后须提交处理结果并进行复检。

5. 隐蔽工程验收后，应办理隐蔽工程验收手续，存入施工技术档案。

【案例 4.7.2】

1. 背景

某施工单位在承建的某直埋光缆线路工程中，光缆线路要穿越一条河流，河床为流砂。设计方案为人工截流穿越此河流，光缆在河底埋深为1.5m，并采用水泥砂浆袋保护。项目经理部原计划用两天时间完成此部分工作量，监理工程师按施工计划，在施工的第二天将到现场采用旁站监理。由于诸多因素的变化，施工进度加快，当天晚上8点即可施工完毕。如果当天不及时布放光缆并回填，缆沟将被水淹没；如果次日布放光缆及铺设水泥砂浆袋，将需要重新抽水，因此会增大施工成本，同时缆沟还有塌方的可能。因此，施工单位在缆沟深度达到设计标准后迅速布放光缆，并用没有碎石的水泥砂浆袋予以保护。当晚收工后，施工单位将填写了“工程质量符合要求”的隐蔽工程随工验收签证送交监理工程师签证，予以确认工程质量，监理工程师拒绝签证。

2. 问题

（1）监理工程师拒绝签证是否合理？为什么？

（2）隐蔽工程随工验收的规定是什么？

3. 解析

（1）监理工程师拒绝在隐蔽工程随工验收签证上签字是合理的。按照隐蔽工程随工验收的程序要求，项目经理部应在隐蔽工程隐蔽前首先向建设单位、监理单位提出申请，相关单位才可以进行隐蔽工程随工验收的后续工作。在施工过程中，由于客观因素的变化，施工进度加快，但施工单位在将工程量隐蔽前并未及时提请监理单位派人到现场进行验证，因此项目经理部的做法不符合隐蔽工程随工验收程序的要求。

（2）隐蔽工程随工验收制度是防止质量隐患的重要措施，未经隐蔽工程验收或验收不合格的项目，不得进入下道工序施工，也不得进行后续各阶段的验收。

4.7.3 竣工验收的组织及备案工作要求

4.7.3.1 竣工验收的条件

通信建设工程竣工验收应满足下列条件要求：

1. 生产、辅助生产、生活用建筑已按设计与合同要求建成。

2. 工艺设备已按设计要求安装完毕，并经规定时间的试运转，各项技术性能符合规范要求。

3. 环境保护设施、劳动安全卫生设施、消防设施已按设计要求与主体工程同时建成投入使用。

4. 经工程监理检验合格。

5. 技术文件、工程技术档案和竣工资料齐全、完整。

6. 维护用主要仪表、工具、车辆和维护备件已按设计要求基本配齐。

7. 生产、维护、管理人员的数量和素质能适应投产初期的需要。

4.7.3.2 竣工验收的依据

1. 可行性研究报告。

2. 施工图设计及设计变更洽商记录。

3. 设备的技术说明书。

4. 现行的竣工验收规范。

5. 主管部门的有关审批、修改、调整文件。

6. 工程承包合同。

7. 建筑安装工程统计规定及主管部门关于工程竣工的文件。

4.7.3.3 竣工验收的组织工作要求

通信建设工程竣工验收的组织和备案工作要求应按《通信工程质量监督管理规定》的备案要求办理，竣工验收项目和内容应按工程设计的系统性能指标和相关规定进行。

根据工程建设项目的规模大小和复杂程度，整个工程建设项目的验收可分为初步验收和竣工验收两个阶段进行。规模较大、较复杂的工程建设项目，应先进行初步验收，然后进行全部工程建设项目的竣工验收。规模较小、较简单的工程项目，可以一次进行全部工程项目的竣工验收。

1. 对初步验收的要求

除小型建设项目以外，所有建设项目在竣工验收前，应先组织初步验收。初步验收由建设单位组织设计、施工、建设监理、工程质量监督机构、维护等部门参加。初步验收时，应严格检查工程质量，审查竣工资料，分析投资效益，对发现的问题提出处理意见，并组织相关责任单位落实解决。在初步验收后的半个月内向上级主管部门报送初步验收报告。

2. 对试运转的要求

初步验收合格后，按设计文件中规定的试运转周期立即组织工程的试运转。试运转由建设单位组织工厂、设计、施工和维护部门参加，对设备性能、设计和施工质量以及系统指标等方面进行全面考核，试运转一般为三个月。经试运转，如发现有质量问题，由责任单位负责免费返修。试运转结束后的半个月内，建设单位向上级主管部门报送竣工报告和初步决算，并请求组织竣工验收。

3. 对竣工验收的要求

上级主管部门在确认建设工程具备验收条件后，即可正式组织竣工验收。竣工验收由主管部门、建设、设计、施工、建设监理、维护使用、质量监督等相关单位组成验收委员会或验收小组，负责审查竣工报告和初步决算，工程质量监督单位宣读对工程质量的评定意见，讨论通过验收结论，颁发验收证书。

4.7.3.4 通信建设工程竣工验收的备案要求

1. 竣工验收备案要求

建设单位应在工程竣工验收合格后 15 日内到工业和信息化部或者省、自治区、直辖市通信管理局或者受其委托的通信工程质量监督机构办理竣工验收备案手续，并提交《通信工程竣工验收备案表》及工程验收证书。

2. 对质量监督报告的要求

通信工程质量监督机构应在工程竣工验收合格后 15 日内向委托部门报送《通信工程质量监督报告》，并同时抄送建设单位。报告中应包括工程竣工验收和质量是否符合有关规定、历次抽查该工程发现的质量问题和处理情况、对该工程质量监督的结论意见以及该工程是否具备备案条件等内容。

3. 对备案文件的审查要求

工业和信息化部及省、自治区、直辖市通信管理局或受其委托的通信工程质量监督机构应依据通信工程竣工验收备案表，对报备材料进行审查，如发现建设单位在竣工验收过程中有违反国家建设工程质量管理规定行为的，应在收到备案材料15日内书面通知建设单位，责令停止使用，由建设单位组织整改后重新组织验收和办理备案手续。

4. 对违规行为的处罚办法

未办理质量监督申报手续或竣工验收备案手续的通信工程，不得投入使用。

【案例 4.7.3-1】

1. 背景

某项目经理部承担的本地网光缆线路工程，在合同工期内已完成设计及合同的所有工程量，并邀请了监理单位和维护单位一同对工程质量进行了自检。项目经理部对自检中发现的问题都进行了整改，并取得了所有的隐蔽工程随工验收签证记录。项目经理部因此认为工程质量符合设计及验收规范要求，遂向建设单位提交了交工报告，请求组织验收。鉴于工程规模不大，合同约定工程的初验与终验一并进行，一次进行全部项目验收。

建设单位在验收前组织相关人员对项目经理部提供的竣工资料进行预审时发现，项目的“建筑安装工程量总表”和“已安装设备明细表”与设计存在较大差异，且竣工图是未正式出版的草图。因此，建设单位拒绝了施工单位的验收请求。施工单位核实后，给予的解释是：某施工技术人员因紧急原因离开工地，其手中的资料无法汇总，从而导致竣工资料尚未完全汇总，此竣工资料只是其他人员参照设计整理成册；提供给建设单位的项目竣工图是草图，是因为施工现场不具备出图条件，待回到施工单位基地后再出版正式的竣工图。

2. 问题

（1）建设单位拒绝验收是否合理？为什么？

（2）此项目经理部应如何组织交工前的准备工作？

3. 解析

（1）建设单位拒绝验收是合理的。因为通信工程验收的标准之一是竣工资料齐全、完整，符合归档要求。而该项目经理部的竣工资料尚未完全汇总，已汇总的数据可信度有限，而且竣工图也只是草图，并非正式竣工图，显然尚不具备竣工验收条件。

（2）对于此项目经理部来说，完成设计及合同规定的工程量，并达到设计及验收规范的质量要求固然重要，但也不能忽视施工技术资料的及时整理、归档工作。该项目经理部应组织力量，收集全部工程技术资料，按竣工资料的编制要求梳理、分类、归拢、装订成册，并按竣工图绘制要求绘制出版竣工图，使所有竣工资料都达到归档要求。所有这些工作完成后，才可以请建设单位组织竣工验收。

【案例 4.7.3-2】

1. 背景

某本地网架空光缆线路工程全程300km，于3月9日开工，7月10日完工。建设单位于7月18日至7月25日组织工程初验，8月1日该工程投入试运行。建设单位于11月8日组织了竣工验收，并颁发了竣工验收证书，设备正式投入运营。省通信工程质量监督站由于到11月24日仍未收到竣工验收备案申请，遂向建设单位下达备案通知，否则将对其进行处罚。

2. 问题

(1) 省通信工程质量监督站的做法正确吗？为什么？

(2) 建设单位应在什么时间向省通信工程质量监督站办理竣工验收备案手续？

3. 解析

(1) 省通信工程质量监督站的做法是正确的。因为建设单位未按照《通信工程质量监督管理规定》的有关要求在规定的时间内向质量监督机构办理竣工验收备案手续，对于未办理质量监督申报手续或竣工验收备案手续的通信工程，不得投入使用。所以说，省通信质量监督站的做法是正确的。

(2) 建设单位应在竣工验收后15天以内，即2005年11月9日至2005年11月23日以前向省通信工程质量监督站办理竣工验收备案手续，并提交《通信工程竣工验收备案表》及工程验收证书。

4.7.4 质量保修服务和管理

4.7.4.1 工程质量的保修服务

1. 保修责任范围

在保修期间，施工单位应对由于施工方原因而造成的质量问题负责无偿修复，并请建设单位按规定对修复部分进行验收。施工单位对由于非施工单位原因而造成的质量问题，应积极配合建设单位、运行维护单位分析原因，进行处理。工程保修期间的责任范围如下：

(1) 由于施工单位的施工责任、施工质量不良或其他施工方原因造成的质量问题，施工单位负责修复并承担费用；

(2) 由于多方的责任原因造成的质量问题，应协商解决，商定各自的经济责任，施工单位负责修复；

(3) 由于设备材料供应单位提供的设备、材料等质量问题，由设备、材料提供方承担修复费用，施工单位协助修复；

(4) 如果质量问题的发生是因为建设单位或用户的责任，修复费用应由建设单位或用户承担。

2. 保修时间

根据原信息产业部的信部规（2005）418号文《通信建设工程价款结算暂行办法》的有关规定，通信工程建设实行保修的期限为12个月。具体工程项目的保修期应在施工承包合同中约定。

3. 保修程序

(1) 发送保修证书。在工程竣工验收的同时，施工单位应向建设单位发送保修证书，其内容包括：工程简况；使用管理要求；保修范围和内容；保修期限；保修情况记录；保修说明；保修单位名称、地址、电话、联系人等。

(2) 建设单位或用户检查和修复时发现质量不良，如是由于施工方的原因，可以口头或书面的方式通知施工单位，说明情况，要求施工单位予以修复。施工单位应尽快派人前往检查，并会同建设单位做出鉴定，提出修复方案，并尽快组织好人力、物力进行修复。

(3) 验收。在发生问题的部位修复完毕后，在保修证书内作好保修记录，并经建设单位验收签认，以表示修理工作完成且符合要求。

4. 投诉的处理

（1）施工单位对用户的投诉应迅速、及时处理，切勿延拖；

（2）施工单位应认真调查分析，尊重事实，做出适当处理；

（3）施工单位对所有投诉都应给予热情、友好地解释和答复。

4.7.4.2 工程交付后的管理

1. 工程回访

工程回访属于工程交工后的管理范畴。施工单位在施工之前应为用户着想，施工过程中应对用户负责，竣工后应使建设单位满意，因此回访必须认真进行。

（1）回访内容：了解工程使用情况，使用或生产后工程质量的变异；听取各方面对工程质量和服务的意见；了解所采用的新技术、新材料、新工艺、新设备的使用效果；向建设单位提出保修后的维护和使用等方面的建议和注意事项；处理遗留问题；巩固良好的合作关系。

（2）参加工程回访的人员及回访时间：一般由项目负责人以及技术、质量、经营等有关人员参加回访；工程回访一般在保修期内进行。回访可以是定期的，也可以根据需要随时进行回访。一般有季节性回访、技术性回访、保修期满前的回访。回访对象包括建设单位、运行维护单位和项目所在地的相关部门。

（3）工程回访的方式：工程回访可由施工单位组织座谈会、听取意见会或现场拜访查看等方式进行，也可采用邮件、电话、传真等信息传递方式进行。

（4）工程回访的要求：回访过程必须认真实施，应做好回访记录，必要时写出回访纪要。回访中发现的施工质量缺陷，如在保修期内要采取措施，迅速处理；如已过保修期，要协商处理。

2. 已交付使用的项目如果发现非施工质量缺陷，承包商可配合建设单位、运行维护单位进行处理。

3. 对已发生的质量故障进行分析，找出产生故障的原因，制定预防和改进措施，防止类似故障今后再次发生。

4. 对在保修期内的工程，承包商应在人力、物力、财力上有所准备，随时应对保修。

【案例 4.7.4】

1. 背景

某施工单位在对其承建的某直埋光缆通信线路工程进行保修期满前的回访时，建设单位提出了两个问题：

（1）通过对地绝缘监测发现，60％的直埋光缆对地绝缘不合格。

（2）交工后，天气未出现异常情况，但全程约有 11％的护坎已坍塌。

施工单位对这两个问题进行了分析，并与建设单位、设计单位、维护单位、光缆接头盒生产厂家及对地绝缘监测装置生产厂家共同探讨，最后确认：绝缘问题是由于建设单位采购供应的对地绝缘监测装置密封头的密封材料的配制比例不符合工程所在地的气候条件要求，随着时间的变化，导致密封性能降低，使绝缘监测装置本身的对地绝缘不合格所致；护坎坍塌问题是由于施工单位的施工原因引起的。

2. 问题

（1）对于绝缘问题，施工单位是否应该保修？施工单位应如何处理？

（2）对于护坎坍塌问题，施工单位是否应该保修？施工单位应如何保修？

（3）保修所发生的费用应如何承担？

3. 解析

（1）对于绝缘问题，不属于施工单位保修范围，是建设单位采购供应的对地绝缘监测装置的原因引起的，而不是施工单位的施工原因造成的质量缺陷。但施工单位应积极配合建设单位、维护单位进行修复。

（2）对于护坎坍塌问题，是由于施工原因造成的，施工单位应立即派施工人员，按照质量标准重新进行返修。返修过程中，除了对已坍塌的护坎重新施工以外，还应对其他部位进行检查，发现问题立即处理。

（3）对于处理绝缘问题所发生的费用，施工单位应根据施工合同中的约定向建设单位追加施工费；建设单位可依据采购合同及相关法律规定，追究对地绝缘监测装置生产厂家的经济责任。对于处理护坎坍塌问题所发生的费用，施工单位应承担全部费用。

4.8 通信工程监理及质量监督

4.8.1 监理项目划分及监理工作内容和方法

4.8.1.1 通信工程建设监理的专业划分和监理内容

1. 通信工程建设监理的项目主要划分为两个专业。

（1）电信工程专业：有线传输工程、无线传输工程、电话交换工程、移动通信工程、卫星通信工程、数据通信工程、综合布线工程、通信管道工程；

（2）通信铁塔工程（含基础）。

2. 通信工程建设单位和监理企业约定监理内容，可以包括以下事项：

（1）工程建设质量、进度、造价控制；

（2）工程建设安全、合同、信息管理；

（3）协调工程建设、施工等单位的工作关系。

4.8.1.2 通信工程建设监理的阶段划分及其监理工作内容

监理企业可以和建设单位约定对通信工程建设全过程（包括设计阶段、施工阶段和保修期阶段）实施监理，也可以约定对其中某个阶段实施监理。具体监理范围和内容，由建设单位和监理企业在委托合同中约定。

1. 设计阶段的监理内容，可以包括以下事项：

（1）协助建设单位选定设计单位，商签设计合同，并监督管理设计合同的实施；

（2）协助建设单位提出设计要求，参与设计方案的选定；

（3）协助建设单位审查设计和概（预）算，参与施工图设计阶段的会审；

（4）协助建设单位组织设备、材料的招标和订货。

2. 施工阶段的监理内容，可以包括以下事项：

（1）协助建设单位审核施工单位编写的开工报告；

（2）审查施工单位的资质，审查施工单位选择的分包单位的资质；

（3）协助建设单位审查批准施工单位提出的施工组织设计、安全技术措施、施工技术方案和施工进度计划，并监督检查实施情况；

（4）审查施工单位提供的材料和设备清单及其所列的规格和质量证明资料；

（5）检查施工单位严格执行工程施工合同和规范标准；

（6）检查工程使用的材料、构件和设备的质量；

（7）检查施工单位在工程项目上建立、健全安全生产规章制度和安全监管机构的情况及专职安全生产管理人员的配备情况，督促施工单位检查各分包单位的安全生产规章制度的建立情况。审查项目经理和专职安全生产管理人员是否具备工业和信息化部或通信管理局颁发的《安全生产考核合格证书》，是否与投标文件相一致；审核施工单位应急救援预案和安全防护措施费用的使用计划；

（8）监督施工单位按照施工组织设计中的安全技术措施和专项施工组织方案组织施工，及时制止违规施工作业；旁站检查施工过程中的危险性较大工程作业情况；检查施工现场各种安全标志和安全防护措施是否符合强制性标准要求，并检查安全生产费用的使用情况；督促施工单位进行安全自查工作，并对施工单位资产情况进行抽查；参加建设单位组织的安全生产专项检查；

（9）采用巡检的方法，检查工程进度和施工质量，验收分部分项工程，签署工程付款凭证，做好隐蔽工程的签证；

（10）审查工程结算；

（11）协助建设单位组织设计单位和施工单位进行竣工初步验收，并提出竣工验收报告；

（12）审查施工单位提交的交工文件，督促施工单位整理合同文件和工程档案资料。

3. 工程保修阶段的监理内容，可以包括以下事项：

（1）监理企业应依据委托监理合同确定质量保修期的监理工作范围；

（2）负责对建设单位提出的工程质量缺陷进行检查和记录，对施工单位进行修复的工程质量进行验收；

（3）协助建设单位对工程质量缺陷原因进行调查分析并确定责任归属，对非施工单位原因造成的工程质量缺陷，核实修复工程的费用和签发支付证明，并报建设单位；

（4）保修期结束后协助建设单位结算工程保修金。

4.8.1.3 通信工程建设项目监理的常用方法

监理工程师应当按照工程监理规范的要求采取旁站、巡视、见证和平行检验等形式，对建设工程实施监理。在工程实施中，监理工程师应经常对承包单位的技术操作工序进行旁站或巡视控制。

1. 旁站

旁站是指在关键部位或关键工序的施工过程中，监理人员在施工现场所采取的监督活动。

2. 巡视

巡视是指监理人员在现场对正在施工的部位或工序定期或不定期的监督检查活动。

旁站和巡视的目的不同，巡视以了解情况和发现问题为主，巡视的方法以目视和记录为主。旁站是以确保关键工序或关键操作符合规范要求为目的。除了目视以外，必要时还要辅以常用的检测工具。实施旁站的监理人员主要以监理员为主，而巡视则是所有监理人员都应进行的一项日常工作。

3. 见证

由监理人员现场监督承包单位实施某工序全过程完成情况的活动。见证的适用范围主要是质量的检查试验工作、工序验收、工程计量、施工机械台班计量等。如监理人员在承包单位对工程材料的取样送检过程中进行的见证取样；又如通信建设监理人员对承包单位在通信设备加电过程中所作的对加电试验过程的记录等。

4. 平行检验

项目监理机构利用一定的检查或检测手段在承包单位自检的基础上，按照一定的比例独立进行检查或检测的活动。

【案例 4.8.1-1】

1. 背景

某年 3 月，B 市通信运营公司决定增建 40 个移动通信基站。该工程通过招标，由某通信工程公司中标施工。建设单位决定委托一家监理单位对该工程实施监理，并已正式通知相关单位。施工单位为了在 5 月底完工，在没有做好各种准备和监理单位未同意的情况下，就向建设单位报送开工报告，宣布开工。监理机构发现后，发出《监理工程师通知单》，要求施工单位递交开工申请报告，接受监理工程师的审查，然后再决定是否开工。

2. 问题

(1) 施工单位向建设单位报送开工报告，宣布开工的做法是否正确?

(2) 监理单位是否有权决定工程的开工?

3. 解析

(1) 施工单位的做法不正确。建设单位决定委托监理单位对工程实施监理，这家监理单位在建设单位的授权情况下，就代表建设单位承担该项目的管理工作。施工单位应向监理机构递交开工申请报告，由监理单位审批工程的开工申请报告后向建设单位汇报，并向建设单位提出监理的意见。

(2) 监理单位根据建设单位的授权有权决定工程的开工日期，并由总监理工程师签署开工令。

【案例 4.8.1-2】

1. 背景

2009 年 7 月，在东南地区某直埋光缆工程的施工中，根据天气预报，强台风就要来临。于是，项目经理部在没有通知监理工程师的情况下，决定赶在台风来临前，把光缆布放到还在开挖的光缆沟里，并立即回填土，以免缆沟被洪水冲毁。监理工程师发现后，认为项目经理部的做法不合乎要求，拒绝为沟深和放缆等隐蔽工序签字确认。施工单位认为，他们在施工时，每道工序都是按照质量管理体系的要求进行操作的，并由专职质量检查员检查过。光缆是在沟深符合要求的情况下敷设的；同时，也是在为了减小自然灾害的影响而采取的行动，监理工程师应该确认。

2. 问题

(1) 根据工地的实际情况，施工单位应如何处理?

(2) 监理工程师的做法是否正确?

3. 解析

(1) 在这种强台风就要来临情况下，施工项目部为了减少自然灾害给工程带来的损失，应及时通知监理单位增加现场监理人员，加强现场旁站和巡回检查，逐段为沟深和放缆等隐蔽工序签字确认。

(2) 根据相关规定，监理工程师在关键部位或关键工序的施工过程中应进行旁站检查，确认合格后才能签字。在本案中，监理工程师不签字是履行职责的表现，因此监理工程师的做法是正确的。

4.8.2 质量监督机构设置和管理职责

凡是在国内从事通信工程建设的设计、施工、监理以及工程中使用器材的生产、销售单位，均应接受通信工程质量监督机构的质量监督。原信息产业部关于《通信工程质量监督管理规定》对通信工程质量监督的有关事宜作出了明确规定。

4.8.2.1 通信工程质量监督机构设置

1. 工业和信息化部及通信管理局的工作范围

工业和信息化部负责全国通信工程质量监督管理工作，省、自治区、直辖市通信管理局负责本行政区域内通信工程质量监督管理工作。

2. 各级质量监督机构的工作范围

工业和信息化部或省、自治区、直辖市通信管理局可以委托经工业和信息化部考核认定的通信工程质量监督机构依法对工程质量进行监督。

4.8.2.2 通信工程质量监督机构的管理职责

1. 工业和信息化部通信工程质量监督机构的管理职责

受工业和信息化部委托，负责全国通信工程质量监督工作，其主要职责是：

(1) 对省级通信工程质量监督机构进行业务指导；

(2) 组织通信工程质量监督工程师和质量监督员的培训考核工作；

(3) 对国家重点通信工程实施质量监督，组织、协调相关省通信工程质量监督机构对跨省的通信工程共同实施质量监督；

(4) 依据工业和信息化部的委托，开展通信工程执法检查和通信工程质量检查，参与通信工程重大质量事故的调查和处理；

(5) 收集、分析通信工程质量状况，总结通信工程质量监督工作经验，提出进一步搞好通信工程质量监督工作的建议。

2. 省、自治区、直辖市通信工程质量监督机构的管理职责

受省、自治区、直辖市通信管理局委托，负责本行政区域内的通信工程质量监督工作，并根据本行政区域实际情况确定分支机构或派出人员。其主要职责是：

(1) 负责本行政区域内的通信工程质量监督工作及国家重点、跨省通信工程在本行政区域内的具体质量监督工作；

(2) 参与通信工程重大质量事故的调查和处理工作。

4.8.2.3 通信工程质量监督机构的工作要求

1. 工作权限

通信工程质量监督机构在履行质量监督时，有权采取下列措施：

（1）要求被监督工程的参建单位提供文件和资料；

（2）进入被监督工程的施工现场和有关场所进行检查、检测、拍照、录像；

（3）发现有影响工程质量的缺陷，可以责令整改；

（4）向相关单位和个人调查情况，并取得证明材料。

2. 工作要求

通信工程质量监督机构在履行质量监督职责时，应遵循公平、公正、公开的原则。任何单位和个人都有权对通信工程质量监督机构和质量监督人员进行监督，有权对其违法、失职行为向其主管部门提出检举、控告和投诉。

【案例 4.8.2】

1. 背景

A省通信工程质量监督站接到了关于省内某通信施工单位在B省从事的直埋光缆线路工程质量问题的举报。A省通信工程质量监督站遂委派两名工程师到现场作调查。工程师到现场后，根据举报的问题，对该工程影响质量的关键部位进行了抽查、检测和拍照，并对工程的成本开支、进度等问题进行了解，同时询问了工地项目负责人及相关技术人员有关工程施工的其他情况。质量监督工程师对此都进行了详细的记录。在沿光缆路由检查时，他们发现有些沟坎护坡的构筑质量不符合要求，质量监督站随即向该施工单位发出了整改意见。

2. 问题

（1）A省质量监督机构的做法对吗？为什么？

（2）A省质量监督机构在现场检查时，哪些工作不符合要求？

3. 分析与解答：

（1）A省质量监督机构的做法不对。因为省质量监督机构只负责本省区域内的工程质量监督工作，无权到其他省去从事质量监督工作，即使在其他省内出现问题的施工单位属于本省管辖。

（2）质量监督机构在现场检查时只负责对现场的工程质量进行检查、监督，无权对施工单位的工程成本开支、工程进度等其他方面的情况进行检查。

4.8.3 质量监督的内容及程序

原信息产业部《通信工程质量监督管理规定》对通信工程质量监督的工作内容及处罚依据作出了明确规定。

4.8.3.1 通信质量监督机构的主要工作内容

通信工程质量监督工作的主要内容是对参与通信工程建设各方主体的质量行为以及执行工程强制性标准的情况进行监督。具体内容包括：

1. 对建设单位相关的质量行为进行监督；

2. 对工程各参建单位的相关质量行为进行监督；

3. 对工程各参建单位和人员的资质和资格进行监督；

4. 对工程各参建单位执行强制性标准的情况进行监督；

5. 受理单位或个人对有关工程质量的检举、控告和投诉。

4.8.3.2 通信工程质量监督机构对违规行为的处罚办法

通信工程质量监督工作应依据国家和工业和信息化部发布的有关法律、法规及通信工程建设强制性标准进行。

1. 各级通信工程质量监督机构参与通信建设市场的监督检查，有权对正在进行设计、施工、监理的单位进行抽查、验证，对无证或超越范围设计、施工及监理者，向有关部门提出处理意见。

2. 对不按技术标准、规范和有关技术文件规定进行设计、施工、监理的单位给予警告或通报批评。

3. 工程质量监督人员有权对工程质量进行抽查，有权调阅相关资料，对施工中发生的工程质量问题，责令责任单位及时整改补救。

4. 对于不重视工程质量，玩忽职守、偷工减料、造成工程质量低劣，遗留隐患多的单位，责令其停工整顿，并按国家和工业和信息化部有关规定进行处罚。同时建议有关主管部门降低其资质等级直至吊销资格证书。

5. 在工程建设中发现伪劣产品或不合格的器材时，有权制止使用。发生重大质量问题或事故时，应以国家有关部门授权的相关专业检测中心做出的鉴定意见为依据，进行仲裁，并报主管部门或建设单位处理。

6. 对检验不合格的工程，责成责任单位限期整顿，直到复验合格后方可竣工验收。

4.8.3.3 通信工程质量监督程序

根据原信息产业部《通信工程质量监督管理规定》的要求，通信工程质量监督程序如下：

1. 对建设单位申报质量监督的要求

（1）申报时间及管辖范围

1）建设单位应在开工前 7 天向通信工程质量监督机构办理质量监督申报手续。

2）国家重点工程、跨省工程应向工业和信息化部通信工程质量监督机构申报，省内工程应向省通信工程质量监督机构申报。

（2）申报方法

建设单位办理质量监督申报手续时应填写“通信工程质量监督申报表”，并提供项目立项批准文件、施工图设计审批文件、各工程参与单位的资质等级证书和其他相关文件。

2. 对质量监督机构的工作要求

（1）确定质量监督方案

通信工程质量监督机构受理申报后，应及时确定负责该工程的质量监督人员，制定质量监督工作方案。质量监督工作方案应根据国家有关法律、法规和通信工程建设强制性标准，针对不同专业工程的特点，确定质量监督的具体内容和监督方式，做出实施监督的计划安排，并向建设单位发送“通信工程质量监督通知书”。

（2）落实质量监督方案

通信工程质量监督机构应根据质量监督工作方案，检查、抽查、监督通信工程建设各方主体的质量行为。内容包括：

1）检查参与工程建设各方主体及有关人员的资质或资格；检查参与工程建设各单位质量保证体系和质量责任制的落实情况；检查建设工程从立项、勘测设计、设备采购、施工、验收全过程的质量行为和有关质量文件、技术资料是否齐全、是否符合规定；

2）抽查涉及通信工程建设强制性标准内容的相关实体质量；对可能影响通信质量、设备安全、使用寿命的薄弱环节进行现场抽查；

3）监督建设单位组织的工程竣工验收的组织形式、验收程序以及在验收过程中提供的有关资料和形成的质量评定文件是否符合有关规定；实体质量是否有严重缺陷；工程质量是否符合通信建设工程验收标准。

（3）对质量监督中发现问题的处理要求

通信工程质量监督机构在质量监督过程中发现问题时应填写“通信工程质量监督检查记录表”，并以书面形式通知建设单位及相关责任单位，责令其改正。

3. 备案工作要求

建设单位办理竣工验收备案手续的要求、通信工程质量监督机构报送“通信工程质量监督报告”的要求、质量监督机构对报备资料的审查要求以及对未办理质量监督申报手续或竣工验收备案手续的处罚，通信工程主管部门均应按相关规定办理。

【案例 4.8.3-1】

1. 背景

某通信运营商计划在办公楼内新建通信机房。由于办公楼为框架式写字楼，因此对拟作机房的房间楼板进行了加固，并用防火板材将机房的房间进行了分割，以便于设备安装。设计完成后，运营商通过招标确定了施工单位，施工单位参加了设计会审。建设单位在申报质量监督以后工程开工，施工单位按照设计开始安装设备。

质量监督机构在进行现场检查时发现，机房设备的侧加固只加固在防火板隔开的墙体上，无法承受地震时可能产生的晃动。质量监督机构认为施工单位的质量存在问题，违背了强制性标准的要求，因此对施工单位进行了处罚。施工单位对此处罚不服。

2. 问题

（1）质量监督机构所作出的处罚正确吗？为什么？

（2）质量监督机构对此问题应如何进行质量监督？

3. 解析

（1）质量监督机构所作出的处罚不正确。因为施工单位是按照设计施工，质量监督机构所发现的问题属于设计问题，设计单位在进行工程设计时就应注意到机房的侧加固问题。质量监督机构应对各参建单位执行强制性标准的情况进行监督，而不应仅看到施工单位。

（2）质量监督机构对此问题的质量监督，应在现场查阅楼层装修工程的设计、机房设备安装工程的设计等文件，对相关单位进行处罚。在侧加固问题中，建设单位没有把好楼层装修关、设计单位没有把好设计关、施工单位没有把好设计会审关，三方都应对此问题负责，都应受到相应的处罚。

【案例 4.8.3-2】

1. 背景

某通信集团公司新建一条国家一级长途光缆干线，线路跨越 5 省，工程于 9 月 1 日开工。集团公司要求沿线各省分公司在 9 月 7 日前向所在省质量监督站办理质量监督申报手续。

质量监督站接到建设单位的质量监督申报以后，由于人力有限，遂委派工程的监理单位对工程质量进行监督。通过监理单位的认真工作，工程质量完全符合强制性条文和相关文件的要求。

2. 问题

（1）建设单位的工作存在哪些问题？为什么？

（2）质量监督站的工作存在什么问题？为什么？

3. 解析

（1）首先，建设单位办理质量监督的申报手续的时间不对。质量监督申报手续应在工程开工前 7 天办理。其次，建设单位办理质量监督手续申报的部门不对。由于此项目为跨省的工程，申报的受理部门应该是工业和信息化部质量监督中心。

（2）质量监督站不应该委托工程的监理单位对工程进行质量监督。因为监理单位本身就应该接受质量监督。对于跨省的工程，质量监督部门不能以时间、人力等原因推托质量监督责任。

第5章 通信与广电工程项目施工管理案例

5.1 直埋光缆线路工程

【案例5.1】

1. 背景

某通信运营商计划建设150km的本地网直埋光缆线路。工程地段处于华北平原地区，沿线经过4个机房，分3个中继段，光缆采用48芯G.652光纤。工程设计图纸已经由建设单位委托某设计院设计完成。光缆已经由建设单位订货，预计开工前15日运抵施工单位指定的屯放地点，光缆按2公里/盘生产。要求光缆接头的双向平均衰耗不大于0.03dB/个。接头盒及尾纤的采购工作由建设单位提供。为了节约投资，建设单位对施工单位进行了招标，项目按包工不包料的方式发包，要求施工单位具有通信工程专业承包二级以上资质，工程赔补费用包干按8000元/公里计取，施工费按预算定额85折下浮报价方式竞价，投标文件需提供施工组织设计。

2. 问题

(1) 作为施工单位代表参与投标，应考虑哪些因素?

(2) 简述该施工项目的管理流程?

3. 解析

(1) 单位参与投标应考虑以下几个方面的因素：

1) 单位相关资质和从业人员资格是否满足招标文件的要求，在招标文件要求的施工期间，单位从资金、人员、工器具和车辆等方面是否有足够资源支撑项目实施，以及采用什么方式来满足项目对资源的需求。

2) 详细调查了解工程经过沿线的经济状况、平均生活水平、当地人的生活习惯、地方法律法规、沿途的地况地貌、农作物的成长状况和收获时节，测算赔补费用能否接受。

3) 拟建项目部，确定项目经理和组织架构，确定施工管理方式，根据招标文件要求编制施工组织设计，确定管理目标、进度计划、质量计划、安全环境管理计划、劳动力配备计划、工器具仪表车辆配置计划等。

4) 根据项目计划，测算工程成本开支，确定投标报价下浮点数。

5) 分析潜在的竞争对手，对公司实力进行优势劣势分析，编制投标文件。

(2) 通信工程项目管理基本流程如图5-1所示：

1) 组建项目部：任命项目经理、明确项目部和工程队管理职责、分发设计文件。

2) 派技术人员参加设计会审：项目部相关人员组织审核设计，参加设计会审会议，听取设计人员介绍设计情况和对施工的要求，提出设计中存在的问题和不足，听取其他相关单位对设计提出的意见。

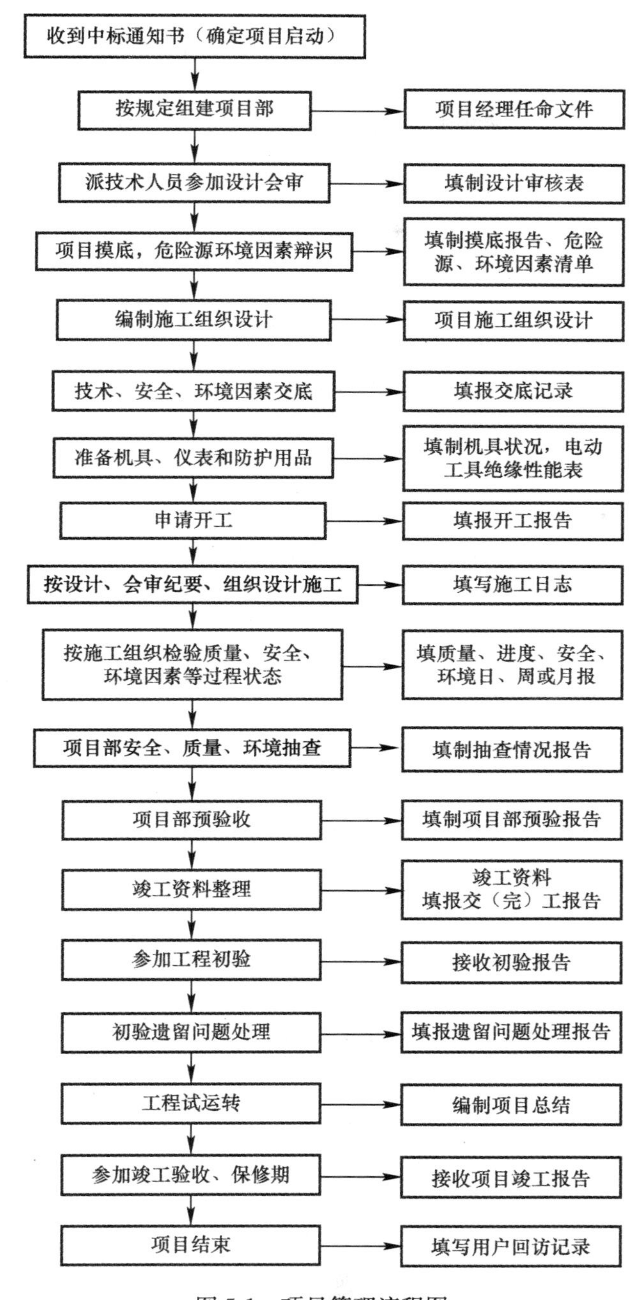

图 5-1　项目管理流程图

3）现场摸底和危险源环境因素辨识：选派技术人员去工程现场摸底，路由复测，确定光缆分屯地点和临时设施地点，根据以往类似工程的危险源和环境因素清单台账，辨识、评价和确定本项目潜在的危险源和环境因素。

4）编制施工组织设计：按照施工组织设计编制要求和投标文件中细化施工组织设计，形成操作性更强的施工管理文件。

5）技术、安全、环境因素交底：施工组织设计的编制人员向施工人员做技术交底，针对施工组织机构设置、工程特点及难点、主要施工工艺及施工方法、进度安排、工程质量及安全技术措施。专业工序施工前，负责人还应向施工作业人员作施工方案的安全技术交底，其主要内容包括该专业工序的过程、工序的施工工艺要求、操作方法及操作要领、质量控制、安全措施等。如果编制有关键及特殊过程的作业指导书、特种环境及特种作业的指导书，以及“三新”技术的应用等，均应向施工人员交底。工程中质量通病的预防措施及施工注意事项也应一同交底。

6）准备机具、仪表和防护用品：根据施工组织设计编制工程所需的机具、仪表使用计划，检测拟投入机具仪表的性能。配备发放工程所需的防护用品并做好发放记录。

7）申请开工：按照建设单位管理程序填报开工申请，需要监理批复的报监理单位，批复后的开工报告一份报送建设单位，一份作为竣工文件的组成部分留存。

8）按照设计、会审纪要、施工合同和施工组织设计施工：要求施工队长每天填写施工日志，记录当天的工作内容，包括各工序的操作者、进度、质量、安全环境等方面的内容，存在问题及处理措施，做到工程施工过程的可追溯性。

9）按照施工组织检验质量、安全、环境因素等过程状态：主要抓好施工进度控制措施、质量控制措施、安全环境管理措施的落实情况，及时汇总、掌控和报告工程进展状况，定期安排工程检查活动，发现问题分析产生的原因和整改措施，动态调配施工资源，使项目按计划实施。施工工序一般是：路由复测—单盘测试—光缆配盘—挖光缆沟—敷设光缆—回填光缆沟—光缆绝缘性能测试—光缆接续（或制作成段）—制作成端（或光缆接续）—中继段测试。

10）项目部安全、质量、环境抽查：项目部根据管理需要，对工程实施各阶段进行定期不定期的检查活动，质量检查要根据验收规范、设计文件和测试指标要求；安全环境检查主要针对施工过程中的劳动条件、生产设备、相应的安全卫生设施和员工的操作行为是否满足安全生产要求进行检查，主要查思想、查管理、查隐患、查整改和查事故处理；进度检查主要检查工程量是否正常按照项目进度计划进行。

11）项目组预验收：工程按设计和合同约定的工程量完成后，项目部应组织一次内部验收，对发现的问题提前整改完成，争取一次通过建设单位组织的初步验收。通过内部予验收后，向建设单位提交工程交（完）工报告。

12）竣工资料整理：根据建设单位要求的格式，按照合同约定的竣工文件份数整理竣工资料。

13）工程初验：工程初验一般由建设单位组织，由设计、施工、监理和设备厂家等相关单位参加，对工程完成的实物工程量和工程的质量做全面性的检验，初验过程也是建设部门向维护部门的交接过程。

14）初验遗留问题处理：在初验过程中发现不影响整体质量的不合格项，或其他按遗留问题记录下来的事件，应按照初验文件规定的整改期限整改，整改完成后，按要求程序复验并填报遗留问题整改报告。

15）工程试运转：通过初验后，项目部应组织参与项目的主要人员对工程项目做一个完整的总结，对工程的亮点、难点、工程中出现的新问题和处理方法加以总结，总结经验教训，形成文字性材料，作为今后项目管理的参考。

16）竣工验收、保修期：建设单位组织对整个工程的整体验收，通过验收后，工程即开始投产使用，施工单位按照合同约定的质保期负责处理保修期内的问题。

17）项目结束：项目结束后，施工单位应对工程使用部门做一次用户回访，了解用户使用情况，对施工单位的综合评价，听取用户的意见和建议，以利于提高管理水平。

5.2 架空光缆线路工程

【案例 5.2】

1. 背景

某地计划新建架空光缆线路 50km。工程地段处于丘陵地带，光缆连接经过 4 个无线基站，分 3 个中继段，工程设计图纸已经由某设计院完成，光缆已经由建设单位订货，预计开工前 15 日运抵施工单位指定的屯放地点，光缆按 2 公里/盘生产。接头盒及尾纤的采购工作由建设单位提供。线杆和拉线由施工单位承包，计划 11 月 28 日开工，工期为 1 个月。

2. 问题

（1）在开工前，施工单位项目经理应组织哪些准备工作？

（2）如何进行安全技术交底？

3. 解析

（1）开工前施工单位应针对架空光缆工程做以下准备：

1）进行现场勘察，了解现场地形、地貌、水文、地质、气象、交通、环境、民情、社情以及文物保护、建筑红线等情况，核对设计重点部位的工程量及安全技术措施的可行性。

2）项目经理部办公场地、材料及仪表设备的存放地、宿舍、食堂设施的建立，安全设施及防火、防水设施的设置，保安防护设施的设立。设立临时设施的原则是：距离施工现场近；运输材料、设备、机具便利；通信、信息传递方便；人身及物资安全。

3）进行必要的材料厂验，签订材料的供货合同，及时采购承包的主要材料及计划内的辅助材料、劳保用品，做好材料及设备的清点、进场检验及标识工作，并对其数量、规格等进行登记，建立台账。材料和设备进场检验时，应有建设单位随工人员和监理人员在场，并由随工人员和监理人员确认，将检验记录备案。

4）清点施工机具、仪表和工具，并建立台账。

5）做好施工机具和施工设备的安装、调试工作，避免施工时设备和机具发生故障，造成窝工，影响施工进度。

6）路由复测：考察线路的地质情况与设计是否相符，确定施工的关键部位（障碍点），制定关键点的施工措施及质量保证措施。对施工路由进行复测，对各种保护措施的工程量及实施的可行性要重点核实。如与原设计不符，应及时提出设计变更请求。复测结果要作详细的记录备案。

7）应做好光（电）缆单盘检验工作，并根据路由复测结果、设计资料、材料到货的实际情况和单盘检验的结果，进行光（电）缆配盘及接头点的规划。

8）与当地有关部门取得联系，求得当地政府和相关部门的支持与配合。进行施工动员，开好民工动员会，协调施工现场各方关系，并向施工人员进行相关安全技术交底。

9）做好冬雨季施工的准备工作：包括施工人员的防护工作，施工设备运输及搬运的防护工作，施工机具、仪表的安全使用工作。

10）做好丘陵特殊地区施工的准备工作。

11）准备相关资料，除施工合同、施工图设计、设计会审纪要的收集工作以外，还应收集、准备好与工程有关的政府文件、与工程专业有关的技术文件和与安全施工有关的资料。

12）审查施工图设计是否完整、齐全，施工图纸和设计资料是否符合国家有关工程建设的法律法规和强制性标准的要求；施工图设计是否有误，各组成部分之间有无矛盾；工程项目的施工工艺流程和技术要求是否合理；分析施工项目所需主要材料、设备的数量、规格、供货情况能够满足工程要求；施工图中穿越铁路、公路、桥梁、河流等技术方案的可行性；找出施工图上标注不明确的问题并记录；工程预算是否合理。

13）参加建设单位组织的设计会审会，参加会审的各方共同对施工图设计进行审核。会审中由设计单位的主要设计人员向与会者说明拟建工程的设计依据、意图和功能要求，并对特殊结构、新材料、新工艺和新技术提出设计要求。施工单位根据自审记录以及对设计意图的了解，提出对施工图设计的疑问和建议。在统一认识的基础上，对所探讨的问题逐一地做好记录，会议最终应形成"施工图设计会审纪要"。

14）制定保证施工安全、质量和进度方面的安全技术措施；节约劳动力、原材料、动力、燃料的措施；提高机械化水平、改进机械设备的管理以提高其完好率和利用率的措施；改进施工工艺和操作技术以提高劳动生产率的措施，保证安全施工的措施。施工过程中严禁乱动机房、机架内与工程无关的设施、缆线；杆路与其他杆路保持规定的安全距离。

（2）安全技术交底是指工程施工前，由编制该工程施工组织设计的人员向工程实施人员说明工程在技术方面、安全操作方面要注意和明确的问题，是施工企业一项重要的安全技术管理制度。交底的目的是为了使所有参与施工的操作人员和管理人员了解工程的概况、特点、设计意图以及工程施工所采用的施工方法、技术措施和安全措施等。安全技术交底是确保工程项目施工质量和施工安全的关键环节，是质量要求、安全要求、技术标准得以全面认真执行的保证。

1）安全技术交底的依据：安全技术交底应随同施工组织设计的交底工作一同进行。安全技术交底的依据主要有施工合同、施工图设计、工程摸底报告、设计会审纪要、施工规范、各项技术指标、管理体系要求、作业指导书、辨识的质量控制点和重大危险源、建设单位或监理工程师的其他书面要求等。这些需要交底的内容都应编制在施工组织设计中，因此，可以说施工组织设计是一个综合管理文件。

2）安全技术交底可以用会议、口头沟通或示范、样板等作业形式，也可采用文字、图像等表达形式，但不管采用哪种方式，都要形成记录，由参加交底的人员签字，并归档。

3）安全技术交底的内容：施工组织机构设置、工程特点及难点、主要施工工艺及施工方法、进度安排、工程质量及安全技术措施。应重点交底的内容包括光缆的单盘检验；杆洞、拉线坑深；光缆接续；光缆割接；沟坎加固；隐蔽工程的施工要点等。工程中质量通病的预防措施及施工注意事项也应一同交底。

4）一般情况下，安全技术交底仅做一次是不适宜的。针对敷设拉线、敷设光缆、光缆接续施工前，单项工序负责人还应向施工作业人员做施工方案的安全技术交底，包括该工序的过程、工序的施工工艺要求、操作方法及操作要领、质量控制、安全措施等。

5.3 管道光缆线路工程

【案例 5.3】

1. 背景

某城市为配合光进铜退战略计划实施，拟建设 50km 的本地网管道光缆线路。工程地段处于城区，由 2 段组成，第一段 20km，终端 4 个交接箱；第二段 30km，终端 6 个交接箱。光缆采用 144 芯 G. 652 带状光纤，工程设计图纸已经由某设计院设计完成，光缆已经由建设单位订货。接头盒、光缆交接箱及尾纤的采购工作由建设单位提供。计划于 2011 年 6 月 20 日开工建设，计划工期 40 日历天。

2. 问题

（1）编制施工进度计划的基本要求是什么？

（2）编制进度计划的依据有哪些？

（3）叙述施工进度计划的编制步骤？

3. 解析

（1）项目的进度计划是项目施工组织设计的组成部分，应在施工的准备阶段编制，应由项目经理组织项目经理部的相关人员编制，并由项目经理审核，报相关领导或机构批准后实施。进度计划编制的基本要求如下：

1）编制人员应了解本工程特点和合同要求，在工作分解和排序的基础上对各项工作统筹考虑，编制切实可行的进度计划。

2）进度计划应保证工程项目在约定的 40 天内完成；

3）充分落实编制进度计划的条件，避免过多的假设而使计划失去指导意义；

4）进度计划应保证工程项目施工的连续性和均衡性；

5）进度计划应保证与成本、质量、安全等目标相协调，既要有利于工期目标的实现，又要有利于成本、质量、安全目标的实现。

（2）编制进度计划的依据有：

1）施工合同。

2）批准的施工图设计。

3）概、预算定额。

4）现场摸底报告，或者已经掌握的施工现场具体环境及工程的具体特点。

5）本工程是包工不包料方式施工，编制项目进度计划时，编制人员应考虑建设单位的供货计划；或依照项目经理部的进度计划，向建设单位提出供货计划，由建设单位按照项目经理部的进度计划订货、供货。

6）以往类似工程的实际进度及经济指标。

（3）施工进度计划的编制步骤

1）根据工程的总体工作量，将工序分解，列出工程的施工工序一览表，本项目的施工工序一览表如表 5-1 所示。

施工工序一览表　　表 5-1

工程量名称	单　位	数　量	第一段	第二段	每个组的日进度
路由复测	km	50	20	30	10
布放子管	km	50	20	30	5
敷设光缆	条公里	50	20	30	2
光缆成端	端	10	4	6	2
光缆接续	个	25	10	14	2
中继段测试	段	8	3	5	2
竣工资料整理	项	1			4

2）确定各工序的开始和完成时间及相互搭接关系

项目经理部编制的工程进度计划必须满足施工合同的工期要求。对于不同的施工单位，由于其施工技术水平、管理水平、机械化程度、劳动力和材料供应情况等不同，为了满足合同要求，需投入的施工资源会有很大的差别。项目经理部应根据施工图设计、合同工期的要求、预算定额、施工现场的具体特点以及拟参与项目主要人员实力，并考虑本单位对项目的施工资源配备能力，确定工程项目中各工序的施工期限、施工顺序和搭接时间。

确定工序开始和完成时间及相互搭接关系时，通常应考虑以下几个方面的因素：

① 在安排进度计划时，要分清主次，抓住重点，同时进行的作业面不宜过多，以免分散有限的人力和物力。本项目可安排 3 个工程队施工，第一段安排 1 个工程队，第二段安排 2 个工程队。

② 在安排施工进度计划时，应尽量使各工种施工人员、施工机械及仪表在施工中连续作业，同时尽量使劳动力、施工机具、仪表和物资消耗在施工中达到均衡，避免出现突出的高峰和低谷，以利于施工资源的充分利用。为提高仪表的工作效率，本工程可另外安排 1 个接续测试工程队。

③ 要根据施工工艺的特点，确定各工序的施工期限，合理安排施工顺序。本工程工序安排为：路由复测—布放子管（或单盘测试）—单盘测试（或布放子管）—敷设光缆—光缆接续—光缆成端—中继段测试。

3）编制进度计划图表

项目进度通常有表格和图形两种表达方式。常见的表格形式有工序工作持续时间统计表，本工程项目进度计划表如表 5-2 所示。主要的进度计划图形有：带日历的项目网络图、横道图（甘特图）、里程碑事件图、时间坐标网络图等。

项目进度计划表　　表 5-2

工作代号	工　作	持续时间	工作代号	工　作	持续时间	工作代号	工　作	持续时间
A	第 1 组路由复测	2	F	第 2 组敷设光缆	7.5	K	光缆接续	12
B	第 1 组布放子管	4	G	第 3 组路由复测	1	L	光缆成端	5
C	第 1 组敷设光缆	10	H	第 3 组布放子管	3	M	中继段测试	4
D	第 2 组路由复测	1	I	第 3 组敷设光缆	7.5	N	整理竣工资料	4
E	第 2 组布放子管	3	J	单盘测试	2			

根据项目分解以及确定的各工序的开始和完成时间及相互搭接关系，就可以绘制出进度计划图，本项目工期优化前的进度计划甘特图如图 5-2 所示。

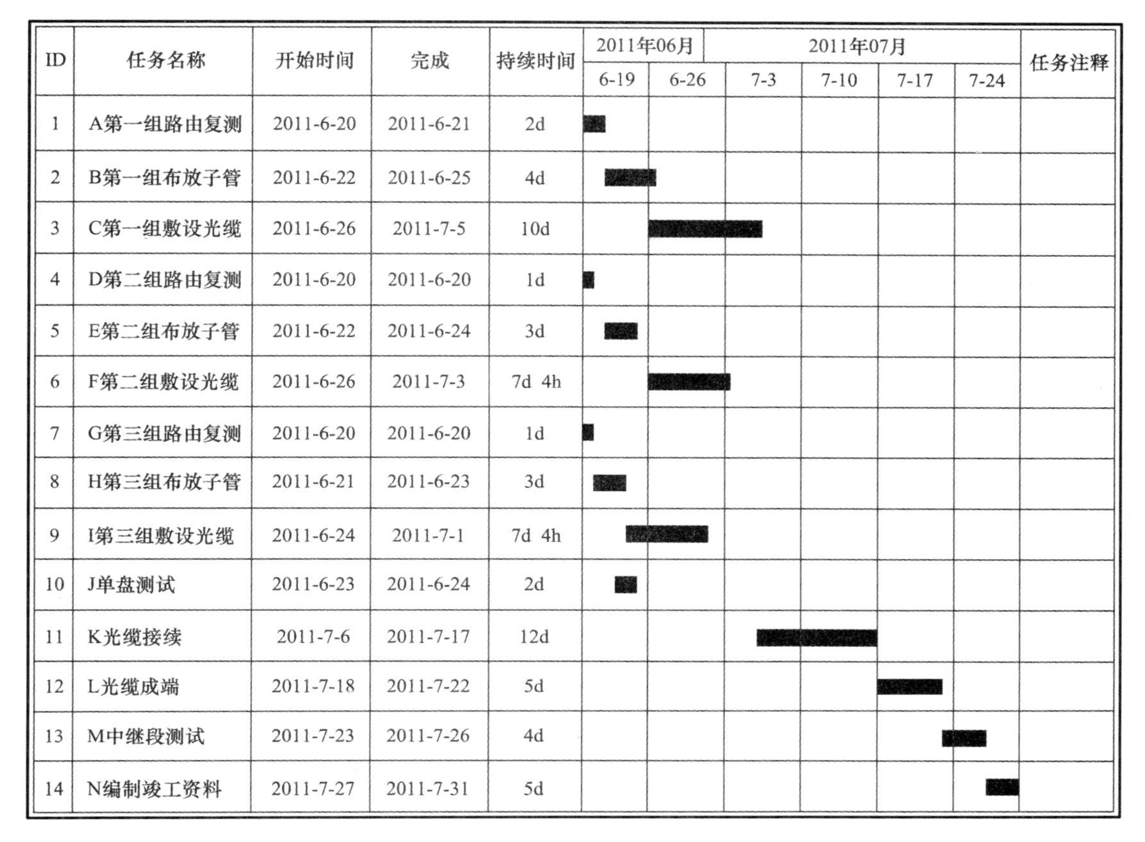

ID	任务名称	开始时间	完成	持续时间	2011年06月		2011年07月				任务注释
					6-19	6-26	7-3	7-10	7-17	7-24	
1	A第一组路由复测	2011-6-20	2011-6-21	2d							
2	B第一组布放子管	2011-6-22	2011-6-25	4d							
3	C第一组敷设光缆	2011-6-26	2011-7-5	10d							
4	D第二组路由复测	2011-6-20	2011-6-20	1d							
5	E第二组布放子管	2011-6-22	2011-6-24	3d							
6	F第二组敷设光缆	2011-6-26	2011-7-3	7d 4h							
7	G第三组路由复测	2011-6-20	2011-6-20	1d							
8	H第三组布放子管	2011-6-21	2011-6-23	3d							
9	I第三组敷设光缆	2011-6-24	2011-7-1	7d 4h							
10	J单盘测试	2011-6-23	2011-6-24	2d							
11	K光缆接续	2011-7-6	2011-7-17	12d							
12	L光缆成端	2011-7-18	2011-7-22	5d							
13	M中继段测试	2011-7-23	2011-7-26	4d							
14	N编制竣工资料	2011-7-27	2011-7-31	5d							

图 5-2 工期优化前的施工进度甘特图

项目进度可以以提要的形式（称为主进度）或详细描述的形式表示。

4）进度计划图优化

编制出的进度计划图可能存在工期不符合合同要求、工作安排不合理等问题，所以，在网络图绘制好以后还应对其进行优化，需要在给定的网络计划约束条件下，利用最优化原理，通过对各项工作时差的调整，不断改善网络计划的初始方案，寻求满足某种目标要求的最优方案。本工程按照施工一般顺序排出的初步工程计划工期为 42 天，难以满足合同工期要求，因此需要进行进度计划优化。本工程优化可从以下几个方面考虑：

① 为减少测试仪表的占用时间，单盘测试工作应考虑安排在布放光缆开始前一天结束，根据单盘测试工序持续时间推算本工序的开始时间，而不是安排在开工第一天进行光缆单盘测试。

② 光缆接续若安排在全部光缆敷设完毕开始，将影响整体工程工期，为压缩工期和减少仪表占用时间，本工程光缆接续可选择在最早一组完成光缆敷设工作后，第二天开始，经过这样的调整，本工程可压缩工期 2 天。若要最大限度地压缩工期，也可选择敷设一部分光缆后，在能够满足接续工作不中断情况下的某天开始，工期还能再多压缩出 3 天以上。

③ 保证整理竣工资料工作的连续性前提下，整理竣工资料开始时间也可以提早开始 2 天，最后测试完成的资料也有 3 天整理时间。

本工程经优化后计划工期为 38 天，能够满足合同工期并留有适当的富余，进度计划甘特图如图 5-3 所示：

ID	任务名称	开始时间	完成	持续时间	2011年06月		2011年07月				任务注释
					6-19	6-26	7-3	7-10	7-17	7-24	
1	A第一组路由复测	2011-6-20	2011-6-21	2d							
2	B第一组布放子管	2011-6-22	2011-6-25	4d							
3	C第一组敷设光缆	2011-6-26	2011-7-5	10d							
4	D第二组路由复测	2011-6-20	2011-6-20	1d							
5	E第二组布放子管	2011-6-22	2011-6-24	3d							
6	F第二组敷设光缆	2011-6-26	2011-7-3	7d 4h							
7	G第三组路由复测	2011-6-20	2011-6-20	1d							
8	H第三组布放子管	2011-6-21	2011-6-23	3d							
9	I第三组敷设光缆	2011-6-24	2011-7-1	7d 4h							
10	J单盘测试	2011-6-23	2011-6-24	2d							
11	K光缆接续	2011-7-4	2011-7-15	12d							
12	L光缆成端	2011-7-16	2011-7-20	5d							
13	M中继段测试	2011-7-21	2011-7-24	4d							
14	N编制竣工资料	2011-7-23	2011-7-27	5d							

图 5-3　工期优化后的施工进度甘特图

5）编制进度管理计划以及计划的细节说明

进度管理计划是工程项目进度计划的辅助说明，主要说明进度计划的执行、检查、调整等控制过程中应采用的方法及所采取的措施。措施包括组织措施、技术措施、合同措施、经济措施和管理措施。在制定这些措施时，需要对影响工程项目的各种可能因素进行详细风险分析。通信工程常见的风险一般有：工程变更、工程量增减、材料等物资供应不及时、劳动力供应不及时、仪器仪表及机械设备供应不及时或使用过程中损坏、自然条件干扰、拖欠工程款、分包影响等因素。

对于工程项目的支持细节应该说明有关的假设和约束。例如应包括各种资源需求图、职责分工、费用预测、甲供设备及材料的到货计划、乙供设备及材料的购置计划、设计图纸的提供计划等。

5.4　传输设备安装工程

【案例 5.4】

1. 背景

某 DWDM 长途传输设备扩容工程跨越多省，由多家施工单位施工。某施工单位于 9

月 1 日与建设单位签订了其中 18 个站安装及调测工作的施工合同，合同规定完工日期为 11 月 30 日，工程为包工不包料的承包方式。8 月 25 日施工单位拿到施工图设计，8 月 26 日参加设计会审。施工单位到现场施工时，发现施工图设计中部分安装机架的位置已装有机架；施工中多个站点的部分设备迟迟不能到货；质检员检查时发现尾纤布放交叉较严重；多单位施工时系统测试配合不好。工程最终于次年 3 月 30 日完成初验。

2. 问题

（1）施工单位应从哪几个方面分析影响本工程进度的因素？

（2）本工程影响进度的因素有哪些？

3. 解析

（1）施工单位分析影响本工程进度的因素时，应根据合同要求及施工现场的具体特点，考虑工程相关方的影响因素及本单位的管理因素，具体应考虑以下几个方面：

1）建设单位、设计单位、监理单位、政府主管部门、资金来源部门、设备材料供应单位等相关单位提供的施工条件。此工程虽然为包工不包料的承包方式，设备材料的供应由建设单位负责，但设备材料不能及时到货，受影响的还是施工单位，所以项目经理部仍需考虑设备材料供应单位对进度的影响。

2）节假日封网的因素。

3）施工单位自身的资源配备、资金保障、工程协调等方面的因素。

（2）本工程影响进度的因素主要有：

1）内部影响因素

① 管理方面：施工资源调配不当、工作安排不合理、窝工，无周密施工计划，对突发情况应对不力，管理水平低。

② 装备方面：为工程配备的车辆及主要机具、仪表、设备不能满足工程的需要。

③ 技术方面：投入的技术力量不能满足工程需要，如测试人员对 DWDM 技术和设备性能不熟悉，测试仪表操作不熟练；施工单位采用的施工方法或技术措施不当；应用新技术、新材料、新工艺时缺乏经验，不能保证质量等因素都会影响施工进度。

④ 协调方面：沿途机房施工准入条件，各省市外经证未备案，机房办理出入证手续不齐全。

⑤ 质量方面：因质量问题造成大量返工。

⑥ 材料供应方面：材料不能及时到达施工现场或使用了不合格的材料。

⑦ 财务方面：施工现场资金短缺。

⑧ 安全施工方面：施工过程中发生安全事故，处理安全事故影响了进度。

2）外部影响因素

① 施工条件方面：配套机房未建好；建设单位提供的设备、材料未到货，或到货不及时，或到的材料有质量问题，规格不符合要求；合同不能及时签订，资金不能及时拨付；设计单位不能及时提供满足要求的施工图设计；设计存在问题。

② 施工环境方面：以往工程布线不规范，影响本次工程布缆路由。

③ 大型事件方面：政府的重要会议、重大节假日、国家的重大活动等需要封网。

④ 意外事件方面：全程测试期间，中间省份光缆割接路由迁改引起系统测试断续。多家施工单位参与，系统测试资源协调不到位等。

5.5 移动通信基站工程

【案例 5.5】

1. 背景

某电信工程公司承担某地移动基站 3G 设备安装工程，该工程主设备由建设单位采购某著名厂商生产规模商用的成熟设备，天线是新入围的一个厂商供货，馈缆是天线厂商采购的合作厂家生产的。大部分基站和 2G 共站址安装主设备和天馈设备。工程进展到 50%时，质检员在进行阶段性检查时，发现大部分天馈系统驻波比测试结果不合格。

2. 问题

(1) 用因果分析法图示工程中影响驻波比测试质量的因素。

(2) 针对影响驻波比测试质量的因素制定改进措施。

3. 解析

(1) 影响工程质量的因素，包括人的质量意识和质量能力、建设项目的决策因素、建设工程项目的勘察因素、建设工程项目的总体规划和设计因素、建筑材料和构配件的质量因素、工程项目的施工方案、工程项目的施工环境。除这些影响因素以外，影响通信与广电建设项目的质量因素还有施工机具、仪表的选型、保管和正确使用等。

针对上述影响工程质量的因素，项目负责人应在施工过程中根据施工现场的实际状况、参与施工的人员水平及工程项目的具体特点，从工程中的人、机、料、法、环等方面分析判断其对工程质量的影响力。

对于判定的影响质量的因素，应根据工程的具体情况明确相关控制要点。如果影响因素是人的方面的因素，应将控制重点放在人的技术水平、人的生理缺陷、人的心理状态、人的错误行为等方面；如果影响因素是施工用机具仪表方面的因素，应选用合适的机具仪表，正确使用、管理和保养好相应的机具和仪表，确保其处于最佳的使用状态；如果影响因素是施工材料方面的因素，应从材料的采购、检验和试验、检查验收和使用等方面进行重点控制；如果影响因素是施工方法、检验方法方面的因素，应重点控制施工方案、施工工艺、施工组织设计、施工组织措施等方面；如果影响因素是环境方面的因素，应重点改善施工的技术环境、操作环境，制定完善的质量管理制度、优化劳动组合结构。

从最末一层的原因中选取和识别（一般为 3～5 个）对结果有最大影响的原因，并对它们做进一步的研究、论证，然后制定措施进行控制。因果分析图如图 5-4 所示。

(2) 因果分析法是一种逐步深入研究和讨论质量问题的图示方法。运用因果分析法可以制定对策，解决工程质量上存在的问题，从而达到控制质量的目的。其制作步骤如下：

1) 决定特性，就是要解决的问题，放在主干箭头的前面。

2) 确定影响质量特性的大枝，即影响工程质量的因素。

3) 进一步划出中、小细枝，即找出中、小原因。

4) 反复讨论，补充遗漏的因素。

5) 针对影响质量的因素，有的放矢地制定对策，并落实到人和时间。所有这些都应通过对策计划表形式列出。

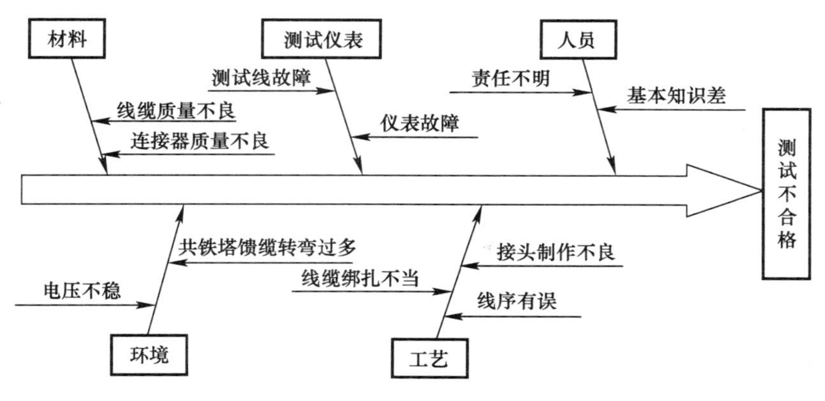

图 5-4 测试不合格原因分析图

根据因果分析图中的质量因素制定改进措施，如表 5-3 所示。

改进措施表 **表 5-3**

项目	序号	问题原因	改进措施
人	1	基本知识差	做好新人培训
	2	责任不明	明晰责权、按能力分工
工艺	3	接头不良	规范制作馈缆头工艺流程
	4	线序有误	标识及时，明晰；多次检查对线
	5	绑扎不当	严格按技术规范施工
材料	6	线缆质量不良	加强进货检验
	7	连接器质量不良	
测试仪表	8	仪表损坏	及时修复或更换
	9	测试线故障	修复或更换
环境	10	电压不稳	仪表改用电池供电模式
	11	共铁塔馈缆转弯过多	重新布局缆线路由走向，减少转弯次数

5.6 通信管道工程

【案例 5.6】

1. 背景

某通信工程公司承揽到新建 6 孔长途硅芯管管道工程，工程由 4 个中继段组成，于 9 月 10 日开工。此工程的施工地点位于河流密集地区，部分路段为石质地段。项目经理部编制了施工组织设计，在施工组织设计中要求：

（1）作业队应依据项目经理部的施工组织设计进行施工。在项目经理部的施工组织设计中，进度计划用一张横道图表示。横道图中只标出了各中继段的开始时间和完成时间。

（2）作业队采用流水作业法进行施工，其中路由复测组的日进度为 4km，管道沟开挖组的日进度为 2km，硅芯管敷设组的日进度为 4km，回填组的日进度为 3km。

在施工过程中，发生了以下事件：

（1）作业队根据以往施工经验，在通航河流敷设好硅芯管以后，及时埋设了水线标志牌。

(2) 项目经理部在编制竣工文件时发现，4 号手孔 A 端的 2 号管孔为红蓝管，5 号人孔 B 端的 2 号管孔为红黄管。

(3) 在石质地段，由于管道沟难以挖到规定深度，作业队在已挖的沟内敷管回填。

2. 问题

(1) 项目部在工作分解过程中存在哪些问题？

(2) 此工程施工过程中存在哪些问题？

(3) 此工程施工过程中主要有哪些质量控制点？

3. 解析

(1) 项目部在工作分解过程中存在的问题包括：

1) 项目经理部在进度计划图中只画出了各中继段的开始时间和完成时间，说明项目部的工作结构只分解到了中继段。在每个中继段内的施工，还存在很多工序，还有很多需要落实进度、资金、施工资源的问题，还需要对中继段内的工作进一步分解。这种工作分解结构不便于工程的管理，不符合进度分解的要求。

2) 对于项目经理部的这种流水作业方式，体现出各作业组的资源分配不合理。由于各作业组的工程进度不一致，各作业组的作业活动不能连续、均衡地进行，作业组之间的搭接关系存在着严重的窝工现象。

(2) 在施工过程中存在的问题包括：

1) 作业队先敷设硅芯管，后安装水线标志牌的做法不符合要求。按照《工程建设标准强制性条文》及施工规范的要求，应该先安装水线标志牌。这种工序安排不符合规定。

2) 两个人（手）孔内同一个管位的管子颜色不一致，此种情况说明作业队在敷设硅芯管时省掉了排列管孔的一道工作内容。由此可以看出作业队没有按照规范要求的工序施工。

3) 对于作业队在沟深不够的情况下敷设管道，如果经现场工程师批准，应采用水泥包封或外套钢管等保护等措施以后才可以回填。作业队没有按规定的工序施工，省掉了管道保护一道工序。

(3) 通信管道建设工程的质量控制，按照其实施过程，可分准备、实施、竣工三个阶段进行。控制工序包括：施工地段、路由现场勘查及测量—材料进场检测、检验—沟槽、基础施工—管道敷设、包封及回填—人（手）孔施工—管道试通—竣工图绘制及竣工资料编制。下面给出一些可设置质量控制点的位置。

1) 施工前路由及环境勘查及测量。了解路由内是否有其他交越、重合的管线，地面上的树木、建筑、电杆、拉线、道路及各种检查井对施工的影响程度；地质条件、地下水情况。水准点的确定。

2) 进场材料的清点检查。对全部进场材料的型号、规格、质量、数量清点检查；对材料的生产厂家、出厂合格证、入网证检查核对。

3) 管道坑槽。管道坑槽的土质、宽度、深度、放坡比例；槽底障碍的处理、管道与障碍物的净距离；换土夯实情况。

4) 管道基础。管道基础钢筋制作与绑扎、管道基础的宽度、厚度、位置偏移；基础混凝土配合比及养护时间、强度；模板安装、拆除。

5) 塑料管敷设。硅芯管排列、定位架安装、接口处理、管间缝的填充、管道进入人（手）孔的排列。

6）包封加固。钢筋的制作与绑扎、模板安装、拆除；混凝土配比、养护时间、强度。

7）回填土方。土质更换情况、管道两侧夯实、管顶回填高度、不同路面分层回填夯实。

8）人（手）孔、电缆通道施工。人（手）孔、电缆通道尺寸符合设计要求；内、外壁抹灰；窗口位置；人孔上覆、井口、口圈安装；电缆支架、人孔专用器材的安装。

9）管道试通。试通管孔的选择、试通棒的规格。

5.7　通信电源工程

【案例 5.7】

1. 背景

某电信工程公司承担某地移动基站配套电源设备安装工程，该工程开主设备由建设单位采购，电池组分别采用 3 个国内知名厂家产品。电力电缆和其他材料有施工单位承包。设计由建设单位指定的设计院按照 4 种标准机房出版了通用图纸。施工单位为了保证工程进度选派有 8 个工程队同时施工。工程进展到 30%时，建设单位进行了一次监督检查，检查文件时，项目经理交底提供的交底报告上显示，"各个工程队队长严格按照设计图纸施工，注意安全"，施工队长都在交底记录上签了字。工程现场发现了以下问题：

（1）3 个基站由于馈线窗位置改变，预留在了原设计平面位置的对面墙上，电源设备施工单位按照设计通用图纸的平面位置施工，致使开关电源安装在了馈线窗一侧；

（2）2 个基站由于地理位置限制，机房门位置发生了改变，电源设备施工单位按照设计图纸安装设备，致使设备后门开启时刚好触及电池极柱；

（3）检查到一个基站测试人员正在对电池做 3 小时率容量试验，经询问该站是昨天晚上才加电。

（4）一个基站两组电池容量都是 500AH，却不是一个品牌的电池；

（5）多数基站交流电缆、直流电缆和保护地线为避免交叉，存在绑扎在一起的现象；

（6）一个正在施工的基站，施工人员正在用压接钳对开口管箍型铜鼻子压接。

2. 问题

（1）施工单位对检查组发现的问题应分别作何处理？正确的做法是什么？

（2）项目经理交底存在哪些问题？

3. 解析

（1）针对检查中存在的问题分析如下：

1）机房虽然有 4 种标准的施工图纸，可是在机房土建过程中，由于受地形条件限制，馈线窗预留的方位经常受天馈设备安装位置而发生改变，这就要求施工人员根据机房情况调整设备的排列位置，一般设备平面排列方式是：从馈线窗开始依次是基站主设备—综合传输柜—开关电源设备，整列头尾两端预留出扩容机柜的位置。当发现机房馈线窗位置与设计图纸不符时，应按照设计变更程序提请设计部门重新设计，按照修订的设计图纸施工。

2）原则上，电池的安装位置靠墙安装并与墙壁保持 10cm 的间距，当与设备成两排排列时，两列间应保持足够的距离，方便设备维护和供电设备安全，不能影响前后门开合，机柜门绝对不能触及电池极柱，间距过小时，滑落金属物件会引发短路事故。正确的处理方式是按正常程序提请设计变更，请设计部门重新规划电池的摆放位置，按修订后的图纸施工。

3）电池组在做容量试验前应对电池做连续均充24小时以上，再静置1小时后进行。放电用负载应安全可靠，易于调整。放电时应注意电流表指示，逐步调整负载，使其达到所需的放电电流值。初放电铅酸蓄电池应以10小时率放电。

4）不同型号、不同容量、新旧电池严禁混合使用，两组电池组也必须采用一个厂家生产的同一型号的电池。在配送发货时一定要注意。本站混装的电池应更换成同一厂家同一型号的电池组。

5）基站电源线布放时，保护地、交流、直流线缆应分开摆放，并保持一定间距，分别绑扎在走线架上，各类缆线应避免交叉。本站各类电力电缆绑扎在一起是不符合规范要求的，应重新按要求绑扎。

6）电力电缆成端，铜鼻子型号和电缆芯线尺寸应完全吻合，严禁在制作端头过程中剪断部分芯线。采用压接方式时，应选用压接式铜鼻子，本站使用的开口管箍型铜鼻子是焊接方式时才能使用的。应更换符合规定的铜鼻子重新制作终端。并对制作好的铜鼻子用保护管予以保护处理，直流系统保护套管颜色正极用红色、负极用蓝色、保护地用黄色，交流线A、B、C相线和零线分别用黄、绿、红、蓝色保护管保护。

（2）项目经理交底记录只记录了“各个工程队队长严格按照设计图纸施工，注意安全”是不妥当的。

1）安全技术交底的依据主要有施工合同、施工图设计、工程摸底报告、设计会审纪要、施工规范、各项技术指标、管理体系要求、作业指导书、辨识的质量控制点和重大危险源、建设单位或监理工程师的其他书面要求等。

2）交底内容包括施工组织机构设置、工程特点及难点、主要施工工艺及施工方法、进度安排、工程质量及安全技术措施，应急响应预案。

3）本工程为基站配套电源工程，每个站有每站的具体特点，针对设备的整体布局原则，设备排列方式规定，交流分配柜、防雷箱安装高度，缆线布放原则，电力线缆成端，电池组加固要领等详细交底。安全方面：电源设备较重安装过程要注意的事项，开关电源设备加电流程，出现紧急意外情况响应预案，电池测试指标和测试方法也应详细交底。

4）工程队长在每个站点施工前，对本站安装注意的要点还应现场交底。

5）本工程8个工程队同时施工，在大面积分开作业前，应选择4种典型站分别进行示范站安装，并邀请设计、监理、建设、维护单位人员参加，提取各方意见和建议，在示范站安装过程中各方达成共识，统一设备安装加固方式和布线规范，减少施工过程出现的各种不合格、不统一现象发生。

5.8 发射台天线系统安装工程

【案例5.8】

1. 背景

某广播发射中心新建项目建设16副发射天线系统，其中：12部短波发射天线，4副中波发射天线。建设3座120m高自立塔，1座108m高自立塔，4套$R=120$m的地网，2200m馈线系统及其配套的调配系统。天馈线系统采取双频共塔的技术配置。

此安装工程具有高空作业、高电压、大电流、强高频辐射等诸多安全控制因素，因此在实施中实行了严格的安全管理。

2. 施工安全管理：

1）安全方针

“安全第一，预防为主”。为认真贯彻安全生产方针，保护广播电视中心和台、站从事天线维护工作人员和天线设备在施工过程中的安全，应牢固地树立“安全第一的思想”。

2）安全责任制

项目经理是施工项目安全管理第一责任人。各分项施工负责人（指分包工程项目、分包劳务项目、分专业项目负责人）是其分项目施工安全管理的直接责任人。在开工前，分项施工负责人需与施工项目组签订安全协议，对项目组作出施工安全保证。

在各分项施工作业组内，实施各项作业安全负责人制度。各分项施工负责人需落实各项作业的安全员名单，建立分工负责制。在与施工项目组签订安全协议的同时，需提交本作业组内安全责任人名单。

在签订工程项目承包协议时，必须包括安全责任条款。在竣工后核定承包人的奖惩时，需把安全责任完成情况作为考察内容之一。

3）安全教育

在项目组组建后进行施工准备其间，由施工技术组组长负责组织全组进行安全教育。教育内容包括：安全意识的教育；本项目实施中涉及的重点安全控制环节，各环节的安全知识、安全规定、安全技能，必要时进行特定安全技能训练。

各分包单位在开工之前，也需进行安全教育，内容同上。

采用新技术，使用新设备、新材料的部分，应对有关人员进行安全知识、技能、意识的安全教育。

4）安全技术措施

在工程实施中，为了预防事故发生，减少事故损失，应采取以下安全技术措施：

① 工程安全技术措施

安全装置：要设置各种必要的安全装置，并保持设备原有安全装置及现场设置装置完好有效。安全装置包括：

防护装置：既用屏护方法把人体与生产活动中出现的危险部位隔离开来的装置。

特别注意：机械设备中轮罩或轴套等对转动部位的防护；带电部位防护；强高频辐射部位隔离防护；机械或电器设备原有防护装置的完好保持等。

保险装置：指机械设备在非正常操作和运行中能够自动控制和消除危险的设施设备。如：供电设施的触电保护器；提升设备的短绳保险装置等。

信号装置：指视听信号装置，用来指示操作人员该做什么，躲避什么。如：红绿手旗；红、绿、黄灯；电铃、口哨等音响；指示仪表信号等。

危险警示标志：通常以简短明确的文字或标准的图形符号予以显示。如：“危险!”、“有电!”、“高压!”、“禁止烟火!”等。

② 预防性机械强度试验和电气绝缘试验

施工现场的机械设备，特别是自行组装的临时设施中的强度部件、构件、材料，均应进行强度试验。必须在满足设计强度和使用功能时，才能投入使用。在天线施工中常用的卷扬机、钢丝绳、吊篮等，在使用前，必须做承载试验。

电气绝缘试验：在广播电视工程中，安装的主机设备、辅助设备以及大量的安装机具、测试仪表等电气设备，必须经过电气绝缘试验，确保人身及设备安全。特别是陈旧的电气工具、配电箱、插销板、电工仪表、临时照明装置等，需特别予以注意。

③ 施工机械及电气设备的维修保养

对各种施工机具、设备，必须按照其操作使用及保养规程要求，进行检查、维护、保养，使其处于良好状态。对主要机具设备需建立维护档案，对其进行定期检修，予以记录。决不允许为了赶进度，违章作业，让机械设备“带病”工作。

④ 劳动保护

适时提供劳动保护用品，是预防安全事故，保护人员安全与健康的重要辅助措施。特别要确保高空作业、电气焊作业、高压作业、危险品作业、高频辐射作业的必要防护用品的及时供应和防护效能可靠。

在高空安装作业时，地面需设置紧急救护用交通车辆。

对劳动保护用品的采购、保管需严格管理，确保采购产品质量可靠；保管有序；对不合格或有缺陷的劳保用品需及时清理隔离，防止误用。劳保用品的采购和保管需建立责任人制度。

⑤ 作业人员资格管理

对工程施工中各项作业的岗位人员实施资格控制。技术组需对安全检查人员、特殊作业人员的上岗资格进行审查确认，需持证上岗的必须验明证件。目前要求持证上岗的岗位有：机械司机、信号工、架子工、起重工、天线工、爆破工、电工、焊工等。

⑥ 交通安全措施

严格禁止非司机（无驾驶资格证件）人员开车上路。一经发现，需作出严肃处理。

司机人员必须严格检查车况，及时修理和保养车辆，确保行车安全。

⑦ 其他人身安全隐患控制

5）安全检查

① 安全检查制度

项目部需建立安全检查制度。对安全检查的频度、方式、内容作出明确计划，并严格执行安全检查制度。对实施过的安全检查做记录。

② 安全检查内容

查思想，查管理，查制度，查现场，查隐患，查事故处理。

③ 安全检查方法

看：看现场环境和作业条件，看实物和实际操作，看记录和资料；

听：听汇报，听介绍，听反映，听意见批评，听机械运转响声；

嗅：对挥发物、腐蚀物、有毒气体、烧焦气味进行辨认；

问：对影响安全的问题，详细询问，寻跟究底；

测：测试、测量、检测；

验：进行必要的试验或化验；

析：分析安全事故的隐患和原因。

④ 安全检查形式

工程主管部门或公司领导对项目组的检查；

施工技术组对分包作业组的例行检查或临时检查；

技术组对某项作业、现场的突击性检查；

作业组内岗位安全检查。

6）事故处理

施工生产场所，发生伤亡事故后，负伤人员或最先发现事故的人员应立即报告项目组。项目组根据事故的严重程度及现场情况立即上报主管部门。

发生重伤或重大伤亡事故，必须立即将事故概况（含伤亡认输、时间、地点、原因等），用最快的办法分别报告企业主管部门、行业安全管理部门、工会部门及其他相关部门。

事故处理程序：

迅速抢救伤员，保护事故现场。

组织调查组。

现场勘察。

分析事故原因，确定事故性质。

写出事故调查报告。

事故的审理和结案与善后。

第6章 注册建造师相关制度介绍

6.1 通信与广电工程注册建造师执业工程范围解读

目前我国工程建设的各个领域内，施工企业以及建设单位、设计单位、监理单位、质量监督单位和有关管理部门，均按专业对工程项目进行运作和管理。不同类型、不同性质的建设工程项目，有着各自的专业性和技术特点，对施工项目负责人的专业要求有很大不同。为了适应各类工程项目对建造师专业技术的不同要求，也与现行建设工程管理体制相衔接，充分发挥各有关专业部门的作用，建造师实行分专业管理。

一、建造师分级

建造师分为两个级别，一级建造师的专业分为建筑工程、公路工程、铁路工程、民航机场工程、港口与航道工程、水利水电工程、矿业工程、机电工程、市政公用工程、通信与广电工程等10个。二级建造师的专业分为房屋建筑工程、公路工程、水利水电工程、矿业工程、机电工程、市政公用工程等6个。即通信与广电工程专业不设二级建造师。

二、执业工程范围

通信与广电执业工程范围包括：通信线路、微波通信、传输设备、交换、卫星地球站、移动通信基站、数据通信及计算机网络、本地网、接入网、通信管道、通信电源、综合布线、信息化、电视中心、广播中心、中短波发射台、调频、电视发射台、有线电视、卫星接收站等。

1. 通信线路工程：通信线路是指在各种传输设备之间、交换设备之间以及交换设备与终端设备之间，传输语音、数据及图像等通信信息的有线介质。目前的通信线路一般有电缆和光缆。通信线路工程是指完成采用直埋、架空、水下、管道等敷设方式敷设的通信线路的设计、施工、管理及协调等工作的工程。

2. 微波通信工程：微波通信是指使用波长在0.1毫米至1米之间的电磁波——微波作为介质进行信号传递。微波通信工程是指完成微波通信设备的组网设计、设备安装、缆线布放、设备调测及交工验收等一系列工作的工程。

3. 传输设备工程：传输设备是指长途通信中使用的PDH设备、SDH设备、WDM设备及其他相关设备。传输设备工程是指完成传输设备的组网设计、设备安装、缆线布放、设备调测及交工验收等工作量的工程。

4. 交换工程：交换设备是指通信局（站）内能够完成在不同用户之间进行语音、数据及图像等信息传递的设备。交换工程是指完成通信局（站）内交换设备的组网设计、设备安装、缆线布放、设备调测及工程验收等工作量的工程。

5. 卫星地球站工程：卫星地球站是指卫星信号发送和接收的地面装置及其相关配套设备，一般包括地球上行站和地面接收站两部分。卫星地球站工程是指完成卫星地球站的设计、设备安装、缆线布放、设备调测及工程验收等工作量的工程。

6. 移动通信基站工程：移动通信基站是指在一定的无线电覆盖区域中，通过移动通信交换中心与移动电话终端之间进行信息传递的无线电收发信设备。移动通信基站工程是指完成移动通信基站的组网设计、设备安装、缆线布放、设备调测及工程验收等工作量的工程。

7. 数据通信及计算机网络工程：数据通信是指通过传输信道将数据终端与计算机联结起来，从而实现不同地点数据终端的软、硬件和信息资源的共享。它是通信技术和计算机技术相结合而产生的一种通信方式。根据两地间传输信息的传输媒体不同，可以分为有线数据通信与无线数据通信。计算机网络是指将地理位置不同的具有独立功能的多台计算机及其外部设备，通过通信线路连接起来，在网络操作系统、网络管理软件及网络通信协议的管理和协调下，实现资源共享和信息传递的计算机系统。简单地说，计算机网络就是通过电缆、电话线或无线通信将两台以上的计算机互连起来的集合。数据通信及计算机网络工程是指完成数据通信网络及计算机网络的组网设计、设备安装、缆线布放、设备调测及工程验收等工作量的工程。

8. 本地网工程：本地网是指在一个长途编号区内、由若干端局（或端局与汇接局）、局间中继线、长市中继线及端局用户线所组成的自动电话网，它又称为本地电话网。它的主要特点是在一个长途编号区内只有一个本地网，同一个本地网的用户之间呼叫只需拨本地电话号码，而呼叫本地网以外的用户则需要按长途程序拨号。本地网工程也可按专业分为线路敷设和设备安装。线路工程是指完成本地网通信线路的设计以及通信线路的施工、工程管理与协调等工作量的工程；设备安装工程是指本地网设备的组网设计、设备安装、缆线布放、设备调测及工程验收等工作量的工程。

9. 接入网工程：接入网是指本地交换机与用户终端之间的连接部分，它通常包括用户线传输系统、复用设备、交叉连接设备或用户/网络终端设备。接入网的接入方式包括铜线（普通电话线）接入、光纤接入、光纤同轴电缆（有线电视电缆）混合接入、无线接入和以太网接入等几种方式。接入网工程是指完成接入网的组网设计、设备安装、设备调测、线路施工、工程管理与协调等工作量的工程。

10. 通信管道工程：通信管道是通信用光（电）缆地下敷设的路径，一般可以由水泥管块、塑料管或钢管等铺设建成。在通信管道中间建有人（手）孔。通信管道工程是指完成通信管道的设计、通信管道的铺设、人（手）孔的建设、工程管理与协调等工作量的工程。

11. 通信电源工程：通信电源是通信设备的电力来源，它包括地网、交流配电设备、直流配电设备、蓄电池、电缆、监控设备等。通信电源工程是指完成通信电源设备的组网设计、设备安装、缆线布放、设备调测及工程验收等工作量的工程。

12. 综合布线工程：综合布线是指针对计算机与通信配线系统而建设的一种模块化的、灵活性极高的建筑物内及建筑群之间的信息传输通道，通过它可以使建筑物内的语音设备、数据设备、交换设备及各种控制设备与信息管理系统连接起来，实现资源共享；同时它也可以使这些设备与外部通信网络相连，与外部网络交换信息。综合布线由不同系列和规格的部件组成，其中不仅包括建筑物内部的各种设备和线路，还包括建筑物的外部网络或电信线路的连接点与应用系统设备之间的所有线缆及相关的连接部件。

综合布线工程是指完成建筑物外部连接点至其内部各种设备之间、建筑物内部各种设备及其彼此之间连接线的组网设计、设备安装、缆线布放、各种测试及工程验收的全部工作量的工程。

13. 信息化工程：信息化工程是指透过全面开放的应用服务体系对传统体系进行应用模式和管理模式的改造的工程。

14. 电视中心工程：电视中心是能自制节目、播出节目，并具有录播、直播、微波及卫星传送和接收等全部功能或部分功能的电视台。电视中心工程是指完成电视中心的设计、设备安装、缆线布放、设备调测及工程验收等工作量的工程。

15. 广播中心工程：广播中心是能自制节目、播出节目，并具有录播、直播、微波及卫星传送和接收等全部功能或部分功能的广播电台。广播中心工程是指完成广播中心的设计、设备安装、缆线布放、设备调测及工程验收等工作量的工程。

16. 中波、短波广播发射台工程：中波、短波广播发射台是用无线电发送设备将声音节目播送出去的场所，其装有一部或若干部发射机及附属设备和天线。中波广播发射台工作于中波波段，短波广播发射台工作于短波波段。中波、短波广播发射台工程是指完成中波、短波广播发射台的设计、设备安装、缆线布放、设备调测及工程验收等工作量的工程。

17. 电视、调频广播发射台工程：电视、调频广播发射台是用无线电发送设备将声音和图像节目播送出去的场所，其装有一部或若干部发射机及附属设备和天线。调频广播发射台工作于米波波段，电视发射台工作于米波和分米波波段。电视、调频广播发射台工程是指电视、调频广播发射台的设计、设备安装、缆线布放、设备调测及工程验收等工作量的工程。

18. 有线电视工程：有线电视是采用缆线传输电视节目的一种技术手段。有线电视工程是指有线电视设备安装、缆线布放、设备调测及工程验收等工作量的工程。

19. 广播电视卫星地球站工程：广播电视卫星地球站是向卫星发送广播电视信号供卫星转发器向地面播出，同时接收来自卫星的广播电视信号的场所。广播电视卫星地球站工程是指完成广播电视卫星地球站的设计、设备安装、缆线布放、设备调测及工程验收等工作量的工程。

6.2 通信与广电工程注册建造师执业工程规模标准解读

建市［2003］86号文中明确了“大、中型工程项目施工的项目经理必须由取得建造师注册证书的人员担任”，2007年7月4日，中华人民共和国建设部印发了《注册建造师执业工程规模标准》（试行）建市［2007］171号。

一、工程规模的划分

通信与广电专业建造师执业工程规模的划分，既不同于施工企业资质等级标准，也不同于通信工程类别划分标准，而是根据行业意见，采用专业和单项工程合同额/规模、单项工程合同额和结构形式划分。

通信与广电大中型工程项目负责人必须由本专业一级注册建造师担任，小型工程施工项目负责人取得职业资格后方可负责小型项目管理。

二、工程规模标准

1. 通信线路工程

大型：跨省通信线路工程或投资3000万元及以上；

中型：省内通信线路工程且投资在1000万～3000万元内；

小型：投资小于1000万元。

2. 微波通信工程

大型：跨省微波通信工程或投资2000万元及以上；
中型：省内微波通信工程且投资在800万～2000万元内；
小型：投资小于800万元。
3. 传输设备工程
大型：跨省传输设备工程或投资3000万元及以上；
中型：省内传输设备工程且投资在1000万～3000万元内；
小型：投资小于1000万元。
4. 交换工程（设备安装）
大型：5万门及以上；
中型：1万门及以上～5万门以下；
小型：1万门以下。
5. 卫星地球站工程
大型：天线口径12米及以上（含上下行）；500个及以上VSAT；
中型：天线口径6～12米（含上下行）；500个以下VSAT；
小型：天线口径6米以下卫星单收站。
6. 移动通信基站工程
大型：50个及以上基站；
中型：20个及以上～50个以下基站；
小型：20个以下基站。
7. 数据通信及计算机网络工程
大型：跨省数据通信及计算机网络工程或投资1200万元及以上；
中型：省内数据通信及计算机网络工程且投资在600万一1200万元内；
小型：投资小于600万元的项目。
8. 本地网工程
大型：单项工程投资额1200万元及以上；
中型：单项工程投资额300万～1200万元以内；
小型：单项工程投资额300万元以下。
9. 接入网工程
中型：单项工程投资额300万元及以上；
小型：单项工程投资额300万元以下。
10. 通信管道工程
中型：单项工程合同额200万元及以上；
小型：单项工程合同额200万元以下。
11. 通信电源工程
中型：综合通信局电源系统；
小型：配套电源工程。
12. 电视中心工程
大型：自制节目2套及以上；
中型：自制节目1套。

13. 广播中心工程

大型：自制节目 4 套及以上；

中型：自制节目 2～3 套；

小型：自制节目 1 套。

14. 中短波发射台工程

大型：单机发射功率 100 千瓦及以上；

中型：单机发射功率 50 千瓦～100 千瓦以内；

小型：单机发射功率 50 千瓦以下。

15. 调频、电视发射台工程

大型：单机发射功率 5 千瓦及以上；

中型：单机发射功率 1 千瓦～5 千瓦以内；

小型：单机发射功率 1 千瓦以下。

16. 有线电视工程

大型：用户终端 3 万户及以上；

中型：用户终端 1 万户～3 万户以内；

小型：用户终端 1 万户以下。

17. 卫星接收站工程

大型：接收广播电视节目 50 套及以上；

中型：接收广播电视节目 30 套～50 套以内；

小型：接收广播电视节目 30 套以下。

18. 其他广电工程

大型：单项工程合同额 2000 万元及以上；

中型：单项工程合同额 1000 万～2000 万元以内；

小型：单项工程合同额 1000 万元以下。

6.3 通信与广电工程注册建造师工程执业签章文件解读

《注册建造师管理规定》（中华人民共和国建设部令第 153 号）依据《建筑法》、《行政许可法》、《建设工程质量管理条例》等法律、行政法规制定，对建造师注册、执业、继续教育、法律责任作出了明确规定："建设工程施工活动中形成的有关工程施工管理文件，应当由注册建造师签字并加盖执业印章"，"施工单位签署质量合格的文件上，必须有注册建造师的签字盖章"，建造师应"在本人执业活动中形成的文件上签字并加盖执业印章"，"保证执业成果的质量，并承担相应责任"。

建市［2008］48 号发布的《注册建造师执业管理办法》中规定，担任建设工程施工项目负责人的注册建造师在执业过程中，应当及时、独立完成建设工程施工管理文件签章并承担相应责任。

一、签章文件目录

建设部发布了《注册建造师施工管理签章文件目录》（试行）（建市［2008］42 号）通信与广电工程施工管理签章文件目录见表 6-1。

通信与广电工程施工管理签章文件目录 **表 6-1**

序号	工程类别	文件类别	文件名称	代码
1	通信工程	施工组织管理	项目管理实施计划或施工组织设计报审表	CL101
			主要施工管理人员配备表	CL102
			主要施工方案报批表	CL103
			特殊或特种作业人员资格审核表	CL104
			工程开工报审表 开工报告	CL105-1 CL105-2
			单项工程开工报审表 单项工程开工报告	CL105-1 CL105-2
			工程延期申请	CL106
			工程暂停施工申请 工程恢复施工申请 工程竣工交验申请	CL107-1 CL107-2 CL107-3
			与其他工程参与单位来往的重要函件（工作联系单）	CL108
			工程保险委托书	CL109
			工程验收报告	CL110
			竣工资料移交清单	CL111
		施工进度管理	总进度计划报审表	CL201
			单项工程进度计划报审表	CL202
			工程月（周、日）报	CL203
		合同管理	工程分包合同	CL301
			劳务分包合同	CL302
			材料采购总计划表	CL303
			工程设备采购总计划表	CL304
			工程设备（材料）招标书 工程设备（材料）供货单位确认书	CL305-1 CL305-2
			工余料清单	CL306
			合同变更申请报告	CL307
		质量管理	重大质量事故报告	CL401
			工程质量保证书	CL402
		安全管理	工程项目安全生产责任书	CL501
			分包安全管理协议书	CL502
			施工安全技术措施及安全事故应急预案	CL503
			施工现场安全事故上报表 施工现场安全事故处理报告	CL504-1 CL504-2
		现场环保文明施工管理	施工环境保护措施及管理方案	CL601
		成本费用管理	工程款支付申请表	CL701
			工程变更费用报审表	CL702
			工程费用索赔申请表	CL703
			竣工结算申报表	CL704
			工程保险（人身、设备、运输等）申报表	CL705
			工程结算审计表（法律纠纷事务申诉用）	CL706

续表

序号	工程类别	文件类别	文件名称	代码
2	广电工程	施工组织管理	项目管理实施计划或施工组织设计报审表	CL101
			主要施工管理人员配备表	CL102
			主要施工方案报批表	CL103
			特殊或特种作业人员资格审核表	CL104
			工程开工报审表 开工报告	CL105-1 CL105-2
			工程延期申请	CL106
			工程暂停施工申请 工程恢复施工申请 工程竣工交验申请	CL107-1 CL107-2 CL107-3
			与其他工程参与单位来往的重要函件（工作联系单）	CL108
			工程保险委托书	CL109
			工程验收报告	CL110
			竣工资料移交清单	CL111
		施工进度管理	总进度计划报审表	CL201
			单项工程进度计划报审表	CL202
			工程月（周、日）报	CL203
		合同管理	工程分包合同	CL301
			劳务分包合同	CL302
			材料采购总计划表	CL303
			工程设备采购总计划表	CL304
			工程设备（材料）招标书 工程设备（材料）供货单位确认书	CL305-1 CL305-2
			工余料清单	CL306
			合同变更申请报告	CL307
		质量管理	重大质量事故报告	CL401
			工程质量保证书	CL402
		安全管理	工程项目安全生产责任书	CL501
			分包安全管理协议书	CL502
			施工安全技术措施及安全事故应急预案	CL503
			施工现场安全事故上报表 施工现场安全事故处理报告	CL504-1 CL504-2
		现场环保文明施工管理	施工环境保护措施及管理方案	CL601
		成本费用管理	工程款支付申请表	CL701
			工程变更费用报审表	CL702
			工程费用索赔申请表	CL703
			竣工结算申报表	CL704
			工程保险（人身、设备、运输等）申报表	CL705
			工程结算审计表（法律纠纷事务申诉用）	CL706

二、签章文件类别及格式

施工项目负责人是公司在合同项目上的全权委托代理人，代表公司处理执行合同中的一切重大事宜：合同的实施、变更调整，对执行合同负主要责任；在公司授权的范围内，负责与业主洽谈工程项目的有关问题，签署相应文件；负责与协作单位、租赁单位、供应单位洽谈，签署协作、租赁和供货合同；并负责协调项目内协作单位之间的关系；负责组织编制施工组织设计、进行网络控制计划、成本控制计划、质量安全技术措施和工程预决算；全面负责项目安全生产工作。

1. 签章文件类别的设置考虑了执业活动中涉及的施工管理相关内容，包括：施工组织管理、施工进度管理、合同管理、质量管理、安全管理、现场环保文明施工管理、成本费用管理。

签章文件名称及具体内容设置则考虑了行业工程管理现有模式、相关法律法规要求、施工监理要求、与相关方有关的需要负相应责任的文件、现行的文件格式等方面的内容。

2. 表中“代码”的字母及数字，根据建设部的统一规定，各项的含义如下：

(1)“代码”C—代表“建造师”;

(2)“代码”L—代表“通信与广电工程”专业;

(3) 数字 1～7 分别代表文件类别，即项目管理的各项内容，具体含义为：

1—施工组织管理;

2—施工进度管理;

3—合同管理;

4—质量管理;

5—安全管理;

6—现场环保文明施工管理;

7—成本费用管理。

(4) 数字 01～12 为各类文件目录的顺序号。

三、签章文件说明

(一) 签章文件填写的一般要求

1. 填写的签章文件的内容应真实、可靠，禁止没有根据的编造。

2. 各类注册建造师施工管理签章文件表格中所涉及的建设单位、监理单位、施工单位及其他各类单位的名称均应填写全称。

3. 签章文件中的工程名称应与施工合同（或设计文件）中的工程名称一致。

4. 此套签章文件中的每一页均需要由负责本工程施工的通信与广电专业注册建造师在相应位置签字、盖章。

5. 此套签章文件均应由施工单位留底存档或登记向其他单位的发文日期，以便于查询。

(二) 签章文件名称解释

1. 施工组织管理文件

(1) CL101 施工组织设计（项目管理实施计划）报审表：用于施工单位将已编制并经本单位相关负责人审核批准的×××工程施工组织设计（或项目实施计划）向监理（建设）单位报审。报送时应附相应的施工组织设计。

(2) CL102 主要施工管理人员配备表：用于施工单位项目部向监理单位（或建设单位）报送工程管理人员配备情况。如施工合同或监理单位（或建设单位）要求施工单位在工程开工前报送主要施工管理人员配备情况，施工单位项目部应按本表的内容要求报送。

本表所涉及的主要施工管理人员有项目经理及项目经理部的技术负责人、材料主管人员、财务主管人员、主要带班人员等。具体人员构成可视工程规模及项目经理部的工程管理模式确定。

（3）CL103 主要施工方案报批表：用于工程中重要过程的施工方案的报批，如割接工作施工方案、截流工作施工方案、光缆接续工作施工方案、光缆跨越×××水库施工方案等等。施工方案应对工程中的难点、重点进行分析，制定详细的操作步骤，并同时制定安全施工的措施和应急预案。施工方案应经过本项目部的上级主管单位批准以后，以附件的形式附在此报批表的后面，并把施工方案的名称填写在本表中，由监理单位审批后使用。

（4）CL104 特殊或特种作业人员资格审核表：用于监理单位对施工单位从事高空作业、电工作业、电焊作业等特种作业的人员资格的审核。特种或特殊作业人员资格的统计应另外制表，以附件的形式附在本表后面。特种或特殊作业人员资格统计表应包括人员姓名、所从事的工种、拟从事的工作、证书编号、证书取证日期、证书有效期等内容。

（5）CL105-1 工程开工报审表：用于施工单位向监理单位报送工程开工申请表。能够证明施工现场具备开工条件的证明资料应以附件的形式附在本表后面。

（6）CL105-2 开工报告：用于施工单位向建设单位、监理单位、本单位的工程主管部门等各级工程管理单位（或部门）通报施工现场已具备开工条件，并且可以开工。开工报告应主送建设单位，抄送工程其他参与单位。

（7）CL106 工程延期申请：用于各种原因导致的工程不能按期完工情况下，施工单位向监理单位提出工程延期申请。工程延期的依据（或原因）、工期的计算依据及计算方法、相关的证明文件均以附件的形式附在本表的后面。

（8）CL107-1 工程暂停施工申请：用于各种原因导致的工程不能继续施工的情况下，施工单位向监理单位提出的工程暂停施工申请。应写明已完成的工作量及其保护方法、恢复施工的条件。

（9）CL107-2 工程恢复施工申请：用于施工现场具备施工条件时，施工单位向监理单位提出工程恢复施工申请。施工单位应将施工现场勘查的情况、具备恢复施工的理由、自己恢复施工的准备情况编写成报告，作为附件附于本表后面。

（10）CL107-3 工程竣工交验申请：用于施工单位完成施工合同中规定的全部工作量时，向监理单位提出工程验收请求。施工单位应针对所建工程编写竣工报告，向监理单位描述本工程已完工程量的数量及其质量情况，并按照施工合同的要求确认本工程已经完工。竣工报告应以附件的形式附于本表后面。工程的竣工资料、竣工结算书应看作工程竣工的证明文件，以附件的形式附于本表后面。

（11）CL108 工作联系单：是施工单位在施工过程中与工程相关单位联系工作时的文字确认函件，它主要用于施工单位与建设单位、监理单位、设计单位、材料厂商以及工程中需要交涉问题的其他相关部门之间的工作联系。施工单位在与相关单位联系事项时，所提出见解的依据应以附件的形式附于本表后面。

（12）CL109 工程保险委托书（报审表）：用于施工单位按照施工合同的约定请建设单位或监理单位审核办理的工程施工期工程一切险是否满足施工合同的要求。相关工程保险委托书复印件应以附件的形式附于本表的后面。

（13）CL110 工程验收报告：用于由工程相关单位组建的验收小组对工程满足施工合同要求情况的评定。由验收小组全体成员签字后即生效。

（14）CL111 竣工资料移交清单：用于施工单位向建设单位相关部门移交竣工资料。施工单位向建设单位移交竣工资料的名称、数量应详细地写清楚。建设单位相关部门在收到竣工资料以后，应认真检查竣工资料的内容、数量、制作质量等情况，在确认上述情况满足本单位制作要求、存档要求的基础上，应及时向施工单位递交本表的回执——竣工资料接收清单，其中应注明所接收的竣工文件名称、数量、接收时间、接收人、对文件的制作意见等内容。

2. 施工进度管理文件

（1）CL201 总进度计划报审表：用于在总承包工程或由多个单项工程组成的通信建设工程项目中，施工单位在开工前向监理单位报送完成该项目的总进度计划，并请其审核。总进度计划应以附件的形式附于本表的后面，包括总进度计划说明、总进度计划的横道图或网络图、计划完成的工程量、为了按照此进度计划施工而配备的施工资源等内容。

（2）CL202 单项工程进度计划报审表：用于施工单位向监理单位报送所编写单项工程的进度计划，并请其审核。

（3）CL203 工程月（周、日）报：用于施工单位向监理单位报送工程月报或周报、日报，并请其审核。在建设单位按照工程进度向施工单位拨付工程进度款时，监理单位对施工单位工程进度的审核意见是建设单位拨付工程进度款的依据。

3. 施工合同管理文件

（1）CL301 工程分包合同：用于施工单位作为总承包单位，按照合同要求将所承包的部分或全部施工任务分包给其他施工单位（分包单位）时，请监理单位审核自己所选定的分包单位的施工资质和施工能力。总包单位所选定的分包单位的资质、以往工程的业绩等证明材料应以附件的形式附于本表后面。

（2）CL302 劳务分包合同：用于施工单位请监理单位审核自己所选定的劳务分包单位的施工资质和施工能力。劳务分包单位的施工资质和施工能力等证明材料应以附件的形式附于本表后面。

（3）CL303 材料采购总计划表：用于施工单位请监理单位审核所编制的工程材料采购总计划。施工单位所编制的工程材料采购总计划应以附件的形式附于本表后面；应附拟采购材料的厂商的营业执照、资质证书、产品生产合格证等文件。

（4）CL304 工程设备采购总计划表：用于施工单位请监理单位审核所编制的工程设备采购总计划。施工单位所编制的工程设备采购总计划应以附件的形式附于本表后面；应附拟采购设备的厂商的营业执照、资质证书、产品生产合格证等文件。

（5）CL305-1 工程设备（材料）招标书：用于施工单位按照施工合同要求组织工程设备（材料）招标，向潜在投标人发布招标书。工程设备（材料）的供货要求应以附件的形式附于本表后面。

（6）CL305-2 工程设备（材料）供货单位确认书：用于施工单位通过招标确定工程设备（材料）供货商后，请供货商确认为本工程供货。施工单位应将工程设备（材料）采购规格书及其他相关要求以附件的形式附于本表后面，请供货商确认。

（7）CL306 工余料清单：用于在包工不包料或包工包部分材料的工程中，施工单位完成所承包工程的全部工程量后，请监理单位对工程剩余材料的数量及质量进行审查、核对。工余料清单应以附件的形式附于本表后面，应满足：剩余材料的数量＝所领材料的数量－已用材料的数量。对于质量有缺陷的剩余材料，应单独列清单。

（8）CL307 合同变更申请报告：用于施工合同发生变更时，施工单位向监理单位或建设单位提出变更的申请。根据施工合同的约定及工程的具体特点，确定本表报送建设单位还是监理单位。应在本表中写明合同变更的原因。合同变更的详细内容应以附件的形式附于本表后面。如涉及费用变更，变更费用的详细计算过程及计算依据也应在附件中列明。

4. 施工质量管理文件

（1）CL401 重大质量事故报告单：用于施工单位在施工过程中发生质量事故后，向监理单位报送质量事故报告。本表中应准确写明质量事故发生的时间、地点和质量事故的种类。应分析质量事故产生的原因、事故的性质、造成的损失，并说明启动的应急预案以及对事故的初步处理意见。本表应抄送工程相关单位。

（2）CL402 工程质量保证书：是施工单位为了落实施工合同的要求，保证工程质量，而向建设单位及监理单位报送的工程质量保证书的封面。主要用于担任施工项目负责人的注册建造师在封面上签章，以表明已对该工程质量保证书确认。

5. 施工安全管理文件

（1）CL501 工程项目安全生产责任书：是施工单位为了落实施工合同的要求，保证安全施工，而向建设单位及监理单位报送的工程项目安全生产责任书的封面。主要用于担任施工项目负责人的注册建造师在封面上签章，以表明已对该工程项目安全生产责任书确认。

（2）CL502 分包安全管理协议书：用于施工单位与分包单位之间签订安全管理协议。施工单位与分包单位签订的安全管理协议应填写在本表内。分包安全管理协议的内容应包括施工人员安全及工程物资的安全、工程涉及的工机具和设备的安全等方面。安全管理协议应包括安全管理要求和安全管理措施的内容。

（3）CL503 施工安全技术措施及安全事故应急预案：用于施工单位编写施工安全技术措施及安全事故应急预案。施工安全技术措施及安全事故应急预案应由施工单位负责工程施工的项目部编制；由担任施工项目负责人的注册建造师审核并签章；由施工单位的主管领导批准。

（4）CL504-1 施工现场安全事故上报表：用于在施工过程中发生安全事故时，施工单位向相关部门通报安全事故的情况。本表中应准确写明安全事故发生的时间、地点，应分析安全事故产生的原因、事故的性质、造成的损失，并说明启动的应急预案以及对事故的初步处理意见。本表应抄送工程相关单位。

（5）CL504-2 施工现场安全事故处理报告：用于施工现场发生安全事故以后，承包单位向工程各参与单位通报安全事故的具体情况及安全事故的处理方案，并谋求各工程参与单位对此安全处理方案认可。工程安全事故详细报告及其处理方案应以附件的形式附于本表后面。

6. 施工现场环保文明施工管理文件

CL601 施工环境保护措施及管理方案：用于施工单位编写的施工环境保护措施及管理方案。施工环境保护措施及管理方案应由施工单位负责工程施工的项目部编制；由担任施工项目负责人的注册建造师审核并签章；由施工单位的主管领导批准。

7. 施工成本费用管理文件

（1）CL701 工程款支付申请表：用于施工单位向建设单位或通过监理单位向建设单位索要工程款。施工单位向建设单位索要工程预付款、工程进度款、工程结算款以及工程履约保函、押金等费用，均可填写本表。施工单位应将合同支付条件要求的文件、已完工程量清单、工程变更支付报表、工程验收单及其他相关证明文件以附件的形式附于本表后面。

（2）CL702 工程变更费用报审表：用于施工单位获取监理单位对工程费用变更的认可。工程变更的项目名称、原设计中的工程量数量及单价和总价、变更后的工程量数量及单价和总价均应详细、准确地填写在本表中。如果施工单位还有其他相关的证明材料，也可以附件的形式附于本表后面，此时应在本表中注明附件的名称。

（3）CL703 工程费用索赔申请表：用于施工单位向建设单位或通过监理单位向建设单位进行工程索赔。应将索赔的依据、索赔的金额准确填写在本表中。索赔的理由和索赔费用的计算公式可以填写在本表中，也可以随同相关的证明文件一起以附件的形式附于本表后面。

（4）CL704 竣工结算申报表：用于施工单位同建设单位或通过监理单位向建设单位结算工程费用。工程结算表应以附件的形式附于本表后面。

（5）CL705 工程保险（人身、设备、运输等）申报表：用于施工单位按照施工合同的约定请建设单位或监理单位审核办理的工程保险是否满足施工合同的要求。施工单位办理的相关工程保险复印件应以附件的形式附于本表的后面。

（6）CL706 工程结算审计表（法律纠纷事务申诉用）：用于施工单位项目经理部完成所承担的工程项目施工以后，向审计部门报送工程结算审计文件。工程财务结算报告应以附件的形式附于本表后面。